FLORE

FRANÇAISE.

FLORE FRANÇAISE,

OU

DESCRIPTIONS SUCCINCTES

DE TOUTES LES PLANTES

QUI CROISSENT NATURELLEMENT

EN FRANCE,

Disposées selon une nouvelle Méthode d'Analyse, et précédées par un Exposé des Principes élémentaires de la Botanique;

TROISIÈME ÉDITION;

Par MM. DE LAMARCK et DECANDOLLE.

TOME QUATRIÈME.

A PARIS,

Chez H. AGASSE, rue des Poitevins, N°. 6.

DE L'IMPRIMERIE DE STOUPE, AN XIII (1805).

DESCRIPTION
SUCCINCTE
DES PLANTES

QUI CROISSENT NATURELLEMENT EN FRANCE.

CINQUANTE-SEPTIÈME FAMILLE.

COMPOSÉES. COMPOSITÆ.

Compositæ. Tourn. Adans. Linn. — *Compositifloræ.* Gœrtn. — *Cichoraceæ*, *Cynarocephalæ* et *Corymbiferæ.* Juss.

Les Composées constituent la famille la plus nombreuse et la plus naturelle du règne végétal. Elles ont reçu ce nom parce que leurs fleurs, très-rapprochées et entourées par une ou plusieurs rangées de bractées, trompent l'œil au point qu'on donne généralement le nom de *fleur* à l'assemblage d'une multitude de petites fleurs : c'est dans ce sens qu'on a dit que cette fleur est *composée*, par opposition aux autres familles où elles sont *simples*, et qu'on a donné le nom de *fleuron* ou *fleurette* à chacune des petites fleurs dont elle est formée. Ces fleurettes se présentent sous deux formes générales : ou bien elles ont une corolle tubuleuse et ordinairement à cinq dents; on les nomme alors proprement *fleurons* ou *fleurons tubuleux :* ou bien elles sont fendues latéralement et déjetées d'un seul côté en forme de lanière, et alors on les nomme *demi-fleurons* ou *languettes*. Les fleurs toutes formées de fleurons, sont nommées *flosculeuses;* celles qui n'ont naturellement que des demi-fleurons, portent le nom de *demi-flosculeuses;* celles où l'on trouve des fleurons dans le centre et une couronne de demi-fleurons sur le bord, sont dites *radiées;* parmi ces dernières, il arrive quelquefois que les demi-fleurons avortent, et alors elles se changent en fleurs flosculeuses, ou bien que les sexes des fleurons avortent, que la sève se jette sur les corolles tubuleuses et les change en demi-fleurons : les fleurs qui sont ainsi demi-flosculeuses par surabondance de sève, sont des fleurs *doubles* et stériles. Ces mêmes variations existent dans la famille des Campanulacées, qui nous offrent des corolles tubuleuses dans les raiponces, et fendues latéralement dans les lobélies et les *goodenia*.

Chacune des fleurettes qui composent les têtes des Composées, offre : 1°. une corolle monopétale placée sur l'ovaire, à cinq dents, tantôt tubuleuse, tantôt fendue latéralement; 2°. cinq étamines insérées sur la corolle entre ses lobes, à filamens distincts, à anthères soudées ensemble sous forme de tube, et dont les loges s'ouvrent en dedans; 3°. un ovaire simple adhérent avec le calice placé sous l'ovaire, surmonté d'un style et de nu ou ordinairement deux stigmates; 4°. le calice paroit réduit à une membrane très-fine, adhérente avec l'ovaire et séparable seulement dans un petit nombre d'espèces; le limbe de ce calice paroit quelquefois au sommet, sous la forme de dents persistantes; dans d'autres genres l'ovaire est surmonté par une aigrette scarieuse, ordinairement caduque, composée de poils tantôt simples, tantôt divisés en barbes latérales, tantôt soudés les uns avec les autres : cette aigrette est regardée, par plusieurs botanistes, comme le limbe du calice étiolé et pour ainsi dire étouffé par la pression; 5°. le fruit est une capsule monosperme, membraneuse, adhérente au calice et à la graine (akène, Rich.); il est tantôt surmonté d'une aigrette, tantôt nu à son sommet; la graine n'a point de périsperme; son embryon est droit; sa radicule est inférieure et ses cotylédons planes.

Les fleurettes des Composées sont placées sur un évasement de la tige qui porte le nom de réceptacle; il est ordinairement nu, mais quelquefois les bractées des fleurs, au lieu d'être toutes rangées en dehors du réceptacle, naissent entremêlées avec les fleurons, et on dit alors que le réceptacle est garni de paillettes. Les Composées sont presque toutes des herbes ou des sous-arbrisseaux à feuilles entières ou découpées et le plus souvent alternes.

On doit exclure de cette famille, 1°. l'*iva*, le *xanthium* et l'*ambrosia*, qui appartiennent aux Urticées; 2°. le *nephelium*, que M. Labillardière a rapporté à la famille des Savonniers; 3°. le *tarchonanthus*, qui a l'ovaire libre, les étamines placées devant les lobes du périgone, et qui doit être rangé auprès des Thymélées.

PREMIER ORDRE.

CHICORACÉES. *CICHORACEÆ.*

Cichoraceæ. Juss. — *Semiflosculosæ.* Tourn. Linn. — *Lactucæ.*
Adans. — *Ligulatæ.* Gærtn.

*Fleurettes toutes en languettes et hermaphrodites ;
réceptacle peu ou point charnu ; suc propre ordinairement laiteux ; feuilles toujours alternes ;
fleurs jaunes ou plus rarement bleues, souvent
météoriques.*

* *Aigrette nulle.*

CDLXXIV. LAMPSANE. *LAMPSANA.*

Lampsana. Tourn. Vaill. Juss. — *Lapsana et Arnoseris.* Gærtn.
— *Lapsanæ et Hyoseridis sp.* Linn.

Car. L'involucre est quelquefois embriqué, plus souvent
composé d'une rangée de folioles droites, serrées, et muni à sa
base d'un second rang de petites folioles courtes et avortées ;
le réceptacle est nu ; les graines sont sans aigrette, caduques
et non enveloppées par les folioles de l'involucre.

Obs. Dans ce genre et le suivant, les fleurettes sont de couleur jaune et en petit nombre dans chaque involucre.

2874. Lampsane fluette. *Lampsana minima.*

Lampsana minima. Lam. Dict. 3. p 414. — *Lapsana minima.*
All. Ped. n. 751. — *Hyoseris minima.* Linn. spec. 1138. —
Arnoseris pusilla. Gærtn. Fruct. 2. p. 355. t. 157. f. 3. —
Lampsana gracilis. Lam. Fl. fr. 2. p. 102. — Clus. Hist. 2.
p. 142. f. 2.

Ses tiges sont hautes de 1-3 décim., grèles, branchues ;
leurs rameaux sont un peu renflés dans le voisinage des fleurs ;
les feuilles sont radicales, nombreuses, ovales-oblongues et
bordées de dents aiguës ; les fleurs sont petites, d'un jaune
pâle, et un peu penchées avant leur développement ; l'involucre est composé de folioles nombreuses, embriquées, et qui
tendent à se resserrer par le sommet à la maturité des graines. ☉.
Cette plante croît dans les pâturages secs et les lieux sablonneux.

2875. Lampsane fétide. *Lampsana fœtida.*

Lampsana fœtida. Scop. Carn. ed. 2. n. 989. Lam. Dict. 3. p. 415.
— *Lapsana fœtida.* All. Ped. n. 749. — *Lapsana leontodontoides.*

Scop. Carn. ed. 1. p. 397. — *Hyoseris fœtida*. Linn. spec. 1137. — Mich. Gen. t. 28.

Sa tige est grêle, foible, glabre et haute à peine de 9-12 centim.; ses feuilles sont radicales, glabres, un peu étroites, pinnatifides et ayant des lobes nombreux, pointus, triangulaires, tournés vers la base des feuilles; l'involucre est composé de deux rangs d'écailles, dont l'extérieur est moins garni et beaucoup plus court; la fleur est jaune et terminale. ♃. Cette plante a l'aspect du pissenlit; elle croît dans les bois montagneux des basses Alpes de Savoie; près Lucerame et Castion en Piémont (All.); en Flandre (Lest.)?

2876. Lampsane commune. *Lampsana communis.*

> *Lampsana communis*. Lam. Dict. 3. p. 414. — *Lapsana communis*. Linn. spec. 1141. Gœrtn. Fruct. 2. p. 353. t. 157. f. 1. — Lob. ic. t. 207. f. 1.
> β. *Pubescens.*

Sa tige est haute de 6 décim., ferme, striée et branchue; ses feuilles inférieures sont presque pétiolées, en lyre à leur base, et se terminent par un lobe fort grand, ovale, arrondi et un peu denté; les feuilles supérieures sont plus entières, lancéolées, pointues; elles sont lisses et très-glabres: les fleurs sont petites, terminales et de couleur jaune. ⊙. Cette plante croît dans les lieux cultivés. On la nomme vulgairement l'*herbe aux mammelles.*

CDLXXV. RHAGADIOLE.   *RHAGADIOLUS.*

> *Rhagadiolus*. Tourn. Vaill. Juss. Gœrtn. non All. — *Lapsana* sp. Linn. Lam.

Car. L'involucre est à deux rangs de folioles persistantes; celles du rang intérieur enveloppent les graines à leur maturité; celles du rang externe sont plus courtes: le réceptacle est nu; les graines sont sans aigrette, souvent courbées ou tortues, et ne tombent point d'elles-mêmes à la maturité.

2877. Rhagadiole étoilé. *Rhagadiolus stellatus.*

> *Rhagadiolus stellatus*. Gœrtn. Fruct. 2. p. 354. t. 157. f. 2. — *Lampsana stellata*. Lam. Dict. 3. p. 415. Fl. fr. 2. p. 102. var. α. — *Lapsana stellata*. Linn. spec. 1141. — Lob. ic. t. 240. f. 2.

Les tiges de cette plante sont hautes de 5 décimètres tout

ou plus, glabres supérieurement, pubescentes à leur base, cylindriques, rameuses et très-diffuses; ses feuilles sont presque glabres, alongées, pointues, étroites, un peu dentées, élargies vers le milieu de leur longueur et non vers l'extrémité; les fleurs sont terminales, jaunes, assez petites; leurs graines sont absolument glabres; celles du bord portent vers leur sommet de petites dents crochues; celles du milieu sont arquées et hérissées de pointes roides sur leur dos, dans toute leur longueur. ⊙. Cette plante croît dans les champs des provinces méridionales, à Nice, Pignerol et Montferrat (All.); en Provence; en Bresse (Latourr.); au Buis et à Orange (Vill.); à Narbonne (Lob.); dans l'isle de Corse (Vall.).

2878. Rhagadiole comestible. *Rhagadiolus edulis.*

Rhagadiolus edulis. Gœrtn. Fruct. 2. p. 354. — *Lapsana rhagadiolus.* Linn. spec. 1141. — *Lampsana rhagadiolus.* Lam. Dict. 3. p. 415.

Cette espèce s'élève un peu plus que la précédente, à laquelle elle ressemble beaucoup; elle en diffère par ses feuilles découpées en forme de lyre, à lobes arrondis et obtus au sommet, dont celui de l'extrémité dépasse beaucoup la grandeur des autres. Cette différence entre les deux espèces, se conserve par les graines et n'est point altérée par la culture. ⊙. Cette plante croit en Provence.

**** *Aigrette capillaire.***

CDLXXVI. PRÉNANTHE.   *PRÉNANTHES.*

Prenanthes. Vaill. Linn. Gœrtn. Juss. — *Chondrillæ sp.* Lam.

Car. L'involucre est cylindrique, resserré au sommet après la fleuraison, à deux rangées de folioles peu nombreuses, et dont l'extérieure est très-courte; le réceptacle est nu; les graines sont couronnées par une aigrette sessile, à poils simples plus longs que la graine elle-même.

Obs. Les fleurons sont de couleur jaune ou purpurine, en petit nombre dans chaque involucre; les involucres et les feuilles sont presque toujours glabres.

§. Ier. *Fleurs purpurines.*

2879. Prénanthe pourpre.   *Prenanthes purpurea.*

Prenanthes purpurea. Linn. spec. 1121. Gærtn. Fruct. 2. p. 358.
t. 57. f. 1. Jacq. Austr. t. 307. — *Chondrilla purpurea.* Lam.
Dict. 2. p. 78.

Sa tige s'élève de 1-2 mètres; elle est cylindrique, feuillée
et branchue; ses feuilles sont lisses et d'un verd glauque; les
inférieures sont fort alongées, pointues, dentées, et se rétrécissent en pétiole; les supérieures sont embrassantes, lancéolées et plus entières : les fleurs sont un peu pendantes, et n'ont
que quatre ou cinq fleurettes de couleur purpurine. ☉. Cette
plante croît dans les bois pierreux, ombragés et montueux, en
Provence, en Piémont, en Savoie.

2880. Prénanthe à feuilles   *Prenanthes tenuifolia.*
menues.

Prenanthes tenuifolia. Linn. spec. 1120. All. Pedem. n. 828.
t. 33. f. 2. — *Chondrilla tenuifolia.* Lam. Dict. 2. p. 78.

Cette espèce a quelques rapports avec le prénanthe pourpre,
mais elle s'en distingue sur-tout à ses feuilles longues, étroites,
presque linéaires, de la largeur de la tige, entières ou à peine
dentelées à leur base; la tige s'élève à 6-8 décim. et se termine par une panicule pyramidale, composée de fleurs rougeâtres semblables à celles de l'espèce précédente. ♃. Cette
plante croît dans les bois; en Dauphiné, près de la grande Chartreuse (Plum.); en Piémont près Viù, Eremo, Casclette et
Cumiana (All.).

§. II. *Fleurs jaunes.*

2881. Prénanthe osier.   *Prenanthes viminea.*

Prenanthes viminea. Linn. spec. 1120. Jacq. Austr. t. 9. All.
Ped. t. 52. f. 2. — *Chondrilla viminea.* Lam. Dict. 2. p. 77.—
Chondrilla sessiliflora. Lam. Fl. fr. 2. p. 104.
β ? *Prenanthes ramosissima.* All. Ped. n. 830. t. 33. f. 1.

Ses tiges s'élèvent presque jusqu'à 6 décim.; elles sont branchues, grêles, cylindriques, glabres et enduites d'une gomme
visqueuse et collante; ses feuilles inférieures sont grandes,
lisses, profondément pinnatifides, et leurs lobes terminaux
sont élargis et anguleux; les supérieures sont simples, petites et
appliquées sur les tiges : les fleurs sont jaunes, disposées le long
des tiges et des rameaux; les calices sont alongés, presque

embriqués, et les semences sont longues et rougeâtres. Cette plante croît dans les lieux pierreux et sur le bord des vignes, dans les provinces méridionales, depuis le Piémont jusqu'aux Pyrénées, et aux montagnes de l'Auvergne. ♃. La variété β diffère de la précédente, parce que la tige est plus basse et plus rameuse, et par ses feuilles dont les radicales sont roncinées, presque entières, pointues au sommet, et celles du haut linéaires. Elle croît dans les sables maritimes, aux environs de Nice (All.).

2882. Prénanthe élégant. *Prenanthes pulchra.*

Crepis pulchra. Linn. spec. 1134. — *Chondrilla pulchra.* Lam. Dict. 2. p. 77. — *Prenanthes paniculata.* Mœnch. Meth. 534. — *Lapsana pulchra.* Vill. Dauph. 3. p. 163. — *Prenanthes hieracifolia.* Wild. spec. 3. p. 1541. — Moris. s. 7. t. 5. f. 13 et f. 37.

Sa tige est haute d'un mètre, glabre, cannelée, feuillée et paniculée à son sommet ; ses feuilles inférieures sont longues de 2 décim. , larges de 6 centim. , un peu en lyre et rétrécies en pétiole ; celles de la tige sont embrassantes, lancéolées, pointues et dentées à leur base ; elles sont toutes un peu rudes au toucher : les fleurs sont petites, jaunes, terminales et paniculées ; les calices sont cylindriques, lisses et garnis à leur base de petites écailles serrées qui ne permettent pas de placer cette plante parmi les crépides ; l'aigrette des semences est simple et sessile. ☉. On trouve cette plante aux environs de Paris (Dal.); sur le côteau de Saint-Ay près Orléans (Dub.); à Gergovia en Auvergne (Delarb.); en Dauphiné (Vill.); le long de la Doire, près de Nice, d'Oneille et d'Exilles (All.); à Pech-Boyé près Montauban (Gat.); à Dax (Thor.). ; à Narbonne.

2883. Prénanthe bulbeux. *Prenanthes bulbosa.*

Leontodon bulbosum. Linn. spec. 1122. Lam. Dict. 3. p. 529. — *Hieracium bulbosum.* Wild. spec. 3. p. 1562. — Clus. Hist. 2. p. 145. f. 2. — Lob. ic. t. 230. f. 2.

Sa racine est composée de longues fibres blanches et rameuses, la plupart terminées par des tubercules de forme arrondie et irrégulière, de sorte que cette plante doit plutôt être appelée tubéreuse que bulbeuse; ses feuilles naissent de la racine, portées sur des pétioles longs, grèles et en partie cachés sous terre; elles sont glabres, ainsi que le reste de la plante,

de couleur glauque, oblongues, amincies aux deux extrémités,
entières ou un peu sinuées vers leur base : la hampe est nue,
longue de 1-2 décim., glabre dans toute sa longueur, excepté
vers le sommet où elle porte quelques poils glanduleux ; la fleur
est solitaire, terminale, jaune ; son involucre est glabre, d'un
verd glauque, cylindrique, composé de folioles dont les extérieures sont courtes, et dont les intérieures sont beaucoup plus
longues et un peu membraneuses sur les bords ; les graines sont
couronnées d'une aigrette sessile, à poils soyeux, simples et non
plumeux, comme dans les liondents. ♃. Cette plante a été
trouvée dans les Pyrénées, par M. Mouton-Fontenille ; près
Montpellier sur les bords de la mer et à Lavérune, Selleneuve,
Salason et Montferrier (Gou.) ; dans les sables maritimes de la
Provence (Gér.).

CDLXXVII. CHONDRILLE.   *CHONDRILLA.*

Chondrilla. Gærtn. — *Chondrillæ sp.* Lam. — *Prenanthis sp.*
et *Chondrilla.* Linn.

Car. Les chondrilles diffèrent des prénanthes, parce que leur
graine se termine par un appendice grèle qui sert de pédicelle à
l'aigrette.

2884. Chondrille effilée.   *Chondrilla juncea.*

Chondrilla juncea. Linn. spec. 1120. Lam. Dict. 2. p. 77. Gærtn.
Fruct. 2. p. 362. t. 158. f. 6. — Clus. Hist. 2. p. 144. f. 2.

Cette plante s'élève jusqu'à 8 décim. ; ses tiges sont dures,
branchues et velues inférieurement ; ses feuilles radicales sont
longues et demi-pinnatifides ; celles des tiges sont presque toutes
linéaires, ce qui fait paroître les tiges nues et semblables à
celles de quelques espèces de joncs : les fleurs sont petites, de
couleur jaune ; les semences ont une aigrette portée sur un
pédoncule plus long que la graine elle-même. On trouve cette
plante sur le bord des champs et des vignes.

2885. Chondrille des murs.   *Chondrilla muralis.*

Chondrilla muralis. Lam. Dict. 2. p. 78. Gærtn. Fruct. 2. p.
363. t. 158. — *Prenanthes muralis.* Linn. spec. 1121. — Clus.
Hist. 2. p. 146. f. 2.

Sa tige est haute de 6-9 décim., menue, ferme et très-
branchue supérieurement ; ses feuilles sont lisses, d'un verd
foncé en dessus, d'une couleur glauque en dessous, découpées
en lyre, avec un lobe terminal, large et très-anguleux ; elles

sont embrassantes, et les supérieures sont lancéolées et moins découpées : les pédoncules sont rameux, capillaires, et soutiennent des fleurs fort petites, d'un jaune pâle et composées seulement de cinq demi-fleurons ; l'aigrette des semences est simple, molle, portée sur un pédicelle de moitié plus court que la graine. Cette plante est intermédiaire entre les laitues, les prénanthes et les chondrilles. Elle se trouve dans les lieux couverts et sur les vieux murs. ⊙.

CDLXXVIII. LAITUE. *LACTUCA.*

Lactuca. Tourn. Linn. Juss. Lam. Gærtn.

CAR. L'involucre est oblong, embriqué, composé de folioles membraneuses sur les bords ; le réceptacle est glabre, ponctué ; l'aigrette est pédicellée, capillaire, molle et fugace.

OBS. Les fleurs sont jaunes ou bleues ; les feuilles et les involucres sont glabres ou hérissés d'aiguillons sur les bords ou les nervures.

§. Ier. *Fleurs jaunes.*

2886. Laitue cultivée.   *Lactuca sativa.*

Lactuca sativa. Linn. spec. 1118. Lam. Dict. 3. p. 402.
α. Lactuca capitata. C. B. Pin. 123. Moris. s. 7. t. 2. f. 2.
β. Lactuca crispa. C. B. Pin. 123. Lob. ic. t. 242. f. 1.
γ. Lactuca longifolia. Lam. l. c. — *Lactuca romana.* Gars.
t. 315.

La laitue cultivée se distingue des autres espèces du même genre, par ses feuilles arrondies, dont les supérieures sont en forme de cœur, et qui ne portent d'épines ni sur les bords, ni sur leurs nervures ; par ses fleurs petites, jaunâtres, droites, situées le long des rameaux supérieurs, dont la réunion forme un corimbe irrégulier ; par ses graines marquées de sept stries longitudinales et non dentelées sur le bord supérieur. On en distingue trois races très-prononcées et constantes.

α. La *laitue pommée*, dont les feuilles sont arrondies, ondulées, concaves, réunies en tête comme un chou et de même étiolées dans le centre. Cette disposition se détruit à l'époque où la tige s'alonge pour fleurir.

β. La *laitue frisée* est remarquable par ses feuilles découpées, dentées et crépues sur les bords ; elle ne forme pas sensiblement la pomme comme la précédente.

γ. La *laitue romaine* ou *chicon*, se distingue des deux

précédentes à ses feuilles alongées, rétrécies vers sa base, presque lisses et non ondulées ou bosselées, et qui se soutiennent droites et verticales, sans s'étaler ni se courber en tête ; sa saveur est plus douce que celle des deux précédentes. Elle forme probablement une espèce distincte.

Chacune de ces races présente un grand nombre de variétés, dont on peut voir le détail dans le Dictionnaire d'Agriculture de Rozier. La patrie de la laitue est inconnue. ⊙.

2887. Laitue sauvage. *Lactuca sylvestris.*

Lactuca sylvestris. Lam. Dict. 3. p. 406. Cam. Epit. 300. ic. — *Lactuca sylvestris,* β. Lam. Fl. fr. 2. p. 84. — *Lactuca scariola.* Linn. spec. 1119. — *Lactuca verticalis.* Gat. Fl. mont. 138.

Sa tige est lisse, cylindrique, dure, blanchâtre, et s'élève jusqu'à 6-9 décim. ; elle est chargée de quelques épines dans sa partie inférieure ; ses feuilles sont lisses, embrassantes, sinuées ou pinnatifides, garnies de quelques petites épines en leur bord, et ayant leur côte postérieure, très-épineuse ; les fleurs sont petites, d'un jaune pâle, et forment une panicule alongée et peu garnie. Linné observe que les feuilles de cette plante se soutiennent dans une position verticale et non horizontalement, comme celles de la laitue vireuse. Cette plante croît sur le bord des chemins et des vignes. Elle est apéritive et un peu narcotique. ♂, Smith ; ⊙, Linn. Au reste, la plante que tous les jardiniers nomment *scariole*, est une variété de la chicorée endive et nullement celle à laquelle Linné a donné le nom de *scariola*.

2888. Laitue vireuse. *Lactuca virosa.*

Lactuca virosa. Linn. spec. 1119. Lam. Dict. 3. p. 407. — *Lactuca sinuata.* Forsk. Æg. 215. — Moris. s. 7. t. 2. f. 16.
β. *Lactuca augustana.* All. Pedem. n. 823. t. 52. f. 1.

Cette espèce est très-voisine de la laitue sauvage, et a été même regardée par plusieurs auteurs, comme une simple variété ; elle en diffère par ses feuilles oblongues, dentelées, mais non lobées, et qui se soutiennent dans une position horizontale. La variété α a la nervure des feuilles garnie en dessous d'épines roides et saillantes ; la variété β a, selon Allioni, la même nervure sans épines ; mais les échantillons que j'ai reçus de M. Schleicher, sous le nom de *lactuca augustana*, ont des épines sur leur nervure. ♂. On trouve la laitue vireuse dans les

champs, les haies et le bord des murs; son suc est violemment
narcotique , ainsi que celui de l'espèce précédente.

2889. Laitue à feuilles de saule.   *Lactuca saligna.*

Lactuca saligna. Linn. spec. 1119. Lam. Dict. 3. p. 407. Jacq.
    Austr. t. 250. — Barr. ic. t. 136.

Sa tige s'élève jusqu'à 9–12 décim.; elle est ordinairement
simple , lisse, dure, blanchâtre et rarement épineuse : ses
feuilles sont alongées et étroites; les inférieures sont un peu
pinnatifides et terminées par un lobe étroit et alongé; les supérieures sont entières , étroites et semblables , par leur forme ,
à celles du saule; leur côte postérieure est quelquefois épineuse
et quelquefois nue : les fleurs sont très-rapprochées de la tige ,
et ne forment point de panicule; elles sont petites , de couleur
jaune; les graines sont lisses et le pédicelle qui soutient l'aigrette
est de moitié plus court que la semence. On trouve cette plante
sur le bord des champs et des vignes. ⊙.

§. II. *Fleurs bleues.*

2890. Laitue vivace.   *Lactuca perennis.*

Lactuca perennis. Linn. spec. 1120. Lam. Dict. 3. p. 409. —
    Dalech. Hist. 566. f. 2.

Cette espèce est entièrement glabre et sans épines ; sa tige
s'élève jusqu'à 5 décim. et se divise, vers le haut, en rameaux
ouverts et peu feuillés; les feuilles sont lisses, d'un verd bleuâtre,
profondément pinnatifides, à lobes pointus, dentés du côté supérieur; celles du haut de la plante sont étroites, lancéolées, lobées
vers leur base : les fleurs sont d'un bleu pourpre , presque aussi
grandes que celles de la chicorée et disposées en panicule lâche;
les graines sont applaties , noirâtres , pointues aux deux bouts.
Cette plante croît dans les vignes , les champs pierreux , les
fentes de rochers et les lieux exposés au soleil. ♃.

2891. Laitue délicate.   *Lactuca tenerrima.*

Lactuca tenerrima. Pourr. Act. Toul. 3. p. 322. Wild. spec. 3.
    p. 1529. — *Lactuca perennis*, γ. Lam. Dict. 3. p. 409.

Cette plante n'est peut-être qu'une variété de la laitue vivace; elle en diffère par son port plus grêle et plus rameux;
par ses feuilles dont les supérieures sont entières , alongées et
en forme de fer de flèche , et dont les inférieures, quoique
pinnatifides comme celles de la précédente , s'en distinguent

encore en ce que leurs lobes sont entiers et non dentés du côté
supérieur. ♃. Elle croît aux environs de Narbonne, à Saint-
Paul de Fenouillèdes, où elle a été observée par M. Pourret.

2892. Laitue de Suze.　　*Lactuca Segusiana.*

Lactuca Segusiana. Balb. Elench. Fl. taur. 94. Misc. p. 37. t. 8.
　　Wild. spec. 3. p. 1529.

Cette plante est droite, haute de 4-5 décim., extrêmement
rameuse, presque glabre, d'un verd clair et d'une consistance
délicate; ses feuilles inférieures sont étroites, rétrécies en pétiole, pinnatifides, à lobes lancéolés, pointus, inégaux, la
plupart entiers, souvent dirigés vers le bas du pétiole; celles
du milieu sont sessiles, linéaires, munies vers leur base de
deux ou trois paires d'appendices entiers, alongés et dirigés
vers la tige; celles du haut n'ont à leur base qu'une seule paire
d'appendices qui embrassent la tige : les fleurs sont nombreuses,
purpurines, solitaires au sommet de chaque pédicelle. Dans
l'échantillon desséché que j'ai sous les yeux, toutes les graines
ont une couleur d'un rouge carmin très-prononcé : cette teinte
singulière tient-elle à la dessication, ou est-elle naturelle à la
plante? ☉. Cette espèce croît vers le haut des côteaux de
vignes exposés au midi, dans les environs de Suze en Piémont,
où elle a été découverte par M. Balbis.

CDLXXIX. LAITRON.　　*SONCHUS.*

Sonchus. Linn. Desf. — *Sonchi sp.* Gœrtn. Lam.

Car. L'involucre est oblong, embriqué, ovoïde à la base et
resserré au sommet à l'époque de la maturité; le réceptacle est
nu; les graines sont oblongues, striées en long; l'aigrette est
courte, capillaire, sessile.

Obs. Les fleurs sont bleues ou jaunes; les feuilles sont souvent bordées de cils épineux et glabres sur leurs faces; le haut
de la plante offre souvent des poils bruns, glanduleux au
sommet.

§. Ier. *Fleurs jaunes.*

2893. Laitron maritime.　　*Sonchus maritimus.*

Sonchus maritimus. Linn. spec. 1116. Lam. Dict. 3. p. 397. All.
　　Ped. n. 818. t. 16. f. 2. — *Sonchus nitidus.* Vill. Dauph. 3. p.
　　160. — *Sonchus angustifolius.* Neck. Galloh. 326.
　　β. *Sonchus aquatilis.* Pourr. Act. Toul. 3. p. 330.

Sa racine est longue, traçante, vivace; sa tige cylindrique, lisse , haute de 5 décim. , ramifiée vers le sommet , garnie de feuilles longues , étroites , lancéolées , un peu glauques en dessus , presque entières ou bordées de dentelures qui ne se dirigent point vers le sommet ; les pédoncules sont hérissés de poils cotonneux dans leur jeunesse , glabres à leur développement parfait ; les fleurs sont jaunes , leur involucre est d'abord un peu cotonneux et ensuite glabre ; les graines sont pâles , lisses , tétragones , comprimées. ♃. Cette plante croit dans les lieux humides et le long des eaux courantes , sur les côtes maritimes des provinces méridionales , depuis Nice jusqu'à la Rochelle. On la retrouve en Dauphiné , sur les bords de l'étang salé de Courteison (Vill.).

2894. Laitron délicat.   *Sonchus tenerrimus.*

Sonchus tenerrimus. Linn. spec. 1117. Lam. Dict. 3. p. 397.— Pluk. t. 93. f. 3.

Sa tige est grèle , très-branchue , haute de 5 décim. et garnie dans sa partie supérieure , ainsi que les pédoncules , de petits poils droits et glutineux ; ses feuilles sont lisses , glabres , étroites , profondément et finement pinnatifides ; les pédoncules sont cotonneux à leur sommet , ainsi que la base du calice ; ses fleurs sont jaunes ; ses graines ressemblent à celles du laitron maritime. ☉. On trouve cette plante dans les provinces méridionales ; elle est abondante en Provence (Gér.) ; aux environs de Nice (All.) ; de Montpellier (Gou.) ; à Tiéfosse en Lorraine (Buch.) ?

2895. Laitron des lieux   *Sonchus oleraceus.*
cultivés.

Sonchus oleraceus. Linn. spec. 1116. Lam. Dict. 3. p. 398.
α. *Sonchus lœvis.* Vill. Dauph. 3. p. 158. — *Sonchus ciliatus.* Lam. Fl. fr. 2. p. 87. Fl. dan. t. 682. — Cam. Epit. 279. ic.
β. *Sonchus asper.* Vill. Dauph. 3. p. 158. —*Sonchus spinosus.* Lam. Fl. fr. 2. p. 86. — Fuchs. Hist. 674. ic. — Pluk. t. 61. f. 5. et t. 64. f. 4.

La tige de cette plante est lisse , tendre , fistuleuse , un peu branchue , et s'élève jusqu'à 6 décim. ; ses feuilles sont embrassantes , oreillées à leur base , en lyre vers leur sommet , avec un lobe terminal fort grand et triangulaire ; elles sont bordées de cils un peu épineux ; les fleurs sont d'un jaune pâle , et les pédoncules sont lisses , glabres , mais un peu cotonneux sous le calice. Cette plante croit dans les jardins et les lieux cultivés. La variété β se distingue à ses feuilles bordées de cils durs et

presque épineux, plus étroites et crépues ou ondulées sur les
bords. Elle croît dans les lieux secs et incultes, et doit peut-
être constituer une espèce distincte : l'une et l'autre variété présentent une grande diversité dans la forme de leurs feuilles :
c'est ce que j'ai cherché à indiquer par le choix des figures que
j'ai citées. ⊙.

2896. Laitron des champs.   *Sonchus arvensis.*

Sonchus arvensis. Linn. spec. 1116. Lam. Dict. 3. p. 399. —
Lob. ic. t. 237. f. 1.

Sa tige est haute d'un mètre, fistuleuse, un peu velue et
branchue à son sommet; ses feuilles sont embrassantes, lancéolées, sinuées, demi-pinnatifides, dentées et garnies de cils
un peu épineux; elles ne forment point deux oreillettes pointues
à leur base, comme celles de l'espèce suivante : ses fleurs sont
grandes et disposées au sommet en manière d'ombelle; les pédoncules et les calices sont couverts de poils glanduleux et jaunâtres. Cette plante croît dans les champs. ♃.

2897. Laitron des marais.   *Sonchus palustris.*

Sonchus palustris. Linn. spec. 1116. Lam. Dict. 3. p. 399. —
Pet. Angl. t. 14. f. 7.

Sa tige s'élève jusqu'à 12–15 décim.; elle est droite, ferme,
striée, lisse et très-garnie de feuilles; elle se divise supérieurement en plusieurs rameaux à-peu-près disposés en corimbe, qui
soutiennent des fleurs plus petites que celles de la précédente : les
pédoncules et les calices sont chargés de poils glanduleux; les
feuilles sont longues, pointues, un peu pinnatifides, vertes en
dessus, blanchâtres en dessous, et embrassent la tige par deux
oreillettes pointues et assez longues. On trouve cette plante sur
le bord des étangs et des fossés aquatiques. ♃.

§. II. *Fleurs bleues.*

2898. Laitron des Alpes.   *Sonchus Alpinus.*

Sonchus Alpinus. Fl. dan. t. 182. Wild. spec. 3. p. 1519. Lam.
Fl. fr. 2. p. 90. non Smith. — *Sonchus cœruleus.* Smith. Fl.
brit. 2. p. 815. — *Sonchus montanus.* Lam. Dict. 3. p. 401. —
Sonchus canadensis. With. Brit. 674. — *Hieracium cœru-
leum.* Scop. Carn. n. 976. — Cam. Epit. 281. ic.

Sa tige est haute de 12–15 décim., droite, cylindrique,
hérissée de poils redressés et épars, et ordinairement un peu
rougeâtre; ses feuilles sont fort amples, glabres, embrassantes,

pinnatifides et terminées par un lobe fort grand, triangulaire et
denté : ses fleurs sont disposées en un épi lâche, et leurs pédoncules sont écailleux et velus ainsi que les calices ; les corolles
sont d'un bleu tirant sur le pourpre, quelquefois blanches ,
selon Tournefort. ♃. Cette belle plante croit sur les hautes montagnes, parmi les forêts ombragées ; dans les Pyrénées ; à l'Es-
pinousse près Saint-Pont (Gouan.); dans les montagnes d'Auvergne ; du Lionnois et du Forez (Latourr.); dans les Alpes du
Dauphiné, de la Provence, du Piémont et de la Savoie; sur les
hautes sommités du Jura ; au mont Balon dans les Vosges

289). Laitron de Plumier.   *Sonchus Plumieri.*

> *Sonchus Plumieri.* Linn. spec. 1117. Gouan. Illustr. p. 54. Lam.
>   Dict. 3. p. 402.

Cette belle espèce de laitron a de la ressemblance avec la
précédente, par ses fleurs bleues ; mais elle s'en distingue facilement parce que ses pédoncules, ses involucres et ses bractées ,
ne sont nullement hérissés de poils ; sa tige s'élève jusqu'à un
mètre de hauteur ; ses feuilles sont très-grandes ; les inférieures
atteignent jusqu'à 5 décim. de longueur ; elles sont divisées de
chaque côté en quatre ou six grandes découpures et terminées
par un lobe très-grand presque triangulaire : les feuilles supérieures sont petites, embrassantes à leur base , terminées en pointe
aiguë : les fleurs sont disposées en panicule qui imite la disposition
d'un corimbe, et ressemblent à celles de la chicorée ; l'involucre
et les feuilles supérieures exsudent des gouttelettes d'un suc laiteux qui se concrète et se brunit à l'air ; l'aigrette est sessile. ♃.
Cette plante croît dans les lieux ombragés et parmi les rochers
des hautes montagnes ; dans l'Auvergne en divers endroits du
Mont-d'Or; dans les Pyrénées, au mont Laurenti et auprès
du ruisseau nommé *lou Rec del Saillan ;* dans les Alpes du Valais, au mont Bovonnan ; en Savoie près la Chartreuse de Saint-
Hugon (All.); dans les montagnes du Forez et du Lionnois
(Latourr.); dans les Vosges vers le sommet du Balon, où elle
a été trouvée par M. Nestler.

CDLXXX. PICRIDIUM.   *PICRIDIUM.*

> *Picridium.* Desf. — *Reichardia.* Roth. — *Sonchi sp.* Lam. Gœrtn.
>   *Scorzonerœ sp.* Linn. — *Crepidis sp.* Vaill.

Car. L'involucre est embriqué, renflé à la base, composé de
folioles membraneuses sur les bords ; le réceptacle est nu ; les

graines sont tétragones, un peu courbées, marquées de tubercules disposés en séries transversales; l'aigrette est sessile, à
poils simples.

OBS. Les espèces de ce genre ont les fleurs jaunes, assez
grandes; les pédoncules creux et renflés vers le sommet. Il faut
rapporter à ce genre, outre les espèces décrites ci-dessous:
1°. *scorzonera tingitana*, Linn., *picridium tingitanum*,
Desf.; 2°. *scorzonera orientalis*, Linn.

2900. Picridium commun. *Picridium vulgare.*

Picridium vulgare. Desf. Atl. 2. p. 221. — *Sonchus picroides*.
Lam. Dict. 3. p. 398. Gœrtn. Fruct. 2. p. 359. t. 158. f. 2. All.
Ped. t. 16. f. 1. — *Sonchus squammosus*. Lam. Fl. fr. 2. p. 87.
— *Scorzonera picroides*. Linn. spec. 1114. — *Reichardia inte-
grifolia*. Mœnch. Meth. 516. — *Reichardia picroides*. Roth.
Abh. p. 35. — Lob. ic. t. 236. f. 2.

Sa tige est lisse, striée, légèrement branchue, et haute de
3 décim. ou un peu plus; les feuilles de la tige sont embrassantes, alongées, très-simples et un peu denticulées vers leur
sommet; les inférieures sont sinuées avec quelques pinnules irrégulières, et sont élargies vers leur extrémité : les fleurs sont
jaunes, et leurs pédoncules sont garnis d'écailles cordiformes,
membraneuses et blanchâtres en leur bord. ⊙. Cette plante croit
en Provence, sur le bord des chemins, aux environs de Montpellier, à Lavalette et à la Colombière (Gou.); à Nice (All.);
à Vienne, au Buis et à Orange (Vill.); en Provence (Gér.).
On la nomme vulgairement la *terra grépie*, *terra crepola*.

2901. Picridium blanchâtre. *Picridium albidum.*

Crepis albida. Vill. Prosp. 37. t. 12. f. 1. Dauph. 3. p. 139 t. 33.
All. Ped. n. 800. t. 32. f. 3. Lam. Dict. 2. p. 179.

Cette belle plante a le port de l'urosperme de Dalechamp;
sa racine est épaisse, profonde, garnie à son collet des débris
des anciennes feuilles; sa tige est simple ou peu rameuse,
haute de 2-4 décim., droite, pubescente et un peu cannelée;
ses feuilles sont oblongues, velues, blanches, rarement entières, quelquefois dentées, plus souvent pinnatifides; les fleurs
naissent solitaires au sommet de la tige ou des rameaux; elles
sont grandes, d'un jaune pâle; leur involucre est composé de
folioles ovales-oblongues, embriquées, presque glabres, un
peu membraneuses sur les bords : les graines sont oblongues,
un peu amincies au sommet, et chargées d'une aigrette à poils
simples

simples et d'un blanc de neige; le réceptacle est un peu alvéolaire. ♃. Cette plante croit dans les lieux pierreux des hautes
montagnes; dans les Corbières? les Pyrénées; dans les Alpes
du Dauphiné près Gap, Briançon, Die, Serres, Grenoble
(Vill.); dans les montagnes des environs de Nice, de la Maurienne et de Bardonache (All.); au mont Genèvre.

CDLXXXI. ÉPERVIÈRE. *HIERACIUM.*

Hieracium. Linn. Juss. Lam. Gœrtn. — *Hieracium, Hieracioides
et Catonia.* Mœnch.

CAR. L'involucre est embriqué, à folioles serrées souvent
hérissées de poils noirs; le réceptacle est alvéolaire; les bords
des alvéoles sont un peu membraneux et dégénèrent quelquefois
en lanières soyeuses plus courtes que les graines; celles-ci sont
couronnées d'une aigrette sessile, à poils peu nombreux, souvent roussâtres, simples ou dentelés.

OBS. La détermination et la classification des espèces de ce
genre, est l'un des points les plus difficiles de la botanique Eu-
ropéenne; ces plantes offrent toutes des variations nombreuses
dans la forme des feuilles et dans le nombre des poils qui les
couvrent; leur tige est quelquefois grande, rameuse et feuillée,
quelquefois courte, simple, nue et chargée d'un petit nombre
de fleurs : ces variations ont lieu dans des espèces très-voisines
ou quelquefois dans différens individus d'une même plante. Les
caractères les plus constans sont ceux qui tiennent à la grandeur
des fleurs, à la forme et à l'aspect des poils, et à la consistance
des feuilles.

* *Faux-liondents; feuilles radicales peu ou point velues,
vertes et foliacées; hampes le plus souvent nues et
uniflores.*

2902. Épervière dorée.   *Hieracium aureum.*

Hieracium aureum. Vill. Dauph. 3. p. 96. t. 33. Lam. Dict. 2. p.
360. — *Leontodon aureum.* Linn. spec. 1122. Jacq. Austr. t.
297. — *Andryala aurea.* Scop. ann. 2, p. 59.
β. *Involucro glabro.* — Hop. cent. exs.

Sa tige est haute de 12–18 centim., simple, grêle, cylindrique, glabre inférieurement, un peu velue dans sa partie
supérieure, et chargée d'une ou deux folioles étroites et pointues; elle porte à son sommet une fleur peu considérable, mais
remarquable par sa couleur qui est d'un jaune rougeâtre et un peu

safrané : ses feuilles radicales sont oblongues, rétrécies à leur
base, élargies vers leur sommet, garnies en leur bord de dents
profondes et distantes, glabres et d'un verd gai; les écailles du
calice sont aiguës et noirâtres, ainsi que les poils dont elles sont
chargées. La variété β, qui m'a été envoyée par M. Hoppe, a
l'involucre entièrement glabre. Cette plante est assez commune
dans les prairies fertiles des hautes Alpes, entre 1500 et 2000
mètres de hauteur; en Savoie, en Piémont, en Dauphiné, en
Provence. Je l'ai retrouvée dans les hautes vallées du Jura. ♃.

2903. **Épervière rongée.**   *Hieracium præmorsum.*

Hieracium præmorsum. Linn. spec. 1126. Lam. Dict. 2. p. 362.
Gmel. Sib. 2. t. 13. f. 2.

Sa racine, qui est courte et comme rongée à l'extrémité,
pousse quelques feuilles ovales-oblongues, assez grandes, parfaitement glabres, bordées de dents écartées et peu apparentes;
d'entre ces feuilles sort une tige droite, nue, haute de 3-4 décimètres, terminée par une grappe de fleurs jaunes assez petites; ces fleurs ont ceci de remarquable, que les supérieures
fleurissent les premières, ce qui est contraire à l'ordre accou-
tumé; leurs involucres sont cylindriques, glabres, d'un verd
foncé, et ont le rang extérieur des folioles beaucoup plus court
que l'intérieur, caractère qui rapproche cette plante des prénanthes. ♃. Elle croît dans les prairies des Alpes du Piémont,
près de Fenestrelle (All.); aux environs de Basle (Hall.); au
bois de Gramont et au Martinet près Montpellier (Gou.).

2904. **Épervière orangée.** *Hieracium aurantiacum.*

Hieracium aurantiacum. Linn. spec. 1126. Lam. Dict. 2. p. 362.
Jacq. Austr. t. 410.
β? *Corollis sulphureis.* All. Ped. n. 778. t. 14. f. 1.

Cette espèce est facile à reconnoitre à la belle couleur orangée de ses fleurs; sa racine est horizontale et pousse des fibres
descendantes; ses feuilles sont grandes, radicales, ovales-oblongues, entières, hérissées de poils qui sont épars sur la surface
et nombreux sur la nervure postérieure; la tige est droite, nue ou
à peine feuillée, hérissée de poils roides, terminée par cinq ou
sept fleurs disposées en corimbe serré et portées sur des pédicelles courts; l'involucre est hérissé de poils noirâtres. La variété β, indiquée par Allioni, a les corolles d'un jaune de
soufre; appartient-elle à la même espèce? ♃. L'épervière orangée
croît dans les prairies des hautes Alpes voisines du Léman,

entre Nan et Lachaud; au mont Cenis, à Tende et à Vinadio
(All.). Elle est assez commune dans les montagnes du Dauphiné; dans le Forèz (Latourr.); dans le Jura, près le Chas-
seral; dans les Vosges, au mont Balon; en Lorraine près Rotabac
(Buch.).

2905. Épervière des Alpes. *Hieracium Alpinum.*

Hieracium Alpinum. Linn. spec. 1124. All. Ped. n. 771. t. 14. f.
2. Lam. Dict. 2. p. 359. — Ray. Syn. t. 6. f. 2.
β. *Multiflorum.* Vill. Dauph. 3. p. 104. t. 34.

Cette espèce est fort petite et velue dans toutes ses parties;
sa tige porte souvent, comme la précédente, une petite foliole
pointue; ses feuilles radicales sont oblongues, entières ou à peine
dentées, molles et chargées de poils jaunâtres; sa fleur est terminale, assez grande, de couleur jaune, mais remarquable par son
calice extrêmement velu, et dont les écailles sont fort lâches;
le réceptacle est un peu alvéolé. ♃. On trouve cette plante dans les
prairies des hautes montagnes en Savoie, au Cramont, au col
de la Seigne; en Piémont; en Dauphiné; en Provence; en
Bourgogne (Dur.); au Mont-d'Or et au Cantal (Delarb.); à
l'Espinouse et à Lamalou près Montpellier (Gou.).

2906. Épervière de Haller. *Hieracium Halleri.*

Hieracium Halleri. Vill. Dauph. 3. p. 104. — *Hieracium hybri-*
dum. Vill. Dauph. 3. t. 26. Bell. Act. Tur. 5. p. 242.

Cette plante a beaucoup de rapports avec l'épervière des
Alpes; mais elle constitue certainement une espèce distincte;
ses feuilles radicales sont plus rétrécies en pétiole, et ont un
limbe ovale-oblong, obtus, bordé vers sa base de trois ou quatre
dents larges et écartées; sa hampe est quelquefois terminée
par une seule fleur, plus souvent par deux ou trois; elle porte,
vers le milieu de sa longueur, une feuille alongée un peu dentée; l'involucre est hérissé de poils noirs, mais bien plus courts,
moins abondans et moins soyeux que dans l'épervière des
Alpes. ♃. Cette plante croît dans les prairies des hautes Alpes
voisines du Mont-Blanc, au mont Fouly, d'où elle m'a été
envoyée par M. Schleicher; au col de la Rossa, par M. Balbis;
au mont Anvert, au col de Balme, au Trient et sur le Saint-
Bernard (Vill.); en Dauphiné à Taillefer, Gavet et Premol
(Vill.); en Piémont, dans la Vallorsine près Courseilles (Bell.).

** *Fausses - andryales. — Plantes entièrement couvertes de longs poils blancs et mols qui, vus à une forte loupe, paroissent dentelés ou plumeux.*

2907. Épervière de Schrader. *Hieracium Schraderi.*

Hieracium Schraderi. Schleich. cent. exs. n. 82.

Cette plante a tous les caractères principaux de l'épervière velue, et s'en rapproche en particulier par sa consistance, par ses longs poils blancs et dentelés, par son involucre lâche, hérissé de poils blancs; mais elle s'en distingue par ses feuilles toutes radicales et oblongues, par sa tige entièrement dégarnie de feuilles et terminée par une seule fleur. ♃. Elle croît dans les prairies des hautes Alpes voisines du Mont-Blanc; elle a été trouvée par M. Schleicher, au-dessus de Morcle en Valais; par mon frère, au col Ferret.

2908. Épervière velue.   *Hieracium villosum.*

Hieracium villosum. Linn. spec. 1130. Lam. Dict. 2. p. 365. Jacq. Fl. austr. t. 87.

β. *Grandiflorum.* — *Hieracium villosum.* Hop. cent. exs.

γ. *Simplex.* — *Hieracium valdèpilosum.* Vill. Dauph. 3. p. 106. t. 30.

Sa tige est haute de 5 décim., velue, cylindrique, garnie de quelques feuilles, et produit ordinairement un ou deux rameaux simples et uniflores; les feuilles sont molles, très-velues, particulièrement en leur bord et sur leur nervure postérieure; les inférieures sont oblongues, un peu rétrécies à leur base; les supérieures sont plus courtes, un peu en cœur et embrassantes : les fleurs, en petit nombre, sont grandes, de couleur jaune et terminales; leur calice est lâche et remarquable par des poils blancs très-nombreux, mélangés de points noirâtres. Cette plante croît dans les prés des montagnes. ♃. La variété α a la tige un peu rameuse, chargée de plusieurs fleurs; les poils de ses feuilles vus à la loupe, sont dentelés dans toute leur longueur. La variété β a la tige simple, la fleur très-grande, et ses poils m'ont paru simples. La variété γ a la tige simple comme la précédente, la fleur et les poils de la première, et s'approche, par la forme des feuilles, de l'épervière faux-prénauthe.

2909. Épervière ériophore. *Hieracium eriophorum.*

Hieracium eriophorum. Saint-Am. Bull. Philom. n. 52. p. 26. t.
2. f. 1. Rœm. Arch. 3. p. 175.

β. *Caule simplici, foliis argutè dentatis, floribus congestis.*
Saint-Am. l. c.

Cette épervière est si abondamment garnie de longs poils
blancs et laineux, qu'elle rappelle le port des végétaux afri-
cains ; sa racine offre un tronc perpendiculaire, simple, tronqué à l'extrémité, et qui émet en tout sens des fibres descendantes et cylindriques ; sa tige s'élève à 7-8 décim. ; ses feuilles
sont sessiles, lancéolées, munies de dents éloignées plus apparentes dans la variété β ; celles des branches sont un peu embrassantes et plus ovales : les rameaux sont divergens, feuillés,
terminés par une grappe de fleurs jaunes portées sur des pédoncules courts, axillaires, simples ou rameux ; l'involucre est
cotonneux à sa base seulement et non à l'extrémité ; les poils
de la plante, vus à la loupe, ne sont point rameux : ces deux
derniers caractères, joints à la structure de la racine et à la
disposition des fleurs, distinguent cette espèce de l'épervière
laineuse. Cette plante a été découverte par M. Saint-Amans,
dans les dunes maritimes de sable quartzeux, pur et mobile, à
la tête de Busch près Bordeaux. Elle m'a été communiquée par
M. Lamouroux d'Agen.

2910. Épervière laineuse.   *Hieracium lanatum.*

Hieracium lanatum. Vill. Dauph. 3. p. 120. Lam. Dict. 2. p.
364. — *Andryala lanata.* Linn. spec. 1137. — *Hieracium tomentosum,* var. All. Ped. n. 791. — Dill. Elth. t. 150. f. 281.

Cette belle espèce est très-remarquable parce qu'elle est entièrement couverte de poils blancs, cotonneux, serrés, qui, vus
à la loupe, paroissent rameux comme ceux des aigrettes plumeuses ; sa tige est simple ou un peu rameuse vers le haut,
chargée de une à cinq fleurs solitaires sur leurs pédoncules ; les
feuilles sont la plupart situées vers la racine, ovales, ordinairement un peu pointues, rétrécies à leur base, entières sur les
bords, et d'une consistance molle et épaisse ; les supérieures
sont sessiles, lancéolées ; les inférieures pétiolées et plus obtuses : l'involucre est très-cotonneux, les corolles sont jaunes,
les graines noires, couronnées par une aigrette courte à poils
simples ; le réceptacle est alvéolaire, peu ou point velu. ♂. Cette
épervière croît dans les montagnes des provinces méridionales,

aux lieux exposés au soleil; dans les Alpes voisines du Mont-Blanc, à Enzeindaz et au Cramont; en Piémont (All.); dans le Champsaur et le Gapençois (Vill.); en Provence dans les basses montagnes et sur les collines; dans les Landes aux environs de Labatut (Thor.); aux environs de Chaumontois, des Bordes, du parc Garnier, entre Cléry et Saint-Laurent-des-Eaux (Guett.).

2911. Épervière fausse-andryale. *Hieracium andryaloides.*

Hieracium andryaloides. Lam. Dict. 2. p. 364. Vill. Dauph. 3. p. 121. t. 29. — *Hieracium tomentosum, var.* All. Ped. n. 791.
β. *Hieracium Liottardi.* Vill. Dauph. 3. p. 121. t. 29.

Cette plante ressemble à l'épervière laineuse, parce qu'elle est toute couverte d'un duvet blanchâtre composé de poils qui, vus à la loupe, paroissent rameux à-peu-près comme les aigrettes plumeuses, mais les petites branches de ces poils sont plus divergentes du tronc que dans l'espèce précédente; elle en diffère encore parce que ses feuilles, au lieu d'être entières, sont bordées vers la base de dents profondes ou de lobes anguleux; sa tige porte une à cinq fleurs pédonculées, écartées; sa longueur totale varie de 5 centim. à 2-3 décim.: ses feuilles sont ovales et très-cotonneuses dans la variété α, lancéolées et un peu moins velues dans la variété β; les involucres sont moins cotonneux dans cette plante que dans l'épervière laineuse; les graines sont noires, anguleuses, à aigrette peu garnie et d'un blanc sale. ⚥. Elle croît sur les rochers bas et exposés au soleil, en Dauphiné, à Saint-Eynard près du couvent; à Die, au pont Baret, à Crest, à Rabou près Gap, etc. (Vill.); dans le Piémont (All.); les montagnes de Savoie (Bell.).

2912. Épervière des rochers. *Hieracium saxatile.*

Hieracium saxatile. Vill. Dauph. 3. p. 118. t. 29.
β. *Hieracium Lawsonii.* Vill. Dauph. 3. p. 118. t. 29.

La plante que je décris ici est une mignature de l'épervière laineuse; elle lui ressemble parce que ses feuilles sont couvertes de longs poils blancs et soyeux qui, vus à la loupe, tendent à se ramifier dans toute leur longueur, comme ceux de l'épervière laineuse; sa racine est une souche épaisse et noirâtre d'où sortent cinq à six feuilles entières ou très-peu dentées, ovales et à peine pétiolées; la hampe est hérissée de poils noirs,

courts et roides ; elle porte de une à quatre fleurs; celles-ci
sont de grandeur médiocre, de couleur jaune ; leur involucre
est presque glabre, d'un verd noirâtre. ♃. Elle croît sur les rochers exposés au midi, dans les montagnes; on la trouve dans
les Pyrénées; dans les Alpes; aux environs de Grenoble, à
Corp, aux Baux et à Rabou (Vill.); au mont Cenis (Bell.);
dans la vallée de Locana sur Ceresole (Balb.). La variété β,
dont j'ai vu des échantillons envoyés à M. Desfontaines par
M. Villars, ne me paroît différer de la précédente, que parce
qu'elle est un peu plus grande et a les feuilles plus alongées. Elle
a été trouvée à Grenoble, sur les remparts et sur les murs du
faubourg Saint-Joseph.

*** *Piloselles. — Plantes de couleur un peu glauque, de
consistance plus ferme, presque glabres, hérissées,
sur-tout vers le bord des feuilles, de poils longs, blancs
et roides.*

2915. Épervière piloselle.   *Hieracium pilosella.*

 Hieracium pilosella. Linn. spec. 1125. Lam. Dict. 2. p. 361.
 α. *Vulgaris. —* Cam. Epit. t. 708 et 709. — Bull. Herb. t. 279.
 β. *Incana. —* Hall. Helv. n. 55. β.
 γ. *Grandiflora. — Hieracium pilosella Alpina.* Hop. cent. 3.

La tige de cette plante est haute de 15-18 centim., grèle,
nue, blanchâtre, et accompagnée à sa base par des rejets rampans
et feuillés ; ses feuilles sont ovales, oblongues, entières, rétrécies
en pétiole à leur base, vertes en dessus, mais garnies de longs
poils blancs et écartés, cotonneuses et fort blanches en dessous ;
sa fleur est jaune, solitaire et terminale. On trouve cette plante sur
les côteaux arides, sur les murs et dans les terreins sablonneux. ♃.
Elle est amère, astringente, vulnéraire et détersive. Je possède
trois variétés très-distinctes de la *piloselle* ou *oreille-de-souris*,
qui, mieux étudiées, seront peut-être un jour considérées comme
des espèces. La var. α est assez petite ; ses feuilles sont oblongues,
cotonneuses et blanchâtres en dessous, vertes et hérissées en dessus de longs poils épars ; les folioles de son involucre sont linéaires, hérissées de poils soyeux. La variété β, qu'on trouve
sur les hautes sommités des Alpes, est entièrement blanchâtre
et cotonneuse, même à la surface supérieure des feuilles et sur
les involucres ; ceux-ci ont, comme dans la précédente, les folioles linéaires. La variété γ, que M. Hoppe a recueillie dans

les Alpes de Saltzbourg, ressemble à la première par son feuillage, mais elle a la fleur deux fois plus grande, les involucres un peu cotonneux et composés de folioles ovales-oblongues.

2914. Épervière auricule. *Hieracium auricula.*

α. *Hieracium auricula.* Linn. spec. 1126. Smith. Fl. brit. 2. p. 829. — *Hieracium dubium.* Vill. Dauph. 3. p. 99.

β. *Scapo unifloro.* — *Hieracium dubium.* Mout-Font. Herb.

γ. *Involucro subglabro.* — *Hieracium auricula.* Lam. Dict. 2. p. 361.

Cette espèce se distingue de la piloselle, parce que sa hampe porte presque toujours plusieurs fleurs, que ses feuilles, quoique hérissées sur les bords et les nervures, de longs poils blancs, sont absolument glabres sur les deux surfaces; elle se rapproche par-là de l'épervière à bouquet, mais elle est beaucoup plus petite; elle pousse des drageons; ses fleurs sont réunies en une touffe serrée au lieu de former un corimbe lâche, et sont portées sur des pédicelles courts toujours simples. La variété α a la hampe chargée de trois à cinq fleurs, et les involucres hérissés de poils noirâtres; la variété β a la hampe chargée d'une seule fleur : elle se rapproche, par ce caractère, de la piloselle, et a sans doute été confondue avec elle par la plupart des auteurs; mais elle en diffère par ses feuilles dont les deux surfaces sont glabres, ainsi que les hampes et les jeunes pousses. La variété γ, qui est peut-être le véritable *hieracium dubium* de Linné, se distingue à ses hampes multiflores et à ses involucres presque glabres. ♃. L'auricule ou *oreille-de-souris*, croît sur les murs, les pelouses et les terreins secs.

2915. Épervière à bouquet. *Hieracium cymosum.*

Hieracium cymosum. Linn. spec. 1126? Vill. Dauph. 3. p. 101.

Cette espèce est intermédiaire entre l'auricule, dont elle a la plupart des caractères, et la fausse-piloselle, dont elle se rapproche par le port et la grandeur; elle diffère de l'auricule, parce qu'elle atteint 3-4 décim. de hauteur, que sa tige porte une ou deux feuilles vers sa base, que ses fleurs sont moins serrées et portées sur des pédoncules rameux; elle se distingue de la fausse-piloselle, parce que les poils de sa tige sont noirs à leur base, que ceux de l'involucre sont glanduleux au sommet, que les fleurs forment un bouquet beaucoup plus serré. ♃. Cette plante croît dans les prairies des Alpes du Dauphiné.

2916. Épervière fausse-   *Hieracium piloselloides.*
    piloselle.

Hieracium piloselloides. Vill. Dauph. 3. p. 100. t. 27. — *Hieracium cymosum.* Linn. spec. 1126 ? Lam. Dict. 2. p. 361. —
Hieracium florentinum. All. Ped. n. 775. — C. Bauh. Prod.
67. ic.

Cette plante a de grands rapports avec la piloselle, et sur-
tout avec l'auricule; mais elle diffère certainement de l'une et
de l'autre par ses fleurs de moitié plus petites, disposées en
bouquet ou en corimbe lâche, portées sur des pédicelles rameux; je ne lui ai jamais vu pousser de drageons rampans,
comme les précédentes; ses feuilles sont d'un verd glauque,
radicales, linéaires-oblongues, garnies sur leurs bords et souvent sur la surface supérieure, de poils longs, épars et soyeux;
la surface inférieure est glabre; quelquefois les poils sont en
si petit nombre, que les feuilles de cette plante ressemblent
à celles de l'épervière à feuilles de statice; mais elles ne sont jamais
dentées, et d'ailleurs la petitesse des fleurs de notre espèce, la
sépare non seulement de cette plante, mais de presque toutes
ses congénères : l'involucre est composé de folioles linéaires,
noirâtres, glabres, ou un peu hérissées de poils noirs non glanduleux au sommet. ♃. Cette épervière croît dans les prés secs
et montagneux du Jura; des Alpes de Savoie; de Dauphiné; de
Piémont (All.). J'en ai vu des individus dont la hauteur étoit de
4-5 décim., et dont la tige étoit feuillée dans le bas; mais
d'ordinaire la tige est nue et ne passe pas 2-5 décim.

2917. Épervière à feuilles   *Hieracium staticefo-
    de statice.   lium.*

Hieracium staticefolium. Vill. Dauph. 3. p. 116. t. 27. Lam. Dict.
2. p. 363. All. Ped. n. 782. t. 81. f. 2.

Cette espèce est si voisine de l'épervière à feuilles de poireau, qu'on pourroit la regarder comme une simple variété;
elle s'en distingue cependant par ses feuilles presque toutes radicales, dépourvues de poils même à leur base, couvertes
dans leur jeunesse d'un léger duvet blanchâtre et caduc; elles
sont oblongues, un peu dentées, d'un verd glauque; la tige
est simple ou rameuse, et ne dépasse pas 5 décim. de longueur; les fleurs sont d'un jaune pâle et verdissent presque
toujours par la dessication; elles sont un peu plus grandes que

dans l'espèce suivante : les folioles de l'involucre sont noirâtres, couvertes, dans leur jeunesse, d'un duvet blanc. ♃. Cette plante croît le long des torrens et dans les terres mouvantes, stériles et défrichées, et fleurit presque tout l'été. On la trouve dans le Piémont; le Dauphiné; le Lionnois (Latourr.); dans les montagnes voisines du Léman, entre la Gryone et la Grand'eau.

2918. Épervière à feuilles de poireau.   *Hieracium porrifolium.*

Hieracium porrifolium. Linn. spec. 1128. Jacq. Austr. t. 286. Lam. Dict. 2. p. 363. — *Hieracium farinosum.* Lam. Fl. fr. 2. p. 94. — Bocc. Mus. t. 106.

Sa tige est haute de 3 décimètres, grêle, lisse, striée et branchue; ses feuilles sont longues de 9-12 centim., larges de 9 millim. ou un peu plus, garnies en leur bord de quelques dents peu sensibles, terminées en pointe plus ou moins aiguës, lisses, d'un verd glauque, et chargées à leur base de quelques poils blancs peu nombreux : les fleurs sont jaunes, petites, et terminent la tige ainsi que les rameaux, qui sont axillaires; les involucres sont farineux. ♃. Cette plante croît le long des torrens des montagnes du Dauphiné, dans le Champsaur, au Noyer, à Loupière, dans l'Oysans, à Saint-Christophe, à Venos et près Grenoble (Vill.); dans la vallée d'Exilles et autour de Dernis près Tortone en Piémont (All.); dans le Lionnois (Latourr.); en Provence (Gér.).

2919. Épervière glauque.   *Hieracium glaucum.*

Hieracium glaucum. All. Ped. n. 781. t. 28. f. 3. et t. 81. f. 1. Lam. Dict. 2. p. 363. — *Hieracium scorzonerœfolium.* Vill. Dauph. 3. p. 111.

β. *Involucro hirsuto.*

Cette plante est sujette à un grand nombre de variations; sa couleur glauque la rapproche des deux espèces précédentes, et quelquefois son port et la forme de ses feuilles s'en écartent peu; mais dans d'autres individus sa tige s'alonge, ses feuilles s'élargissent, se chargent de poils, et alors elle ressemble à l'épervière à feuilles de mélinet : au milieu de ses variations, on la distingue à sa couleur glauque, à ses feuilles hérissées, sur-tout sur la côte postérieure, de longs poils soyeux et un peu roussâtres ; à sa tige chargée de plusieurs fleurs portées sur de longs pédicelles légèrement écailleux. La variété *α* a l'involucre presque glabre, les feuilles étroites, à peine dentées, le plus

souvent rassemblées vers le bas de la plante ; la variété β a
les feuilles plus larges, plus velues, l'involucre hérissé, la tige
feuillée dans la plus grande partie de sa longueur. ♃. Cette plante
croît dans les Alpes, au bord des torrens et parmi les rochers.
On la trouve en Dauphiné près Gap, et à Venos en Oysaus ;
elle est assez commune dans les Alpes du Piémont (All.).

**** *Pulmonaires ou vraies épervières. — Plantes vertes
dont la tige est feuillée, dont les calices sont le plus
souvent hérissés de poils noirs.*

2920. Épervière à feuilles   *Hieracium cerinthoides.*
    de mélinet.

> *Hieracium cerinthoides.* Linn. spec. 1129. Lam. Dict. 2. p. 365.
> Gou. Illustr. 58. t. 22. f. 4.

Sa tige est haute de 3 décim., striée et garnie dans toute
sa longueur de longs poils blancs très-doux ; elle porte à son
sommet cinq à six fleurs jaunes assez grandes, disposées en
corimbe et soutenues par des pédoncules velus et souvent rameux : ses feuilles sont molles, presque glabres en dessus,
mais très-velues en leur bord et sur leur nervure postérieure ;
celles de la tige sont ovales, embrassantes et un peu dentées
vers leur base, et celles de la racine sont alongées, en spatule
vers leur sommet, et rétrécies en pétiole vers leur naissance.
Cette plante croît dans les lieux ombragés des Pyrénées ; dans
le Piémont, au-dessus de Groscaval (All.) ; dans l'Oysans et le
Briançonnois (Vill.)? La plante de Villars paroît appartenir à
une espèce distincte de la nôtre.

2921. Épervière faux-   *Hieracium prenanthoides.*
    prénanthe.

> *Hieracium prenanthoides.* Vill. Dauph. 3. p. 108. Lam. Dict. 2.
> p. 367. excl. Jacq. syn. — *Hieracium spicatum.* All. Ped. n.
> 795. t. 27. f. 3.
> β. *Foliis integris.* All. Ped. t. 27. f. 1.
> γ. *Hieracium cotoneæfolium.* Lam. Dict. 2. p. 367. — *Hieracium
> cidoniæfolium.* Vill. Dauph. 2. p. 107.

Cette plante est d'un verd clair, d'une consistance foible et
couverte de poils blancs, simples, mols, épars et peu nombreux, excepté sur le bord des feuilles ; la tige s'élève à 4 décimètres ; elle est droite, simple, divisée vers le sommet en
rameaux divergens, chargés chacun de plusieurs fleurs qui se

trouvent ainsi disposées en grappe ou en panicule, et non en épi ; les feuilles sont ovales-oblongues et pétiolées dans le bas de la plante, sessiles dans le haut et munies à leur base d'oreillettes arrondies et embrassantes. La variété *α* a les feuilles un peu sinuées ou dentées ; la variété *β* a les feuilles entières ; les fleurs sont assez semblables à celles de l'épervière des murs ; leur involucre est hérissé de poils courts et noirs : la variété *γ* ne me semble différer des deux précédentes, que parce qu'elle est un peu rameuse, plus velue, qu'elle a les feuilles un peu plus dentées et les fleurs plus grandes. ♃. Elle croît sur les montagnes élevées et exposées au soleil ; dans l'Auvergne, le Dauphiné, le Piémont, la Savoie, le Jura.

2922. Épervière fausse-lampsane.   *Hieracium lampsanoides.*

Hieracium lampsanoides. Gou. Illustr. p. 57. t. 21. f. 3. Lam. Dict. 2. p. 369.

Sa tige est haute d'un mètre, anguleuse, légèrement velue, droite, feuillée, simple, excepté vers le sommet où elle se ramifie en corimbe ; ses feuilles inférieures et radicales ressemblent à celles de la lampsane commune ; elles sont découpées en lyre à leur base et terminées par un grand lobe en forme de cœur pointu et denté ; les feuilles supérieures sont ovales, échancrées en cœur à leur base, dentées sur les bords ; elles sont toutes chargées de poils courts et écartés : les fleurs sont jaunes, de grandeur moyenne, portées sur des pédoncules longs, rameux, pubescens ; leurs involucres sont d'un vert foncé, légèrement hérissés ; les graines sont brunes, chargées d'une aigrette de la même longueur qu'elles et d'un blanc de neige. ♃. Elle croît dans les bois des Pyrénées, entre le mont Laurenti et le village de Guérigut, où elle a été découverte par MM. Gouan et Pourret ; dans les prairies de Barrège, où elle a été observée par M. Ramond.

2923. Épervière à feuilles de succise.   *Hieracium succisæfolium.*

Hieracium succisæfolium. All. Ped. n. 786. — *Hieracium integrifolium.* Hop. cent exs. 3. Hoffm. Germ. 4. p. 119. Willd. spec. 3. p. 1568. — Hall. Helv. n. 47.

Sa racine est courte, perpendiculaire et pousse un grand nombre de fibres simples et descendantes ; sa tige est unique, simple, droite, glabre, longue de 3-4 décim. ; ses feuilles sont toutes entières, presque glabres ou chargées çà et là de petits poils courts et épars; les radicales sont ovales-oblongues, obtuses, rétrécies en un long pétiole; celles qui naissent sur la tige sont sessiles, oblongues-lancéolées, pointues, demi-embrassantes : les fleurs sont au nombre de trois à quatre, portées sur des pédoncules uniflores, assez semblables à celles de l'épervière des murs, mais d'un jaune plus doré; leur involucre est d'un verd foncé, hérissé, ainsi que les pédicelles, de poils courts et noirs; l'aigrette est d'un blanc de neige, comme dans les crépides. ♃. Cette plante croît dans les pâturages des montagnes; elle m'a été communiquée par M. Chaillet, qui l'a trouvée dans les montagnes du Jura : elle croît en Piémont, près Bessan et l'Autaret (All.). La plante indiquée sous ce même nom par Villars, comme variété de l'épervière des murs, paroît tout-à-fait différente de la nôtre.

2924. Épervière de mon-   *Hieracium montanum.*
tagne.

Hieracium montanum. Jacq. Fl. austr. t. 190. All. Ped. n. 770.
— *Andryala pontana.* Vill. Dauph. 2. p. 67. t. 23. — *Hypocharis pontana.* Linn. spec. 1140. — Hall. Helv. n. 38. — Bocc.
Mus. 148. t. 113.

Cette plante a le port des épervières et des porcelles, et se rapproche un peu des andryales par son réceptacle velu ; sa racine est simple, noirâtre, profonde; sa tige droite, unique, simple, feuillée, longue de 3-5 décim., garnie, ainsi que les feuilles, de poils courts, mols, simples et peu nombreux; les feuilles sont oblongues, dentées, rétrécies en pétiole dans le bas de la plante, sessiles dans le milieu, très-petites et avortées au sommet; la fleur est grande, jaune, droite, terminale; son involucre est noirâtre, hérissé de poils jaunes; l'aigrette est sessile, d'un blanc sale, comme dans les épervières ; le réceptacle est garni de poils rares et peu apparens. ♃. Cette épervière croît dans les prés des montagnes alpines; elle se trouve fréquemment en Piémont (All.); en Dauphiné à la grande Chartreuse, au Noyer, à Gap et aux Baux (Vill.); en Savoie (Bocc.); au mont Thoiry près Genève (Ray.); dans les montagnes du Valais voisines du Léman. Elle n'a jamais été trouvée dans le Pont, et c'est par une faute typographique que le nom de *montanum*, donné à cette plante par Boccone, a été changé en *pontanum*.

2925. Épervière des murs. *Hieracium murorum.*

Hieracium murorum. Lam. Dict. 2. p. 565. Vill. Dauph. 3. p.
124. — *Hieracium murorum*, α et γ. Linn. spec. 1128. —
— Dalech. Hist. 565. — Barr. ic. 342.
β. *Folio maculato.*

Sa tige est haute de 5 décim., grèle, velue, presque nue,
ou chargée d'une ou deux feuilles seulement; elle se divise
supérieurement en quelques rameaux ordinairement uniflores :
ses feuilles radicales sont ovales, à peine dentées mais un peu
anguleuses à leur base, où elles sont échancrées légèrement dans
le lieu de l'insertion de leur pétiole; elles sont très-velues en
dessous, en leur bord et encore plus sur leurs pétioles : les
feuilles de la tige sont ovales-lancéolées et sessiles; les fleurs
sont jaunes, terminales et assez grandes. La variété β a les
feuilles tachées de brun en dessus. Cette plante croît sur les
vieux murs. ♃. Elle est adoucissante et vulnéraire.

2926. Épervière des bois. *Hieracium sylvaticum.*

Hieracium sylvaticum. Gouan. Illustr. p. 56. Lam. Dict. 2.
p. 366. — Lob. ic. 587. f. 1.

Sa tige s'élève jusqu'à un mètre; elle est simple, ferme, cylindrique, très-velue inférieurement, et garnie de trois ou
quatre feuilles écartées les unes des autres : ses fleurs sont terminales, de couleur jaune, et portées sur des pédoncules rameux
et en forme de corimbe; ces pédoncules, ainsi que les calices,
sont chargés de poils droits et noirâtres : les feuilles radicales
sont ovales-oblongues, garnies de dents anguleuses et distantes, et portées sur des pétioles rougeâtres et très-velus,
ainsi que leur nervure postérieure. Cette espèce a les feuilles
un peu minces et molles, comme l'épervière des murs, et ce
caractère seul peut la distinguer de l'épervière de Savoie, à
laquelle elle ressemble quand elle atteint une grandeur un peu
considérable : elle croit dans les bois. ♃.

2927. Épervière de Savoie. *Hieracium Sabaudum.*

Hieracium Sabaudum. Linn. spec. 1131. Lam. Dict. 2. p. 369.
All. Pedem. n. 796. t. 27. f. 2. — Moris. s. 7. t. 5. f. 59.
β. *Hieracium ambiguum.* Schleich. cent. exs. n. 86.

Sa tige est cylindrique, dure, velue, très-feuillée et s'élève
jusqu'à un mètre; ses feuilles sont éparses, embrassantes,
ovales-oblongues, pointues, un peu dentées et plus ou moins

velues ; les supérieures sont courtes , et les inférieures beaucoup plus alongées : les fleurs sont jaunes , médiocres , et forment
un corimbe terminal. On trouve une variété dont les feuilles
de la tige sont en petit nombre et distantes. Cette plante , cultivée ou très-âgée , devient presque glabre , et ses feuilles
sont alors d'un verd noirâtre : elle croit dans les bois. ♃.

2928. **Épervière en om-**   *Hieracium umbellatum.*
     belle.

    Hieracium umbellatum. Linn. spec. 1131. Lam. Dict. 2. p. 370.
    Clus. Hist. 2. p. 140. ic.

Sa tige est droite, simple, dure, garnie de feuilles dans
toute sa longueur, et s'élève jusqu'à un mètre ; ses feuilles
sont éparses , un peu distantes , lancéolées , étroites , pointues ,
garnies en leur bord de quelques dents écartées et point embrassantes comme celles de l'épervière de Savoie , à laquelle
cette espèce ressemble beaucoup ; les fleurs sont jaunes , terminales , portées sur des pédoncules rameux , et disposées en
manière d'ombelle. On trouve cette plante dans les bois et dans
les lieux secs. ♃.

2929. **Épervière embras-**   *Hieracium amplexi-*
     sante.   *caule.*

    Hieracium amplexicaule. Linn. spec. 1129. Lam. Dict. 2. p. 366.
    All. Ped. n. 792. t. 15. f. 1. et t. 30. f. 2. — *Hieracium balsa-*
    meum. Asso. Fl. arr. t. 7.
    β. *Rotundifolium.* Tourn. Inst. 472. — *Hieracium pulmonarioi-*
    des. Vill. 2. p. 133. t. 34.

Cette plante varie beaucoup , et il n'est presque pas possible
d'accorder les descriptions qu'en ont données les auteurs ; sa
tige s'élève jusqu'à 5 décim. tout au plus ; elle est cylindrique ,
branchue et chargée de poils courts et glutineux ; ses feuilles
inférieures sont longues de 2 décim. , larges de 6 centim. , ne
se terminant pas par une pointe aiguë , mais au contraire par
une pointe mousse et presque obtuse ; elles ont quelques dents
écartées et peu sensibles, et sont rétrécies à leur base : les
feuilles du milieu de la tige sont oblongues , obtuses et embrassantes , et les supérieures sont courtes et en cœur ; elles sont
toutes couvertes de poils glutineux , mais extrêmement courts ;
les fleurs sont jaunes et assez grandes , et les calices sont composés d'écailles aiguës , lâches et chargées de poils semblables

à ceux de la tige et des feuilles ; son aigrette est rousse , fragile , peu considérable , à poils dentelés lorsqu'on les voit à la loupe. ♃. Cette plante croît dans les lieux montagneux et pierreux des provinces méridionales , dans les Alpes , les Corbières , les Pyrénées.

2930. Épervière blanchâtre.   *Hieracium albidum.*

Hieracium albidum. Vill. Dauph. 3. p. 133. t. 31. — *Hieracium intybaceum.* Jacq. austr. t. 43. All. Ped. n. 793. t. 29. f. 3. — *Hieracium intybaceum* , β. Lam. Dict. 2. p. 369.

Cette plante est intermédiaire entre l'épervière à grande fleur et l'épervière tubuleuse ; elle se distingue de la première par ses fleurs d'un jaune pâle et blanchâtre , par ses aigrettes d'un blanc sale et nullement luisantes , parce qu'elle ne dépasse pas 5 centim. de hauteur, que ses feuilles sont moins découpées , souvent toutes radicales ; elle diffère de la seconde , parce que ses fleurons ne sont point tubuleux jusqu'au milieu de leur lonlongueur , et n'ont pas l'extrémité du limbe calleuse : cette différence rend les fleurs de cette espèce beaucoup plus grandes que celles de l'épervière tubuleuse. ♃. Elle croît dans les prairies des hautes Alpes du Dauphiné, du Piémont et de la Savoie.

2931. Épervière tubuleuse.   *Hieracium tubulosum.*

Hieracium tubulosum. Lam. Dict. 2. p. 367.

Cette espèce est extrêmement remarquable par la structure de ses fleurons , qui sont tubuleux au-delà du milieu de leur longueur , et dont le limbe est court, calleux au sommet ; caractère qui se conserve par la culture , depuis vingt ans que cette épervière est au jardin des Plantes. La plante est chargée , sur-tout dans sa partie supérieure , de poils courts et visqueux ; la tige est cylindrique , simple , feuillée , divisée au sommet en trois ou cinq rameaux terminés chacun par une fleur ; les feuilles sont étroites , alongées , bordées de dentelures fortes , pointues et écartées , rétrécies à la base dans la partie inférieure de la plante , sessiles et embrassantes dans le haut, toujours pointues ; l'involucre est noirâtre , hérissé de poils mols et visqueux ; les fleurs sont d'un jaune pâle ; l'aigrette est d'un blanc sale et ne dépasse pas la longueur de la graine. ♃. Cette plante a été découverte par M. Desfontaines , dans les Alpes du Dauphiné. La figure 2, pl. 31, de Villars, donne assez bien l'idée de

notre

notre plante; mais il paroît, d'après la description, qu'elle appartient à l'épervière blanchâtre.

2932. Épervière à grandes fleurs. *Hieracium grandiflorum.*

> *Hieracium grandiflorum.* All. Fl. ped. n. 794. t. 29. f. 2. Lam. Dict. 2. p. 368.
>
> β. *Hieracium conyzoideum.* Lam. Fl. fr. 2. p. 97. — *Hieracium conyzæfolium.* Gou. Illustr. p. 59.
>
> γ. *Hieracium pappoleucum.* Vill. Dauph. 3. p. 134. t. 31.
>
> δ. *Hieracium intybaceum*, α. Lam. Dict. 2. p. 369.

Cette belle espèce est remarquable par la grandeur de ses fleurs portées sur de longs pédoncules uniflores; par ses aigrettes d'un blanc de neige, comme dans les crépides; par ses feuilles qui embrassent la tige au moyen de deux oreillettes pointues et horizontales : sa tige est rameuse, épaisse, haute de 3-5 décim.; ses feuilles radicales sont oblongues, rétrécies à leur base, bordées, aussi bien que celles de la tige, de sinuosités qui dégénèrent en dents écartées; les feuilles supérieures sont entières; toutes sont couvertes de poils courts et un peu jaunâtres; l'involucre est noirâtre, velu ou pubescent, plus lâche que dans la plupart des épervières. La variété β est très-peu velue; la variété γ est très-petite et se rapproche, par son port, des variétés naines de l'épervière blanchâtre, dont son aigrette blanche et sa fleur jaune la distinguent facilement; la variété δ ressemble absolument aux précédentes par la fleuraison et la couleur de l'aigrette, mais elle s'élève davantage; ses feuilles sont presque glabres et plus découpées sur les bords. ♃. Cette plante croît dans les prairies des Alpes du Dauphiné, du Piémont, de la Savoie, de l'Auvergne.

2933. Épervière fausse-blattaire. *Hieracium blattarioides.*

> *Hieracium blattarioides.* Linn. spec. 1129. Lam. Dict. 2. p. 368. *Crepis austriaca.* Jacq. Fl. austr. t. 441. All. Ped. t. 30. f. 1.— *Crepis blattarioides.* Vill. Dauph. 3. p. 136. — *Hieracium Pyrenaicum.* Linn. Syst. ed. 10. p. 1095. — *Crepis sibirica.* Gou. Illustr. 60.

Cette espèce ressemble beaucoup aux deux premières variétés de l'épervière à grandes fleurs, par ses feuilles embrassantes, ses fleurs grandes et de couleur jaune, ses involucres lâches et ses aigrettes d'un beau blanc; mais elle diffère certainement

de cette plante par sa tige plus abondamment garnie de feuilles ;
par ses feuilles dont les oreillettes sont descendantes et non horizontales, et dont les bords sont garnis de petites dentelures
saillantes ; par ses involucres plus lâches et hérissés de longs
poils noirs : ses feuilles sont presque glabres dans le plus grand
nombre des individus ; sa tige s'élève à 3–5 décim. ♃. Cette
plante croît dans les prairies pierreuses des montagnes ; dans les
Pyrénées ; les Alpes ; les hautes sommités du Jura ; en Provence près Cotignac (Gér.), etc.

2934. Épervière des marais. *Hieracium paludosum.*

> *Hieracium paludosum.* Linn. spec. 1129. Lam. Dict. 2. p. 366.
> All. Ped. n. 788. t. 28. f. 2. et t. 31. f. 2. — *Crepis paludosa.*
> Mœnch. Meth. 535. — J. Bauh. Hist. 2. p. 1033. ic.

Sa tige s'élève jusqu'à 6 décim. ; elle est glabre, cylindrique
inférieurement et un peu anguleuse vers son sommet, où elle est
rameuse et paniculée ; ses feuilles sont embrassantes, glabres,
lisses, minces, alongées et fortement dentées ; les calices sont
chargés de poils noirâtres ; les fleurs forment un corimbe lâche **au**
sommet de la tige ; elles sont au nombre de cinq à huit, de couleur
jaune, assez petites si on les compare à la grandeur de la plante ;
leurs involucres sont d'un verd foncé, hérissés de poils noirs. ♃.
Cette plante croît dans les prés marécageux et au bord des bois,
dans les pays de montagnes ; aux environs de Genève ; en Savoie,
en Piémont (All.) ; en Dauphiné (Vill.) ; dans les Monts-d'Or en
Auvergne ; dans les Pyrénées ; à Gaujeac dans les Landes. Les individus de cette plante qui ont les lobes un peu plus profonds qu'à
l'ordinaire, ressemblent tout-à-fait à l'*hieracium lyratum*, Linn.

2935. Épervière à feuilles *Hieracium brunellæ-*
de brunelle.   *folium.*

> *Hieracium prunellæfolium.* Gou. Illustr. p. 57. t. 22. f. 3. All.
> Ped. n. 784. t. 15. f. 2. Vill. Dauph. 3. p. 122. — *Hieracium*
> *pygmæum.* Lam. Fl. fr. 2. p. 100. —*Hieracium pumilum.* Linn.
> Mant. 2. p. 279. Lam. Dict. 2. p. 364. non Jacq. — *Crepis pyg-*
> *mæa.* Linn. spec. 1131. — *Leontodon dentatum.* Linn. Mant.
> 107.

La tige de cette plante est basse, un peu couchée, rougeâtre,
glabre et branchue ; ses feuilles sont ovales, un peu en cœur,
dentées en leur bord, épaisses, velues, blanchâtres et portées
sur des pétioles ailés, dentés et presque en lyre ; ces pétioles
sont un peu embrassans et colorés à leur base ; les pédoncules

sont uniflores, et les calices blanchâtres, cotonneux et embriqués; son aigrette molle, blanche et luisante, la rapproche des crépides. Cette plante est entièrement glabre lorsqu'elle croît dans les lieux ombragés ou un peu humides; elle est couverte d'un duvet blanc, cotonneux, serré et caduc, lorsqu'elle est exposée au soleil. ♃. Elle se trouve dans les endroits pierreux des montagnes des provinces méridionales; dans les environs du lac Léman à la Grandvire, la Varaz, le Diableret, le mont Enzeindaz (Sut.); en Piémont dans la vallée étroite, au col d'Ivoir, dans les monts de Cotaplasna au-dessus d'Oula et de Césane (All.); dans les montagnes du Bugey (Latourr.); en Dauphiné au mont de Lans, en Oysans, dans le Champsaur, à Embrun (Vill.); en Provence dans les montagnes de Seyne; dans les Pyrénées, sur le mont Cambresdase près Saint-Louis (Gou.); et du côté de Barrèges.

2936. **Épervière de Jacquin.** *Hieracium Jacquini.*

> *Hieracium Jacquini.* Vill. Dauph. 3. p. 123. t. 28. — *Hieracium pumilum.* Jacq. Fl. austr. 2. t. 189. non Linn. — *Hieracium humile.* Hoffm. Germ. 4. p. 119.
> β. *Hieracium lyratum.* Vill. Dauph. 3. t. 28.
> γ. *Hieracium lyrato-acutum.* Vill. Dauph. 3. t. 28.

Cette espèce est certainement distincte de l'épervière à feuilles de brunelle, soit par la briéveté de ses pétioles et la forme de ses feuilles, soit sur-tout parce que ses poils ne sont ni serrés ni cotonneux, mais épars, hérissés et un peu jaunâtres; sa racine est grosse, oblique, tronquée; sa tige ne dépasse pas 2 décim. et se ramifie dès sa base en rameaux nus, poilus et terminés chacun par une seule fleur; ses feuilles naissent dans le bas de la plante, portées sur un pétiole de 2 centim. environ de longueur, vertes, hérissées çà et là de poils peu apparens dans les variétés β et γ, très-nombreux dans la variété α; la forme des feuilles est très-variable; on en trouve d'arrondies, d'oblongues, d'ovales ou de lancéolées; le plus souvent elles se divisent, sur-tout vers le bas, en lobes divergens, pointus, et dont les inférieurs atteignent jusqu'à la côte longitudinale; les fleurs sont assez grandes, de couleur jaune; l'involucre est composé de folioles peu nombreuses, un peu noirâtres, hérissées de poils jaunes ou noirs; les graines sont noires, anguleuses, couronnées par une aigrette roide, d'un blanc jaunâtre. ♃. Cette plante croît dans les montagnes, parmi les fentes des rochers et sur les murailles, en Dauphiné, à Pont-Baret près Montélimart, à Die, à Crest, à la Cluse, dans le Devoluy, à Saint-Julien en Beauchêne, sur le mont Ventoux (Vill.). Je l'ai reçue des montagnes voisines du Valais.

2937. Épervière fausse-chondrille.   *Hieracium chondrilloides.*

Hieracium chondrilloïdes. Jacq. Fl. austr. t. 429. Lam. Dict. 2. p. 364. non Vill.

Cette petite plante ressemble, par son feuillage, à la crépide des toits, mais n'atteint pas 2 décim. de longueur; sa tige est droite, divisée vers le haut en deux ou trois rameaux pubescens et terminés chacun par une fleur; les feuilles sont glabres; les inférieures sont oblongues, pointues, rétrécies en pétiole, bordées d'une ou deux dentelure s;celles qui naissent au-dessus sont fortement lobées vers le bas de leur limbe; leurs lobes sont grêles, linéaires, un peu recourbés vers le bas de la feuille; celles qui naissent vers le haut de la plante sont sessiles, assez petites, pinnatifides, et les feuilles florales sont linéaires, entières : les fleurs sont jaunes, de grandeur moyenne; leur involucre est noirâtre, pubescent; leurs aigrettes sont d'un blanc sale, à poils simples un peu dentelés lorsqu'on les voit à la loupe. ♃? Je décris cette espèce d'après un échantillon donné par M. Jacquin à M. Lamarck. On assure qu'elle est indigène du Piémont (All.); qu'elle se trouve à Saint-Remi, dans le val d'Aost et à Martigny dans le Valais (Bell.); sur le mont Balon dans les Vosges (Buch.).

CDLXXXII. ANDRYALE.   *ANDRYALA.*

Andryala. Linn. Juss. Lam. Gœrtn. — *Eriophorus.* Vaill.

CAR. Les andryales ne diffèrent des épervières que parce que leur réceptacle est garni de longs poils qui naissent entre les graines, et qui sont les prolongemens des bords de l'alvéole.

OBS. Leurs feuilles sont garnies d'un duvet cotonneux composé de poils rameux.

2938. Andryale à feuilles entières.   *Andryala integrifolia.*

Andryala integrifolia. Linn. spec. 1136. — *Andryala corymbosa.* Lam. Dict. 1. p. 153. — *Andryala lanata.* Vill. Dauph.

3. p. 65. — *Andryala parviflora*, *α*. Lam. Fl. fr. 2. p. 117. — Dalech. Lugd. 1116. f. 2.

Sa racine est assez grosse; ses tiges s'élèvent à 3 décim. : la plante entière est couverte d'un duvet mol, cotonneux, d'un blanc sale; les feuilles inférieures sont un peu dentées, oblongues; les supérieures sont ordinairement entières et un peu plus étroites : les fleurs sont jaunes, disposées en corimbe au sommet de la tige et des branches principales; leur involucre est extrêmement laineux et se réfléchit après la fleuraison, de sorte qu'on voit facilement les poils qui hérissent le réceptacle; les graines sont petites, brunes, cannelées, marquées de nervures longitudinales, blanches et saillantes; l'aigrette dépasse à peine la longueur de l'involucre et prend souvent par la dessication une teinte bleuâtre. ⊙? Elle croît dans les lieux stériles et sur les rochers; dans l'isle de Corse (Vall.); aux environs de Marseille, dans presque toute la Provence (Gér.); à Nice (All.); à Lyon (Latourr.); à Montélimart (Vill.); à Montpellier, à Cremens. département du Gers, près de la mer (Gou.); à Gasser et au Fau près Montauban (Gat.); à Dax (Thor.); près Clermont en Auvergne; dans le parc de Châteauneuf-sur-Loire près Orléans (Dub.) : elle est assez commune dans les vignes aux environs de Nantes (Bon.).

2939. Andryale découpée. *Andryala sinuata.*

Andryala sinuata. Linn. spec. 1137. — *Andryala lyrata.* Pourr. Act. Toul. 3. p. 308. — *Andryala laciniata.* Lam. Dict. 1. p. 153. — *Andryala parviflora*, *β*. Lam. Fl. fr. 2. p. 117. — Clus. Hist. 2. p. 143. ic.

Cette espèce ressemble extrêmement à la précédente, mais on la distingue dès le premier coup-d'œil à son duvet plus court, plus serré et plus roussâtre; à ses tiges qui ne portent que trois ou quatre fleurs éparses et non disposées en corimbes; à ses feuilles plus découpées et presque pinnatifides dans le bas de la plante; à ses involucres moins laineux; aux poils de son réceptacle plus caducs; à ses graines non cannelées de nervures blanches; à son aigrette qui conserve sa teinte blanche pendant la dessication. ♃? Cette plante croît dans les montagnes des Corbières près Narbonne, où elle a été trouvée par M. Pourret; aux environs de Montpellier (Gou.)? de Nice (All.)? de Lyon (Latourr.)? à Saint-Sever près Dax (Thor.).

2940. Andryale de Nismes. *Andryala Nemausensis.*

Andryala Nemausensis. Vill. Dauph. 3. p. 66. t. 26. — *Andryala nudicaulis.* Lam. Dict. 1. p. 154. — *Crepis Nemausensis.* Gou. Illustr. 60. All. Ped. n. 809. t. 75. f. 1. — *Crepis nuda.* Lam. Fl. fr. 2. p. 110. — *Hieracium sanctum.* Linn. spec. 1127?

β. *Caule ramosissimo multifloro subfolioso.*

Sa tige est nue, chargée de poils simples, écartés, un peu glanduleux au sommet, et s'élève à peine jusqu'à 3 décim.; elle se divise supérieurement en quatre ou cinq pédoncules velus, simples, quelquefois rameux et garnis à leur naissance d'une petite stipule linéaire : les feuilles sont radicales, alongées, élargies en spatule vers leur sommet, où elles sont un peu anguleuses, et se rétrécissent ensuite vers leur base où elles sont dentées, sinuées ou même en lyre; elles sont vertes et légèrement chargées de poils courts : les fleurs sont jaunes, et les écailles calicinales sont blanchâtres en leur bord; les poils de son réceptacle sont longs et persistans. Cette plante s'éloigne beaucoup, par son port, des autres espèces d'andryales, et s'en écarte encore parce que les graines placées à la circonférence de la fleur, sont enveloppées par les folioles de l'involucre et quelquefois dépourvues d'aigrette. ☉. Elle croît dans les lieux stériles aux environs de Nismes, près la Tourmagne (Gou.); à Aix, à Avignon, le long du Rhône, au-dessous d'Orange (Vill.); à Quarasa près Nice (All.). On en trouve des individus à hampe simple et uniflore; d'autres où la hampe se divise en deux ou trois pédicelles; quelquefois, enfin, elle se ramifie au point de porter dix à douze fleurs, et alors elle offre quelques feuilles éparses çà et là sur la tige.

CDLXXXIII. CRÉPIDE.　　　*CREPIS.*

Crepis. Mœnch. — *Crepidis sp.* Linn. Juss. Lam. Gœrtn.

CAR. Les crépides ne diffèrent des épervières, que par leur involucre sillonné, ventru à sa base à la maturité, et dont les folioles extérieures sont un peu étalées; elles ont l'aigrette sessile (ce qui les distingue des barkhausies), composée de poils simples.

OBS. Les espèces de ce genre ainsi réduit, ont toutes la fleur jaune et l'involucre pubescent ou farineux; le genre *crepis* de Linné exigeoit une nouvelle détermination, et étoit composé de plantes très-disparates; le *crepis pulchra* est un prenanthes; le *crepis albida* entre dans les picridium; le *crepis rhagadioloides* doit former un genre particulier (*medicusia*, Mœnch.), ou être réuni aux zacinthes; enfin, les espèces à aigrettes pédicellées constituent le genre *barkhausia*.

2941. Crépide bisannuelle. *Crepis biennis.*

Crepis biennis. Linn. spec. 1136. Lam. Dict. 2. p. 181. Gœrtn. Fruct. 2. p. 364. t. 158. f. 8.

Sa tige est haute de 9–12 décim., dure, anguleuse et velue inférieurement; ses feuilles sont profondément pinnatifides, un peu rudes et hérissées en dessous de poils courts, durs et blanchâtres; les fleurs sont jaunes, terminales, disposées en corimbe, et ont 4–5 centim. de diamètre; leur calice est composé d'écailles lancéolées, noirâtres, légèrement velues, mais point farineuses. Cette plante croît dans les pâturages et sur le bord des champs. ♂.

2942. Crépide des toits. *Crepis tectorum.*

Crepis tectorum. Linn. spec. 1135? Lam. Dict. 2. p. 180. — Lob. ic. t. 239. f. 2.

Au milieu des nombreuses variations que subissent toutes les crépides, on ne peut, sans difficulté, distinguer cette espèce de la précédente, dont elle a le port, et de la suivante, dont elle a presque tous les caractères; elle diffère de la crépide bisannuelle, par sa racine annuelle, par ses fleurs de moitié plus petites (leur diamètre est de 15–18 millim.) par sa surface presque entièrement glabre; elle se distingue de la crépide verdâtre, parce qu'elle s'élève à la hauteur de 6 décim., qu'elle est presque entièrement glabre, même sur son involucre; elle s'éloigne, enfin, de l'une et de l'autre, par la forme des feuilles de sa tige; ces feuilles sont sessiles, pinnatifides dans les deux tiers inférieurs de leur longueur, à lobes lancéolés, étroits et pointus; leur extrémité est un lobe aigu, entier, en forme de triangle très-alongé. ☉. Elle croît sur les toits de chaume et sur-tout dans les prés.

2943. Crépide verdâtre. *Crepis virens.*

Crepis virens. Linn. spec. 1134? Lam. Dict. 2. p. 180. — *Lapsana capillaris.* Linn. spec. ed. 1. p. 813. — Lob. ic. 229 f. 2.
β. *Caule sub simplici.*
γ. *Caule unifloro nudo.* — *Crepis uniflora.* Thuil. Fl. paris. II. 1. p. 410.
δ. *Crepis pinnatifida.* Wild. spec. 3. p. 1604.

Cette plante se distingue des deux précédentes à son port

grêle et fluet ; elle ne s'élève pas au-delà de 3 décimètres ; ses feuilles sont la plupart radicales, oblongues, sinuées ou pinnatifides dans toute leur longueur, quelquefois découpées en lyre à leur base ; celles de la tige sont en petit nombre, presque linéaires et dentées seulement vers leur base ; toutes sont d'un verd un peu pâle, d'une consistance molle et le plus souvent glabres : la tige est droite, rameuse et feuillée ; les fleurs ont 15-18 millim. de diamètre ; elles naissent sur des pédoncules capillaires et forment un corimbe irrégulier ; leur involucre est farineux, hérissé çà et là de poils noirs, courts et un peu glanduleux. La variété β a la tige plus effilée, moins rameuse ; les feuilles plus longues et plus étroites : la variété γ a la tige grêle, nue, terminée par une seule fleur ; dans la variété δ, les feuilles sont plus décidément pinnatifides. Toutes ces plantes croissent dans les prés secs et le long des murs et des haies. ☉.

2944. Crépide de Dioscoride.   *Crepis Dioscoridis.*

Crepis Dioscoridis. Linn. spec. 1133. Balb. Crep. p. 2.

Sa tige est lisse, un peu anguleuse, droite, haute de 3 décimètres, divisée vers le sommet en quelques rameaux ascendans, divergens ; les feuilles sont glabres, bordées de cils épars et un peu roides ; les radicales sont rétrécies en pétiole, oblongues, pointues, pinnatifides ou découpées en lyre ; celles de la tige sont sessiles, lancéolées-linéaires, élargies à leur base en deux oreillettes embrassantes, pointues et incisées ; celles des rameaux sont linéaires, un peu embrassantes ; chaque rameau est terminé par une fleur droite, jaune, un peu rougeâtre en dehors, de la grandeur de celle de la crépide bisannuelle : l'involucre est cotonneux, blanchâtre et devient, après la fleuraison, globuleux, fortement sillonné ; ce caractère lui est commun avec la *crepis patula*, Desf., dont elle diffère par la forme de ses feuilles. ☉. Cette plante croît le long des routes, et des lieux secs et cultivés en France (Linn.) ; à Durckheim dans le Palatinat (Poll.) ; en Piémont (All.). Je la décris d'après un échantillon cultivé dans le jardin de Turin, et communiqué par M. Balbis.

2945. Crépide ambiguë.   *Crepis ambigua.*

Crepis ambigua. Balb. Diss. p. 4. t. 1. — *Crepis altissima.* Balb. Cat. Hort. Taur. p. 15.

Sa tige est droite, sillonnée, glabre, excepté vers sa base, très-rameuse, haute de 6-12 décim.; ses feuilles inférieures sont oblongues, rétrécies à la base, fortement dentées, un peu cotonneuses; les supérieures sont en petit nombre, linéaires, glabres et entières : les rameaux floraux sont nus, alongés, souvent bifurqués; les fleurs naissent, soit à leurs bifurcations, soit à leur sommet; elles sont jaunes et deviennent un peu verdâtres par la dessication; leur involucre a un aspect farineux et est composé d'écailles embriquées fines comme des soies; on trouve quelques écailles semblables le long des pédicules. ♂. Elle croît dans les lieux incultes sur le bord des champs, et dans les plantations d'olivier, entre Savone et Loano en Piémont. Elle m'a été communiquée par M. Balbis.

CDLXXXIV. BARKHAUSIE. *BARKHAUSIA.*

Barkhausia. Mœnch. — *Picridis sp.* Lam. Fl. fr. — *Crepidis sp.* Linn.

Car. L'involucre est oblong, renflé et sillonné à la base à l'époque de la maturité, formé de deux rangs de folioles dont les extérieures sont courtes, lâches, et les intérieures sont longues et entourent les graines extérieures à leur maturité; le réceptacle est alvéolaire; les graines sont amincies au sommet en un appendice qui sert de pédicelle à l'aigrette, dont les poils sont simples.

Obs. Les espèces de ce genre ont la fleur jaune ou rouge.

2946. Barkhausie des Alpes. *Barkhausia Alpina.*

Crepis Alpina. Linn. spec. 1134. Lam. Dict. 2. p. 179. Gœrtn. Fruct. 2. p. 364. t. 158. f. 8. — *Barkhausia scariosa.* Mœnch. Meth. 537.

β. *Caule multifloro corymboso.* — *Crepis vesicaria.* Lam. Dict. 2. p. 178. — Gmel. Sib. 2. t. 5.

Cette plante s'élève à 3-5 décimètres de hauteur; sa tige est cylindrique, striée, rude sur-tout vers le haut, simple ou rameuse; les feuilles sont de forme assez variable; les inférieures rétrécies à la base, fortement dentées sur les bords; les supérieures sessiles, presque embrassantes et moins dentées; celles qui naissent à la base des pédoncules sont presque entières : les fleurs sont tantôt solitaires et terminales, tantôt placées au sommet de longs pédoncules, dont le nombre est d'autant plus grand que la plante est plus vigoureuse; ces fleurs sont d'un jaune pâle, un peu rougeâtres en dehors, très-remarquables par leur involucre dont le rang extérieur est composé d'écailles courtes, lâches, ovales, scarieuses, presque glabres, tandis que l'intérieur est formé de folioles droites, linéaires, hérissées de poils roides; ces folioles dépassent peu le rang externe à l'époque de la fleuraison, mais elles s'alongent ensuite et ont à la maturité une longueur triple de celle des écailles scarieuses; les graines sont un peu rudes et leur aigrette est portée sur un pédicelle long de 2 centim. ⊙. Cette plante croît dans les prairies des montagnes de la Provence (Gér.), et du Piémont (All.).

2947. Barkhausie rouge. *Barkhausia rubra.*

Barkhausia rubra. Mœnch. Meth. 537. — *Crepis rubra.* Linn. spec. 1132. Lam. Dict. 2. p. 179. — *Picris rubra.* Lam. Fl. fr. 2. p. 109. — C. Bauh. Prod. 68. f. 2.

Sa tige est haute de 5 décimètres, peu branchue, striée et feuillée dans sa moitié inférieure; ses feuilles sont pinnatifides et terminées par un lobe élargi et anguleux ; les fleurs sont terminales, d'un rouge clair et assez grandes ; leur involucre est formé de deux rangs de folioles ; les extérieures glabres, un peu membraneuses, appliquées pendant la fleuraison , déjetées en arrière à la maturité ; les intérieures sont pubescentes, un peu plus longues que les extérieures à l'époque de la fleuraison ; elles s'alongent pendant la maturation et persistent autour des graines. ⊙. Cette espèce croît le long des champs dans les provinces méridionales ; au mont Saint-Loup , à Prades et à Saint-Georges près Montpellier (Gou.) ; entre Sospello et Lescarène près Nice (All.). On la cultive dans quelques parterres comme fleur d'ornement.

2948. Barkhausie fétide. *Barkhausia fœtida.*

Crepis fœtida. Linn. spec. 1133. Lam. Dict. 2. p. 180. — *Picris fœtida.* Lam. Fl. fr. 2. p. 108. — Lob. ic. t. 226. f. 1.

Sa tige est épaisse, dure, un peu branchue , feuillée, hérissée de poils rudes et haute de 6 décim. ; ses feuilles sont embrassantes , hérissées , pointues , odorantes, plus ou moins découpées , mais les inférieures sont profondément pinnatifides ; ses fleurs sont jaunes, purpurines en dehors , et un peu penchées avant leur développement. ⊙. Cette plante croît dans les lieux incultes et sur le bord des champs ; elle varie beaucoup quant à la forme des découpures de ses feuilles et quant au nombre de ses fleurs ; elle exhale dans toutes ses parties , sur-tout lorsqu'on la froisse, une odeur qui approche de celle des amandes amères ou du castoreum.

2949. Barkhausie à feuilles de pissenlit. *Barkhausia taraxaci- folia.*

Crepis taraxacifolia. Thuil. Fl. paris. II. 1. p. 409. — *Crepis taurinensis.* Wild. spec. 3. p. 1595.—*Crepis ruderalis.* Bouch. Fl. abbev. 59. — *Crepis tectorum.* Vill. Dauph. 3. p. 144. excl. syn. — *Crepis cinerea.* Desf. Cat. Hort. paris. p. 89.— *Crepis vesicaria.* Balb. Taur. 93. — Lob. ic. t. 239. f. 2.

β. *Crepis præcox.* Balb. Misc. p. 37. t. 9.

Cette espèce, qui est assez commune, a été confondue, par la plupart des auteurs, avec la crépide bisannuelle, dont elle a le port, et la barkhausie fétide, dont elle a presque tous les caractères; elle diffère des crépides, par son aigrette pédicellée, et de l'espèce précédente, parce qu'elle est presque glabre, nullement fétide, et que ses involucres sont couverts d'un léger duvet grisâtre, sur-tout au commencement de la fleuraison, mais non hérissés de poils saillans; sa racine est pivotante; la partie inférieure de la plante est souvent purpurine; les feuilles inférieures sont pinnatifides ou en forme de lyre, à lobes dentés souvent recourbés vers le bas de la feuille et assez semblables à celles du pissenlit dent-de-lion; les supérieures sont découpées vers leur base en lobes étroits et pointus : la tige est striée, pubescente, ainsi que les feuilles, haute de 3-4 décim., et terminée par un corimbe irrégulier composé de dix à vingt fleurs jaunes, un peu rougeâtres en dehors. ♂. Elle croît dans les prés secs et graveleux, au bord des champs et des chemins; elle est commune dans les environs de Paris, à Sceaux, Montreuil. Je l'ai reçue des environs de Sorrèze, d'Abbeville, de Turin, et on la trouvera probablement dans toute la France. La variété β ne me paroît différer de la précédente, que parce qu'elle a les feuilles moins profondément découpées et les fleurs un peu plus petites.

2950. Barkhausie liondent. *Barkhausia leontodon.*

Crepis leontodontoides. All. Auct. p. 13. Wild. spec. 3. p. 1593.

Cette espèce est entièrement glabre; sa racine est dure, cylindrique, peu ou point rameuse; ses feuilles radicales sont nombreuses, alongées, pinnatifides, à lobes élargis par la base, très-pointus, inégaux entre eux, plus grands vers le haut de la feuille; la tige est droite, presque nue, haute de 2-4 décim., tantôt simple et uniflore (All.), tantôt divisée au sommet en plusieurs rameaux terminés chacun par une fleur ; à la base du rameau inférieur est une feuille sessile , pinnatifide , à lobes très-aigus ; à la base des autres branches est une foliole linéaire et avortée : les fleurs sont jaunes, de grandeur moyenne ; l'involucre est composé de deux rangées de folioles , dont les extérieures sont courtes , avortées et appliquées sur les intérieures ; l'aigrette est d'un beau blanc , portée sur un court pédicelle. ♂. Elle croît au bord des bois dans le Piémont ; aux environs de Mieuje et de Nice : je l'ai reçue de M. Balbis.

2951. Barkhausie hérissée.   *Barhausia setosa.*

Crepis setosa. Hall. fil. in Rœm. arch. 1. st. 2. p. 1. Schleich. Cat. p. 56. Sut. Fl. helv. 2. p. 155.

Cette espèce est remarquable en ce qu'elle porte çà et là sur la tige , sur les nervures et les bords des feuilles , et surtout sur les involucres, des poils longs , mols , herbacés , droits et nullement couchés ; d'ailleurs elle est glabre et d'un verd clair ; sa racine est pivotante, divisée ; sa tige est simple ou rameuse par le haut, cannelée, droite , longue de 3-4 décim. ; les feuilles sont de forme et de grandeur variables ; les inférieures découpées en lyre ou pinnatifides ; les supérieures sessiles , oblongues ou lancéolées , échancrées en cœur et bordées , sur-tout vers leur base , de fortes dentelures ou de petits lobes acérés : les fleurs sont de la grandeur de celles de la crépide bisannuelle , pédicellées , disposées en corimbe irrégulier ; leur involucre est hérissé , entouré à sa base de quelques folioles étalées , courtes et linéaires ; les corolles sont jaunes ; les graines sont étroites , un peu rudes , amincies au sommet en un court pédicelle qui supporte une aigrette à poils fins , simples , caducs et d'un blanc de neige. ♂. Cette plante n'est pas rare dans la partie des Alpes qui s'étend entre la Suisse et l'Italie ; elle a été trouvée par mon frère sur le mont Saint-Bernard , en descendant du côté du Valais.

CDLXXXV. PISSENLIT.   *TARAXACUM.*

Taraxacum. Hall. Juss. Lam. Desf. Vill. — *Leontodon.* Gœrtn. Sm. — *Leontodontis sp.* Linn. — *Dens-leonis.* Tourn.

Car. L'involucre est à deux rangées de folioles , dont l'extérieure est très-courte et souvent étalée ; l'une et l'autre se déjettent en dehors à la maturité ; le réceptacle est ponctué ; les graines ont une aigrette pédicellée , à poils simples.

2952. Pissenlit dent-de-lion. — *Taraxacum dens-leonis.*

Taraxacum dens-leonis. Desf. Atl. 2. p. 228. Lam. Illustr. t. 653. Dict. 5. p. 348. — *Leontodon taraxacum.* Linn. spec. 1122. Bull. Herb. t. 217. — *Taraxacum officinale.* Vill. Dauph. 3. p. 72. — *Leontodon officinalis.* With. Brit. 679. — *Leontodon vulgare.* Lam. Fl. fr. 2. p. 113.

La hampe de cette plante est haute de 5 décim., fistuleuse et quelquefois un peu velue; ses feuilles sont très-glabres, de forme et de grandeur variables, alongées, plus larges vers leur sommet, profondément pinnatifides, ayant leurs pinnules dentées en leur bord supérieur et un peu arquées en crochet; la fleur est jaune, assez grande, et son calice est composé de deux rangs d'écailles, dont l'extérieur, lorsque la fleur est développée, se trouve tout-à-fait réfléchi; l'aigrette des semences est portée sur un pédicule long de 8-9 millim. Cette plante croît par-tout, dans les prés, etc. ♃. Elle est amère, stomachique, très-apéritive et diurétique.

2953. Pissenlit des marais. — *Taraxacum palustre.*

Leontodon palustre. Smith. Fl. brit. 2. p. 823. — *Leontodon taraxacum.* With. Brit. 679. — *Hedypnois paludosa.* Scop. Carn. 2. p. 100. t. 48. — *Leontodon salinum.* Poll. Pal. n. 735. *Leontodon erectum.* Hoffm. Germ. 1. p. 278. — *Leontodon raii.* Gou. Illustr. p. 55. — *Leontodon lividus.* Wild. spec. 3. p. 1545. — *Leontodon lividum.* Fl. hung. t. 115.

β. *Taraxacum lanceolatum.* Poir. Dict. Enc. 5. p. 349.

Cette plante ressemble à la précédente par son port et par la plupart de ses caractères; ses feuilles sont découpées comme celles de la dent-de-lion, et offrent tout autant de variations dans leur forme; celles de la variété β sont lancéolées, presque entières : la hampe ne dépasse pas ordinairement la longueur des feuilles; le rang extérieur des folioles de l'involucre n'est jamais déjeté en arrière, mais toujours plus ou moins appliqué sur le rang intérieur, caractère qui distingue constamment cette espèce au milieu de toutes ses variations. ♃. Elle croît dans les marais et les prés humides, à Meudon près Paris; aux environs du Mans; à Seri près Nanteuil (Poir.); dans les montagnes du Jura; dans les environs du lac Léman; à Montpellier vers les bords de la mer (Gou.).

CDLXXXVI. PORCELLE. *HYPOCHÆRIS.*

Hypochæris. Vaill. Linn. Juss. Lam. — *Achyrophorus et Hypo-*
chæris. Scop. Gœrtn.

Car. L'involucre est oblong, embriqué, à plusieurs folioles,
dont les inférieures imitent des écailles et sont placées sur le
réceptacle entre les fleurons; les graines ont une aigrette pédicellée (quelquefois sessile dans les graines de la circonférence),
à poils simples et capillaires.

§. Ier. *Toutes les aigrettes pédicellées (Achyro-*
phorus, Scop.).

2954. Porcelle tachée.   *Hypochæris maculata.*

Hypochæris maculata. Linn. spec. 1140. Lam. Dict. 5. p. 570.
Fl. dan. t. 149.—*Achyrophorus maculatus.* Scop. Carn. ed. 2.
n. 986.

Ses feuilles naissent presque toutes de la racine; elles sont
grandes, ovales-oblongues, un peu dentelées, velues, souvent
marquées de taches d'un rouge brun; celles de la tige sont petites et peu nombreuses : la tige s'élève jusqu'à 5 décim. et se
divise en deux à cinq rameaux alongés, presque nus, terminés
chacun par une grande fleur jaune; les folioles de l'involucre
sont d'un verd foncé, hérissées en dehors de poils noirâtres;
les graines sont brunes, un peu luisantes, ridées en travers,
toutes terminées par un pédicelle qui soutient l'aigrette. ♃.
Cette plante croît sur les collines sèches et parmi les bruyères,
à Fontainebleau et à Saint-Léger près Paris, etc.

2955. Porcelle uniflore.   *Hypochæris uniflora.*

Hypochæris uniflora. Vill. Dauph. 3. p. 61. t. 23. All. Pedem.
n. 850. t. 32. f. 1. et t. 14. f. 3. Lam. Illustr. t. 656. f. 2. —
Hypochæris Helvetica. Jacq. Misc. 2. p. 25. Ic. rar. t. 4.

Sa tige est simple, droite, haute de 2-3 décim., hérissée
de poils un peu noirâtres, sur-tout vers le sommet; les feuilles
naissent vers le bas de la tige et sont plus petites que dans
l'espèce précédente; elles sont oblongues, pointues, velues et
dentées : la tige se termine par une fleur solitaire très-grande,
dont l'involucre est assez fortement hérissé de poils. ♃. Cette
plante croît dans les prairies des montagnes du Dauphiné, du
Piémont, de la Savoie, du Valais : elle n'est très-probablement
qu'une variété de la précédente. Host assure que deux ans de
culture dans un bon terrein, suffisent pour ramifier sa tige et
pour la transformer en porcelle tachée.

2956. Porcelle à longues *Hypochœris radicata.*
racines.

Hypochœris radicata. Linn. spec. 1140. Lam. Dict. 5. p. 570.
Fl. dan. t. 150. — *Achyrophorus radicatus.* Scop. Carn. ed. 2.
n. 987. Gœrtn. Fruct. 2. p. 370. t. 159. f. 6. — Lob. ic. t. 238.
f. 1.

Ses tiges sont hautes de 3-6 décim., grêles, nues, branchues
et garnies de petites écailles écartées les unes des autres ; ses
feuilles sont radicales, petites en proportion de la grandeur des
tiges, alongées, obtuses, sinuées ou dentées, et un peu hérissées de poils ; les fleurs sont jaunes, solitaires sur leur pédoncule, et les calices sont un peu ventrus ; sa racine est fort
longue. Cette plante est commune dans les prés et sur le bord
des chemins. ♃.

§. II. *Aigrettes de la circonférence sessiles (Hy-*
pochœris, Scop.).

2957. Porcelle glabre. *Hypochœris glabra.*

Hypochœris glabra. Linn. spec. 1141. Lam. Illustr. t. 646. f. 1.
Fl. dan. t. 424. — *Hypochœris stellata.* Gat. Fl. mont. 140.

Ses tiges s'élèvent jusqu'à 3 décim. ; elles sont grêles, nues,
très-glabres et un peu branchues vers leur sommet ; ses feuilles
sont radicales, alongées, un peu étroites, sinuées, dentées
et obtuses à leur extrémité : les fleurs sont jaunes, de moyenne
grandeur, et leur calice est très-glabre, assez semblable à ceux
des scorsonères. ☉. Elle croît sur les collines, dans les prairies
un peu humides et dans les bois ; elle a été observée dans le bois
de l'abbaye près Saint-Just, route d'Amiens, par M. Hauy ;
dans la forêt de Villers-Cotterets (Poir.) ; près d'Alost, de
Gand, de Malines et d'Anvers (Rouç.) ; à Blavier près Abbeville (Bouch.) ; aux environs de Paris (Thuil.) ; à Fleury près
Orléans (Dub.) ; à Nantes (Bon.), et dans presque tout le
midi de la France.

CDLXXXVII. DRÉPANIE. *DREPANIA.*

Drepania. Juss. — *Tolpis.* Adans. Gœrtn. — *Swertia.* All. —
Crepidis sp. Linn. Lam.

CAR. L'involucre est composé de plusieurs rangées de folioles, dont les intérieures sont droites et serrées, et les extérieures étalées, en forme d'alène, courbées en faulx à leur
maturité ; leur réceptacle est alvéolaire ; les graines du centre

sont couronnées par un bord membraneux , d'où sortent deux à quatre longues arètes; celles du bord ont une aigrette sessile , très-courte , composée de petites écailles membraneuses.

2958. Drépanie barbue.   *Drepania barbata.*

> *Drepania barbata.* Desf. Fl. atl. 2. p. 232. — *Swertia barbata.*
> All. Ped. n. 757. — *Tolpis barbata.* Gœrtn. Fruct. 2. p. 372.
> t. 160. f. 1. Lam. Illustr. t. 651. — *Crepis barbata.* Linn. spec.
> 1131. Lam. Dict. 2. p. 178. — *Drepania falcata.* Rouss. Fl.
> calv. 127. — Moris. s. 7. t. 4. f. 32.
> β. *Flore pallido.*

Cette plante ne s'élève pas beaucoup au-delà de 3 décim.; sa tige est fort rameuse; ses feuilles sont lancéolées, presque glabres et dentées; celles de la tige sont étroites et en petit nombre : les fleurs sont d'un jaune pâle , et d'un noir pourpre dans leur centre. ☉. On trouve cette plante au bord des champs et dans les lieux sablonneux des provinces méridionales, aux environs de Nice (All.); dans les bois des Maures en Provence (Gér.) ; à Gramont et vers Mauguio près Montpellier (Gou.); à Beausoleil et au Fau près Montauban (Gat.); aux environs de Dax (Thor.).

CDLXXXVIII. ZACINTHE.   *ZACINTHA.*

> *Zacintha.* Gœrtn. Mœnch. — *Lampsanæ sp.* Linn. Lam. —
> *Hedypnoidis sp.* Juss. — *Rhagadioli sp.* All.

Car. L'involucre est composé d'environ huit folioles entourées à leur base de petites écailles avortées; il devient , à la maturité , coriace , sillonné , globuleux , déprimé et muni d'une proéminence à son centre; le réceptacle est glabre; les graines portent une aigrette sessile, à poils simples , courts , légèrement dentelés , et qui tombent facilement.

2959. Zacinthe à verrues.   *Zacintha verrucosa.*

> *Zacintha verrucosa.* Gœrtn. Fruct. 2. p. 358. t. 157. f. 7. —
> *Lapsana zacintha.* Linn. spec. 1141. Lam. Dict. 3. p. 414.
> — *Rhagadiolus zacintha.* All. Ped. n. 834. — Moris. s. 7. t.
> 1. f. 4.

Sa tige est haute de 5 décim. , verte, glabre, striée et rameuse; ses feuilles radicales sont vertes, alongées, en lyre et un peu pointues; celles de la tige sont lancéolées, en forme de fer de flèche : les fleurs sont jaunes , petites; les unes terminales , et les autres sessiles : les calices sont tuberculeux, ventrus et marqués de côtes longitudinales. ☉. Cette plante croît

dans

dans les lieux stériles aux environs de Nice (All.); dans la Provence méridionale (Gér.).

CDLXXXIX. HYOSÉRIDE.   *HYOSERIS.*

Hyoseris. Lam. — *Hyoseris et Hedypnois.* Gœrtn. — *Hyoseridis sp.* Linn. — *Rhagadioli sp.* All.

Car. L'involucre est composé d'une rangée de folioles entourées à leur base de petites écailles; le réceptacle est ponctué; les graines du centre portent une aigrette composée de poils simples, inégaux entre eux; celles de la circonférence ont une aigrette composée d'écailles courtes demi-avortées; ces dernières sont souvent enveloppées, à leur maturité, par les folioles internes de l'involucre.

Obs. Le *hyoseris hirta*, Wild., appartient au genre *barkhausia*.

2960. Hyoséride rayonnante.   *Hyoseris radiata.*

Hyoseris radiata. Linn. spec. 1137. Lam. Dict. 3. p. 158. — *Leontodon radiatum.* Lam. Fl. fr. 2. p. 114. — *Hedypnois radiata.* Gœrtn. Fruct. 2. p. 373. t. 160. f. 3. — *Rhagadiolus stellatus.* All. Ped. n. 835. — Pluk. t. 37. f. 2.

Sa tige est haute de 15-20 centim., glabre, mais légèrement farineuse dans le voisinage de la fleur; ses feuilles sont nombreuses, vertes, glabres, alongées, découpées, pinnatifides, à lobes élargis et anguleux, sur-tout ceux du sommet, dont les angles nombreux et divergens donnent aux extrémités des feuilles un aspect rayonné; la fleur est jaune, son calice est presque simple, et les semences ont une aigrette simple et sessile, composée de paillettes minces et membraneuses; les graines de la circonférence sont emboitées dans les folioles de l'involucre, et ont une aigrette un peu plus courte que celle du disque, quoiqu'elle soit beaucoup moins avortée que dans les autres hyosérides : elle s'approche ainsi des zacinthes par ses caractères, et des hyosérides par le port. ♃. Cette plante croît sur les collines voisines de la mer, dans les provinces méridionales.

2961. Hyoséride rude.   *Hyoseris scabra.*

Hyoseris scabra. Linn. spec. 1138. Lam. Dict. 3. p. 159. — *Rhagadiolus scaber.* All. Ped. n. 833. — *Hyoseris adspersa.* Mœnch. Meth. 541. — Bocc. Mus. 2. t. 106.

Le nom spécifique de cette plante est propre à induire en erreur, car elle est lisse et presque entièrement glabre; sa racine, qui est pivotante, pousse plusieurs feuilles longues de 2 décim., étroites, alongées, pétiolées, pinnatifides, à lobes

presque parallélogrammiques , obtus et dentés ; ses hampes ne
dépassent pas la longueur des feuilles et sont remarquablement
renflées vers l'extrémité ; les fleurs sont jaunes, assez petites ,
à huit ou dix fleurons ; l'involucre est composé de huit ou dix
folioles oblongues , concaves , outre quelques autres très-petites
qui se trouvent à la base ; les graines sont longues , comprimées
ou triangulaires , rudes sur les angles ; celles du bord sont couronnées par quelques paillettes courtes et avortées; celles du
milieu ont une aigrette composée d'écailles acérées , simples ,
scarieuses, plus longues que l'involucre. ☉. Cette plante croît
dans les plantations d'oliviers, à Villefranche et Montalbano ,
sur les remparts de Nice , et aux environs d'Ivrée (All.).

2962. Hyoséride dormeuse. *Hyoseris hedypnois.*

Hyoseris hedypnois. Linn. spec. 1138. Lam. Dict. 3. p. 160. —
Hedypnois globulifera. Lam. Fl. fr. 2. p. 107. —*Rhagadiolus
hedypnois.* All. Ped. n. 831. — *Hedypnois Monspeliensis.*
Wild. spec. 3. p. 1616. — Lob. ic. t. 239. f. 1.

Sa tige est haute de 5 décimètres , cylindrique , branchue ,
verte et chargée de quelques poils droits , rudes et très-courts ;
ses feuilles inférieures sont longues de 15-20 centim. , larges de
5 centim. vers leur sommet, et vont en se rétrécissant vers
leur base ; elles ont en leur bord des dents un peu écartées , et
sont légèrement chargées de poils rudes comme ceux de la
tige ; les feuilles supérieures sont sessiles , presque embrassantes
et lancéolées : les fleurs sont jaunes, médiocres , terminales et
portées sur des pédoncules un peu épaissis au sommet ; les calices
sont entièrement glabres et acquièrent une forme globuleuse, par
le développement du fruit; les semences sont oblongues, brunes
et un peu arquées. ☉. Cette plante croît parmi les blés en Dauphiné , près le Buis et Rozans (Vill.); dans les vignes et les
champs incultes à Nice , et près de la rivière du Pallion (All.);
dans la Provence méridionale (Gér.); au chemin de Lavalette
et de Castelnau près Montpellier (Gou.).

2963. Hyoséride rha- *Hyoseris rhagadioloides.*
gadiole.

Hyoseris rhagadioloides. Linn. spec. 1139. — *Hyoseris cretica.*
Lam. Dict. 2. p. 160.

Cette espèce ressemble entièrement à la précédente , dont
elle n'est peut-être qu'une variété; elle paroît cependant en
différer par ses feuilles plus embrassantes à leur base, et par ses

involucres rudes et hérissés de poils. ☉. Elle se trouve en Dauphiné près Molans (Vill.). Je l'ai reçue des environs de
Montpellier.

2964. Hyoséride de Crète. *Hyoseris Cretica.*

Hyoseris cretica. Linn. spec. 1139. Gœrtn. Fruct. 2. p. 372. t.
160. f. 2. — *Rhagadiolus creticus.* All. Ped. n. 832?

Cette plante ressemble beaucoup aux deux précédentes, mais
elle diffère de l'une et de l'autre par ses pédoncules renflés et
fistuleux vers le sommet; elle se distingue encore de l'hyoséride
dormeuse, par ses involucres hérissés de poils rudes, et de
l'hyoséride rhagadiole, par ses feuilles presque entières, rétrécies à la base. ☉. Elle se trouve le long des champs, aux environs de Nice (All.)?

*** *Aigrette plumeuse.*

CDXC. THRINCIE.   *THRINCIA.*

Thrincia. Roth. Wild. — *Colobium.* Roth. — *Hyoseridis sp.*
Gœrtn. — *Leotodontis sp.* Linn.

CAR. L'involucre est embriqué de deux ou trois rangs de
folioles inégales; le réceptacle est ponctué; les graines du centre
portent une aigrette sessile, composée de poils plumeux et inégaux; celles de la circonférence ont une aigrette courte et
avortée.

OBS. Ce genre est, parmi les chicoracées à aigrette plumeuse,
ce que l'hyoséride est parmi celles à aigrette simple; les thrincies
ont le port des liondents, les poils souvent rameux, les hampes
uniflores et les fleurs jaunes.

2965. Thrincie hérissée.   *Thrincia hirta.*

Thrincia hirta. Roth. Cat. Bot. 1. p. 98. — *Leontodon hirtum.*
Linn. spec. 1123. — *Hedypnois hirta.* Smith. Fl. brit. 2. p.
824. — *Colobium hirtum.* Roth. Rœm. Arch. 1. p. 37. — *Hyoseris hirta.* Gœrtn. Fruct. 2. p. 373. — *Hioseris taraxacoides.*
Lam. Dict. 3. p. 159. — C. Bauh. Prod. p. 63. ic.

β. *Foliis subintegris.*

Sa racine est composée de fibres nombreuses, simples et cylindriques, qui partent d'une souche commune, laquelle se con-
fond avec le collet; ses feuilles sont radicales, oblongues, tantôt
demi-pinnatifides, tantôt sinuées ou dentées, presque entières
dans la variété β, hérissées çà et là de poils la plupart simples,
quelquefois bifurqués ou trifurqués au sommet; d'entre ces
feuilles s'élèvent plusieurs hampes cylindriques, presque glabres, plus longues que les feuilles, et qui atteignent 2 décim. de

hauteur ; la fleur est solitaire , jaune , terminale, penchée avant
la fleuraison ; son involucre est glabre , embriqué à sa base de
petites folioles très-courtes ; les fleurons sont velus à l'orifice
de leur tube. ♃. Cette plante est commune dans les lieux secs ,
sablonneux et pierreux , au bord des chemins.

2966. Thrincie velue.   *Thrincia hispida.*

Thrincia hispida. Roth. Cat. 1. p. 99. Wild. spec. 3. p. 1555. —
 Colobium hispidum. Roth. Rœm. Arch. 1. p. 38. — *Hioseris
 taraxacoides.* Vill. Dauph. 3. p. 166. t. 25. — *Rhagadiolus
 taraxacoides.* All. Ped. n. 836. — *Leontodon saxatile.* Lam.
 Dict. 3. p. 531.

Cette plante ressemble tellement à la précédente , que je n'hé-
siterois pas à la regarder comme une simple variété, si sa durée
étoit la même ; elle en diffère par ses feuilles garnies de poils
plus nombreux , toujours bifurqués , et sur-tout par son involucre
muni de poils blancs et assez nombreux , et qui ne porte pas de
petites écailles à sa base. ☉. Elle croît dans les lieux pierreux
et sablonneux du Dauphiné , du Piémont , etc.

2967. Thrincie tubéreuse.   *Thrincia tuberosa.*

Leontodon tuberosum. Linn. spec. 1123. Desf. Atl. 2. p. 229.
 Lam. Dict. 3. p. 530. — *Apargia tuberosa.* Wild. spec. 3. p.
 1549. — Lob. ic. t. 232. f. 1. opt.
 β. *Foliis sinuato-dentatis.*

Cette plante a beaucoup de rapports avec les précédentes par
son port , et sur-tout par la structure de ses graines et de ses
aigrettes : on la distingue à sa racine composée , comme celle
des asphodèles , d'un faisceau de fibres divergentes , renflées à
la base et à peine rameuses vers l'extrémité ; ses feuilles , qui
naissent de la racine , sont pétiolées , découpées en forme de
lyre ; les lobes inférieurs atteignent la côte du milieu ; les lobes
moyens sont réunis à la base par une bande de parenchime,
oblongs , pointus , souvent dirigés vers le bas de la feuille ; l'extrémité offre un grand lobe ovale-triangulaire , pointu , à peine
denté : les hampes sont hérissées vers le sommet, ainsi que
les involucres ; la fleur est un peu plus grande que dans l'espèce
précédente , pendante avant la fleuraison , comme dans la thrincie hérissée. ♃. Cette plante croît dans les prés aux environs de
Montpellier (Lob.) ; à Salason , Sembrès , Lattes et Selleneuve
(Gou.) ; à Gramont (Magn.) ; aux environs d'Aix en Provence
(Gér.) ; à Nice (All.). Dans la variété β les feuilles sont seulement sinuées à la base.

CDXCI. LIONDENT. *LEONTODON.*

Leontodon. Juss. Lam. — *Virea.* Adans. Gœrtn. — *Apargia.*
Schreb. Hoffm. — *Hedypnois.* Smith. — *Hedypnois et Leontodon.* Vill. — *Apargia et Scorzoneroides.* Mœnch. — *Leotodontis sp.* Linn. — *Picridis sp.* All.

CAR. L'involucre est composé de deux ou trois rangées de
folioles embriquées et plus ou moins inégales ; le réceptacle est
marqué de concavités dont les bords sont un peu exhaussés et
pubescens ; les graines sont cylindriques, chargées d'une aigrette sessile à poils plumeux, les uns écailleux, les autres
soyeux.

OBS. Le genre *leontodon* de Linné, renfermoit des plantes
fort hétérogènes, et se trouve maintenant réparti en plusieurs
autres : le *leontodon bulbosum*, qui a l'aigrette simple et sessile, est renvoyé parmi les prénanthes ; les *leontodon hirtum*
et *tuberosum*, composent le genre thrincie, qui est caractérisé
par l'aigrette plumeuse dans les graines du centre, et avortées
dans celles de la circonférence ; les *leontodon taraxacum* et
palustre, qui ont l'aigrette pédicellée et à poils simples, forment
le genre pissenlit : il ne reste parmi les vrais liondents, que ceux
à aigrette sessile et plumeuse.

2968. Liondent d'automne. *Leontodon autumnale.*

Leontodon autumnale. Linn. spec. 1123. — *Apargia autumnalis.*
Hoffm. Germ. 4. p. 113. — *Hedypnois autumnale.* Huds. Angl.
341. — *Hedypnois autumnalis.* Vill. Dauph. 3. p. 77. — *Picris autumnalis.* All. Ped. n. 767. — *Scorzoneroides autumnalis.* Mœnch. Meth. 549. — *Scorzonera autumnalis.* Lam. Fl.
fr. 2. p. 82. — Fuchs. Hist. 320. ic.

Sa tige est haute de 3 décim. ou un peu plus, cylindrique,
glabre, branchue, presque nue, ou garnie seulement d'une
foliole étroite sous la division de chaque rameau ; ses feuilles
radicales sont nombreuses, couchées sur la terre, très-glabres,
alongées, pointues, plus ou moins pinnatifides, très-variables
dans la profondeur de leurs découpures, mais jamais parfaitement simples ; ses fleurs sont jaunes et portées sur des pédoncules nus, écailleux et un peu renflés sous le calice ; les
semences sont cylindriques et chargées d'une aigrette sessile,
mais plumeuse. Cette plante a la tige rameuse comme les
scorzonères ; l'involucre conique et embriqué comme certaines
crépides ; l'aigrette plumeuse et sessile comme les liondents. ♃

Elle fleurit vers la fin d'août, et croit sur le bord des chemins et des champs.

2969. Liondent écailleux. *Leontodon squammosum.*

Leontodon squammosum. Lam. Dict. 3. p. 529. — *Leontodon Pyrenaicum.* Gou. Illustr. p. 55. t. 22. f. 1. 2. — *Picris saxatilis.* All. Ped. n. 766. t. 14. f. 4.—*Hedypnois Pyrenaica.* Vill. Dauph. 3. p. 78. — *Apargia Alpina.* Wild. spec. 3. p. 1547. — *Leontodon Alpinum.* Jacq. Austr. t. 93.

β. *Leontodon crepidiforme.* Lam. Dict. 3. p. 530.

Sa racine est oblique et tronquée à son extrémité ; elle pousse plusieurs feuilles oblongues, entières ou dentées plus ou moins profondément, mais non pinnatifides, glabres ou quelquefois un peu hérissées de poils simples ; d'entre les feuilles sort une hampe simple et uniflore qui s'élève ordinairement au double de la longueur des feuilles, et qui est chargée, sur-tout vers le sommet, de poils noirâtres et de petites écailles linéaires, foliacées ; l'involucre est embriqué, inversement conique, hérissé de poils noirâtres. La variété β porte, outre ces poils noirs et roides, un léger duvet blanchâtre qui semble naître entre les folioles ; la fleur est droite, d'un jaune un peu rougeâtre et de 3 centim. de diamètre. ⚥. Cette plante croît dans les prairies de presque toutes les montagnes de la France.

2970. Liondent de montagne. *Leontodon montanum.*

Leontodon montanum. Lam. Fl. fr. 3. p. 640. Dict. 3. p. 531.— *Hieracium taraxaci.* Linn. spec. 1125. — *Hedypnois taraxaci.* Vill. Dauph. 3. p. 80. t. 26. — *Picris taraxaci.* All. Ped. n. 769. t. 31. f. 1.

β. *Involucro lanuginoso.*

Sa racine est noirâtre, rongée ou tronquée à son extrémité, et garnie de fibres assez longues ; elle pousse trois ou quatre hampes nues, plus ou moins droites, longues d'un décimètre, uniflores, glabres et menues à leur base, hérissées et épaissies vers leur sommet : les feuilles sont toutes radicales, presque aussi longues que les hampes, glabres, à peine larges d'un centimètre, découpées comme celles du pissenlit dent-de-lion, et terminées par une pointe un peu émoussée : la fleur est jaune et remarquable par son calice velu, composé d'écailles toutes très-droites, presque égales entre elles et point sensiblement embriquées ; l'aigrette des semences est sessile, et

ses filets sont légèrement plumeux. ♃. Il croît dans les lieux
pierreux, les fentes des rochers, le bord des torrens des hautes
Alpes du Dauphiné et du Piémont. La variété β, qui se trouve
dans les hautes Alpes voisines du Mont-Blanc, a les feuilles
plus larges et le calice si abondamment couvert de poils laineux, qu'on la prend, au premier coup-d'œil, pour l'épervière des Alpes ; elle se trouve même confondue avec elle dans
la plupart des herbiers : on l'en distingue facilement à ses
feuilles découpées ou fortement dentées, et à son aigrette
plumeuse.

2971. Liondent en fer de lance. *Leontodon hastile.*

> *Leontodon hastile.* Linn. spec. 1123. — *Leontodon protheifor-*
> *me,* var. A. B. C. Vill. Dauph. 3. p. 87. t. 24. — *Apargia*
> *hastilis.* Hoffm. Germ. 4. p. 113. — *Leontodon danubiale.*
> Jacq. Austr. t. 164. — *Picris danubialis.* All. Ped. n. 768. t.
> 70. f. 3. — *Virea hastilis.* Gœrtn. Fruct. 2. p. 365. t. 159. f. 3.

Cette plante ressemble beaucoup au liondent écailleux lorsque
ses feuilles sont peu découpées, et s'approche du liondent
de montagne lorsqu'elles sont pinnatifides ; elle se distingue de
l'un et de l'autre, parce que son pédoncule est peu ou point
écailleux, et qu'elle est glabre sur toutes ses parties, même
sur son involucre ; ce dernier caractère la distingue encore du
liondent hérissé, dont elle se rapproche parce que l'orifice du
tube de ses fleurons est garni d'une manchette de poils. ♃. Cette
espèce croît dans les prés humides et un peu marécageux en
Dauphiné, en Piémont, en Savoie, aux environs de Genève,
dans le Jura, etc.

2972. Liondent hérissé. *Leontodon hispidum.*

> *Leontodon hispidum.* Linn. spec. 1124. Lam. Dict. 3. p. 530.—
> *Apargia hispida.* Hoffm. Fl. germ. 4. p. 113. — *Hedypnois*
> *hispida.* Smith. Fl. brit. 2. p. 823.
>
> β. *Picris hirta.* All. Ped. n. 765. — *Leontodon hirtum.* Vill.
> Dauph. 3. p. 82. t. 25. — *Apargia Villarsii.* Wild. spec. 3.
> p. 1552.
>
> γ. *Leontodon crispum.* Vill. Dauph. 3. p. 84. t. 25. — *Leonto-*
> *don pratense.* Lam. Fl. fr. 2. p. 115. — *Picris hispida.* All.
> Ped. n. 764. — *Apargia crispa.* Wild. spec. 3. p. 1551.

Sa racine est épaisse, oblique ou pivotante ; elle pousse des
feuilles toutes hérissées de poils roides, blancs, simples dans
la var. α, bi ou trifurqués au sommet dans la var. β ; ces feuilles
sont oblongues, pointues, le plus souvent pinnatifides, à lobes

étroits et pointus, quelquefois simplement sinués sur les bords ;
la hampe est droite, simple, toujours plus longue que les
feuilles, et dépasse rarement 2 décim.; elle est glabre, striée,
terminée par une seule fleur jaune dont l'involucre est un peu
hérissé, et dont les fleurons sont remarquables parce que l'entrée de leur tube est garnie de poils, et que l'extrémité des
dentelures de leur limbe est calleuse, presque glanduleuse; les
graines sont cylindriques, toutes chargées d'une aigrette sessile
et plumeuse, ce qui distingue cette plante de la thrincie hérissée et de la thrincie velue, dans lesquelles les graines extérieures ont une aigrette presque entièrement avortée. ♃. Cette
plante est originaire des lieux pierreux et exposés au soleil du
midi de la France ; en Dauphiné, en Provence, en Piémont,
en Languedoc, aux environs d'Abbeville, etc.

2973. **Liondent blanchâtre.** *Leontodon incanum.*

Hieracium incanum. Linn. Syst. 522. Jacq. Austr. t. 287. —
Apargia incana. Scop. Carn. n. 982. Hop. Cent. exs. 1. —
Hieracium Alpinum. Vill. Dauph. 3. p. 94. t. 24.

Cette plante est entièrement couverte de poils courts, mols,
rayonnans à leur extrémité, qui lui donnent une consistance cotonneuse et un aspect blanchâtre; sa racine est oblique, cylindrique, tronquée; ses feuilles sont radicales, oblongues, entières ou bordées çà et là de dents proéminentes; la hampe
s'élève à 2-3 décim. et dépasse toujours de beaucoup la longueur des feuilles; elle est droite, nue, terminée par une fleur
jaune, solitaire, dont le diamètre atteint 4-5 centim.; l'involucre est embriqué, pubescent, à folioles linéaires; les fleurons ne sont point calleux à leur extrémité ; ils portent un léger
duvet vers l'entrée de leur tube : l'aigrette est sessile, plumeuse. ♃. On trouve cette plante dans les prairies élevées des
Alpes du Dauphiné, à la Mure, Sept-Lans, Durbon, au mont
de Lans, au mont Genèvre (Vill.); dans le Palatinat près
Lauteren (Poll.).

CDXCII. PICRIDE. *PICRIS.*

Picris. Juss. Lam. Gœrtn. — *Picridis sp.* Linn.

CAR. L'involucre est composé d'une rangée de folioles, entourée à sa base d'un second rang beaucoup plus court, le réceptable est ponctué; les graines sont striées en travers, couronnées d'une aigrette plumeuse, sessile ou presque sessile.

Obs. Les espèces de ce genre sont hérissées de poils roides et piquans.

2974. Picride épervière. *Picris hieracioides.*

Picris hieracioides. Linn. spec. 1115. Lam. Illustr. t. 648. f. 2. — *Crepis hieracioides.* Lam. Fl. fr. 2. p. 111.

Toutes les parties de cette plante sont chargées de poils fort rades, crochus et en forme d'Y à leur extrémité ; sa tige est plus ou moins branchue et s'élève presque jusqu'à 6 décim. ; quelquefois elle reste fort basse , et produit des rameaux très-divergens : ses feuilles radicales sont alongées et un peu sinuées , et celles de la tige sont étroites , pointues et à peine dentées; elles sont toutes très-âpres et d'un verd blanchâtre : les fleurs sont jaunes , terminales , assez grandes , portées deux ou trois ensemble au haut de chaque pédoncule. ⅟. Cette plante croît dans les champs ; elle fleurit en automne.

2975. Picride pauciflore. *Picris pauciflora.*

Picris pauciflora. Wild. spec. 3. p. 1. 557.—*Picris sprengeriana.* Poir. Dict. 5. p. 310. — *Picris Pyrenaica.* Gœrtn. Fruct. 2. p. 366. t. 159. f. 2. — *Crepis sprengeriana.* All. Ped. n. 810. — *Helminthia sprengeriana.* Gœrtn. Fruct. 2. p. 368.

Cette plante ressemble à la précédente par son port, par la forme de ses feuilles , et par ses poils roides , divisés au sommet en deux pointes crochues; elle en diffère par ses feuilles un peu embrassantes; par ses pédoncules longs , peu nombreux , terminés chacun par une seule fleur; par ses fleurs plus petites et d'un jaune plus pâle (?); par ses graines marquées de rides transversales plus prononcées , amincies aux deux extrémités et sur-tout à l'extrémité supérieure : ce dernier caractère rapproche un peu cette plante du genre suivant. ☉. Elle croît au bord des champs dans les provinces méridionales; en Provence; aux environs de Nice (All.); en Dauphiné dans les prés du Val-gaudemar (Vill.)? dans les Pyrénées , autour du mont Lau-renti (Gou.)?

CDXCIII. HELMINTHIE. *HELMINTHIA.*

Helminthia. Juss. Lam. Gœrtn. — *Picridis sp.* Linn. — *Picris.* Dur.

Car. Ce genre diffère des picrides parce que l'aigrette des semences , au lieu d'être sessile , est portée sur un long pédicelle ,

et que les folioles extérieures de l'involucre sont larges et
foliacées.

Obs. Les helminthies ont la tige hérissée de poils roides, divisés au sommet en deux pointes divergentes et crochues.

2976. Helminthie vipérine. *Helminthia echioides.*

Helminthia echioides. Gœrtn. Fruct. 2. p. 368. t. 159. f. 2. Lam.
Illustr. t. 648. — *Picris echioides.* Linn. spec. 1114. — *Hel-
minthia tuberculata.* Mœnch. Meth. 540. — *Crepis echioides.*
All. Ped. n. 811. — Lob. ic. t. 577. f. 2.

Cette plante s'élève jusqu'à 6 décim. ; elle est chargée dans
toutes ses parties, de poils très-durs et piquans : sa tige est cylindrique et branchue ; ses feuilles sont entières et lancéolées,
mais les inférieures sont un peu sinuées ou dentées ; l'involucre
extérieur est composé de cinq folioles larges, ovales, presque
en cœur, très-piquantes et presque épineuses. Cette plante croît
dans les champs et sur le bord des chemins, aux environs de
Paris et dans presque toute la France. ☉.

2977. Helminthie épineuse. *Helminthia spinosa.*

Cette plante est haute de 4-5 décim. ; sa tige se bifurque
plusieurs fois vers le sommet, de sorte que les fleurs forment
une espèce de corimbe irrégulier ; les rameaux sont garnis de
poils roides, hérissés, dont l'extrémité se divise en deux pointes
divergentes et crochues, qui rendent la plante très-rude au
toucher ; les feuilles supérieures sont oblongues ou ovales, peu
nombreuses, glabres, bordées de sinuosités épineuses ; chaque
fleur porte au-dessous d'elle deux ou trois bractées courtes et
épineuses ; l'involucre est composé de deux rangs de folioles ;
les extérieures sont lâches, courtes, épineuses sur les bords et
au sommet ; les intérieures sont droites, linéaires, glabres sur
les bords, hérissées sur leur côte longitudinale de poils bifurqués et crochus à l'extrémité ; la corolle est de couleur jaune, d'un
tiers plus longue que l'involucre : les graines sont oblongues,
rudes, presque pubescentes, blanchâtres, prolongées en un
long pédicelle qui soutient une aigrette plumeuse, laquelle, à
la maturité, dépasse beaucoup la longueur de l'involucre. Je
décris cette plante d'après des échantillons originaires des Pyrénées, et qui proviennent de l'herbier de Lemounier.

CDXCIV. SCORZONÈRE.   *SCORZONERA.*

Scorzoneræ sp. Linn. Juss. Gœrtn. Desf. Lam.

Car. L'involucre est oblong, à plusieurs feuilles, entouré d'écailles inégales, pointues, membraneuses sur les bords; le réceptacle est nu, garni de papilles; les graines sont sessiles, longues, amincies au sommet en un pédicelle qui soutient l'aigrette; celle-ci est plumeuse, entremêlée de poils écailleux et soyeux.

2978. Scorzonère d'Espagne. *Scorzonera Hispanica.*

Scorzonera Hispanica. Linn. spec. 1112. Gœrtn. Fruct. 2. p. 367. t. 159. f. 1.—*Scorzonera denticulata.* Lam. Fl. fr. 2. p. 82. — *Scorzonera edulis.* Mœnch. Meth. 548. — *Scorzonera sativa.* Gat. Fl. mont. 136. — Black. t. 406.

Cette plante s'élève jusqu'à 6-8 décim.; sa tige est cylindrique, légèrement cannelée, glabre ou un peu cotonneuse, branchue vers le sommet, où elle porte cinq à six fleurs jaunes et terminales; ses feuilles sont demi-embrassantes, planes ou ondulées, entières ou légèrement dentées sur les bords; les inférieures sont ovales ou oblongues, rétrécies en pétiole, et les supérieures lancéolées; sa racine, qui est longue, cylindrique et noirâtre à l'extérieur, est employée comme aliment, sous les noms de *scorzonère*, *escorzonère*, *écorce noire*. ♃. Cette plante est cultivée dans les potagers. Elle est originaire des pâturages des montagnes de Provence (Gér.); du Dauphiné (Vill.); du comté de Nice et au-dessus de Sestrières en Piémont (All.); des environs de Lyon (Latourr.). M. Léman en a trouvé à Saint-Cloud, dans un sol pierreux, une variété à feuille entière et étroite, qui a le port du n°. 2980, mais qui se rapproche de celle-ci par ses feuilles embrassantes.

2979. Scorzonère humble.   *Scorzonera humilis.*

Scorzonera humilis. Linn. spec. 1112.—*Scorzonera nervosa*, β. Lam. Fl. fr. 2. p. 81. — Clus. Hist. 2. p. 138. f. 2.

β. *Foliis angusto-lanceolatis.*

Cette scorzonère a une grosse racine entourée à son sommet d'une touffe de fibres brunâtres et redressées; de cette racine sort une touffe de feuilles ovales-lancéolées, rétrécies en pétiole, fermes, planes, entières, marquées de cinq ou sept nervures longitudinales; la tige est droite, presque nue, striée, haute de 2-5 décim.; les folioles de l'involucre sont un peu laineuses à leur base et sur leurs bords, ovales-lancéolées, assez

élargies à leur base ; les corolles sont jaunes. ⚥. Elle croît dans
les prés secs à Fontainebleau ; à Cambron près Abbeville
(Bouch.); dans la forêt d'Orléans (Dub.); en Bourgogne
(Dur.); en Auvergne (Delarb.); dans le Lionnois et le Forez
(Latourr.). La var. β, qui a les feuilles plus étroites et l'invo-
lucre presque glabre, seroit-elle le *scorzonera austriaca*, Wild.?

2980. Scorzonère à feuille étroite. *Scorzonera angustifolia*.

> *Scorzonera angustifolia*. Linn. spec. 1113. — Clus. Hist. 2. p.
> 138. f. 3.
>> β. *Caule subramoso.*—*Scorzonera graminifolia*. All. Ped. n. 839.

Cette scorzonère est très-voisine de la précédente ; elle
a de même une grosse racine noirâtre, hérissée vers le collet
de filamens redressés, des feuilles entières et radicales, une
tige simple presque nue, terminée par une seule fleur jaune ;
mais ses feuilles sont plus molles, presque linéaires, couvertes
vers leur base, aussi bien que les tiges et les involucres, de
poils cotonneux plus ou moins abondans ; les folioles de leur
involucre sont plus étroites, linéaires-oblongues et non triangulaires ; la corolle est plus rougeâtre en dehors ; la longueur
de la tige varie de 1-4 décim. ⚥. Cette plante sort des fentes
des rochers, dans les montagnes élevées et exposées au soleil,
dans le Valais ; le Piémont ; le Dauphiné (Vill.); l'Auvergne
(Delarb.); dans la forêt d'Orléans (Dub.); à Nantes (Bon.).

2981. Scorzonère velue. *Scorzonera hirsuta*.

> *Scorzonera hirsuta*. Linn. Mant. 278. Lam. Fl. fr. 2. p. 80. —
> *Scorzonera eriosperma*. Gou. Illustr. 52. — *Hieracium capil-
> laceum*. All. Ped. n. 779. t. 31. f. 3. ex Auct. p. 12.
>> β. *Caule glabro.*

Du collet de la racine, qui est entouré de fibres redressées,
s'élèvent, à la hauteur de 2-4 décim., plusieurs tiges simples,
cylindriques, feuillées, hérissées de poils, ainsi que les feuilles ;
celles-ci sont linéaires, courbées en gouttières, un peu nerveuses, calleuses et comme tronquées à leur extrémité ; la fleur
est jaune, terminale, solitaire ; les graines sont couvertes sur
toute leur surface d'un duvet laineux ; les folioles de l'involucre
sont oblongues, presque entièrement glabres. La variété β
diffère de la précédente, parce qu'elle a la tige glabre, et que
ses feuilles ne portent de poils qu'à la surface supérieure. ⚥.
Cette plante croît dans les lieux pierreux et stériles du Languedoc ; au mont Sérane (Magn.); à Campestre près Mont-

pellier (Gou.); à Sorrèze? Elle a été trouvée à la tour d'Aigues, par M. Varnier.

CDXCV. PODOSPERME.   *PODOSPERMUM.*

Scorzoneræ sp. Tourn. Linn. Juss. Lam. Gœrtn.

CAR. L'involucre et la corolle sont comme dans les scorzonères ; la graine est cylindrique, portée sur un pédicelle creux et épais ; le réceptacle est hérissé de tubercules pointus qui pénètrent dans le pédicelle, et qui ne sont visibles qu'après la chute des graines : l'aigrette est sessile, plumeuse.

OBS. On doit rapporter à ce genre les scorzonères exotiques à feuilles découpées.

2982. Podosperme en   *Podospermum subulatum.*
     alène.

Scorzonera subulata. Lam. Fl. fr. 2. p. 81 ? — *Scorzonera graminifolia.* Linn. spec. 1112 ?

Cette plante n'atteint pas 1 décim. dans les échantillons que j'ai sous les yeux : sa racine est cylindrique, brunâtre en dehors ; sa tige est grèle, simple ou un peu rameuse, feuillée à sa base, nue dans sa partie supérieure, deux fois plus longue que les feuilles ; celles-ci sont grèles, roides, linéaires, courbées en gouttière, en forme d'alène, et assez semblables à celles du plantain en alène : les fleurs sont solitaires au sommet de la tige ou des rameaux ; leur involucre est oblong, glabre, composé de folioles lancéolées, pointues. Je n'ai pas vu la fleur : l'involucre se réfléchit après la fleuraison ; le réceptacle est plane, hérissé de petites pointes qui pénètrent dans le pédicelle creux des graines, et qu'on ne voit qu'après leur chute. ⚥. J'ai reçu cette plante des environs de Sorrèze.

2983. Podosperme à feuilles   *Podospermum resedifolium.*
     de réséda.

Scorzonera resedifolia. Linn. spec. 1113. Gou. Illustr. 53. — *Scorzonera plurifida.* Lam. Fl. fr. 2. p. 83. — Bocc. Sic. t. 7. f. c. A.

Sa tige est haute de 3 décim., très-branchue inférieurement, et ordinairement couchée à sa base ; elle est légèrement cotonneuse, ainsi que ses feuilles qui sont garnies, dans toute leur longueur, de dents ovales-lancéolées, semblables à de petites folioles, moins aiguës que dans l'espèce suivante : les fleurs sont petites, terminales et de couleur jaune. Cette plante croit dans les champs en Languedoc, près Saint-Martin, Saint-

Paul de Fenouilhèdes , Puycerda et Livia (Gou.); dans le midi
du Dauphiné près Gap (Vill.)? aux environs de Paris (Thuil.).⚥.

2984. Podosperme dé-   *Podospermum laciniatum.*
   coupé.

> *Scorzonera laciniata.* Linn. spec. 1114. Jacq. Austr. t. 356.
> Gœrtn. Fruct. 2. p. 367. t. 159. f. 1. — *Scorzonera paucifida.*
> Lam. Fl. fr. 2. p. 83.

Ses tiges sont hautes de 2-3 décim., branchues, droites ;
ses feuilles sont longues, linéaires et chargées dans leur partie
moyenne , de chaque côté, de deux ou trois dents alongées , linéaires, étroites, aiguës et courbées vers le sommet de la feuille :
les fleurs sont jaunes et terminales ; les écailles du calice sont
remarquables par une petite dent située un peu au-dessous de
leur extrémité et rejetée en dehors. Cette plante croît sur le bord
des champs. ♂.

CDXCVI. UROSPERME.   *UROSPERMUM.*

> Urospermum. Scop. Juss. — *Arnopogon.* Wild. — *Tragopo-*
> *gonis sp.* Linn. Lam. Gœrtn.

CAR. L'involucre est composé d'environ huit folioles disposées sur un seul rang , soudées ensemble, et resserrées vers le
sommet ; les graines sont sillonnées en travers ; l'aigrette est
plumeuse, portée sur un pédicelle creux, conique, courbé et
plus épais à sa base que la graine elle-même.

Obs. Les urospermes ont les feuilles découpées , souvent hérissées ; les fleurs jaunes assez grandes, et un port fort distinct
de celui des salsifix.

2985. Urosperme de   *Urospermum Dalechampii.*
   Dalechamp.

> *Urospermum Dalechampii.* Desf. Cat. 90. — *Tragopogon Dale-*
> *champii.* Linn. spec. 1110. Gœrtn. Fruct. 2. p. 369. t. 159.
> f. 4. — *Tragopogon verticillatum.* Lam. Fl. fr. 2. p. 77. —
> *Tragopogon bicolor.* Mœnch. Meth. 539. — *Arnopogon Da-*
> *lechampii.* Wild. spec. 3. p. 1496. — Dalech. Lugd. 569.
> f. 1. ic.

Sa tige est haute de 3 décim. ou un peu plus , velue et
cylindrique ; ses feuilles inférieures sont grandes , alongées ,
dentées , sinuées et rétrécies vers leur base , celles de la tige
sont plus entières , assez épaisses et moins alongées ; celles
du nœud supérieur sont souvent ternées , et même quelquefois
quaternées en manière de verticille ; mais ces oppositions sont
imparfaites : la fleur est assez grande, d'un jaune pâle , un peu

rougeâtre en dehors , et portée sur un long pédoncule nu et épaissi vers son sommet. Cette plante croît sur le bord des vignes et dans les prés des provinces méridionales. ♃ , Linn. ; ♂ , Desf.

2986. **Urosperme fausse-picride.**   *Urospermum picroides.*

> *Urospermum picroides.* Desf. Cat. 90. — *Tragopogon picroides.* Linn. spec. 1111. Lam. Illustr. t. 646. f. 3. — *Tragopogon aculeatum.* Mœnch. Meth. 539. — *Arnopogon picroides.* Wild. spec. 3. p. 1495. — C. Bauh. Prod. p. 60. f. 2.

Sa tige est haute de 3 décim., cylindrique , un peu branchue et chargée de poils rudes très-écartés les uns des autres ; ses feuilles inférieures sont élargies et anguleuses à leur sommet, rétrécies, sinuées ou dentées vers leur base; elles sont glabres en dessus, mais leurs nervures postérieures sont très-hérissées; celles de la tige sont un peu embrassantes, munies d'oreillettes , dentées , et se terminent en fer de lance. ☉. Cette plante croît sur le bord des chemins et des vignes , dans les provinces méridionales ; elle se retrouve au moulin de Saint-Germain près Metz (Buch.).

2987. **Urosperme rude.**   *Urospermum asperum.*

> *Tragopogon asperum.* Linn. spec. 1111. Lam. Fl. fr. 2. p. 77. — *Arnopogon asper.* Wild. spec. 3. p. 1497.

Cette espèce a beaucoup de rapport avec la précédente , et n'en est peut-être qu'une variété naine; elle ne dépasse guère la longueur de la main; sa racine est grêle ; sa tige simple , hérissée , ainsi que les feuilles et les involucres, de poils roides ; ses feuilles sont au nombre de quatre à cinq , ovales-oblongues, rétrécies à la base , obtuses , entières ou dentelées; la fleur est solitaire , terminale; les folioles de son involucre sont très-élargies à leur base et plus courtes que les corolles; la structure de la fleur et de la graine ne diffère pas de celle de l'espèce précédente. On la trouve aux environs de Montpellier (C. Bauh.), à Lavalette , à la Colombière , à Prades et au Terrail (Gou.). ☉.

CDXCVII. SALSIFIX.   *TRAGOPOGON.*

> *Tragopogon.* Scop. Juss. — *Tragopogonis sp.* Linn. Lam. Gœrtn.

Car. L'involucre est composé d'environ huit à dix folioles égales et soudées ensemble; le réceptacle est nu , ponctué ; les graines sont striées en long , un peu rudes , prolongées en un long pédicelle lisse , grêle , qui soutient une aigrette plumeuse.

Obs. Les salsifix ont les racines blanches, les feuilles entières et embrassantes, les fleurs jaunes ou violettes.

§. 1er. *Fleurs jaunes.*

2988. Salsifix des prés. *Tragopogon pratense.*

Tragopogon pratense. Linn. spec. 1109. Lam. Illustr. t. 646. f. 2. Bull. Herb. t. 209. — *Tragopogon pratensis.* Smith. Engl. Bot. t. 434. — Fuchs. Hist. 821. ic.

Sa tige est lisse, cylindrique, quelquefois branchue et haute de 5 décim.; ses feuilles sont longues, lisses, pointues, un peu étroites et creusées en gouttières vers leur base; ses fleurs sont grandes, terminales et de couleur jaune; le calice est un peu plus grand que la corolle, et ses folioles sont parfaitement glabres; les pédoncules sont cylindriques et non renflés au sommet; les corolles sont de couleur jaune; les graines sont un peu courbées, alongées, rudes, terminées par un pédicelle mince, long de 8-12 millim., qui supporte une aigrette plumeuse. ♂. Cette plante est commune dans les prés; ses fleurs s'épanouissent le matin et se referment à midi, à moins que le ciel ne soit très-nébuleux.

2989. Salsifix à gros pédoncule. *Tragopogon majus.*

Tragopogon major. Jacq. Austr. t. 29. — *Tragopogon dubium.* Scop. Carn. n. 947. Vill. Dauph. 3. p. 68 ? — Lam. Illustr. t. 646. f. 1.

Cette espèce est très-voisine du salsifix des prés, par son port et ses fleurs jaunes; mais elle en est constamment distincte par ses feuilles plus larges, sur-tout à leur base, planes et non tortillées vers le sommet; par ses pédoncules fortement renflés à leur extrémité au-dessous de la fleur; par ses involucres composés de douze à seize folioles et toujours plus longs que les corolles, et par ses graines moins tuberculeuses. ♃. Elle croît dans les champs, sur le bord des routes, dans les lieux exposés au soleil; aux environs de Paris; à Aix en Provence (Gar.)? à Crest, Borière, Saint-Pierre d'Argenson en Dauphiné (Vill.)?

2990. Salsifix hérissé. *Tragopogon hirsutum.*

Tragopogon hirsutum. Gou. Fl. monsp. 342. Garid. Aix. 466. t. 95. — *Geropogon hirsutum.* Linn. spec. 1109.

Le salsifix hérissé ressemble au précédent par sa fleur jaune et par son pédoncule évasé au sommet, en forme de toupie,

et

et au salsifix à feuilles de safran, par le duvet cotonneux qui se trouve sur la tige et à la base de la face supérieure de ses feuilles ; il se distingue de chacune de ces espèces, par le caractère qui le rapproche de l'autre ; son involucre est un peu cotonneux à la base, et ne dépasse pas les corolles ; le réceptable est nu ; les graines sont rétrécies au sommet en un pédicelle plus court et plus épais que dans les autres espèces, et celles du bord aussi bien que celles du centre, portent des aigrettes plumeuses. ♂. Cette plante croît dans les lieux stériles exposés au soleil ; aux environs de Nice (All.) ; en Provence (Gér. , Gar.) ; à la Sé-rane, à Lamalou et à l'Espinouse près Montpellier (Gou.).

§. II. *Fleurs bleues ou violettes.*

2991. Salsifix à feuilles   *Tragopogon porrifolium.*
de poireau.

> *Tragopogon porrifolium.* Linn. spec. 1110. Lam. Fl. fr. 2. p. 79.
> — *Tragopogon porrifolius.* Jacq. ic. rar. t. 159. — *Tragopo-gon sativum.* Gat. Fl. montaub. 136. — Cam. Epit. 313. ic.

Il a le port de la précédente et la fleuraison a suivante ; sa tige est haute de 6 décim. , cylindrique, lisse, fistuleuse et branchue ; ses feuilles sont embrassantes, longues, un peu étroites, pointues, creusées en gouttière à leur base, et res-semblent un peu à celles du poireau ; ses fleurs sont terminales, solitaires et de couleur violette. Cette plante croît dans les pro-vinces méridionales. ♂. On la cultive dans les jardins pour l'u-sage de la cuisine ; elle est diurétique, apéritive et pectorale. Elle porte spécialement les noms de *salsifix* , *cercifix.*

2992. Salsifix à feuilles   *Tragopogon crocifolium.*
de safran.

> *Tragopogon crocifolium.* Linn. spec. 1110. Lam. Fl. fr. 2. p. 78.
> — Col. Ecphr. t. 230.

Cette plante ressemble beaucoup au salsifix à feuilles de poi-reau , mais elle est fort petite, et sa tige s'élève à peine jusqu'à 5 décim. ; ses feuilles sont longues , étroites, pointues, et ressem-blent un peu à celles du safran ; elles forment une gouttière à leur base qui est remplie d'un coton blanc , sur-tout dans leur jeunesse : les fleurs sont de couleur violette , et un peu jaunâtres dans leur centre ; elles n'ont que deux rangs de fleurettes , et leurs involucres ne sont composés que de cinq fo-lioles pointues : les graines sont blanchâtres, alongées, très-rudes,

un peu sillonnées en long ; leur aigrette est portée sur un pédicelle long, grèle, strié. ♂. Cette plante croît dans les lieux
montueux un peu herbeux et exposés au midi, dans les provinces méridionales ; à Sorrèze ; aux Baux, à Veyne et à Dye
en Dauphiné (Vill.); au col de Tende et à la vallée d'Aost
près le grand Saint-Bernard (All.).

CDXCVIII. GÉROPOGON.   *GEROPOGON.*

Geropogon. Linn. Juss. Lam. Gœrtn. — *Tragopogonis sp.*
Tourn.

Car. L'involucre est pyramidal, à plusieurs folioles égales,
disposées en dehors sur un seul rang, et dont les intérieures
sont entremêlées entre les fleurons ; le réceptacle est glabre ;
les graines se terminent par un pédicelle qui soutient l'aigrette ;
celle-ci est plumeuse dans les graines du centre, à cinq poils
simples dans celles de la circonférence.

2993. Géropogon glabre.   *Geropogon glabrum.*

Geropogon glabrum. Linn. spec. 1109. Lam. Illustr. t. 646. —
Geropogon glaber. Jacq. Hort. Vind. t. 33.

Cette plante ressemble tellement, par son port, aux salsifix,
et en particulier au salsifix à feuilles de poireau, qu'on a peine
à les distinguer avant la fleuraison ; sa tige est ordinairement
simple ou seulement rameuse par la base ; ses feuilles sont
longues, entières, glabres, presque linéaires ; celles de l'involucre sont plus courtes que les corolles ; celles-ci sont d'un violet pâle ou couleur de chair, et deviennent presque blanches
par la dessication. ☉. Elle croît aux environs de Nice (All.).

**** *Aigrette écailleuse.*

CDXCIX. CUPIDONE.   *CATANANCE.*

Catananche. Tourn. Linn. Juss. Gœrtn. — *Catanance.* Bauh.
Lam.

Car. L'involucre est composé d'écailles nombreuses, embriquées, scarieuses, luisantes, qui vont en augmentant de
grandeur de la circonférence au centre, et dont les intérieures
naissent sur le réceptacle, entremêlées avec les fleurettes ; les
graines ont une aigrette sessile, composée de cinq écailles
élargies à la base, acérées au sommet.

2994. Cupidone bleue.　　*Catanance cœrulea.*

Catananche cœrulea. Linn. spec. 1142. Lam. Dict. 2. p. 226. Illustr. t. 658. f. 1. — Barr. ic. t. 1134.

Ses tiges sont menues, cylindriques, pubescentes et garnies dans leur partie supérieure, de petites écailles transparentes, pointues, et qui vont en s'écartant les unes des autres vers le bas; les feuilles sont fort longues, étroites et garnies de chaque côté, vers leur milieu, d'une couple de dents linéaires et assez longues; les fleurs sont grandes, de couleur bleue, et naissent solitaires au sommet de longs pédoncules; les écailles de l'involucre sont marquées d'une ligne rougeâtre dans leur milieu. On trouve cette plante dans les lieux stériles et montagneux de la Provence (Gér.); dans les environs de Nice, d'Asti et de Turin (All.); à Montferrier, Lavalette et Gramont près Montpellier (Gou.); dans les champs incultes en Lorraine (Buch.); en Bresse (Latourr.); à Grenoble, la Tronche, la Bastille, Rabot, Die, Gap (Vill.); à Narbonne (Thor.). ⊙, Gér.; ♃, Linn., All.

2995. Cupidone jaune.　　*Catanance lutea.*

Catananche lutea. Linn. spec. 1142. Gœrtn. Fruct. 2. p. 356. t. 157. f. 5. Lam. Illustr. t. 658. f. 2.

Cette espèce s'élève un peu moins que la précédente; sa fleur est aussi plus petite et de couleur jaune; les écailles de l'involucre sont tout-à-fait blanches et point rayées, et les intérieures sont longues et aiguës; ses feuilles sont alongées, un peu dentées, terminées par une pointe obtuse et marquées de trois nervures. On trouve cette plante dans les terreins secs près Breglio en Piémont (All.). ⊙.

D. CHICORÉE.　　*CICHORIUM.*

Cichorium. Tourn. Linn. Juss. Lam. Gœrtn.

Car. L'involucre est double; l'extérieur est à cinq folioles courtes, ouvertes au sommet; l'intérieur est à huit folioles droites et soudées par la base; le réceptacle est nu ou garni de poils épars; les semences ont une aigrette sessile, écailleuse, plus courte que la graine.

Obs. Les fleurs sont bleues ou blanches, sessiles et agglomérées.

2996. Chicorée sauvage.   *Cichorium intybus.*

Cichorium intybus. Linn. spec. 1142. Lam. Dict. 1. p. 732.
Gœrtn. Fruct. 2. p. 357. t. 157. f. 6. — Lob. ic. t. 228. f. 2.
β. *Caule complanato.* Gesn. epist. p 86.
γ. *Sativum.* — Lob. ic. t. 229. f. 1.
δ. *Flore albo.* — Hall. Helv. n. 1. var. α.

La tige de cette plante est haute de 5 décim., et s'élève
beaucoup davantage dans les jardins où on la cultive; elle est
cylindrique, ferme, branchue et velue inférieurement; ses
feuilles sont lancéolées, sinuées et dentées comme celles du
pissenlit; elles paroissent glabres, mais elles sont un peu velues
sur leurs côtes : les fleurs sont bleues, presque axillaires et sessiles, et les folioles calicinales sont ciliées. On trouve une variété à fleur blanche, et une autre dont les demi-fleurons sont
profondément découpés. La variété β est très-remarquable par
sa tige qui est large et applatie comme si elle avoit été fortement comprimée. ♃. Cette plante croît sur le bord des chemins,
où ses tiges basses et peu feuillées paroissent presque nues.
Elle est amère, stomachique et très-apéritive.

2997. Chicorée endive.   *Cichorium endivia.*

Cichorium endivia. Linn. spec. 1142. Lam. Dict. 1. p. 732.
α. *Latifolia.* — Lob. ic. t. 233. f. 2.
β. *Angustifolia.* — Tab. ic. 174.
γ. *Crispa.* — Moris. s. 7. t. 1. f. 3.

Cette espèce diffère de la précédente parce qu'elle est annuelle et non vivace; que ses feuilles sont glabres, entières
ou dentées et rarement lobées; que ses fleurs sont, les unes
sessiles, les autres portées sur de longs pédoncules. On seroit
tenté de la regarder comme une simple variété de la précédente,
cependant ses différences se conservent par la culture. La variété
α, connue sous le nom spécial de *scariole*, a les feuilles larges
et peu dentées; la variété β ou *petite endive*, a les feuilles
étroites et alongées; la variété γ, qui porte le nom de *chicorée
frisée*, a les feuilles découpées et frisées sur les bords. On
ignore l'origine de cette plante; elle est cultivée dans tous les
potagers et sert d'aliment à l'homme, sur-tout lorsqu'on lui
a fait perdre son amertume par l'étiolement. ☉

D I. SCOLYME.   *SCOLYMUS.*

Scolymus. Tourn. Linn. Juss. Lam. Desf.

CAR. L'involucre est ovoïde, composé de folioles nombreuses,

embriquées, pointues, roides, épineuses, dont les plus intérieures naissent sur le réceptacle, entremêlées avec les fleurons; les graines sont tantôt dépourvues d'aigrette, tantôt chargées de quelques poils écailleux.

Obs. Les scolymes ont les feuilles lobées, épineuses, et ressemblent, par leur port, aux carthames et à la plupart des
cynarocéphales.

2998. Scolyme taché. *Scolymus maculatus.*

Scolymus maculatus. Linn. spec. 1142. Desf. Atl. 2. p. 242.
Lam. Fl. fr. 2. p. 116. — *Scolymus annuus.* Ger. Gallopr. 175.
— Clus. Hist. 2. p. 153. f. 1.

Cette espèce se distingue à sa racine annuelle, à sa tige divisée en rameaux étalés; à ses feuilles souvent tachées de
bandes blanches, toujours cartilagineuses sur les bords; à ses
bractées divisées de l'un et l'autre côtés en dents épineuses qui
ressemblent aux dents d'un peigne; à ses fleurs plus petites que
dans les autres espèces, et dont les anthères sont d'un brun
rougeâtre; à ses graines entièrement dépourvues d'aigrette
(Desf.). ☉. Elle croît sur le bord des champs, dans les provinces méridionales; à Lamalou, Villemagne et Fougère près
Montpellier (Gou.); dans la Provence méridionale (Gér.); sur
les rivages de Nice et d'Oneille (All.); dans le midi du Dauphiné à Montélimart, Orange et Saint-Paul-Trois-Châteaux
(Vill.); sur le grand chemin entre Lanthenai et Romorentin
près Orléans (Dub.); près Nantes sur les bords de la mer à
Saint-Nazaire, au Croisic (Bon.).

2999. Scolyme d'Espagne. *Scolymus Hispanicus.*

Scolymus Hispanicus. Linn. spec. 1143. Mill. Dict. t. 229. Desf.
Atl. 2. p. 241. — *Scolymus perennis.* Ger. Gallopr. 175. —
Scolymus congestus. Lam. Fl. fr. 2. p. 116. — Clus. Hist. 2.
p. 153. f. 2.

Sa racine est vivace; sa tige se divise en rameaux étalés et
s'élève à 10-12 décim.; ses feuilles sont grandes, sinuées, épineuses, non cartilagineuses, et se prolongent sur la tige en
appendices sinués et épineux; ses fleurs sont sessiles, solitaires
ou le plus souvent aggrégées, assez grandes, de couleur jaune,
et leurs anthères sont de la même couleur; les bractées sont
roides, foliacées, courbées en canal, dentées et épineuses sur
les bords; la graine est chargée d'une aigrette composée de
deux à trois poils roides, simples et caducs. ♃. Cette plante

croît sur le bord des champs et des chemins , aux environs de
Nice (All.). ; en Provence (Gér.); et en Languedoc , à Mont-
pellier (Gou.); à Narbonne (Clus.); à Montauban (Gat.); à
Montélimart, Orange et Saint-Paul-Trois-Châteaux (Vill.).
Elle porte les noms d'*épine jaune* et de *cardoussés*.

SECOND ORDRE.

CYNAROCÉPHALES.   *CYNAROCEPHALÆ*.

Cynarocephalæ. Vaill. Juss. — *Capitatæ*. Linn. — *Flosculosarum gen.* Tourn. — *Echinopi , Cardui et Xeranthemorum gen.*
Adans.

*Fleurettes toutes tubuleuses , tantôt toutes her-
maphrodites , tantôt entremélées de neutres ou
de femelles ; réceptacle charnu , presque toujours garni de paillettes ; stigmate simple ou bifurqué , articulé au sommet du style ; aigrette
composée de poils un peu roides ; feuilles alternes souvent épineuses ; organes sexuels souvent doués de la faculté de se contracter lorsqu'on les irrite.*

*** *Aigrette nulle*.**

D I I. ÉCHINOPE.   *E C H I N O P S*.

Echinops. Linn. Juss. Lam. Gœrtn. — *Echinopus*. Tourn. Scop.
All.

CAR. Les fleurs forment des têtes sphériques ; leur involucre
général est petit, peu apparent, à plusieurs folioles rélléchies
sur le pédoncule ; le réceptacle général est nu , globuleux ;
chaque fleur est entourée par un involucre particulier , composé de plusieurs folioles embriquées ; la graine est pubescente,
couronnée par une aigrette courte, avortée , semblable à un
petite calice tronqué.

OBS. La structure des échinopes peut être considérée de
deux manières ; ou bien l'involucre général peut être assimilé
aux involucres des autres Composées , et alors l'involucre particulier remplaceroit les paillettes du réceptacle, qui, dans ce
genre, seroient adhérentes à la graine ; ou bien l'involucre général seroit analogue aux collerettes générales des ombellifères ;

les involucres partiels seroient semblables aux involucres des
Composées , qui , dans ce genre , ne renfermeroient qu'un seul
fleuron. Cette dernière manière d'envisager la structure de ces
plantes , me semble plus conforme à la loi de l'analogie ; elle
expliqueroit en particulier la structure des *corimbium.*

3000. Echinope à tête ronde.   *Echinops sphæroce-phalus.*

Echinops sphærocephalus. Linn. spec. 1314. Lam. Dict. 2. p.
334. Illustr. t. 719. f. 1. — *Echinops multiflorus.* Lam. Fl. fr.
2. p. 2. — *Echinopus sphærocephalus.* Scop. Carn. ed. 2. n.
993. — Lob. ic. 2. t. 8. f. 2.

Sa tige est épaisse, cannelée, velue, rameuse et haute de
6-9 décim.; ses feuilles sont alternes, grandes, ailées ou pinnatifides, à pinnules élargies et anguleuses, un peu épineuses
en leurs bords, vertes en dessus, cotonneuses et blanchâtres
en dessous; ses fleurs forment de grosses têtes globuleuses,
blanchâtres et terminales; la base extérieure de chaque involucre particulier, est hérissée d'une forte touffe de poils roides
et blanchâtres. Cette plante croît dans les lieux incultes et stériles. ♃. Elle est apéritive.

3001. Echinope ritro.   *Echinops ritro.*

Echinops ritro. Linn. spec. 1314. Lam. Dict. 2. p. 336. — *Echinops pauciflorus.* Lam. Fl. fr. 2. p. 2. — *Echinopus ritro.*
Scop. Carn. ed. 2. n. 994.
α. *Monocephalus.* — Lob. ic. 2. t. 8. f. 1.
β. *Polycephalus.* — Gou. Illustr. 74.

Sa tige est droite, cannelée, presque simple et à peine haute
de 5 décim.; ses feuilles sont pinnatifides, à découpures étroites
et beaucoup moins amples que celles de la précédente; elles
sont vertes et glabres en dessus, et fort blanches en dessous :
ses fleurs ne forment ordinairement qu'une seule tête terminale,
assez petite et de couleur bleue; dans la variété β, qui est plus
grande et dont la tige est rameuse, chaque branche est terminée par une tête de fleurs; les involucres particuliers sont glabres
et non hérissés de poils à leur base. On trouve cette plante sur
les collines stériles des provinces méridionales. ♃.

DIII. CARTHAME.   *CARTHAMUS.*

Carthamus. Gærtn. — *Carthami sp.* Linn. Juss. Lam.

Car. L'involucre est ventru à la base, embriqué d'écailles
qui se terminent par une très-petite épine; les fleurons sont

tous hermaphrodites; le réceptacle est garni de paillettes; les graines sont dépourvues d'aigrette.

Obs. Le genre carthame de Linné étoit composé de plantes hétérogènes, et a été réduit par Gœrtner au seul carthame des teinturiers : les espèces à corolles bleues, à étamines hérissées, à aigrette simple et à fleurs toutes hermaphrodites, composent le genre cardoncelle; le *carthamus lanatus* et le *carthamus creticus*, dont les fleurons extérieurs sont femelles ou stériles, et dont les graines ont l'ombilic latéral, entrent parmi les centaurées; le *carthamus salicifolius*, qui a l'aigrette plumeuse, appartient aux cirses; et le *carthamus corymbosus* constitue le genre *brotera* de Wildenow.

3002. Carthame des tein-　*Carthamus tinctorius.*
　　　turiers.

Carthamus tinctorius. Linn. spec. 1162. Lam. Dict. 1. p. 637.
Illustr. t. 661. f. 3. Gœrtn. Fruct. 2. p. 375. t. 161. f. 2.

Le carthame, ou *safran bâtard*, est une herbe droite, ferme, glabre dans toutes ses parties, haute de 3-5 décim.; sa tige est cylindrique, blanchâtre, et ne se ramifie qu'au sommet; les feuilles de la tige sont éparses, ovales, embrassantes, pointues, veinées, bordées de quelques dents épineuses peu apparentes; celles qui naissent de la racine sont oblongues, rétrécies à la base; les fleurs sont terminales, d'un rouge de safran orangé, toutes flosculeuses et hermaphrodites; les écailles de l'involucre dégénèrent au sommet en folioles semblables à celles de la tige; les graines sont entièrement dépourvues d'aigrette. ♃. Cette plante passe pour originaire de l'orient; elle se trouve abondamment sur les collines arides, aux environs de Nice (All.), et est cultivée dans quelques parties de la France méridionale. Ses fleurs servent à teindre en rose ou en ponceau les étoffes de soie : ses graines sont un violent purgatif pour l'homme, et un aliment sain pour les perroquets; ce qui leur a fait donner le nom de *graine de perroquets.*

** *Aigrette à poils simples.*

DIV. CARDONCELLE.　*CARDUNCELLUS.*

Carduncellus. Adans. All. — *Onobroma.* Gœrtn. — *Carthamoides.* Vaill. — *Carthami sp.* Linn. Lam.

Car. L'involucre est embriqué de folioles épineuses; tous

les fleurons sont hermaphrodites; les filets des étamines sont hérissés au-dessous des anthères; le réceptacle est hérissé de paillettes divisées longitudinalement en lanières soyeuses; les graines sont couronnées d'une aigrette de poils simples, roides et inégaux.

3003. Cardoncelle de Mont- *Carduncellus Mons-*
  pellier.   *peliensium.*

Carduncellus Monspeliensium. All. Ped. n. 563. — *Carthamus carduncellus.* Linn. spec. 1164. Lam. Dict. 1. p. 638. var. α. — *Cnicus longifolius.* Lam. Fl. fr. 2. p. 13. — Lob. ic. 2. p. 20. f. 1.

Sa tige est simple, uniflore, quelquefois si courte qu'elle paroît nulle, glabre ou un peu cotonneuse sous la fleur; ses feuilles sont d'un verd un peu glauque, radicales ou insérées sur le bas de la tige, toutes pinnatifides presque jusqu'à la côte; leurs lobes sont étroits, incisés sur les côtés; leurs dents et leurs sommités se prolongent en épines aiguës : la fleur est terminale, solitaire, cylindrique; l'involucre se resserre un peu au sommet, et ses folioles sont bordées d'épines; les fleurs sont bleues; les filamens de leurs étamines sont hérissés dans leur partie libre. ☉. Cette plante croît dans les lieux montagneux et arides des provinces méridionales; en Provence; en Piémont, entre Lucerame et Lamosca (All.); en Languedoc, au mont Saint-Loup près Montpellier (Lob.); en Dauphiné, à Crest, aux Baux et à la Rochelle près Gap (Vill.).

3004. Cardoncelle doux. *Carduncellus mitissimus.*

Carthamus mitissimus. Linn. spec. 1164. — *Cnicus mitissimus.* Lam. Fl. fr. 2. p. 13. — *Carthamus humilis.* Lam. Dict. 1. p. 638.

β. *Caule elongato.* — *Carthamus carduncellus,* β. Lam. Dict. 1. p. 638.

Cette espèce ressemble tellement à la précédente, qu'il est difficile de trouver entre elles aucun caractère distinctif; cependant lorsqu'on les a l'une et l'autre sous les yeux, on les distingue facilement, et on a peine à croire qu'elles soient de simples variétés : celle-ci est beaucoup moins épineuse; ses feuilles sont plus larges, à lobes simplement dentés, et les supérieures ne sont pas divisées jusqu'au milieu de la largeur du parenchime; la fleur est beaucoup plus grosse, moins resserrée au haut de l'involucre. ☉. Elle se trouve sur le bord des vignes aux environs d'Etampes, à la montagne de Chaufour, au bois de Rousset, au chantier du Terrier près Morigny, aux environs de Goumast et entre Donzy et Nevers (Guett.); à la Ferté-Alais près Paris (Thuil.); dans la forêt d'Orléans, du côté de Saran et d'Ingré (Dub.).

DV. ONOPORDONE.   *ONOPORDUM.*

Onopordum. Vaill. Linn. Juss. Lam. Gærtn.

Car. L'involucre est ventru, composé d'écailles oblongues, qui dégénèrent en une épine simple; tous les fleurons sont hermaphrodites; le réceptacle est marqué d'alvéoles formées par des membranes tronquées; les graines sont comprimées, tétragones, cannelées en travers, couronnées d'une aigrette caduque, à poils simples, soudés par la base en forme d'anneau.

5005. Onopordone acanthe.   *Onopordum acanthium.*

Onopordum acanthium. Linn. spec. 1158. Lam. Dict. 4. p. 556. Fl. dan. t. 909. — *Acanos spina.* Scop. Carn. ed. 2. n. 1013.
β. *Flore albo.* Tourn. Inst. 441.
γ. *Folio viridi.* Lam. Fl. fr. 2. p. 5.

Sa tige est épaisse, branchue, blanchâtre et haute d'un mètre, quelquefois beaucoup davantage : ses feuilles sont fort grandes, ovales-oblongues, sinuées, anguleuses, très-épineuses et blanchâtres; elles sont décurrentes et forment sur la tige des ailes courantes, sinuées, dentées et très-hérissées d'épines : les fleurs sont purpurines ou blanches dans la variété β; les feuilles sont presque tout-à-fait vertes dans la variété γ : les graines sont comprimées, à peine tétragones, brunes, très-légèrement sillonnées en travers, couronnées d'une aigrette rousse. Cette plante croît sur les bords des chemins. ♂. Elle est connue sous les noms de *pédane, épine blanche, chardon acanthin;* son réceptacle est bon à manger comme celui des artichauts.

5006. Onopordone de   *Onopordum Illyricum.*
Dalmatie.

Onopordum Illyricum. Linn. spec. 1148. Lam. Illustr. t. 664. Gærtn. Fruct. 2. p. 376. t. 161. f. 1. — *Onopordum elongatum.* Lam. Fl. fr. 2. p. 6. — Barr. ic. 501.
β. *Flore albo.* Garid. Aix. 83.

Cette plante s'élève un peu plus que la précédente; elle est plus blanche et plus cotonneuse dans toutes ses parties; ses feuilles sont fort grandes, sinuées, dentées, prolongées sur la tige, épineuses, mais plus étroites en proportion que celles de la précédente : les têtes de fleurs sont fort grosses, et les écailles inférieures des calices sont réfléchies en crochet; les fleurs sont purpurines ou blanches dans une variété : la graine est plus pâle, plus évidemment tétragone et plus profondément sillonnée en travers que dans l'espèce précédente; son aigrette est d'un blanc un peu roussâtre. ♃. Elle croît dans les lieux secs et stériles de la Provence méridionale (Gér.); à la plaine de la Crau près Marseille; à Montpellier près du rivage de la mer (Gou); à Dijon autour de l'enclos des Capucins (Dur.).

3007. Onopordone nain.   *Onopordum acaule.*

Onopordum acaule. Linn. spec. 1159. Lam. Dict. 4. p. 557.

Cette espèce se distingue facilement de toutes les autres, parce que ses fleurs et ses feuilles naissent immédiatement de la racine, qui est épaisse et charnue; ses feuilles sont étalées, oblongues, sinuées, presque pinnatifides, bordées de fortes épines jaunâtres, et couvertes sur l'une et l'autre surfaces d'un duvet épais, blanc et cotonneux; les fleurs sont assez grosses, d'un blanc sale, presque sessiles; les écailles de l'involucre sont droites, glabres, lancéolées, épineuses au sommet; le réceptacle est alvéolaire; les graines sont un peu cannelées en travers; l'aigrette est longue, blanchâtre. ♃. Cette plante est originaire des Pyrénées.

DVI. ARCTIONE.   *ARCTIUM.*

Arctium. Dalech. Lam. Juss. non Linn. — *Berardia.* Vill. — *Villaria.* Guett. — *Onopordi sp.* All.

Car. L'involucre est composé de plusieurs rangs de folioles linéaires, acérées, peu ou point épineuses; les fleurons sont tous hermaphrodites; le réceptacle est marqué d'alvéoles dont les bords se soulèvent çà et là en petites dentelures; les graines sont lisses, prismatiques, couronnées d'une aigrette persistante, à poils roides, simples, le plus souvent inclinés et comme tordus en spirale.

3008. Arctione laineuse.   *Arctium lanuginosum.*

Arctium lanuginosum. Lam. Fl. fr. 2. p. 70. Illustr. t. 664. — *Arctio lanuginosa.* Lam. Dict. 1. p. 235. — *Berardia subacaulis.* Vill. Dauph. 3. p. 27. t. 22. — *Onopordum rotundifolium.*

All. Ped. n. 536. t. 38. f. 1.—*Villaria subacaulis.* Guett. mem.
min. Dauph. 1. p. clxx. t. 19. — Dalech. Lugd. 1307. f. 1.

Sa tige est simple, cotonneuse, et s'élève jusqu'à 3 décim.
à-peu-près; elle porte à son sommet une seule fleur jaunâtre,
composée de fleurons tous hermaphrodites et réguliers, et dont
le calice est droit et formé par des écailles lancéolées, pointues,
non épineuses, assez égales, et dont les extérieures sont lâches
et un peu courbées en dehors : les feuilles sont simples, ovales-
arrondies, pétiolées, cotonneuses, blanchâtres, et prolongées sur
leur pétiole, ce qui le fait paroître ailé. Guettard et Villars ont
observé que dans la germination de cette plante, les feuilles radicales naissent latéralement entre le support des cotylédons et le
collet de la racine. ♃. Cette plante croît sur les montagnes des Alpes,
parmi les débris schisteux et dans les lieux exposés au soleil ; en
Dauphiné aux environs de la Mure, au mont de Lans en Oysans,
dans le Briançonnois, le Queyras, l'Embrunois, le Gapençois,
le Champsaur (Vill.) ; en Piémont au mont Genèvre ; dans la
vallée de Bardonache et dans les Alpes de Montrégal (All.) ; en
Provence dans les montagnes de Seyne.

D V I I.   B A R D A N E.   *L A P P A.*

Lappa. Tourn. Hall. Juss. Lam. Gœrtn. — *Arctii sp.* Linn. —
Arctium. Vill. Sm. non Juss. Lam.

Car. L'involucre est sphérique, embriqué d'écailles qui se
terminent par une épine crochue ; les fleurons sont tous hermaphrodites ; le réceptacle est garni de paillettes ; l'aigrette est
courte, persistante, à poils roides, simples, inégaux.

Obs. Les trois espèces décrites ci-après, ont été réunies par
Linné sous le nom d'*arctium lappa*, spec. 1143, et ne sont
peut-être en effet que des variétés : néanmoins comme leurs
différences sont faciles à saisir et paroissent constantes, je les
ai distinguées, à l'exemple de tous les anciens botanistes et de
quelques modernes. On les connoît toutes sous les noms de
bardannes ou de *glouterons* : ce sont de grandes herbes à
feuilles cotonneuses en dessous, et dont les nervures se prolongent quelquefois vers le sommet en épines courtes et avortées ;
leurs fleurs sont d'un pourpre foncé et leurs anthères blanches ;
toutes sont bisannuelles.

3009. Bardane à têtes co-   *Lappa tomentosa.*
      tonneuses.

Lappa tomentosa. Lam. Dict. 1. p. 377. All. Ped. n. 527. — *Arctium tomentosum.* Schk. 3. t. 227. ex Hoffm. Germ. 4. p. 124. — *Arctium bardana.* Wild. spec. 3. p. 1632. — Mill. ic. t. 159.

Sa tige est épaisse, striée, branchue, un peu cotonneuse et haute de 6-9 décim.; ses feuilles sont fort grandes, pétiolées, cordiformes, très-simples, vertes en dessus, blanchâtres et un peu cotonneuses en dessous; ses fleurs sont purpurines ou quelquefois blanches, et forment des têtes arrondies, toutes garnies d'une espèce de coton entre leurs écailles calicinales. Cette plante croît sur le bord des chemins, dans les cours et dans le voisinage des masures. ♂. Les racines sont sudorifiques et apéritives, les feuilles vulnéraires et astringentes, et les semences diurétiques.

3010. Bardane à petites têtes.   *Lappa minor.*

Arctium minus. Schk. 3. t. 227. ex Hoffm. Germ. 4. p. 124. — *Arctium lappa.* Thuil. Fl. paris. II. 1. p. 424. — *Lappa glabra,* α. Lam. Dict. 1. p. 377. — Cam. Epit. 887. ic.

Cette plante se distingue de la bardane cotonneuse, en ce que ses involucres sont entièrement glabres et non chargés d'un duvet cotonneux; ses têtes de fleurs naissent cinq ou six ensemble sur un pédoncule, et sont presque disposées en grappe; leur grosseur ne dépasse guère celle d'une noisette. ♂. On la trouve dans les lieux pierreux, au bord des routes.

3011. Bardane à grosses têtes.   *Lappa major.*

Lappa major. Gœrtn. Fruct. 2. p. 379. t. 162. f. 3. — *Lappa glabra,* β. Lam. Dict. 1. p. 377. Illustr. t. 665. — *Arctium majus.* Schk. 3. t. 227. ex. Hoffm. Germ. 4. p. 124. — *Lappa officinalis.* All. Ped. n. 528.

Cette plante diffère de la bardane cotonneuse, par ses involucres absolument glabres; ce caractère la rapproche de l'espèce précédente, mais elle s'en distingue par ses têtes de fleurs deux fois plus grosses et qui atteignent la grandeur d'une noix; par ses fleurs solitaires au sommet de leurs pédoncules, et non réunies en grappe, et par ses feuilles plus obtuses. ♂. Elle croît dans les bois un peu humides.

DVIII. CHARDON. *CARDUUS.*

Carduus. Wild. Hoffm. — *Carduus et Silybi sp.* Gœrtn. —
Cardui sp. Linn. Lam.

CAR. L'involucre est embriqué d'écailles pointues, épineuses
au sommet; tous les fleurons sont hermaphrodites; le réceptacle
est hérissé de paillettes soyeuses; les graines sont couronnées
par une aigrette caduque, à poils simples, réunis par leur base
en un anneau circulaire.

OBS. Toutes les espèces de ce genre ont les fleurs purpurines
ou blanches dans quelques variétés, les feuilles épineuses plus
ou moins découpées, souvent cotonneuses, toujours prolongées
sur la tige. Ce dernier caractère ne manque que dans le chardon
marie, qui, par la structure des feuilles de son involucre,
s'éloigne des autres espèces de ce genre.

3012. Chardon marie. *Carduus marianus.*

Carduus marianus. Linn. spec. 1153. Lam. Fl. fr. 2. p. 19.—
Carthamus maculatus. Lam. Dict. 1. p. 638. — *Silybum ma-
rianum.* Gœrtn. Fruct. 2. p. 378. t. 162. f. 2. — *Silybum maculatum.* Mœnch. Meth. 555. — Lob. ic. p. 7. f. 2.

Sa tige s'élève jusqu'à 6 décim. et plus; elle est épaisse, cannelée et branchue; ses feuilles sont fort grandes, larges, sinuées,
anguleuses, lisses et glabres des deux côtés, épineuses et parsemées de taches blanches; ses fleurs sont terminales, purpurines, et les involucres courts, assez gros; les folioles de cet
involucre sont ovales, embriquées et bordées à leur base d'é-
pines simples, terminées par un appendice étalé, lancéolé, épineux au sommet; les poils de l'aigrette sont blancs, simples, ciliés. ☉. On trouve cette plante sur le bord des chemins et dans
les lieux incultes. La racine, l'herbe et les semences sont sudorifiques, fébrifuges, apéritives et diurétiques. Elle porte les
noms vulgaires de *chardon argenté*, *chardon Notre-Dame*,
chardon marie, *chardon taché*.

3013. Chardon à taches *Carduus leucographus.*
blanches.

Carduus leucographus. Linn. spec. 1149. Lam. Dict. 1. p. 697.
All. Ped. n. 529. t. 73. Gœrtn. Fruct. 2. p. 377. t. 162. f. 1.—
Cirsium maculatum. Lam. Fl. fr. 2. p. 22.

Sa tige est haute de 5 décim. et légèrement branchue; ses
feuilles sont lisses, oblongues, sinuées, à dents anguleuses,

garnies d'épines courtes, parsemées de taches laiteuses, et obtuses à leur sommet; les fleurs sont grosses comme une noisette, et sont solitaires à l'extrémité d'un long pédoncule nu et un peu cotonneux sous le calice. On trouve cette plante en Provence (Gér.); aux environs de Nice (All.); à Clermont en Auvergne (Delarb.); à Saint-Privé près Orléans (Dub.).⊙.

3014. Chardon à fleurs menues. *Carduus tenuiflorus.*

Carduus tenuiflorus. Smith. Fl. brit. 849. — *Carduus acanthoi- des.* Huds. Angl. 351. Lam. Dict. 1. p. 697. All Ped. n. 531. — Moris. s. 7. t. 31. f. 13.

Sa tige est haute de 6 décim. ou quelquefois davantage , branchue , cannelée , cotonneuse , d'un verd blanchâtre , et garnie dans toute sa longueur, sur différentes faces, d'une aile courante, large de 3 centim. , sinuée , dentée et très-épineuse , qui produit à des distances un peu considérables , des feuilles oblongues, sinuées, anguleuses, blanchâtres et pareillement hérissées d'épines ; les fleurs sont ramassées trois ou quatre ensemble au sommet de la tige et des rameaux ; elles sont purpurines : les calices sont oblongs , de la grosseur d'une noisette , et leurs écailles sont droites et souvent rougeâtres vers leur sommet. Toute la plante a un aspect blanchâtre ; la tige et les rameaux sont garnis , dans le voisinage des fleurs , d'un coton blanc très-abondant. ⊙. Elle croît dans les lieux incultes , les fossés secs , et au pied des murailles.

3015. Chardon à trochets. *Carduus pycnocephalus.*

Carduus pycnocephalus. Linn. spec. 1151. Lam. Dict. 1. p. 698. Jacq. Hort. Vind. t. 44. — Barr. ic. t. 417.

Cette plante ressemble beaucoup au chardon à fleurs menues, par sa teinte blanchâtre et cotonneuse; par ses fleurs cylindriques, aggrégées au sommet des pédoncules ; par les appendices foliacés , épineux et interrompus , qui bordent sa tige ; mais elle en diffère parce que les pédoncules des fleurs sont nus et non bordés d'appendices foliacés et épineux. ♃ , Linn.; ⊙ , All. Elle est commune en Piémont , au bord des routes et des fossés (All.).

3016. Chardon à feuilles d'acanthe. *Carduus acanthoides.*

Carduus acanthoides. Linn. spec. 1150. Smith. Fl. brit. 848. — *Carduus crispus.* Huds. Angl. 330. Lam. Dict. 1. p. 698 ? —

Carduus polyacanthos. Curt. Lond. t. 54. — *Carduus nigres-*
cens. Vill. Dauph. 3. p. 5. t. 20.

β. *Flore albo.* Hoffm. Germ. 4. p. 125.

Sa tige est haute d'un mètre, un peu branchue, verte et
ailée, c'est-à-dire, garnie dans toute sa longueur, des deux
côtés, d'un prolongement denté, épineux et très-étroit, formé
par la base des feuilles; ce prolongement fait paroître la tige
comme frisée : ses feuilles sont oblongues, dentées, sinuées,
épineuses, un peu rétrécies vers leur base; les têtes de fleurs sont
globuleuses, presque glabres; l'involucre est composé de folioles
linéaires, piquantes, recourbées dans leur moitié supérieure;
les corolles sont ordinairement d'un pourpre foncé, et blanches
dans la variété β : toute la plante a un aspect noirâtre, ou est
d'un verd triste. Elle croît dans les champs incultes. ⊙.

3017. Chardon penché.   *Carduus nutans.*

Carduus nutans. Linn. spec. 1150. Lam. Dict. 1. p. 697. Fl. dan.
t. 675. — Barr. ic. t. 1116.

β. *Flore albo.* Mapp. Als. 54.

Ses tiges sont épaisses, cannelées, ailées, épineuses, branchues et hautes de 5 décim. tout au plus; ses feuilles sont sinuées, découpées, tout-à-fait prolongées sur la tige, très-
épineuses et blanchâtres, particulièrement vers leurs nervures;
ses fleurs sont grosses, courtes, purpurines et penchées vers la
terre : les écailles extérieures de l'involucre sont ouvertes,
et les intérieures plus redressées; elles sont garnies de duvet
en manière de toile d'araignée. On trouve cette plante sur le
bord des chemins, et on la distingue facilement par son aspect
blanchâtre et par l'inclinaison de ses fleurs. ♂.

3018. Chardon à pédoncules   *Carduus podacantha.*
épineux.

α. *Floribus albis majoribus.* —Hall. Helv. n. 167 γ?

β. *Floribus purpureis minoribus.* — *Carduus aurosicus.* Chaix.
in Vill. Dauph. 1. p. 364. Vill. Dauph. 3. p. 7. t. 20.

La plante que j'ai sous les yeux, a les plus grands rapports
avec le chardon penché; mais elle en diffère, comme le chardon
à fleurs menues diffère du chardon à trochets, c'est-à-dire, parce
que les pédicelles de ses fleurs sont hérissés, ainsi que tout le
reste de la plante, d'appendices foliacés fortement épineux: elle
ne paroît pas dépasser 3 centim. de hauteur; ses feuilles sont
oblongues,

oblongues, pinnatifides, à lobes sinués, crépus, bordés d'épines
fortes, nombreuses et disposées en divers sens ; la base des feuilles
se prolonge sur la tige en appendices foliacés, interrompus, fortement épineux ; les fleurs sont au nombre de trois ou quatre,
portées sur des pédoncules courts, cotonneux et épineux : ces
fleurs sont grandes, de couleur blanche ; leur involucre est parfaitement glabre, à folioles ouvertes, presque linéaires, acérées,
épineuses au sommet. Cette espèce est originaire du Dauphiné,
d'où elle a été envoyée sous le nom de *carduus aurosicus*. La
variété β, que je ne connois que par la description et la figure
données par Villars, ne me paroît différer de la nôtre que par
ses fleurs plus petites et de couleur rouge ; elle croît de même
en Dauphiné, au mont Auroux, au-dessus de Malacharre
(Chaix) ; à Bures près Gap, et sur le Galibier près du Lautaret (Vill.).

3019. Chardon crépu.   *Carduus crispus.*

Carduus crispus. Linn. spec. 1150. Hoffm. Germ. 4. p. 125.
Vill. Dauph. 3. p. 9. — Lœs. Pruss. t. 5.

Cette espèce ressemble extrêmement au cirse des marais,
mais elle en diffère par son aigrette à poils simples et nullement plumeux : parmi les vrais chardons, elle est voisine du
chardon acanthe, par ses tiges garnies d'appendices foliacés
et interrompus, par la forme, la couleur foncée et la surface
presque glabre de ses feuilles ; elle en diffère par ses têtes de
fleurs plutôt ovoïdes que globuleuses, aggrégées plusieurs ensemble ; par ses involucres beaucoup moins épineux, à folioles
ouvertes mais non réfléchies, acérées en pointe molle à l'extrémité : les graines sont petites, grises, lisses et non striées. ♂.
Cette plante croît dans les champs cultivés et le long des haies.
Je n'indique aucunes localités précises pour cette espèce et pour
celles avec lesquelles elle a été confondue, parce qu'il est impossible de discerner à laquelle se rapportent les noms de la
plupart des auteurs : j'ai lieu de croire qu'elles se trouvent toutes
trois dans toute la France ; celle-ci est la plus rare.

3020. Chardon terne.   *Carduus defloratus.*

Carduus defloratus. Linn. spec. 1152. Lam. Dict. 1. p. 699. Jacq.
Austr. t. 89. — *Carduus cirsioides.* Vill. Dauph. 3. p. 12. —
Cirsium defloratum. Scop. Carn. ed. 2. n. 1003 ? — *Cirsium
pauciflorum.* Lam. Fl. fr. 2. p. 22. — Hall. Helv. n. 164. var. α.
β et γ. t. 4. f. 2.

Sa tige est haute de 6 décim., striée, presque nue dans sa

Tome IV.   F

partie supérieure, et ne porte qu'une ou deux fleurs assez petites, soutenues chacune par un pédoncule grèle, nu et fort long; ses feuilles sont lancéolées, plus ou moins dentées; la forme de ces feuilles est très-variable, mais elles sont toujours décurrentes sur la tige, presque glabres ou seulement garnies de quelques poils courts et épars : les pédoncules sont cotonneux; les fleurs purpurines, souvent un peu penchées, de moitié plus petites que dans le chardon penché; l'involucre est composé de folioles linéaires, embriquées, très-acérées et terminées en épine molle. On en trouve une variété à fleur blanche. ♃. Cette plante croît dans les lieux pierreux et herbeux des montagnes; elle n'est pas rare dans toute la chaîne du Jura; dans les Alpes, à Trient, à la Dent-d'Oche; en Savoie; en Piémont; en Dauphiné; en Provence; en Languedoc.

3021. Chardon intermédiaire. *Carduus medius.*

Carduus medius. Gouan. Illustr. p. 62. t. 24. Lam. Dict. 1. p. 699. — *Cirsium inclinatum.* Lam. Fl. fr. 2. p. 22. — *Cnicus Gouani.* Wild. spec. 3. p. 1665.

Sa tige est droite, très-simple et haute de 5 décim.; elle se termine en un pédoncule long de 15-18 centim., nu, cotonneux et chargé d'une seule fleur assez grosse, dont le poids le fait incliner vers la terre; cette fleur est purpurine, et son calice est rude sans être sensiblement épineux : ses feuilles sont lancéolées, glabres et vertes en dessus, un peu hérissées en dessous, profondément pinnatifides, et les pinnules partagées en trois lobes pointus, dont l'intermédiaire est le plus considérable; elles sont bordées par-tout de petites épines extrêmement nombreuses. Cette plante croît dans les Pyrénées, aux environs de Barrèges, et peut-être au mont Laurenti près Guérigut (Gou.).

3022. Chardon à feuilles de carline. *Carduus carlinæfolius.*

Carduus carlinæfolius. Lam. Dict. 1. p. 700. — Hall. Helv. n. 164. var. ♂?

Cette plante a beaucoup de rapport avec le chardon terne, quant à l'aspect de ses fleurs et aux découpures de ses feuilles, et avec le chardon argémone, quant à la forme des appendices qui couvrent sa tige; mais elle diffère de l'un et de l'autre, parce que les lobes de ses feuilles ne sont pas garnis de cils épineux, mais se terminent par de fortes épines dures et

jaunâtres : elle s'élève à trois ou cinq décim. ; sa tige porte
plusieurs pédoncules alongés, nus, cotonneux et uniflores; les
feuilles sont nombreuses, glabres sur l'une et l'autre surfaces,
et ressemblent à celles des carlines par leur aspect crépu et l'a-
bondance de leurs épines; la fleur ne me paroît pas différer de
celle du chardon terne. Elle croît dans les provinces méridionales, aux Pyrénées; aux environs de Narbonne? Je l'ai reçue
de M. Clarion, qui l'a trouvée en Provence, dans les montagnes
de Seyne.

3023. Chardon argémone. *Carduus argemone.*

Carduus argemone. Lam. Dict. 1. p. 700.

Sa tige est droite ou ascendante, longue de 3-4 décim., garnie
de feuilles qui se prolongent par leur base en appendices foliacés, épineux et dentelés, ce qui donne à cette plante quelques
rapports avec le chardon crépu; les feuilles sont oblongues,
glabres, sinuées, à demi-pinnatifides, bordées de cils épineux,
assez semblables à celles du chardon terne; ses pédoncules sont
courts, cotonneux et chargés d'une seule fleur droite, purpurine, presque globuleuse; l'involucre est composé de folioles
embriquées, linéaires, acérées en épine molle; les extérieures
sont vertes, recouvertes d'un tissu laineux qui ressemble à une
toile d'araignée; les intérieures sont plus longues, un peu colorées au sommet : les graines sont lisses, oblongues, comprimées; l'aigrette a les poils longs, simples, roussâtres et un peu
dentelés. Cette plante croît dans les Pyrénées, où elle a été
découverte par M. Pourret.

3024. Chardon fausse-carline. *Carduus carlinoides.*

Carduus carlinoides. Gou. Illustr. p. 62. t. 23. — *Carlina Pyrenaica.* Linn. spec. 1161 ? Lam. Dict. 1. p. 625. — *Cirsium paniculatum.* Lam. Fl. fr. 2. p. 25.

Toute la plante est couverte d'un duvet laineux et blanchâtre;
sa tige est simple, rameuse au sommet, longue de 3-4 décim.;
les feuilles sont nombreuses, alongées, étroites, sinuées,
presque pinnatifides, bordées d'épines jaunes, fortes, nombreuses et presque aussi longues que la largeur de la feuille;
les fleurs sont nombreuses, à-peu-près disposées en corimbe
et entourées par les feuilles supérieures; les involucres sont
cylindriques, à plusieurs rangs de folioles linéaires, aiguës;
les extérieures sont foliacées, très-cotonneuses, terminées en

épine dure; les intérieures sont scarieuses, rougeâtres au sommet, à peine égales à la longueur des fleurs; celles-ci sont
purpurines; le réceptacle est hérissé de soies nombreuses, qui
dépassent à peine la longueur des graines; celles-ci sont glabres, couronnées par une aigrette à poils légèrement dentelés. ♃.
Cette plante croît dans les Pyrénées voisines de l'Espagne
(Linn.). On la trouve abondamment dans la vallée d'Eynes
(Gou.); au Pic du midi (Ram.): on la retrouve en Piémont,
entre Tende et Garressio (All.). Elle n'a ni le port, ni les caractères des carlines.

3025. Chardon fausse-bardane. *Carduus personata.*

Arctium personata. Linn. spec. 1144. Lam. Dict. 1. p. 378. —
Carduus personata. Jacq. Austr. t. 348. All. Ped. n. 537. —
Carduus personatus. Gœrtn. Fruct. 2. p. 378. t. 160. f. 1. —
Cirsium lappaceum. Lam. Fl. fr. 2. p. 24. — *Carduus arctioi-
des.* Vill. Dauph. 3. p. 22.

Sa tige est haute de 6 décim., droite, épaisse, branchue
et chargée de quelques poils écartés; ses feuilles sont vertes,
blanchâtres en dessous et bordées de cils épineux; les supérieures
sont ovales, pointues et prolongées sur la tige; les inférieures
sont pétiolées, un peu épineuses en leurs bords, découpées profondément en lobes élargis, et imitent celles de l'acanthe : ses
fleurs sont purpurines et ramassées plusieurs ensemble sur des
pédoncules blanchâtres; les folioles de l'involucre sont linéaires, acérées, ouvertes ou même réfléchies à leur sommet;
les graines sont oblongues, comprimées, lisses, couronnées
par une aigrette à poils simples deux fois plus longs que la
graine. On trouve une variété de cette plante qui a les feuilles
supérieures découpées comme les inférieures. ♂, Linn.; ☉, All.
Elle croît dans les prés humides des montagnes; dans les Alpes
à Trient, entre Chamouny et Trilien; dans la vallée de Tigne;
à Saint-Oyen dans le val d'Aost, et entre Fenestrelle et Al-
berge (All.); à Sassenage, Lans, Allevard, Gap, et la grande
Chartreuse en Dauphiné (Vill.); aux environs de Genève (She-
rard); dans les vallées du Jura, près le Comté de Neuchâtel
(Hall.); au Mont-d'Or dans la vallée de la Pardie (Lam.).

DIX. SARRÈTE. *SERRATULA.*

Serratulæ sp. Linn. Juss. Lam. Gœrtn.

Cᴀʀ. L'involucre est hémisphérique ou ovoïde, embriqué

d'écailles non épineuses ; les fleurons sont tous hermaphrodites ; les stigmates simples ou bifurqués ; le réceptacle est garni de paillettes simples ; l'aigrette est persistante, composée de poils inégaux, roides et dentés.

Obs. Le genre *serratula* se trouve maintenant réduit à un petit nombre d'espèces : le *serratula arvensis*, Linn. ; le *serratula Alpina*, Linn. ; *serratula pygmœa*, Jacq. ; *serratula mollis*, Cav., qui ont l'aigrette plumeuse, appartiennent aux cirses : les *serratula noveboracensis*, *prœalta*, etc., qui ont l'aigrette à poils simples et le réceptacle nu, forment le genre *vernonia* de Schreber ; les *serratula squarrosa*, Linn., *speciosa*, Ait., etc., qui ont l'aigrette plumeuse et le réceptacle nu, composent le genre *liatris* de Schreber. Ces deux derniers grouppes n'appartiennent pas même à l'ordre des cynarocéphales.

3026. Sarrète des teinturiers. *Serratula tinctoria.*

Serratula tinctoria. Linn. spec. 1144. Lam. Fl. fr. 2. p. 39. Fl. dan. t. 281. — *Carduus tinctorius.* Scop. Carn. ed. 2. n. 1012.
β. *Foliis indivisis.*

Toute la plante est glabre et d'une consistance coriace qui ressemble à celle de la centaurée jacée ; sa tige est haute de 5 décimètres, droite, ferme, lisse et un peu branchue ; ses feuilles inférieures sont grandes, ovales, oblongues, dentées, pétiolées, quelquefois très-simples et souvent un peu pinnatifides ; les autres sont ailées à leur base, et se terminent par un lobe fort grand, alongé et denté : les fleurs sont terminales, purpurines ou blanches dans une variété ; leur diamètre ne dépasse pas 2 centimètres ; tous les fleurons sont égaux entre eux, et ont leurs stigmates divisés en deux lobes profonds ; les folioles de l'involucre sont un peu rougeâtres, légèrement cotonneuses sur le bord ; les poils de l'aigrette sont jaunâtres, roides, friables, dentelés, de la longueur de la graine. On trouve cette plante dans les bois et les prés couverts. ♃. On la dit vulnéraire ; son suc fournit une teinture jaune fort belle.

3027. Sarrète couronnée. *Serratula coronata.*

Serratula coronata. Linn. spec. 1144. — *Carduus tinctorius*, β. All. Ped. n. 538. — Bocc. Mus. 2. t. 37.

Elle ressemble beaucoup à la sarrète des teinturiers, mais elle forme certainement une espèce distincte ; ses feuilles sont plus constamment et plus profondément découpées ; ses fleurs sont solitaires ou géminées, trois fois plus grosses; leur involucre est couvert d'un léger duvet roussâtre sur toute sa surface; les fleurons extérieurs, quoique fertiles et hermaphrodites, sont plus grands que ceux du milieu; le style est simple dans les fleurons du bord, et bifurqué au sommet dans ceux du milieu. ♃. Je décris cette plante d'après des échantillons de jardins, et je l'indique d'après l'autorité d'Allioni, qui nous apprend qu'elle croît en Piémont, dans les montagnes de Piosascho, de Borgomasino, dans les environs du Teriez et dans les montagnes de la Savoie (All.).

3028. Sarrète à feuilles   *Serratula heterophylla.*
variables.

Serratula heterophylla. Desf. Cat. p. 93. — *Carduus lycopifolius.* Vill. Dauph. 3. p. 23. t. 19.

Cette sarrète ressemble aux deux précédentes par la consistance ferme de ses feuilles; sa racine est oblique, traçante; sa tige est droite, simple, striée, presque entièrement glabre, feuillée dans la partie inférieure, nue vers le sommet, terminée par une seule fleur droite, purpurine, de la grosseur de celle de la jacée des prés; les feuilles inférieures sont pétiolées, ovales, bordées de fortes dents légèrement épineuses; celles qui naissent un peu plus haut sont plus alongées, plus aiguës et découpées vers leur base en lobes écartés et pointus : l'involucre est parfaitement glabre, embriqué de folioles larges, lancéolées, serrées, terminées par une petite épine molle; les fleurons sont presque égaux; les extérieurs ont un stigmate simple; ceux du centre ont un style légèrement bifurqué au sommet : l'aigrette est composée de poils roides, friables, inégaux, jaunâtres, plus longs que la graine. ♃. Cette plante croît en Dauphiné, à Laric et à Oses près Veynes (Vill.).

3029. Sarrète à tige nue.   *Serratula nudicaulis.*

Centaurea nudicaulis. Linn. spec. 1300. Lam. Dict. 1. p. 676. Ger. Gallopr. p. 187. n. 11. t. 5. — *Calcitrapa nudicaulis.* Lam. Fl. fr. 2. p. 30. — *Carduus cerinthefolius.* Vill. Dauph. 3. p. 24. — *Carduus cerinthoides.* Wild. spec. 3. p. 1660.

Sa tige est droite, très-simple, striée et presque nue; ses feuilles radicales sont ovales, entières, pétiolées et un peu velues à leur base ou sur les côtés de leur pétiole; celles de la tige, au nombre de deux tout au plus, sont fort petites, étroites et garnies de quelques dents écartées : la fleur est solitaire et terminale; les écailles de l'involucre sont peu épineuses; les supé

rieures sont noirâtres à leur sommet ; les inférieures sont jaunâtres et luisantes ; tous les fleurons sont égaux , purpurins et
hermaphrodites , d'où l'on voit que cette plante ne peut appartenir au genre des centaurées. ♃. Elle croît dans les montagnes
de la Provence, notamment au mont de Sainte-Victoire et aux
environs de Colmars (Gér.) ; dans le Champsaur et aux environs
de Gap (Vill.) ; dans la vallée de Pisi au-dessus de la Chartreuse
en Piémont (Bell.) : je l'ai reçue d'Arragon.

3030. Sarrète à tête d'ar-   *Serratula cynaroides.*
    tichaut.

    Cnicus centauroides. Linn. spec. 1157. — *Cnicus cynara.* Lam.
    Fl. fr. 2. p. 14. — Moris. s. 7. t. 25. f. 2.

Sa tige est épaisse, droite, cannelée, simple et haute de 5-9
décim. ; elle porte à son sommet une ou deux têtes de fleurs
très-grosses, ovales, embriquées d'écailles pointues, noirâtres,
bordées de blanc et nullement épineuses : ses feuilles sont fort
amples, pinnatifides, vertes en dessus, blanches en dessous , et
imitant beaucoup celles de l'artichaut, avec lequel cette plante
a d'ailleurs des rapports très-marqués ; ses corolles sont purpurines, longues de près de 4 centim. ; le réceptacle n'est pas
charnu comme dans les artichauts ; il est fortement hérissé de
paillettes menues, un peu plus longues que les graines : l'aigrette est composée de poils nombreux , roides, simples et inégaux. ♃. Cette belle plante est originaire des Pyrénées ; elle
m'a été communiquée par M. Ramond, qui l'a trouvée au pic
d'Ereslids et au mont Sacou.

3031. Sarrète rhapontic.   *Serratula rhaponticum.*
    Centaurea rhaponticum. Linn. spec. 1294. — *Rhaponticum sca-*
    riosum. Lam. Fl. fr. 2. p. 38. — Dalech. Hist. 1700. ic.

Sa tige est ordinairement simple et haute de 5-6 décim. ;
elle porte à son extrémité une seule fleur fort grande, dont l'involucre est composé d'écailles arrondies, scarieuses ou desséchées, et déchirées en leurs bords : ses feuilles sont oblongues,
pétiolées, un peu en cœur à leur base, légèrement dentées,
blanches et cotonneuses en dessous ; les feuilles de la tige sont
en petit nombre, portées sur des pétioles fort courts et un
peu pinnatifides ; la racine est épaisse, fort grande et aromatique ; les fleurons sont purpurins, tous hermaphrodites et
égaux ; les graines sont oblongues, couronnées par une aigrette
à poils roides, jaunâtres, inégaux, simples et munis d'un

ombilic non latéral comme dans les centaurées, mais placé immédiatement sous la graine, comme dans les sarrètes. ♃. Cette belle plante croît dans les prairies des hautes Alpes et sur les collines pierreuses ; en Provence dans les montagnes de Seyne, où elle a été trouvée par M. Clarion ; en Dauphiné près Grenoble, Prémol, Taillefer, dans le Champsaur et le Gapençois (Vill.) ; en Piémont au-dessus de Tende, de Vinadio, de Cels, à Pralognan, au col de l'Ors, à Safau, à la Marciosse, en Savoie à Saint-Ugo (All.).

DX. CENTAURÉE.   *CENTAUREA.*

Centaureæ sp. Linn. Lam. — *Cyanus, Calcitrapa, Cnicus* et *Atractylis.* Gœrtn. — *Crocodilium, Calcitrapa, Seridia, Jacea, Cyanus, Rhaponticum* et *Centaurea.* Juss.

Car. L'involucre est embriqué d'écailles épineuses, ciliées, scarieuses et foliacées ; les fleurons extérieurs sont stériles et plus développés que ceux du centre ; le réceptacle est hérissé de paillettes divisées jusqu'à la base en lanières fines et soyeuses ; les graines ont l'ombilic latéral et sont couronnées d'une aigrette à poils roides, simples, dont le rang intérieur est court et forme souvent une petite protubérance dans le centre.

Obs. Quelques espèces de ce genre nombreux, ont les fleurons extérieurs fertiles ; dans d'autres, l'aigrette des fleurons extérieurs avorte ; quelques-unes ont toutes leurs semences dépourvues d'aigrette : le caractère vraiment distinctif du genre, est la position de l'ombilic qui forme une échancrure près de la base de la graine. Cette structure est bien représentée par Gœrtner, pl. 161. f. 2 et 4. et pl. 162. f. 5. ; mais il ne lui a donné aucune place dans ses descriptions. On doit exclure du genre de Linné, le *centaurea galactites* et le *centaurea conifera*, qui ont l'aigrette plumeuse et qui forment nos genres galactite et leuzée ; les *centaurea rhaponticum, behen, nudicaulis*, qui ont tous les fleurons hermaphrodites, et qui appartiennent au genre des sarrètes. Parmi ces espèces anomales, que divers caractères excluent des vraies centaurées, aucune n'a l'ombilic latéral ; ce caractère n'est bien visible qu'à la maturité de la graine. Il tient à une autre circonstance particulière aux centaurées ; c'est que leur réceptacle offre des cavités très-profondes dans lesquelles les graines sont enchâssées ; ces graines adhèrent non au fond, mais sur le bord de cette cavité, du côté le plus voisin du centre du réceptacle.

§. Ier. *Écailles de l'involucre entières, foliacées, non épineuses (Centaurea, Juss.).*

3032. Centaurée commune. *Centaurea centaurium.*

Centaurea centaurium. Linn. spec. 1287. Lam. Dict. 1. p. 663.—
Clus. Hist. 2. p. 10. f. 2.

Cette centaurée est une plante qui s'élève à 12-15 décim.
de hauteur, et qui est terminée par un grand corimbe irrégulier, presque nu, composé de fleurs purpurines, grosses et
globuleuses : les tiges sont droites, cylindriques, glabres, rameuses ; les feuilles sont grandes, pinnatifides ou divisées jusqu'à la côte longitudinale en lobes oblongs, amincis aux deux
extrémités, bordés de dentelures calleuses, prolongés en aile
du côté inférieur, comme tronqués du côté supérieur ; les
écailles de l'involucre sont lisses, glabres, ovales, obtuses,
entières, convexes sur le dos. ♃. Cette plante croît dans les
Alpes du Piémont près Fenestrelles, entre Bussolino et Susa(All.).

3033. Centaurée des Alpes. *Centaurea Alpina.*

Centaurea Alpina. Linn. spec. 1286. Lam. Dict. 1. p. 663. —
Barr. ic. t. 514. fig. mut. ex Corn. can. t. 70.

Sa tige est cylindrique, glabre, peu rameuse, et atteint presque
un mètre de hauteur ; ses feuilles sont glabres, d'un verd un
peu glauque, divisées jusqu'à leur côte longitudinale en lobes
alongés, linéaires, entiers dans le haut, dentés dans le bas de
la plante, prolongés en appendice du côté inférieur, et comme
tronqués à la base du côté supérieur ; les fleurs sont terminales,
en petit nombre, de couleur jaune, assez grosses ; leur involucre
est lisse, globuleux, embriqué de folioles serrées, entières,
ovales, obtuses et convexes sur le dos. ♃. Cette plante croît en
Savoie près le bourg de Saint-Maurice (All.).

3034. Centaurée chondrille. *Centaurea crupina.*

Centaurea crupina. Linn. spec. 1285. Lam. Dict. 1. p. 664. —
Centaurea acuta. Lam. Fl. fr. 2. p. 49. — Lob. ic. t. 231. f. 1.
— Barr. icon. t. 1136.

Sa tige est droite, simple ou peu rameuse, glabre, cannelée,
haute de 5-8 décim. ; ses feuilles radicales sont ovales, presque
entières ; toutes les autres sont découpées en lobes écartés,
grèles, linéaires, bordés de très-petites dentelures roides et
presque épineuses : le haut de la plante est presque nu ; les fleurs

sont solitaires au sommet de chaque rameau, purpurines, alongées; l'involucre est grèle, lisse, composé de folioles entières, lancéolées-linéaires, pointues : le réceptacle est étroit, garni de paillettes; les graines sont tétragones, épaisses et calleuses à leur base, minces et pubescentes dans la moitié supérieure, couronnées par une aigrette d'abord d'un roux vif et chatoyant, ensuite noire, à poils dentés, dont les extérieurs sont courts et semblables à des paillettes; les fleurons sont peu nombreux : les extérieurs sont-ils stériles? cette plante appartient-elle au genre des centaurées? ☉. Elle croit dans les lieux stériles et sur les collines des provinces méridionales; en Piémont; en Provence; en Languedoc.

§. II. *Écailles de l'involucre scarieuses, non ciliées ni épineuses (Rhaponticum , Juss.).*

3035. Centaurée brillante.   *Centaurea splendens.*

Centaurea splendens. Linn. spec. 1293. Lam. Dict. 1. p. 665.— Clus. Hist. 2. p. 10. f. 1.

Sa tige est droite, ferme, anguleuse, rameuse, et s'élève presque à un mètre de hauteur; ses feuilles sont découpées en plusieurs lanières étroites, écartées, pointues, entières ou dentées dans le haut, et divisées en plusieurs lobes dans le bas: toute la plante est presque glabre; les fleurs naissent au sommet des rameaux et forment une espèce de corimbe irrégulier; les rameaux portent çà et là, jusqu'au sommet, des feuilles linéaires, entières ou à peine lobées; les fleurs sont purpurines, de la grandeur de celles de la jacée; leur involucre est ovoïde, composé d'écailles scarieuses, lisses, convexes, comme boursouflées, entières sur les bords, terminées par une petite arète aigue. ♂. On trouve cette plante en Piémont, dans les vignes et les rochers, près le lac d'Ivrée, aux environs de Verrua et le long de la Scrivia près de Tortone (All.).

3036. Centaurée amère.   *Centaurea amara.*

Centaurea amara. Linn. spec. 1292. — *Jacea supina.* Lam. Fl. fr. 2. p. 53. — *Centaurea jacea,* γ. Lam. Dict. 1. p. 666. — Lob ic. t. 548. f. 2.

Cette plante n'est peut-être qu'une variété de la jacée; elle lui ressemble en effet par presque tous ses caractères et en particulier par le plus important de tous, savoir les graines presque entièrement dépourvues d'aigrette : elle en diffère par sa tige

plus couchée; par ses feuilles, dont les inférieures même sont
entières ou simplement dentées; par ses involucres plus blanchâtres, dont toutes les folioles sont scarieuses et presque entières sur les bords. Elle croît sur les collines arides, sur-tout
dans les provinces méridionales. ♃.

§. III. *Écailles de l'involucre ciliées, non épineuses (Cyanus et Jacea, Juss.).*

3037. Centaurée jacée. *Centaurea jacea.*

Centaurea jacea. Linn. spec. 1293. Lam. Dict. 1. p. 666. var. *α.*

ß. Centaurea pratensis. Thuil. Fl. paris. ed. 2. p. 444. — *Centaurea nigra.* Lam. Dict. 1. p. 666. — *Centaurea dubia.* Sut.
Fl. helv. 2. p. 202.

γ. Centaurea decipiens. Thuil. Fl. paris. ed. 2. p. 445.

Cette plante étant très-commune, est aussi l'une de celles
qui offrent le plus grand nombre de variétés : ses caractères
constans sont d'avoir, 1°. la graine garnie au sommet d'une
seule rangée de cils si courts qu'elle paroît dépourvue entièrement d'aigrette, lorsqu'on l'examine à l'œil nu ; 2°. l'involucre
globuleux, roussâtre ou brun, composé d'écailles dont les extérieures sont ciliées et les intérieures scarieuses et dentelées
sur les bords vers le sommet ; 3°. des fleurons purpurins (quelquefois blancs), dont les extérieurs sont femelles ou stériles,
un peu plus grands que ceux du centre : elle varie d'ailleurs
par sa tige, qui est droite ou ascendante, tantôt simple, tantôt
rameuse ; par sa surface ordinairement pubescente et un peu
rude, quelquefois presque cotonneuse ; par ses feuilles dont les
supérieures sont entières et les inférieures découpées, mais qui
varient, soit dans leur largeur, soit dans la profondeur des divisions. ♃. Cette espèce croît dans toute la France dans les
prés et au bord des bois ; elle fleurit presque tout l'été.

3038. Centaurée noire. *Centaurea nigra.*

Centaurea nigra. Linn. spec. 1288. Fl. dan. t. 996. non Lam.
All. — *Cyanus niger.* Gœrtn. Fruct. 2. p. 382. t. 161. f. 4.—
Rhaponticum ciliatum. Lam. Fl. fr. 2. p. 39. — Hall. Helv.
n. 184.

Cette plante ressemble beaucoup à la centaurée jacée, mais
elle en diffère par ses fleurons tous hermaphrodites et égaux
entre eux ; sa tige est droite, anguleuse, simple ou peu rameuse,
presque glabre ainsi que les feuilles : celles-ci sont sessiles, lancéolées, entières ou dentées dans le bas de la plante ; les fleurs

sont solitaires au sommet de la tige et des rameaux, droites,
purpurines, et de la même grosseur que dans la jacée; l'involucre est globuleux, de couleur noirâtre, embriqué d'écailles
toutes terminées par un appendice scarieux, arrondi, divisé
des deux côtés, jusqu'à la côte longitudinale, en cils minces et
réguliers : les graines sont pâles, luisantes, couronnées par une
petite aigrette à poils blancs et écailleux; elles ont l'ombilic
échancré et latéral, ce qui rapproche cette plante des centaurées,
malgré ses fleurs toutes hermaphrodites. ♃. Cette plante croît
dans les prairies montueuses; elle a été trouvée dans les Pyrénées, par M. Ramond; dans le Jura près Neuchâtel, par
M. Chaillet; aux environs de Falaise, par M. Basoche; à Montferrat et au pont de Beauvoisin (Vill.); aux environs de Paris
(Vaill.); en Bourgogne (Dur.).

3039. Centaurée flosculeuse. *Centaurea flosculosa.*

> *Centaurea flosculosa.* Wild. spec. 3. p. 2285. — *Centaurea dis-
> coidea.* Balb. cat. hort. Taur. p. 11. — *Centaurea pectinata,*
> *var.* Balb. Misc. p. 39.

Cette espèce diffère de la variété β de la centaurée plumeuse,
comme la centaurée noire diffère de la jacée, c'est-à-dire, par
ses fleurons tous égaux et hermaphrodites : sa tige est droite,
simple, anguleuse, un peu hérissée et terminée par une seule
fleur; ses feuilles sont lancéolées, étroites, pointues, dressées,
entières ou à peine dentées de loin en loin, d'un verd foncé,
nullement cotonneuses, à peine pubescentes, longues de 5 cent. :
la fleur est terminale, placée immédiatement au-dessus de la
dernière feuille; son involucre est noirâtre, ovoïde, composé
d'écailles qui se prolongent en une longue barbe recourbée,
jaunâtre et bordée de longs cils latéraux; la corolle est violette,
flosculeuse. ♃. Elle croît dans les Alpes du Piémont, près de
Fenestrelles.

3040. Centaurée plumeuse. *Centaurea phrygia.*

> *Centaurea phrygia.* Linn. spec. 1287. Fl. dan. t. 520. Lam. Dict.
> 1. p. 666. non Jacq. — *Jacea plumosa.* Lam. Fl. fr. 2. p. 51.
> β. *Caule simplici unifloro.*
> γ. *Foliis incisis.* Hall. Helv. n. 188. γ.

Ses tiges sont anguleuses, striées, pubescentes, un peu branchues vers leur sommet, et hautes de 5 décim.; ses feuilles
radicales sont longues de 2-3 décim., ovales, lancéolées, traversées par une nervure blanche, dentelées en leur bord, et

se terminant en pétiole à leur base : les feuilles de la tige sont embrassantes, dentées et comme oreillées à leur base, et ont à peine 8 cent. de longueur ; elles sont toutes un peu rudes au toucher : les fleurs sont terminales, purpurines et remarquables parce que les folioles de leur involucre se prolongent en un long appendice recourbé, bordé de l'un et l'autre côtés de longs cils jaunâtres. La variété β ne se distingue de la précédente qu'à sa tige simple et uniflore, mais ne doit point être confondue avec l'espèce suivante : la variété γ a les feuilles profondément incisées ; elle a été observée dans la vallée de Saint-Nicolas, par M. Murrith. ♃. Cette plante croît dans les prairies des hautes montagnes.

3041. Centaurée uniflore. *Centaurea uniflora.*

Centaurea uniflora. Linn. Mant. 148. Gou. Illustr. 72. Lam. Dict. 1. p. 667. Ger. Gallopr. 185. n. 3. — Bocc. Mus. p. 20. t. 2.

Elle ressemble à la variété β de la centaurée plumeuse, par sa tige simple, chargée d'une seule fleur purpurine, dont l'involucre offre la même structure que celui de l'espèce précédente ; mais elle en diffère parce qu'elle ne dépasse guère 2 décimètres de hauteur ; que sa fleur est un peu plus petite ; que ses feuilles sont plus étroites, presque toujours entières ou à peine dentées, et sur-tout qu'elle est toute couverte d'un duvet blanc, court, mol et cotonneux. ♃. Elle croit dans les prés montagneux du Dauphiné, sur le Lautaret ; à Chaudun, Gap, Embrun et dans le Champsaur (Vill.) ; sur le mont Cenis (Bocc.) ; en Piémont (All.) ; en Provence (Gér.) ; en Languedoc au mont de Cette ou au mont du Loup ? (Gou.).

3042. Centaurée à dents de peigne. *Centaurea pectinata.*

Centaurea pectinata. Linn. spec. 1287. Lam. Dict. 1. p. 667. Gou. Illustr. 72.

Cette espèce ressemble aux deux précédentes par la structure de son involucre, et en particulier à la centaurée uniflore, par son duvet cotonneux, à la centaurée plumeuse, par sa tige branchue ; elle diffère de l'une et de l'autre par ses têtes de fleurs deux fois plus petites ; par son involucre à feuilles verdâtres et rarement noires ; par sa tige plus rameuse et dont le port, quoique très-variable, est toujours différent de celui des deux précédentes : ses feuilles sont couvertes d'un duvet laineux inégalement réparti ; celles du bas sont pétiolées , découpées en forme de lyre, terminées par un grand lobe obtus ; à mesure qu'elles s'élèvent, elles deviennent seulement dentées, puis entières, sessiles, embrassantes, lancéolées, un peu pointues. Cette plante croît dans les fentes des rochers, dans les montagnes des provinces méridionales ; elle est commune aux environs de Montpellier (Gou.), et de Narbonne? On la retrouve dans le Piémont, aux vallées de Tigne et de Lanzo (All.).

3043. Centaurée en demi-deuil. *Centaurea pullata.*

Centaurea pullata. Linn. spec. 1288. Lam. Dict. 1. p. 668. — *Jacea involucrata.* Lam. Fl. fr. 2. p. 54. — *Cyanus pullatus.* Gœrtn. Fruct. 2. p. 383. — Lob. ic. t. 542. f. 2.

De la racine de cette plante , qui est assez grosse , partent deux ou trois tiges menues , simples , ordinairement uniflores , et à peine plus longues que les feuilles radicales ; la fleur est assez grande, couronnée, blanche ou ordinairement purpurine ; son involucre est garni à sa base d'une collerette de quelques feuilles lancéolées, velues et entières ; les écailles de l'involucre sont lancéolées, ciliées au sommet , vertes sur le dos , entourées d'une bande noire ; les feuilles qui naissent de la racine sont longues , dentées , sinuées , velues et couchées sur la terre ; celles de la tige sont en petit nombre et moins découpées. Cette plante croît dans les haies de la Provence méridionale (Gér.); aux environs de Montélimart, de Valence (Vill.), et de Montpellier ; à Selleneuve, Castelnau, au chemin des prés d'Arène (Gou.) ; sur le chemin de Frontignan (Lob.). ☉, Linn. ; ♂ , Vill.

3044. Centaurée de montagne. *Centaurea montana.*

Centaurea montana. Linn. spec. 1289. — *Jacea alata.* Lam. Fl. fr. 2. p. 53.

α. *Centaurea montana.* Lam. Dict. 668. — Lob. ic. 548. f. 1.

β. *Foliis integris candidissimis oblongis.*

γ. *Foliis subdentatis candidissimis lineari-oblongis subundulatis.*

δ. *Centaurea variegata.* Lam. Dict. 1. p. 668. — *Jacea graminifolia.* Lam. Fl. fr. suppl. 3. p. 638. — Zan. t. 60.

ε. *Centaurea seusana.* Vill. Dauph. 3. p. 52. — Barr. ic. t. 389.

Les plantes que je réunis ici ont pour caractères communs, d'avoir une tige simple, droite, constamment terminée par une fleur grande et solitaire; des feuilles alongées, pointues, dé-

currentes sur la tige et plus ou moins cotonneuses; un involucre composé de folioles noires et ciliées sur les bords; des
fleurons stériles très-développés et d'un beau bleu; des fleurons fertiles, d'un pourpre violet; des graines, dont celles du
bord sont dépourvues d'aigrette, et celles du milieu en portent
une très-courte. La variété *α*, qui est commune dans les prairies des montagnes, a les feuilles larges, lancéolées, entières,
peu cotonneuses; les appendices décurrens, très-visibles, et les
cils de l'involucre noirs. La variété *β*, que j'ai reçue du midi
de la France, a les cils de l'involucre noirs, les feuilles un peu
plus étroites, entières, cotonneuses, blanchâtres, prolongées
sur la tige en un appendice court et étroit. La variété *γ* est
naine, cotonneuse, blanchâtre, a les feuilles étroites très-légèrement dentées, et les cils de l'involucre blancs : elle croît en
Espagne et dans le midi de la France. La variété *δ* a les feuilles
linéaires, légèrement dentées, très-étroites, peu cotonneuses,
prolongées en appendice court et étroit, et les cils de l'involucre
blancs : elle se trouve dans les montagnes du Dauphiné. La variété *ε* a les feuilles incisées çà et là, sur-tout dans le bas de la
plante, et les cils de l'involucre tantôt noirs, tantôt blancs :
elle croît dans les Alpes du Dauphiné, du Piémont et du Valais;
dans les Pyrénées, où M. Ramond a trouvé les var. *α*, *δ* et *ε*.
Les variétés *α* et *ε*, m'ont offert quelques individus à deux ou
trois fleurs. On assure que les caractères des variétés *δ* et *ε* se
conservent par la culture. ♃.

3045. Centaurée bleuet. *Centaurea cyanus*.

Centaurea cyanus. Linn. spec. 1289. Bull. Herb. t. 221. Lam.
Dict. 1. p. 668. — *Jacea segetum*. Lam. Fl. fr. 2. p. 54. — *Cyanus arvensis*. Mœnch. Meth. 561.

β. Hortensis ; flore albo, roseo aut variegato.

Ses tiges sont hautes de 5-6 décim., cotonneuses et branchues; ses feuilles sont longues, étroites, blanchâtres, un peu
velues et garnies, sur-tout les inférieures, d'une ou deux dents
saillantes à angle droit; ses fleurs sont terminales et remarquables par leur couronne fort grande; leur couleur est constamment bleue dans leur lieu natal, mais elle devient blanche ou
rose par la culture : les graines extérieures avortent et sont
dépourvues d'aigrette; celles du centre sont ovoïdes, comprimées, légèrement pubescentes, couronnées par une aigrette
rousse. Cette plante est commune dans les champs parmi les

blés. ⊙. Ses fleurs passent pour ophtalmiques, ce qui lui a fait donner le nom de *casse-lunette* ; elle porte aussi ceux de *barbeau, aubifoin, bluet, fleur des graines, blavétas,* etc.

3046. Centaurée cendrée.   *Centaurea cinerea.*

Centaurea cinerea. Lam. Dict. 1. p. 669. — *Centaurea cineraria.* Jacq. Hort. vind. t. 92. All. Ped. n. 582.

Cette espèce, long-temps confondue avec la *centaurea candidissima,* Lam., s'en rapproche un peu par le port de certains individus, mais elle s'en éloigne par son aspect grisâtre, par ses fleurs plus écartées et par ses graines extérieures munies d'aigrette, aussi bien que les intérieures ; ces caractères, et sur-tout la forme de ses fleurs et de ses calices, la rapprochent beaucoup de la centaurée tachée, dont elle ne diffère que par ses feuilles plus larges, dont les inférieures sont pinnatifides, à lobes obtus, entiers ou dentés, et les supérieures sont presque toujours entières et obtuses : sa tige est rameuse, haute de 2-4 décim. ; ses fleurs sont purpurines : toute la plante est couverte d'un duvet court et d'un blanc sale. ♃. Elle croît dans les montagnes, aux environs de Lucerame (All.)? en Languedoc ?

3047. Centaurée tachée.   *Centaurea maculosa.*

Centaurea maculosa. Lam. Dict. 1. p. 669. — *Centaurea corymbosa.* Pourr. Act. Toul. 3. p. 310. — Gmel. Sib. 2. t. 44. f. 1. 2.

Cette plante est intermédiaire entre la centaurée en panicule et la centaurée cendrée, et n'est peut-être qu'une variété de cette dernière ; elle se distingue de la première, par ses involucres globuleux et non cylindriques; par ses têtes de fleurs deux fois plus grosses; par les écailles de son involucre qui sont toutes terminées par une large tache noire et obtuse, d'où partent des cils longs et blanchâtres ; enfin, par ses graines d'un gris brun et non blanchâtres. Elle diffère de la seconde par ses feuilles, dont les inférieures sont pinnatifides, à lobes étroits et découpés, et dont les supérieures sont presque toujours découpées et pointues. M. Lamarck a observé cette espèce en Auvergne, aux environs de Clermont, sur le puits de Crouel ; M. Pourret aux environs de Narbonne, à la Clape.

5048. Centaurée en panicule. *Centaurea paniculata.*

Centaurea paniculata. Linn. spec. 1289. Lam. Dict. 1. p. 669.—
Jacea paniculata. Lam. Fl. fr. 2. p. 50. — Moris. s. 7. t. 28.
f. 15.
β. *Nana.*
γ. *Flore albo.*

Sa tige est haute de 5 décim. , dure, anguleuse , très-branchue et comme paniculée; ses feuilles sont glabres , d'un verd
blanchâtre , profondément pinnatifides , et leurs pinnules
étroites et presque linéaires ; les écailles de l'involucre sont
lisses , blanchâtres, et terminées par une pointe ciliée et ap-
pliquée ; les fleurs sont purpurines, oblongues, plus petites que
dans la plupart des espèces du même genre ; les graines sont
blanchâtres , ovoïdes , pubescentes lorsqu'on les voit à la loupe ,
toutes couronnées par une très-petite aigrette à poils blancs inégaux. ♂. Cette plante croît dans les champs , les collines et les
lieux stériles des provinces méridionales; sur le bord du Rhin
près Huningue (Hall.); dans le haut Valais , entre Sion et Saint-
Léonard ; en Piémont ; aux environs de Nice (All.); en Provence ; auprès de Grenoble, de Gap, et le long des sables
du Drac (Vill.); aux environs de Sorrèze, de Nismes , de
Montpellier, de Narbonne. La variété β, qui croît à Narbonne , est une plante naine qui ne dépasse pas la longueur du
doigt; la variété γ, observée à Nice par Allioni , a la fleur
blanche.

5049. Centaurée scabieuse. *Centaurea scabiosa.*

Centaurea scabiosa. Linn. spec. 1291. Lam. Dict. 1. p. 671. —
Jacea scabiosa. Lam. Fl. fr. 2. p. 51.— *Centaurea sylvatica.*
Pourr. Act. Toul. 3. p. 308. — Moris. s. 7. t. 28. f. 10.
β. *Italica.* Lam. Dict. 1. p. 671.

Sa tige est haute de 6 décim. , droite, ferme, cannelée et
un peu branchue; ses feuilles sont glabres ou légèrement velues , ailées , fermes et composées de lanières longues, simples
et demi-décurrentes; ces lanières sont souvent chargées d'une
ou deux dents quelquefois profondes et en forme de lobes : ses
fleurs sont purpurines et assez grandes; elles sont d'un rouge
jaunâtre dans une variété : le limbe des fleurons extérieurs est
découpé en lanières longues et très-étroites : les folioles de l'involucre sont bordées de cils noirs ; les graines sont ovales, comprimées, de couleur pâle, toutes couronnées par une aigrette

d'un blanc sale. ♃. Cette plante croît sur le bord des champs
et des bois.

3050. Centaurée à feuilles　　*Centaurea intybacea.*
　　　　de chicorée.

> *Centaurea intybacea.* Lam. Dict. 1. p. 671. — Barr. ic. t. 1339.
> β. *Centaurea leucantha.* Pourr. Act. Toul. 3. p. 308. — Barr.
> 　　ic. t. 359.

Cette centaurée est un peu ligneuse à sa base et s'élève jusqu'à 4-6 décim.; elle est presque entièrement glabre, à l'exception des jeunes pousses et de la surface inférieure des feuilles
qui offrent quelquefois un léger duvet; ses feuilles sont un peu
fermes, persistantes, étroites, pointues, pinnatifides ou découpées seulement vers leur base, à lobes toujours étroits,
simples et pointus; les fleurs sont solitaires au sommet des rameaux, purpurines ou blanches dans la variété β; leur involucre
est globuleux, très-glabre, blanchâtre, embriqué de folioles
serrées, striées sur le dos, terminées par neuf à onze cils blancs
et appliqués. ♃, ♄. Cette plante a été observée dans les environs de Narbonne, par M. Pourret. Les individus dont les feuilles
sont peu découpées, se rapprochent beaucoup de la *centaurea
sempervirens.* Je ne suis pas sûr que les figures de Barrelier
appartiennent réellement à notre plante; mais elles donnent du
moins très-bien l'idée du port de nos deux variétés.

§. IV. *Écailles de l'involucre terminées par plu-
　　sieurs épines, disposées comme les doigts de la
　　main (Seridia, Juss.).*

3051. Centaurée rude.　　　*Centaurea aspera.*

> *Centaurea aspera.* Linn. spec. 1296. Lam. Dict. 1. p. 671. —
> *Calcitrapa parviflora.* Lam. Fl. fr. 2. p. 32.

Ses tiges sont cannelées, rougeâtres et hautes de 3-6 décim.;
ses feuilles sont lancéolées, un peu étroites, dentées ou sinuées,
et rudes au toucher; ses fleurs sont petites, purpurines, et les
écailles de l'involucre sont chargées de trois ou cinq épines,
très-petites et souvent rougeâtres; les graines sont blanchâtres,
mouchetées de lignes noirâtres, marquées latéralement à leur
base par un large ombilic brun, toutes surmontées d'une aigrette très-courte à poils roussâtres, inégaux, un peu membraneux. ♃. Cette plante croît dans les champs et les lieux

stériles des provinces méridionales, depuis Narbonne jusqu'à
Nice et à Tortone.

3052. Centaurée à feuilles de prénanthe.   *Centaurea seridis* (1).

> *Centaurea seridis*. Linn. spec. 1294. Lam. Dict. 1. p. 672. —
> *Calcitrapa cichoracea*. Lam. Fl. fr. 2. p. 32. — *Centaurea
> aspera*. Vill. Danph. 3. p. 54? — Pluk. t. 38. f. 1.

Sa tige est haute de 3 décim. tout au plus, cotonneuse et
légèrement branchue ; ses feuilles sont un peu larges, lancéolées, décurrentes et à dentelures un peu épineuses ; ses fleurs
sont purpurines, terminales, et les écailles de l'involucre sont
chargées d'épines palmées, jaunâtres, longues de 8-10 millim.,
étalées ou déjetées en arrière ; le réceptacle est hérissé de longs
poils blancs réunis par la base ; les graines extérieures ne par-
viennent point à maturité et sont dépourvues d'aigrette ; les
autres sont grosses, oblongues, lisses, panachées de brun et
de jaune pâle, couronnées par une aigrette rousse, extrêmement courte, à poils droits et un peu membraneux. ♃. Cette
plante croit dans les champs, aux environs d'Aix (Gér.) ; de
Nice (All.) ; à Saint-Jean de Vedas, Monteil et Villeneuve près
Montpellier (Gou.) ; à Vienne, Montélimart et Tallard en
Dauphiné (Vill.) ?

3053. Centaurée à feuilles de laitron.   *Centaurea sonchifolia*.

> *Centaurea sonchifolia*. Linn. spec. 1294. Lam. Dict. 1. p. 672.
> — *Calcitrapa sonchifolia*. Lam. Fl. fr. 2. p. 32. — Pluk. t. 39.
> f. 1. et t. 94. f. 1.

Cette espèce ressemble, par l'aspect de ses fleurs, à la centaurée à feuilles de prénanthe, mais elle en diffère par ses têtes de
fleurs plus petites et moins épineuses ; par ses graines toutes couronnées d'aigrettes ; par ses feuilles non cotonneuses, presque
glabres, qui se prolongent sur la tige beaucoup moins que dans
l'espèce précédente, et seulement de manière à former un appendice de 1-2 centim. de longueur. ⊙. Elle croît sur les bords
de la méditerranée, le long des étangs et des ruisseaux, en
Provence (Gér.), et dans le comté de Nice, sur les collines

---

(1) Dioscoride, et à son exemple plusieurs botanistes anciens, donnoient
le nom de *seris* à diverses chicoracées, et en particulier à quelques prénanthes.

arides (All.). Les plantes de Gérard et d'Allioni appartiennent-elles à la même espèce?

§. V. *Écailles de l'involucre terminées par une épine qui se ramifie latéralement vers sa base (Calcitrapa , Juss.).*

3054. Centaurée chausse-trape.   *Centaurea calcitrapa.*

> *Centaurea calcitrapa.* Linn. spec. 1297. Lam. Dict. 1. p. 673.— *Calcitrapa stellata.* Lam. Fl. fr. 2. p. 34. — *Calcitrapa hypophæstum.* Gærtn. Fruct. 2. p. 376. t. 163. f. 2. — Clus. Hist. 2. p. 7. f. 3.

Sa tige est haute de 5 décim. , striée et très-branchue; ses feuilles sont pinnatifides et à découpures étroites, linéaires et distantes; les radicales sont en lyre, avec un lobe terminal élargi et denté : les fleurs sont sessiles, terminales et environnées de bractées; les épines de l'involucre sont jaunes , fort grandes; les corolles sont purpurines, d'un pourpre pâle, ou blanches selon les variétés; les graines sont comprimées, ovales, lisses, grises, cachées parmi les paillettes soyeuses du réceptacle , et entièrement dépourvues d'aigrette. ⊙. Cette plante, connue sous le nom de *chausse-trape* ou *chardon étoilé* , est commune dans les lieux stériles et pierreux , au bord des chemins.

3055. Centaurée fausse-chausse-trape.   *Centaurea calcitrapoides.*

> *Centaurea calcitrapoides.* Linn. spec. 1297. Amœn. Acad. 4. p. 291. — *Centaurea calcitrapa, β.* Vill. Dauph. 3. p. 55. — *Calcitrapa lanceolata.* Lam. Fl. fr. 2. p. 34. — *Centaurea calcitrapa major.* Desf. Cat. 94. —Magn. Monsp. 292.

La plante que je désigne ici a parfaitement le port, la consistance, la fleuraison et l'involucre de la chausse-trape, mais elle forme certainement une espèce distincte : elle s'élève au moins à la hauteur d'un mètre, et atteint même quelquefois la hauteur d'un homme; ses feuilles sont linéaires-oblongues , entières ou seulement munies çà et là d'une ou deux dents proéminentes; ses involucres ont le bord des écailles laineux dans les individus nés dans leur pays natal, mais ils sont entièrement glabres dans les plantes cultivées dans les jardins; enfin, ses graines sont couronnées par une aigrette blanche, à

poils roides, courts, inégaux. Je décris cette espèce d'après
des échantillons recueillis en Egypte par Coquebert, et d'après
des individus nés de graines venues d'Egypte, au jardin des
Plantes. Elle répond si parfaitement aux descriptions des auteurs, que, malgré la différence du pays, je la regarde comme
l'espèce décrite par Linné, Magnol et Villars : s'il en est ainsi,
cette espèce croît aux environs de Nismes, près du ruisseau
nommé le Vistre, entre Candiac et Vauvert (Magn.); à l'Isle
près Crest, le long de la Drome, aux environs de Gap et de
Lyon (Vill.).

3056. Centaurée à dents   *Centaurea myacantha*. de moule.

Centaurea calcitrapoides. Thuil. Fl. paris. II. 1. p. 446?

Cette plante ne ressemble à la chausse-trape que par ses fleurs
purpurines et par ses graines sans aigrette, mais d'ailleurs son
port, son feuillage, sa fleuraison et son involucre l'en distinguent
évidemment; sa tige est grèle, rameuse, foible, longue de
2-3 décim., entièrement glabre; ses feuilles sont plus rapprochées vers l'extrémité des rameaux, sessiles, linéaires-oblongues,
légèrement cotonneuses, les unes dentées en scie, les autres un
peu lobées vers leur base; les fleurs sont solitaires au sommet
des rameaux, cylindriques et plus petites que dans la chausse-
trape; leur involucre est glabre, composé d'écailles foliacées,
embriquées à leur base, terminées par un appendice corné,
concave, ovale, bordé de neuf à onze dents épineuses, acérées,
presque toutes égales entre elles, et semblables aux dents de la
charnière des coquilles bivalves : le réceptacle est étroit, hérissé de poils membraneux peu nombreux ; les fleurons paroissent tous égaux ; les graines sont dépourvues d'aigrette.
Cette plante a été trouvée dans les environs de Paris, au-delà
de Vincennes, par M. Bosc; elle se trouve dans l'herbier de
Vaillant, sans indication de lieu natal, et avec cette phrase,
*Myacanthos vulgaris multiflorus, capitulo longo gracili
brevibus aculeis munito.*

3057. Centaurée hybride.   *Centaurea hybrida.*

Centaurea hybrida. All. Ped. n. 593. Wild. spec. 3. p. 2318.

Sa racine est dure, ligneuse, peu rameuse; sa tige s'élève
à 2-3 décim., et se divise vers le haut en branches simples
et divergentes; elle est anguleuse et chargée, ainsi que les

feuilles, d'un duvet peu adhérent, plus sensible vers le haut
de la plante : les feuilles radicales et inférieures sont nombreuses, découpées jusqu'à la côte longitudinale en lobes oblongs, crépus, quelquefois incisés et disposés comme les folioles
d'une feuille pennée avec impaire ; les feuilles supérieures sont
linéaires, courtes et entières, terminées, ainsi que les lobes
des feuilles radicales, par une très-petite épine qui est le prolongement de la nervure ; les fleurs sont solitaires au sommet
de chaque rameau, assez petites, de couleur jaune, un peu
purpurines sur les bords (All.) ; l'involucre est ovoïde, composé
d'écailles ovales à la base, bordées vers le sommet de cils courts
et épineux, terminées par une épine jaunâtre. ♂. Elle croît
dans les prairies sèches, autour de Turin, d'où elle m'a été
envoyée par M. Balbis.

3058. Centaurée chardon-béni. *Centaurea benedicta.*

> *Centaurea benedicta.* Linn. spec. 1296. Lam. Dict. 1. p. 673.
> — *Calcitrapa lanuginosa.* Lam. Fl. fr. 2. p. 35. — *Cnicus
> benedictus.* Linn. spec. ed. 1. p. 826. Gœrtn. Fruct. 2. p. 385.
> t. 162. f. 5. — *Carduus benedictus.* Cam. Epit. 566. ic.

Ses tiges sont rougeâtres, très-velues, laineuses, branchues
et hautes de 5 décim. ; ses feuilles sont oblongues, dentées,
velues, d'un verd clair, traversées par une nervure blanche,
et à peine demi-décurrentes ; les inférieures sont sinuées et
presque ailées : ses fleurs sont jaunes, entourées de bractées,
et remarquables par leur involucre dont les épines sont rameuses
et jaunâtres ; les graines sont cannelées longitudinalement, marquées à leur base d'un large ombilic latéral, munies d'une
double aigrette qui sort d'une petite enceinte cornée et dentée ;
l'aigrette extérieure est à dix poils roides, jaunes, simples,
alongés ; l'intérieure est à dix poils blancs, courts et dentelés. ☉.
Le chardon béni croît dans les lieux cultivés, aux environs
d'Aix en Provence (Gér.) ; on le retrouve dans quelques champs
du Dauphiné, mais il n'y paroît pas indigène (Vill.) ; dans les
bois, à Montech près Montauban (Gat.).

3059. Centaurée laineuse. *Centaurea lanata.*

> *Carthamus lanatus.* Linn. spec. 1163. Lam. Dict. 1. p. 637. —
> *Atractylis fusus-agrestis.* Gœrtn. Fruct. 2. p. 381. t. 161. f. 2.
> — *Atractylis lanata.* Scop. Carn. ed. 2. n. 1016. — Lob. ic. 2.
> t. 13. f. 1.

Sa tige est haute de 6 décim., dure, branchue supérieurement et laineuse, sur-tout entre les bractées ; ses feuilles sont embrassantes, nerveuses, presque ailées, et leurs lanières aiguës, distantes, dentées et épineuses ; les fleurs sont jaunes, et terminent les rameaux qui sont disposés presque en corimbe : l'involucre est ventru, composé d'écailles dont les extérieures sont pinnatifides, et les intérieures cartilagineuses, dilatées, ciliées et épineuses au sommet ; les fleurons extérieurs sont stériles, selon Haller : le réceptacle est garni de paillettes soyeuses ; les graines sont tétragones, ont l'ombilic latéral, et sont couronnées par une aigrette à poils roides, inégaux, un peu membraneux, comme dans toutes les centaurées. ☉. On la trouve dans les lieux incultes et sur le bord des chemins ; elle est commune aux environs de Paris, et porte le nom de *chardon béni des Parisiens*. Elle est un peu amère et passe pour fébrifuge et sudorifique.

3o6o. Centaurée du solstice. *Centaurea solstitialis.*

> *Centaurea solstitialis.* Linn. spec. 1297. Lam. Dict. 1. p. 674.—
> *Calcitrapa solstitialis.* Lam. Fl. fr. 2. p. 34. — Moris. s. 7. t. 34. f. 29.
> β. *Involucro tomentoso.*

Sa tige est un peu branchue, ailée, haute de 5 décim., chargée de feuilles lancéolées, un peu sinuées ou dentées ; les supérieures sont presque linéaires ; les inférieures sont assez larges, profondément sinuées en lyre avec un lobe terminal fort grand ; elles sont toutes d'un verd blanchâtre et un peu cotonneuses : les fleurs terminent les rameaux et sont de couleur jaune ; les involucres sont globuleux, ordinairement glabres, embriqués d'écailles serrées ; les extérieures se terminent par cinq petites épines courtes et rayonnantes ; dans les intérieures, l'épine du milieu acquiert une dimension si considérable, que les deux placées à sa base de l'un et l'autre côtés, semblent des appendices de la grande épine du milieu ; enfin, celles qui sont les plus intérieures se terminent par un appendice arrondi, membraneux, non épineux ; le réceptacle est fortement garni de poils membraneux, réunis par leurs bases ; les graines sont brunâtres, ovales, un peu tachées ; celles du rang externe sont dépourvues d'aigrette ; toutes les autres ont une aigrette à poils blancs, roides, inégaux. ☉. Cette plante croît dans les lieux secs, au bord des chemins et au pied des côteaux, à Paris, Genève, etc. La variété β, qui a été trouvée par M. Broussonet en Languedoc, diffère de la précédente par son involucre cotonneux.

G 4

3061. Centaurée de la Pouille. *Centaurea Apula.*

Centaurea apula. Lam. Dict. 1. p. 674. Desf. Fl. atl. 2. p. 300.
Calcitrapa conferta. Mœnch. Meth. 564. excl. syn? — Col.
Ecphr. 1. p.31. ic.
β. *Centaurea nicæensis.* All. Ped. n. 594. t. 74. f. 1.

Cette plante est très-voisine, par ses feuilles décurrentes,
ses fleurs jaunes et ses involucres à épines rameuses, de la
centaurée du solstice et de la centaurée de Malte; elle diffère de
la première, par ses fleurs souvent réunies deux ou trois ensemble; par ses feuilles radicales constamment obtuses; par
ses feuilles beaucoup moins velues et presque glabres dans plusieurs échantillons; par ses involucres dont les grandes épines sont
toujours un peu rameuses vers le milieu de leur longueur; enfin,
par ses graines oblongues, luisantes, toutes chargées d'aigrettes
et échancrées latéralement à la base par leur ombilic. Elle se
distingue de la centaurée de Malte, parce que ses feuilles supérieures sont entières, et que les inférieures sont pinnatifides,
à lobes obtus, dont celui du sommet dépasse beaucoup la grandeur des autres. Elle s'éloigne, enfin, de l'une et de l'autre,
parce que les folioles internes de son involucre sont linéaires,
pointues et non terminées par un appendice membraneux. ☉.
Cette plante croît aux environs de Narbonne, où elle a été
trouvée par M. Pourret. M. Broussonet m'en a communiqué
un échantillon recueilli en Languedoc. Cette plante est peut-
être le *centaurea sicula* de Gouan, indiqué à Balaruc, Frontignan et au mont Saint-Loup près Montpellier. La variété β, qui
croît aux environs de Nice, ne me semble différer de la précédente, que parce qu'elle a les feuilles un peu plus grandes.

3062. Centaurée de Malte. *Centaurea Melitensis.*

Centaurea Melitensis. Linn. spec. 1297. Lam. Dict. 1. p. 674.
var. α. — *Centaurea sessiliflora.* Lam. Fl. fr. 2. p. 35.

Sa tige est cannelée, pubescente, haute de 3 décim., et se
divise en rameaux très-épars; ses feuilles sont oblongues, d'un
verd un peu blanchâtre, profondément dentées ou pinnatifides,
et à découpures distantes et pointues; les fleurs sont jaunes,
assez semblables à celles du n°. 3060, mais sessiles et garnies
de deux ou trois bractées à leur base : ces fleurs sont solitaires, latérales et terminales, mais ne sont point ramassées,
comme dans la précédente. ☉. Elle croît dans les provinces
méridionales, à Caunelles, Saint-Georges et Restinclières près

Montpellier (Gou.)? Elle me semble un peu différente de celle de Boccone.

5065. Centaurée des collines. *Centaurea collina.*

Centaurea collina. Linn. spec. 1298. Lam. Dict. 1. p. 675. — *Calcitrapa collina.* Lam. Fl. fr. 2. p. 33. — Clus. Hist. 2. p. 8. f. 2.

Sa tige est droite, anguleuse, branchue vers le haut, et s'élève de 5-6 décim.; ses feuilles inférieures sont découpées jusqu'à la côte moyenne en lobes nombreux, qui sont eux-mêmes pinnatifides et tous à-peu-près égaux entre eux; les supérieures sont seulement pinnatifides; toutes ont des lobes pointus et étroits, une consistance ferme, et la surface garnie de poils courts qui les rendent un peu âpres au toucher : les fleurs sont jaunes, plus grandes que dans la jacée, solitaires au sommet de chaque rameau; les écailles de leur involucre sont glabres, embriquées, bordées de cils roides, et terminées par une épine plus ou moins dure qui est elle-même ciliée à la base par de petites épines; les écailles intérieures sont scarieuses et non épineuses au sommet. ♃. Cette plante croît sur les collines et dans les champs, parmi les moissons, en Piémont près Aost (All.); en Provence (Gér.); en Languedoc près Sorrèze; à Lavanet, Castelnau et la Peyssine près Montpellier (Gou.); à Narbonne, etc.

5064. Centaurée à larges   *Centaurea centauroides.*
découpures.

Centaurea centauroides. Linn. spec. 1298. Lam. Dict. 1. p. 675. — Col. Ecphr. 1. t. 35.

Cette plante ressemble beaucoup à la centaurée des collines, et semble en être une variété plus grande et mieux nourrie; elle en diffère cependant en ce que, malgré sa grandeur, ses feuilles inférieures ne sont qu'une seule fois pinnatifides; que les lobes terminaux sont beaucoup plus grands que les autres, surtout dans les feuilles du bas de la plante; que les lobes de toutes les feuilles sont larges, entiers et obtus : on observe que ses fleurs sont plus grandes, ses involucres moins épineux, souvent cotonneux à la base. ♃. Elle croît au bord des rivières; on la trouve à Castelnau, Salason, Clapiers près Montpellier (Gou.). Le nom spécifique (*centauroides*) donné à cette plante, indique la ressemblance de ses feuilles avec celles de la centaurée commune (*centaurea centaurium*).

§. **VI.** *Écailles de l'involucre terminées par une épine simple* (*Crocodilium* , Juss.).

3o65. **Centaurée de Sala-**   *Centaurea Salmantica.*
manque.

> *Centaurea Salmantica.* Linn. spec. 1299. Jacq. Hort. Vind. 1.
> 64. Lam. Dict. 1. p. 676. — *Calcitrapa altissima.* Lam. Fl. fr.
> 2. p. 31. — *Calcitrapa brevispina.* Mœnch. Meth. 563. —
> Clus. Hist. 2. p. 9. f. 1.
> ß. *Flore albo.*

Sa tige est haute d'un mètre, grêle, striée, glabre et un peu branchue; ses feuilles inférieures sont pinnatifides et sinuées comme celles de la chicorée, avec un lobe terminal en fer de lance, assez grand et denté; elles sont chargées de poils fort courts et un peu rudes : les feuilles de la tige sont très-étroites, dentées à leur base et presque linéaires : les fleurs sont purpurines, solitaires, terminales; les écailles de l'involucre sont très-lisses, jaunâtres, brunes à leur sommet, et chargées d'une épine fort petite; les graines sont brunes, marquées de petits sillons qui leur donnent une apparence ponctuée, amincies à leur base où elles sont échancrées par un large ombilic jaunâtre et latéral; l'aigrette est un peu roussâtre, plus courte que la graine : de son centre part une écaille inclinée qui entoure à moitié la base du fleuron. ♃. On trouve cette plante dans les champs et les prairies maritimes; en Provence; aux environs de Montpellier (Gou.); de Sorrèze? de Semur (Dur.).

*** * *** *Aigrette à poils rameux.*

D XI. STÉHELINA.   *STÆHELINA.*

Stæhelinæ sp. Linn. Juss. — *Serratulæ sp.* Lam.

Car. L'involucre est cylindrique, embriqué d'écailles pointues, non épineuses; les fleurons sont tous hermaphrodites; les stigmates simples; le réceptacle est étroit, couvert de paillettes divisées au sommet en lanières plus ou moins profondes; l'aigrette est composée de poils divisés jusqu'au milieu ou jusqu'à la base, en plusieurs lanières simples.

Obs. Le genre *sthæhelina* de Linné, comprend des plantes hétérogènes: le *stæhelina gnaphalodes*, qui a l'aigrette plumeuse, doit être placé à côté du cirse des Alpes, lequel n'est que provisoirement conservé parmi les cirses ; le *stœhelina chamœ-peuce* est un véritable cirse.

3066. Stéhelina arbrisseau. *Stœhelina arborescens.*

Stœhelina arborescens. Linn. Mant. 111. — *Serratula arbores-cens.* Lam. Fl. fr. 2. p. 40. — *Centaurea.* Ger. Gallopr. 187. n. 10.

Cet arbrisseau s'élève rarement au - delà d'un mètre ; ses jeunes rameaux sont couverts, ainsi que la surface inférieure des feuilles, d'un duvet blanc argenté, très-serré ; les feuilles sont pétiolées, persistantes, ovales, entières, glabres et d'un verd foncé en dessus ; les fleurs naissent cinq ou six ensemble au sommet des rameaux, disposées en un petit corimbe ; elles sont cylindriques, purpurines : le réceptacle est étroit, chargé de paillettes qui sont divisées jusqu'à la base en lanières sem-blables à des poils ; l'aigrette est composée de poils épais à leur base, divisés en plusieurs lanières jusqu'au milieu de leur longueur. ♭. Je décris cet arbrisseau d'après un échantillon re-cueilli dans l'isle de Candie, et je l'indique d'après l'autorité de Gérard, qui le dit originaire des isles d'Hières.

3067. Stéhelina douteux. *Stœhelina dubia.*

Stœhelina dubia. Linn. spec. 1176. Ger. Gallopr. p. 190. t. 6. — *Serratula conica.* Lam. Fl. fr. 2. p. 40. Illustr. t. 666. f. 4. — Barr. ic. t. 406.

Sa tige est ligneuse, ascendante, longue de 2-4 décim., divisée en rameaux nombreux, droits, cotonneux ; les feuilles sont rapprochées, linéaires, entières ou munies çà et là d'une ou deux dents proéminentes, blanches et cotonneuses en des-sous, presque glabres et d'un verd foncé en dessus : les fleurs sont purpurines, terminales, cylindriques, solitaires, gémi-nées ou ternées ; l'involucre est très-long, un peu cotonneux, rougeâtre, composé d'un petit nombre de grandes folioles lancéolées, nullement épineuses ; les fleurons sont au nombre de six à sept ; le réceptacle est étroit, garni de paillettes la-cérées au sommet ; l'aigrette est composée de poils divisés jus-qu'à la base en plusieurs lanières simples. ♭. Ce sous-arbrisseau croit dans les lieux secs et stériles des provinces méridionales ; aux environs de Nice, de Piosascho et de Tortone (All.) ; à Aix en Provence (Gér.) ; à la Colombière et à Sembrès près Montpellier (Gou.).

******** *Aigrette à poils plumeux.*

DXII. ARTICHAUT.   *CINARA.*

Cinara. Tourn. Linn. Juss. Lam.

Car. L'involucre est très-grand, embriqué d'écailles charnues à la base, terminées en pointe épineuse; tous les fleurons sont hermaphrodites; le réceptacle est charnu, garni de soies; les graines sont couronnées de longues aigrettes plumeuses.

3068. Artichaut cardon.   *Cinara cardunculus.*

> *α. Cinara sylvestris, α.* Lam. Dict. 1. p. 277. — *Cinara scoly-mus, β.* Gou. Hort. 425. — Sauv. Monsp. p. 263. n. 166.
>
> *β. Hortensis.* — *Cinara cardunculus.* Linn. spec. 1159. — Tab. ic. 696.

La tige de cette plante s'élève au-delà d'un mètre; les feuilles sont grandes, d'un verd blanchâtre en dessus, cotonneuses en dessous, décurrentes sur la tige, pinnatifides, à lobes étroits, décurrens sur le pétiole, hérissés de fortes épines qu'on retrouve sur les bords du pétiole et sur les appendices de la tige; les fleurs sont grandes, terminales, d'un bleu violet; leur involucre est composé de folioles lancéolées, larges à leur base, et qui dégénèrent en une longue pointe épineuse. La variété α se trouve naturellement aux environs de Montpellier, à Perauls, Villeneuve et au Terrail; elle y porte le nom de *cardonnette* ou *cardouneta.* La variété β est cultivée dans tous les jardins, sous les noms de *carde, cardon, cardon d'Espagne*; ses pétioles et ses côtes longitudinales servent d'alimens, et pour les rendre plus doux, on fait étioler la plante, soit en l'enveloppant de paille, soit en la couvrant de terre, soit en liant les feuilles ensemble.

3069. Artichaut commun.   *Cinara scolymus.*

> *Cinara scolymus.* Linn. spec. 1159. Lam. Dict. 1. p. 277. — Clus. Hist. 2. p. 153. f. 3.

Cette plante n'est probablement qu'une variété de la précédente, dont elle ne diffère que parce qu'elle est moins épineuse; que ses feuilles sont moins découpées, et que les folioles de son involucre sont plus obtuses et moins épineuses : ces légères différences peuvent être dues à la culture, et ce qui confirme le rapprochement de ces deux plantes, c'est qu'on n'a pas encore trouvé l'artichaut commun dans l'état sauvage, et que J. Bauhin a vu des graines d'artichaut produire des pieds de cardon. On sait que la culture de l'artichaut diffère beaucoup de celle du cardon, parce qu'elle est destinée à faire développer autant que possible le réceptacle des fleurs, qui sert d'aliment à l'homme, et qu'on coupe avant la fleuraison. ♃.

DXIII. LEUZÉE. *LEUZEA.*

Rhacoma. Adans. non Linn. — *Centaureæ sp.* Linn.

CAR. L'involucre est sphérique, embriqué d'écailles non épineuses, mais arrondies, scarieuses et un peu déchirées au sommet; les fleurons sont tous hermaphrodites; le réceptacle est hérissé de longues soies réunies par la base; les graines sont tuberculeuses, couronnées par une longue aigrette à poils plumeux, disposés sur plusieurs rangs.

OBS. Ce genre n'a rien de commun avec les centaurées, puisqu'il n'a ni les fleurons extérieurs stériles, ni l'aigrette à poils simples, ni les graines munies d'un ombilic latéral; il s'approche davantage des artichauts, mais il en diffère par son réceptacle nullement charnu. Tous les noms donnés à cette plante par les anciens botanistes, ayant été depuis lors appliqués à d'autres genres dans les classifications modernes, j'ai dû lui en donner un nouveau; j'ai dédié ce genre à mon ami M. Deleuze, qui a avancé la botanique par ses observations, et qui l'a fait aimer par ses écrits.

3070. Leuzée conifère. *Leuzea conifera.*

Centaurea conifera. Linn. spec. 1294. Lam. Dict. 1. p. 666. Mill. ic. t. 153. — Barr. ic. t. 138. — Lob. ic. 2. t. 7. f. 1. malé.

Sa tige est simple, droite, cotonneuse et à peine haute de 2 décim.; ses feuilles sont verdâtres en dessus, et fort blanches et cotonneuses en dessous; les radicales sont presque simples, pétiolées, ovales, lancéolées, avec une ou deux découpures à leur base; celles de la tige sont plus étroites et profondément pinnatifides: la fleur est terminale, grande, purpurine et environnée de quelques bractées assez simples; les écailles du calice sont scarieuses, luisantes, et les supérieures sont roussâtres. ♃. Cette plante croît dans les lieux montueux, stériles et découverts de la Provence méridionale (Gér.); dans les montagnes de Seyne, en Dauphiné, près Grenoble, Gap, Veynes (Vill.); aux environs de Nice, à Fossimagna, dans la vallée de Suze en Piémont, dans celle de Maurienne près Saint-Martin (All.); à Montferrier et à Lavalette près Montpellier (Gou.).

DXIV. GALACTITE. *GALACTITES.*

Galactites. Mœnch. — *Centaureæ sp.* Linn. Lam. — *Crocodilii sp.* Juss.

CAR. L'involucre est composé de folioles simples et épineuses au sommet ; les fleurons du centre sont hermaphrodites ; ceux du bord sont stériles et plus grands ; les graines sont couronnées par une aigrette plumeuse et caduque.

OBS. Ce genre diffère des centaurées par son aigrette plumeuse, et des cirses, par ses fleurons extérieurs stériles ; il a le port de ces derniers, et en est beaucoup plus voisin que des centaurées.

3071. Galactite cotonneuse. *Galactites tomentosa.*

Galactites tomentosa. Mœnch. Meth. 558. — *Centaurea galactites.* Linn. spec. 1300. Lam. Dict. 1. p. 677. — *Calcitrapa galactites.* Lam. Fl. fr. 2. p. 30. — *Carduus galactites.* J. Bauh. Hist. 2. p. 54.

β. *Flore albo.* Tourn. Inst. 441.

Sa tige est haute de 5 décim. tout au plus, peu branchue, très-cotonneuse et blanchâtre ; ses feuilles sont longues, étroites, profondément dentées, presque ailées, épineuses comme celles des chardons, cotonneuses en dessous et vertes en dessus, mais chargées de taches laiteuses ; les épines de l'involucre sont longues et jaunâtres ; les fleurons extérieurs sont fort grands, découpés en lanières très-étroites ; les fleurs sont purpurines ou blanches dans une variété. ♃. Cette plante croît dans les lieux secs, stériles et découverts des provinces méridionales, depuis Montauban et Narbonne, jusqu'à Nice et Oneille ; on la retrouve dans l'isle de Corse (All.). Elle diffère de toutes les cynarocéphales, par son suc propre laiteux (Desf.). Allioni (Auct. p. 11.) regarde comme variété de cette espèce, la plante qu'il a décrite (Fl. ped. n. 599. t. 49.) sous le nom de *centaurea elegans* ; elle a les feuilles opposées, presque entières.

DXV. CIRSE. *CIRSIUM.*

Cirsium. Tourn. Hall. Gœrtn. — *Cnicus.* Hoffm. Wild. — *Cardui sp.* Lam. — *Cardui et Cnici sp.* Linn.

CAR. L'involucre est cylindrique ou ventru, embriqué d'écailles acérées ou épineuses au sommet ; les fleurons sont tous hermaphrodites ; le réceptacle est garni de paillettes ; l'aigrette est composée de poils plumeux, égaux entre eux, réunis en anneau par leur base.

Obs. Les cirses diffèrent des chardons par leur aigrette plumeuse.

§. Ier. *Feuilles décurrentes; fleurs purpurines, rarement blanches.*

3072. Cirse des marais.   *Cirsium palustre.*

Cirsium palustre. Scop. ed. 2. n. 1004. Lam. Fl. fr. 2. p. 25. —
Carduus palustris. Linn. spec. 1151. Lam. Dict. 1. p. 698. —
Cnicus palustris. Hoffm. Germ. 4. p. 127.
β. *Foliis subtus nudis.*

Sa tige est droite, simple, ailée, épineuse, et s'élève jusqu'à
15 ou 18 décim.; ses feuilles sont longues, étroites, pinnatifides, garnies de petites épines en leurs bords, d'un verd noirâtre en dessus, blanchâtres et cotonneuses en dessous; ses têtes
de fleurs sont terminales, petites, ramassées toutes ensemble
et presque sessiles; leurs pédoncules particuliers, d'abord nuls,
se développent dans les progrès de la fleuraison, et ces fleurs
forment alors un bouquet un peu lâche; les involucres sont cotonneux à leur base. Cette plante croît dans les marais et les
prés couverts. ♃.

3073. Cirse lancéolé.   *Cirsium lanceolatum.*

Cirsium lanceolatum. Scop. Carn. ed. 2. n. 1007. — *Carduus
lanceolatus.* Linn. spec. 1149. Lam. Dict. 1. p. 697. Fl. dan. t.
1173. — *Cnicus lanceolatus.* Hoffm. Germ. 4. p. 127.
β. *Flore albo.* Vill. Dauph. 3. p. 4.

Sa tige est droite, branchue, cannelée, ailée, un peu velue
et haute de 6 décim.; ses feuilles sont décurrentes, larges et
profondément découpées en lanières étroites, lancéolées, et
terminées chacune par une forte épine; elles sont d'un verd
foncé en dessus, et un peu cotonneuses et blanchâtres en dessous : les fleurs sont grosses ou purpurines, et leurs involucres
sont très-légèrement velus. Cette plante croît sur le bord des
chemins et dans les rues des villages. ♂.

3074. Cirse acarna.   *Cirsium acarna.*

Cnicus acarna. Linn. spec. 1158. — *Carthamus canescens.* Lam.
Dict. 1. p. 639. — *Carduus acarna.* Linn. spec. ed. 1. p. 820.
— Clus. Hist. 2. p. 155. f. 1.

Sa tige est droite, branchue, cotonneuse, fistuleuse, et s'é-
lève jusqu'à 5 décim.; ses feuilles sont étroites, lancéolées,

blanchâtres, laineuses et très-garnies d'épines jaunâtres, dont les plus fortes terminent les dents écartées qui se remarquent sur leurs bords, tandis que les plus foibles sont disposées comme des cils : ses fleurs sont ramassées, petites, oblongues ; et les écailles de l'involucre sont découpées et épineuses ; les corolles sont purpurines ; le réceptacle est hérissé de paillettes nombreuses très-longues, persistantes et réunies par la base ; les graines sont oblongues, fauves, lisses et luisantes, couronnées par une grande aigrette. ♃. Cette plante croît dans les lieux pierreux et stériles des provinces méridionales ; à Narbonne, à Nice (All.); à Prades et à la source du Lez près Montpellier (Gou.); à Vienne, Nions, Vaureas en Dauphiné (Vill.).

3075. Cirse de Mont-pellier.   *Cirsium Monspessulanum.*

Cirsium Monspessulanum. All. Ped. n. 556. — *Carduus Mons-pessulanus.* Linn. spec. 1152. Lam. Dict. 1. p. 700. — *Cirsium cumpactum*, a. Lam. Fl. fr. 2. p. 24. — Lob. ic. t. 581. f. 2.

Cette espèce est remarquable par la petitesse de ses fleurs comparée à la grandeur de la plante ; sa tige est épaisse, can-nelée, blanchâtre, et s'élève jusqu'à 12-15 décim. ; ses feuilles sont simples, lancéolées, presque entières, lisses, glabres sur les deux surfaces, d'un verd glauque, et garnies de cils épineux et inégaux ; les inférieures sont un peu sinuées : ses têtes de fleurs sont terminales, ramassées plusieurs ensemble et presque sessiles ; les corolles sont purpurines, et les calices sont compo-sés d'écailles petites, embriquées, glabres, blanchâtres à leur base, et marquées d'une petite raie noire à leur sommet qui est chargé d'une épine à peine sensible. Ces plantes croissent dans les prés humides des provinces méridionales. ♃.

3076. Cirse des Pyrénées.   *Cirsium Pyrenaicum.*

Carduus Pyrenaicus. Gouan. Illustr. 63. Lam. Dict. 1. p. 700. non Jacq. — *Cirsium compactum*, β. Lam. Fl. fr. 2. p. 24.

Cette plante est très-voisine du cirse de Montpellier, et n'en est peut-être réellement qu'une variété ; elle en diffère par sa stature encore plus élevée ; par ses feuilles cotonneuses en dessous, et par ses fleurs plus ramassées. Elle se conserve distincte au jardin des Plantes, quoique cultivée depuis long-temps. Elle croît dans les prés des Pyrénées, au mont Laurenti et à la vallée d'Eynes (Gou.). ♃.

5077. Cirse des prés. *Cirsium pratense.*

Carduus pratensis. Lam. Dict. 1. p. 700. — *Carduus tuberosus.*
Linn. spec. 1154. excl. syn. Lob. et var. β. — *Carduus glome-*
ratus. Lam. Fl. fr. 2. p. 20. — Moris. s. 7. t. 29. f. 28.

Cette plante a de grands rapports avec le cirse de Montpellier, et ne ressemble nullement au cirse bulbeux, avec lequel
Linné l'avoit réunie; sa tige est haute d'un mètre, droite, striée,
un peu rameuse et cotonneuse vers le haut; ses feuilles sont
grandes, prolongées à leur base en appendices garnis, ainsi que
le reste du contour, de cils épineux, glabres sur leurs surfaces,
fortement sinués ou pinnatifides sur les bords; leur extrémité
est pointue, aussi bien que celle des lobes : les fleurs sont purpurines, plus grandes que dans le cirse de Montpellier, au
nombre de trois à six vers le sommet de la tige, solitaires sur
des pédoncules cotonneux, longs de 5-10 centim.; l'involucre
est glabre, embriqué, peu ou point épineux. ♃. Ce cirse croît
dans les prairies des provinces méridionales (Lam.); en Provence (Gér.)? Le *cirsium canum* d'Allioni, qui a été trouvé
aux environs de Tende, diffère-t-il de cette espèce?

§. II. *Feuilles non décurrentes; fleurs d'un blanc*
jaunâtre.

5078. Cirse très-épineux. *Cirsium spinosissimum.*

Cirsium spinosissimum. Scop. Carn. ed. 2. n. 1006. — *Cnicus*
spinosissimus. Linn. spec. 1157. — *Carthamus involucratus.*
Lam. Fl. fr. 2. p. 12. — *Carduus comosus.* Lam. Dict. 1. p.
703. — *Carduus spinosissimus.* Vill. Dauph. 3. p. 11. non
Walt. Gmel. — Hall. Helv. n. 172. t. 5.

Sa tige est simple, cannelée et haute de 2-3 décim.; ses
feuilles sont embrassantes, un peu décurrentes, alongées, sinuées, pinnatifides et très-épineuses; ses fleurs sont blanchâtres,
terminales, ramassées, et entourées de bractées fort longues,
molles, jaunâtres, pubescentes et épineuses; les involucres sont
oblongs, et leurs écailles sont glabres, droites et terminées par
une épine. ♃. Cette plante est commune dans les prairies humides et auprès des sources et des neiges, dans les Alpes de
la Savoie, du Dauphiné, du Piémont; en Provence, dans les
montagnes de Colmars (Gér.); dans les Pyrénées.

3079. Cirse des lieux cultivés. *Cirsium oleraceum.*

Cirsium oleraceum. All. Ped. n. 544. — *Cnicus oleraceus.* Linn. spec. 1156. — *Cnicus pratensis.* Lam. Fl. fr. 2. p. 14. — *Carduus acanthifolius.* Lam. Dict. 1. p. 703. — *Cirsium variabile,* α. Mœnch. Meth. 558. — *Carduus oleraceus.* Vill. Dauph. 3. p. 21. — Lob. ic. 2. t. 11. f. 1.

Sa tige est haute d'un mètre, cannelée, blanchâtre et un peu rameuse; ses feuilles sont glabres, vertes des deux côtés, garnies de cils épineux, plus ou moins pinnatifides, et ressemblant un peu à celles d'acanthe; ses fleurs sont terminales, ramassées, et placées entre des bractées jaunâtres, entières, concaves et ciliées. ♃. Cette plante croît dans les prés marécageux et les lieux humides.

3080. Cirse de Tartarie. *Cirsium Tataricum.*

Cirsium Tataricum. All. Ped. n. 550. — *Carduus Tataricus.* Linn. spec. 1155? Lam. Dict. 1. p. 703. Jacq. Austr. t. 90. — *Carduus rigens.* Gmel. Syst. p. 1188. Lach. Act. Helv. 4. p. 294. t. 16. — *Cirsium variabile,* β. Mœnch. Meth. 558. — Hall. Helv. n. 176.

Cette plante est très-voisine du cirse des lieux cultivés, et n'en est peut-être qu'une variété; elle en diffère par sa stature moins élevée, et par ses feuilles toutes pinnatifides, à l'exception de celles qui naissent sous la fleur; par ses fleurs solitaires au sommet de la tige et des rameaux : la tige est cylindrique, simple ou peu rameuse, pubescente, feuillée jusqu'à son sommet; les feuilles sont glabres excepté sur leur nervure postérieure qui est velue, demi-embrassantes, oblongues, pinnatifides ou sinuées, à lobes parallèles la plupart bifurqués au sommet, toutes garnies sur les bords de cils roides et épineux; les fleurs sont grandes, solitaires, d'un blanc jaunâtre, entourées à leur base de deux ou trois feuilles oblongues, ciliées; leur involucre a ses folioles linéaires, embriquées, terminées en épine molle. ♃. Elle croît dans les vallées et les lieux humides des Alpes du Valais, de la Savoie, du Piémont et du Dauphiné; elle est plus rare que les espèces voisines.

3081. Cirse roussâtre. *Cirsium rufescens.*

Cirsium rufescens. Ramond. Pyren. ined.

Cette espèce se distingue, dès le premier coup-d'œil, aux poils courts, mols, nombreux et roussâtres qui naissent sur le haut de sa tige, sur ses feuilles supérieures et sur les pédicelles de ses fleurs : sa tige est droite, cylindrique, striée, haute d'environ un mètre; ses feuilles inférieures sont pétiolées, longues de 5 décim., sinuées ou incisées à la base; les supérieures sont embrassantes, très-légèrement décurrentes, sinuées et dentées sur les côtés, bordées de cils épineux très-abondans; leur superficie est pubescente et chargée de petites éminences qui la rendent un peu rude; les feuilles florales sont lancéolées-linéaires: les fleurs sont au nombre de trois à cinq, presque sessiles, réunies en tête, entourées de bractées assez semblables à celles des deux espèces suivantes; l'involucre est brunâtre, arrondi, composé de folioles linéaires, pointues, un peu pubescentes sur le dos; le style est simple, plus long que les corolles; l'aigrette est très-longue. ♃. Cette plante a été trouvée par M. Ramond, dans les Pyrénées, parmi les rochers de la vallée de Campan, entre 12 et 1400 mètres de hauteur.

3082. Cirse jaunâtre. *Cirsium ochroleucum.*

Carduus erisithales. Lam. Dict. 1. p. 704. Jacq. Austr. t. 310.
Cirsium glutinosum. Lam. Fl. fr. 2. p. 27.
β. *Cirsium ochroleucum.* All. Ped. n. 546. — *Cnicus ochroleucus.* Schleich. Cat. p. 18. — Hall. Helv. n. 174.

Sa tige est haute de 6-10 décim., cannelée, presque glabre, quelquefois un peu velue, et ordinairement simple ou divisée en une couple de rameaux; ses feuilles sont profondément pinnatifides, et garnies en leurs bords de cils épineux; les inférieures sont grandes et pétiolées; leurs pinnules sont oblongues, très-rapprochées, et chargées de trois nervures presque parallèles; les fleurs sont jaunes, pédonculées et au nombre de deux ou trois seulement; les involucres sont glutineux. La variété β ne diffère de la précédente que par sa tige qui porte cinq à six fleurs au lieu de deux ou trois, mais elle s'en rapproche d'ailleurs par tous ses caractères, et en particulier par ses feuilles pinnatifides, munies de trois nervures dans chaque lobe. ♃. Cette plante croît dans les prés des montagnes.

3083. Cirse à feuilles de roquette. *Cirsium erucagineum.*

Carduus erucagineus. Lam. Dict. 1. p. 704. — *Cirsium erisithales*, var. All. Ped. n. 545. — *Carduus antarcticus.* Vill. Dauph. 3. p. 12. t. 19. — Hall. Helv. n. 175. var. ochrol.

Cette espèce ressemble beaucoup au cirse jaunâtre, et a été confondue avec cette plante par plusieurs auteurs célèbres; elle en diffère, 1°. par ses feuilles blanchâtres et velues en dessous, divisées en lanières plus étroites dont chacune n'est traversée que par une seule nervure; 2°. par ses fleurs réunies trois ou quatre ensemble au sommet de la tige, absolument sessiles, et dont la supérieure est plus grosse que les autres : son involucre n'a pas la sommité des folioles recourbée en dehors. ♃. Elle m'a été envoyée par M. Chaillet, qui l'a trouvée dans les montagnes du Jura; M. Villars l'a trouvée près du Lautaret, dans les prés humides exposés au nord. Est-ce cette espèce ou la précédente, que Linné a désignée sous le nom de *cnicus erisithales ?* La figure de Dalechamp (p. 1094. f. 2.) semble appartenir à la variété β de la précédente, et le mot *hirsutis*, inséré par Linné dans sa phrase spécifique, pourroit faire croire qu'il avoit celle-ci sous les yeux; l'inspection de l'herbier de Linné peut seule éclaircir ce doute.

§. III. *Feuilles non décurrentes ; fleurs purpurines ou rarement blanches.*

3084. Cirse à trois têtes.   *Cirsium tricephalodes.*

> *Carduus tricephalodes.* Lam. Dict. 1. p. 704. — *Carduus erisithales.* Vill. Dauph. 3. p. 20. — *Carduus rivularis.* Jacq. Austr. t. 91. — *Cirsium rivulare.* All. Ped. n. 543. t. 35. excl. syn. Scop. ex Auct. p. 10. — Pluk. Phyt. t. 154. f. 2.
>
> β. *Cirsium purpureum.* All. Ped. n. 548. t. 36. ex Auct. p. 10.

Cette plante ressemble extrêmement à la précédente, et n'en diffère que par la couleur purpurine de ses fleurs, couleur qui se retrouve sur les folioles de l'involucre, et même sur les cils qui bordent ses feuilles. La variété *α* a les feuilles blanchâtres et presque glabres en dessous, et ses fleurs sont sessiles, très-rapprochées, au nombre de trois ou quatre; la supérieure est deux fois plus grosse que les autres : dans la variété β, citée par Allioni, les feuilles sont très-nombreuses et la plante a le port du cirse très-épineux; les fleurs sont au nombre de six à sept, et la supérieure est de même la plus grosse. Quoique cette espèce ne soit presque caractérisée que par la couleur, elle se conserve distincte depuis un grand nombre d'années qu'elle est cultivée au jardin des Plantes, de graines envoyées du Dauphiné. ♃. Elle croît dans les pâturages des montagnes du Jura, des Alpes, des Monts d'Or.

3085. Cirse ambigu.   *Cirsium ambiguum.*

> *Cirsium ambiguum.* All. Auct. p. 10. n. 553*.
>
> β. *Carduus hastatus.* Lam. Dict. 1. p. 704.

Cette espèce tient le milieu entre le cirse variable et le cirse à trois têtes : sa tige est simple, haute de 6–8 décimètres, un peu hérissée dans le bas, presque glabre vers le milieu, cotonneuse sous les fleurs ; les feuilles ont toutes les bords garnis de cils épineux, et la surface inférieure cotonneuse ; les inférieures sont oblongues, pointues, pétiolées, un peu sinuées, presque entières ; les supérieures sont sessiles, pinnatifides, découpées jusqu'au milieu de leur largeur en lobes parallèles entre eux, perpendiculaires sur la nervure longitudinale, lancéolés, plus grands vers le milieu de la feuille, très-courts aux deux extrémités ; elles embrassent la tige par deux oreillettes arrondies : les fleurs sont terminales, sessiles, au nombre de deux à quatre, rarement solitaires, de couleur purpurine ; leur involucre est glabre, hémisphérique, à folioles herbacées et dont la pointe est un peu réfléchie. ♃. Cette plante croît sur le mont Cenis (All.). Je la décris d'après un échantillon qui m'a été envoyé par M. Balbis. La variété β, qui croît dans les Alpes du Dauphiné, ne se distingue que par ses fleurs au nombre de six à sept, par ses feuilles à lobes courbés du côté du sommet.

3086. Cirse variable. *Cirsium heterophyllum.*

Carduus helenioides. Lam. Dict. 1. p. 705. — *Carduus polymorphus.* Lapeyr. Act. Toul. 1. p. 217. t. 19 et 20. — *Cnicus heterophyllus.* Wild. spec. 3. p. 1673.

α. *Cirsium helenioides.* All. Ped. n. 553. t. 13.

β. *Carduus heterophyllus.* Linn. spec. 1134. — *Cirsium heterophyllum.* All. Ped. n. 554. t. 34.

Cette plante est l'une de celles qui présentent le plus grand nombre de variations, et cependant elle est très-facile à reconnoître aux caractères qui sont communs à toutes les variétés, savoir, 1°. des feuilles embrassantes, non décurrentes, garnies sur les bords de petits cils un peu épineux, vertes et glabres en dessus, blanches et cotonneuses en dessous ; 2°. une tige cylindrique, cotonneuse, sur-tout vers le haut ; 3°. des fleurs purpurines, à style simple et très-alongé, à involucre glabre, embriqué de folioles lancéolées-linéaires, terminées par une petite arête ; 4°. une aigrette plumeuse dans toutes les graines, excepté dans celles du bord, dont les poils sont les uns plumeux, les autres dentés. La variété α est une grande plante qui dépasse un mètre de hauteur, dont les feuilles sont écartées, toutes entières, ovales ou lancéolées, et dont les fleurs sont terminales, au nombre de une à trois, toutes portées sur de

longs pédoncules uniflores; la variété β est de moitié plus petite, a les feuilles plus serrées, plus oblongues, quelques-unes
entières, la plupart incisées ou pinnatifides sur-tout vers le
sommet, à lobes dirigés vers l'extrémité de la feuille; ses fleurs
sont tantôt solitaires au sommet, tantôt au nombre de trois ou
quatre, disposées en une petite grappe terminale : est-elle une
espèce distincte? ♃. Cette plante croît dans les prés humides
et le long des chemins des montagnes; en Dauphiné; en Valais
près la source du Rhône; en Piémont au bord du lac du mont
Cenis, à Tende, Vinadio, Rodoret, au Grassoney et entre
Iliani et Cima (All.); elle a été retrouvée par M. Lapeyrouse
dans les Pyrénées à la montagne d'Averan près Melles; la variété β croît en Piémont au col de la Magdeleine (All.).

3087. Cirse bulbeux.　　　*Cirsium bulbosum.*

> *Carduus bulbosus.* Lam. Dict. 1. p. 705. — *Carduus tuberosus.*
> Vill. Dauph. 3. p. 16. non Linn. — *Cirsium tuberosum.* All. Ped.
> n. 551. — *Cnicus tuberosus.* Wild. spec. 3. p. 1680. — Hall.
> Helv. n. 177. — Lob. ic. 2. t. 10. f. 2.
> 2. *Cirsium dissectum.* Lam. Fl. fr. 2. p. 27.

Sa racine est composée d'une souche courte, épaisse et
oblique, d'où partent plusieurs fibres simples et renflées vers
leur origine; la tige est droite, haute de 3-4 décim., feuillée
seulement à sa base, cotonneuse sur-tout vers le sommet, quelquefois simple et uniflore, plus souvent divisée vers le haut en
deux rameaux terminés chacun par une fleur; celle-ci est purpurine, assez semblable à celle du cirse d'Angleterre : les feuilles
sont embrassantes, profondément pinnatifides, à lobes écartés,
lancéolés, souvent divisés en deux ou trois lanières divergentes
et pointues; elles sont bordées de cils épineux peu apparens,
parce que le bord de la feuille se roule légèrement en dessous :
leurs deux surfaces sont cotonneuses dans la variété α; la surface
inférieure est seule chargée de duvet dans la variété β. ♃. Cette
plante croît dans les lieux herbeux et humides; à Meudon près
Paris; à Sorrèze; à Genève (Hall.); à Gap et dans le Champsaur (Vill.); à Nice et dans la val d'Aost (All.); aux environs
de Montpellier (Lob.).

3088. Cirse d'Angleterre.　　　*Cirsium Anglicum.*

> *Carduus Anglicus.* Lam. Dict. 1. p. 705. — *Carduus pratensis.*
> Huds. Angl. ed. 2. p. 353. Smith. Fl. brit. 2. p. 854. non
> Lam. — *Carduus dissectus.* Vill. Dauph. 3. p. 15. non Linn.

— *Carduus heterophyllus*. Lightf. Scot. 456. non Linn. — *Cirsium Anglicum*. Lob. ic. t. 583. f. 1. Dalech. Lugd. 584. f. 1.

Sa racine est composée de plusieurs fibres simples et cylindriques ; sa tige est droite, haute de 3 décim., presque toujours simple, cotonneuse, feuillée vers la base, presque nue vers le sommet, terminée par une seule fleur purpurine, droite ou un peu penchée, de la grosseur de celle du chardon terne ; ses feuilles sont embrassantes, un peu rétrécies en pétiole, oblongues, sinuées, bordées de cils épineux, couvertes sur-tout en dessous d'un duvet lâche qui ressemble à une toile d'araignée : on retrouve encore quelques traces de ce duvet sur l'involucre ; celui-ci est composé d'écailles embriquées, linéaires, acérées, non épineuses. ♃. Cette plante croît dans les prés et les bois humides ou marécageux ; aux environs de Paris, à Meudon et à Saint-Gratien ; dans la forêt d'Orléans et la Sologne ; en Dauphiné le long du Rhône (Vill.) ; aux environs de Narbonne.

3089. Cirse nain.   *Cirsium acaule.*

Cirsium acaule. All. Ped. n. 558. — *Carduus acaulis*. Linn. spec. 1156. Lam. Dict. 1. p. 706. — *Cirsium acaulos*. Lam. Fl. fr. 2. p. 26. — *Cnicus acaulis*. Hoffm. Germ. 4. p. 130. — Lob. ic. 2. t. 5. f. 1.

β. *Caule semi-palmari glabro unifloro.* — *Carduus Roseni*. Vill. Dauph. 3. p. 14. t. 21.

γ. *Caule palmari hirsuto multifloro.*

Les feuilles de cette plante sont radicales et étendues en rond sur la terre ; elles sont vertes, oblongues, un peu étroites, sinuées, pinnatifides, rétrécies à leur base, et leurs découpures sont anguleuses, en forme de coin, garnies d'épines assez fortes : de leur milieu s'élève quelquefois à la hauteur de 6–10 centim., une fleur purpurine, dont le calice est ovale, conique, très-glabre et presque point épineux. ♃. Cette plante croît sur les pelouses et dans les lieux secs. La variété β a une tige qui atteint presque 1 décim. de hauteur ; elle est glabre et porte une fleur ou rarement deux : la variété γ s'élève jusqu'à 2 et 3 décim. ; sa tige est hérissée d'un duvet mol, long et cotonneux, et porte de trois à six fleurs.

3090. Cirse des champs.   *Cirsium arvense.*

Cirsium arvense. Lam. Fl. fr. 2. p. 26. — *Serratula arvensis*. Linn. spec. 1149. — *Carduus arvensis*. Lam. Dict. 1. p. 706. — *Cnicus arvensis*. Hoffm. Germ. 4. p. 180. — Moris. s. 7. t. 32. f. 14.

Sa tige est haute de 6 décim., cannelée, glabre, et branchue

dans sa partie supérieure; ses feuilles sont lancéolées, semi-
pinnatifides, vertes en dessus et blanchâtres en dessous; leurs
pinnules sont anguleuses, en forme de coin, quelquefois un peu
distantes et hérissées d'épines assez fortes; les fleurs sont purpurines ou blanchâtres, et leurs calices courts et arrondis avant
la fleuraison, se développent ensuite et acquièrent une forme
cylindrique; l'aigrette est très-longue, rousse, plumeuse. ♃.
Cette plante est commune dans les vignes et les champs cultivés, qu'elle infeste par ses racines traçantes qu'il est très-
difficile d'extirper. Elle est connue sous le nom de *chardon
hémorrhoïdal.*

3091. Cirse laineux.   *Cirsium eriophorum.*

> *Cirsium eriophorum.* Scop. Carn. ed. 2. n. 1008. — *Carduus erio-*
> *phorus.* Linn. spec. 1153. Lam. Dict. 1. p. 702. Jacq. Austr.
> t. 171. — *Carthamus ferox,* var. β. Lam. Fl. fr. 2. p. 11. —
> Clus. Hist. 2. p. 154. ic.

Sa tige est épaisse, ronde, cannelée, rougeâtre inférieurement, chargée par-tout d'un coton qui imite la toile d'araignée,
et garnie de rameaux longs et redressés; ses feuilles sont fort
grandes; les inférieures sont étalées sur la terre autour de la
plante, et sont longues de 5 décim. et larges de 2 décim.; elles
sont toutes profondément découpées en lanières étroites qui
imitent des dents de peigne, et qui sont terminées chacune
par une forte épine qui n'est que la continuation de la nervure;
la surface inférieure de ces feuilles est cotonneuse et blanchâtre,
et la supérieure est verte, mais hérissée de spinules très-sen-
sibles : les têtes de fleurs sont fort grosses, arrondies et très-
cotonneuses; les écailles de l'involucre sont un peu purpurines,
épineuses au sommet, abondamment garnies d'un duvet laineux. ♂. Cette plante croît dans les lieux montueux et stériles
des provinces méridionales. Elle se nomme vulgairement *chardon aux ânes.*

3092. Cirse féroce.   *Cirsium ferox.*

> *Cnicus ferox.* Linn. Mant. p. 109. All. Ped. n. 565. t. 50. —
> *Carduus ferox.* Lam. Dict. 1. p. 703. Vill. Dauph. 3. p. 2. —
> *Carthamus ferox,* α. Lam. Fl. fr. 2. p. 11.

Cette plante, bien loin d'appartenir à un genre différent de
la précédente, peut à peine en être distinguée comme espèce;
les feuilles florales qui se trouvent à la base des fleurs, et
d'après lesquelles Linné l'avoit placée parmi ses *cnicus,* sont
même variables quant à leur grandeur et à leur distance de la

fleur : le seul caractère qui sépare cette espèce de la précédente,
est son involucre qui est presque glabre, et dont les écailles se
prolongent en une pointe épineuse plus longue, plus pâle et
plus ouverte ; les fleurs sont presque toujours blanches, rarement purpurines. ♂. Ce cirse croît dans les lieux montueux et
sur les collines des provinces méridionales ; en Dauphiné près
Grenoble, à Vif, aux Souchons, à Gap, aux Baux, à Chorges
et à la Batie (Vill.) ; en Piémont près Tende et Braus (All.) ;
en Provence au Tholonet, à Meirueil ; au grand Sambuc, à
Trevaresso, etc. (Gar.) ; en Languedoc près Montpellier
(Gou.).

3093. **Cirse de Casabona.**   *Cirsium Casabonœ.*

Carduus casabonœ. Linn. spec. 1153. Lam. Dict. 1. p. 701. —
Carduus polyacanthus. Lam. Fl. fr. 2. p. 20. — *Cirsium tri-
spinosum.* Mœnch. Meth. 557. — Lob. ic. 2. t. 16. f. 1.

Ses tiges sont cylindriques, simples, cannelées, presque
glabres, un peu rougeâtres, et atteignent de 5–10 décim. de
hauteur ; ses feuilles sont oblongues-lancéolées, pointues, sessiles, fermes, lisses et d'un verd foncé en dessus, couvertes
en dessous d'un duvet très-serré, blanc ou roussâtre, bordées
d'épines longues, jaunes, disposées trois à trois d'espace en
espace ; les fleurs sont rougeâtres, sessiles au sommet des tiges
ou dans les aisselles supérieures ; les folioles de l'involucre se
terminent par une longue épine simple. ♂. Cette belle plante
croît dans les isles d'Hières (Gér.), et en particulier dans
l'isle de Levant (Gar.) ; dans l'isle d'Elbe au nord de Rio près
les mines de fer (Barr.) ; dans la Limagne d'Auvergne (Delarb.).

3094. **Cirse étoilé.**   *Cirsium stellatum.*

Cirsium stellatum. All. Ped. n. 560. — *Carduus stellatus.* Linn.
spec. 1153. Lam. Dict. 1. p. 702. — Triumf. Obs. t. 96.

Cette espèce de chardon ressemble un peu à la centaurée
chausse-trape, et se distingue facilement de toutes ses congénères ; sa tige est très rameuse, un peu cotonneuse et haute de
3 décim. ; ses feuilles sont sessiles, entières, linéaires-oblongues, assez semblables à celles du saule blanc, vertes et glabres
en dessus, blanches et cotonneuses en dessous ; à la base de
chacune d'elles on trouve de chaque côté deux épines horizontales, divergentes, fermes, aiguës, et qui semblent tenir lieu
de stipules ; les fleurs sont purpurines, ovoïdes, sessiles et solitaires au sommet de tous les rameaux ; leur involucre est composé

d'écailles un peu ouvertes, prolongées en une longue épine simple et piquante; à la base de chaque fleur sont deux ou trois petites feuilles florales. ☉. Elle croît le long des routes et sur le bord des champs, aux environs de Nice (All.).

3095. Cirse des Alpes.   *Cirsium Alpinum.*

Cirsium Alpinum. All. Ped. n. 559. — *Serratula Alpina.* Linn. spec. 1147. — Dill. Elth. t. 70. f. 81.

β. *Serratula discolor.* Wild. spec. 3. p. 1641. — Clus. Hist. 2. p. 151. ic.

Cette plante est très-variable dans la forme de ses feuilles, qui sont triangulaires ou lancéolées, entières ou dentées, et dans la grandeur de sa tige qui n'atteint pas 1 décim. dans les hautes Alpes, et qui s'alonge jusqu'à 3 décim. dans les plaines; mais on la reconnoît toujours à ses feuilles pointues, non lobées, rétrécies à leur base, cotonneuses en dessous; à ses fleurs purpurines, réunies trois ou quatre au sommet de la tige; à ses involucres cotonneux, nullement épineux; à ses aigrettes dont les poils sont extraordinairement plumeux et alongés. ♃. Elle croît sur les plus hautes sommités des Alpes de la Savoie; au Saint-Bernard; en Piémont aux Alpes de Modane, de Vesoul, de Ré, au mont Cenis, à la Vanoise, à Bonaval (All.); en Dauphiné dans l'Oysans, le Queyras, le Briançonnois et au-dessus d'Embrun (Vill.); dans les Landes aux environs de Dax (Thor.). Cette espèce et la précédente s'éloignent des autres cirses par leurs involucres non épineux.

DXVI. CARLINE.   *CARLINA.*

Carlina. Tourn. Linn. Juss. Lam. Gœrtn.

Car. L'involucre est embriqué de folioles de deux sortes; les extérieures lâches, découpées et épineuses; les intérieures scarieuses, luisantes, colorées, et formant une couronne rayonnante autour de la fleur : tous les fleurons sont hermaphrodites; les alvéoles du réceptacle sont bordées de paillettes membraneuses au moins aussi longues que l'aigrette; la graine est hérissée de poils roux et soyeux, qui forment comme une petite aigrette extérieure, couronnée d'une aigrette à poils plumeux, soudés par leur base en plusieurs faisceaux de six à huit poils.

3096. Carline à courte tige.   *Carlina subacaulis.*

Carlina acaulis. Linn. spec. 1160. All. Ped. n. 567. — *Carlina chamæleon.* Vill. Dauph. 3. p. 31. — *Carlina caulescens.* Lam. Dict. 1. p. 623. — *Carlina Alpina.* Jacq. Vind. 274.

Sa racine est dure, ligneuse, épaisse et cylindrique; sa tige varie de longueur depuis 5 centim. jusqu'à 1 et même 2 décim.; cette tige est toujours terminée par une seule fleur purpurine de 6 centim. de diamètre : les feuilles naissent sur la tige, plus ou moins serrées, selon sa longueur; elles sont alongées, dures, parfaitement glabres, découpées jusqu'à la côte en lobes qui sont eux-mêmes divisés en deux ou trois lanières épineuses : les folioles extérieures de l'involucre sont de couleur foncée, découpées et très-épineuses; les intérieures s'alongent sous la forme d'écailles scarieuses, luisantes, blanches en dedans, un peu rougeâtres en dehors : les paillettes du réceptacle sont aussi longues que l'aigrette et divisées en trois ou quatre lanières au sommet; les graines sont garnies de poils roux et soyeux; l'aigrette est longue, à poils plumeux, blanchâtres, même à leur base. ♃. Cette plante croît dans les pâturages secs et les lieux stériles des basses montagnes : elle est commune sur le Jura, sur les Alpes de la Savoie, du Dauphiné, de la Provence, du Piémont; dans les Vosges, les montagnes de Languedoc, d'Auvergne, de Bourgogne.

5097. Carline à feuilles   *Carlina acanthifolia.*
      d'acanthe.

    Carlina acanthifolia. All. Ped. n. 571. t. 51. — *Carlina acaulis.*
    Lam. Dict. 1. p. 623. — *Carlina chardousse.* Vill. Dauph. 3.
    p. 30.
    β. *Carlina cynara.* Pourret.

Cette espèce diffère de la précédente par sa tige qui est presque nulle; par ses feuilles blanchâtres et cotonneuses des deux côtés, beaucoup plus larges, et point découpées jusqu'à la côte, et même par sa fleur qui est beaucoup plus grande : cette fleur, qui est grosse et fort large, garnie d'une couronne blanche et un peu purpurine en dessous, naît du milieu des feuilles qui lui servent de bractées, qui sont étendues autour d'elles sur la terre, et sur lesquelles elle paroît comme assise. ♂. Cette plante croît sur les côteaux et les lieux secs des basses montagnes du Dauphiné, du Piémont et de la Provence. M. Clarion m'en a communiqué un bel échantillon recueilli dans les montagnes de Seyne; elle est connue sous les noms de *chardousse* ou *ciardousse;* son réceptacle est bon à manger comme celui de l'artichaut. La variété β, qui croît dans les Pyrénées et aux environs de Narbonne, diffère de la précédente par la teinte jaune des écailles qui forment sa couronne.

3098. Carline vulgaire.   *Carlina vulgaris.*

Carlina vulgaris. Linn. spec. 1161. Lam. Dict. 1. p. 624. Illustr.
t. 662. Gœrtn. Fruct. 2. p. 384. t. 163. f. 1.
β. *Uniflora.*

Sa tige est droite, simple ou un peu branchue à son sommet,
rougeâtre inférieurement, cotonneuse vers son extrémité, sur-
tout dans le voisinage des fleurs qui sont ordinairement au
nombre de trois ou quatre, disposées en manière de corimbe ;
elle est garnie de feuilles un peu étroites, verdâtres en dessus,
blanchâtres en dessous, dont les inférieures sont demi-pinnatifides, sinuées, épineuses, et les supérieures lancéolées et ciliées :
la couronne de l'involucre est d'un blanc sale ; les paillettes du
réceptacle dépassent la longueur des fleurs ; les graines sont
revêtues d'un duvet roux et soyeux, couronnées par une aigrette à poils plumeux. ☉. Cette plante croît sur les collines ;
dans les lieux arides et les terreins pierreux, elle prend peu
d'accroissement et ne porte qu'une seule fleur terminale.

3099. Carline laineuse.   *Carlina lanata.*

Carlina lanata. Linn. spec. 1160. Lam. Dict. 1. p. 624. —
Garid. Aix. p. 86. t. 21.

La plante entière est couverte d'un duvet laineux et blanchâtre ; sa tige est simple ou rameuse, haute de 2-4 décim. et
garnie de feuilles lancéolées et très-épineuses ; elle est remplie
d'un suc rouge, et porte à l'extrémité de chaque rameau une
seule fleur assez grande, qui est quelquefois environnée par
trois ou quatre autres plus petites, dont les pédoncules naissent
à sa base entre les bractées ; ces fleurs ressemblent à celles de
la carline vulgaire, mais les écailles intérieures de leur involucre
sont purpurines. ☉. Elle croît dans les lieux secs et pierreux des
provinces méridionales, à Perpignan ; à la Poissine, à Selleneuve
et à la Verune près Montpellier (Gou.); près Aix (Gar.),
Marseille, et sur la côte méridionale de la Provence et du Comté
de Nice.

3100. Carline en corimbe.   *Carlina corymbosa.*

Carlina corymbosa. Linn. spec. 1160. Lam. Dict. 1. p. 624. — Col.
Ecphr. t. 27.

Sa tige est haute de 3 decim., cylindrique, rougeâtre, un peu
cotonneuse et ordinairement simple ; elle porte à son sommet
trois ou quatre fleurs jaunes, serrées, presque sessiles, et imitant

un corimbe; ses feuilles sont étroites, sinuées, dentées, épineuses, blanchâtres et cotonneuses; ses fleurs ressemblent beaucoup à celles de la carline vulgaire, mais les écailles intérieures de leur involucre sont jaunes, au lieu d'être blanchâtres. ☉. On trouve cette plante dans les lieux arides en Provence, aux environs d'Aix (Gér.) et de Marseille; en Piémont, à Nice, Oneille et Borgomasino (All.); dans le midi du Dauphiné, à Orange et Saint-Paul-trois-Châteaux (Vill.).

DXVII. ATRACTYLIS. *ATRACTYLIS.*

Atractylis sp. Linn. Juss. — *Cirsellium.* Gœrtn. Lam. — *Carthami sp.* Lam.

CAR. Les atractylis diffèrent des cirses, parce que les fleurons extérieurs sont femelles et alongés en languette; leur involucre est souvent entouré de bractées épineuses; leur réceptacle garni de paillettes étroites; leurs graines couronnées par une aigrette plumeuse.

3101. Atractylis grillée. *Atractylis cancellata.*

Atractylis cancellata. Linn. spec. 1162. excl. syn. Alp. et Moris. ex Desf. Fl. Atl. 2. p. 253. —*Cirsellium cancellatum.* Gœrtn. Fruct. 2. p. 454. t. 163. f. 2. Lam. Illustr. t. 662. f. 1. — *Acarna cancellata.* All. Ped. n. 561. — *Carthamus cancellatus.* Lam. Dict. 1. p. 639.

Sa tige est haute de 3 décim., branchue, cylindrique et cotonneuse; ses feuilles sont lancéolées, étroites, légèrement élargies vers leur sommet, embrassantes, garnies de cils épineux, chargées par intervalles, les supérieures sur-tout, d'un coton blanc en manière de toile d'araignée, et d'un verd blanchâtre; les fleurs sont terminales et remarquables par des bractées étroites, pinnatifides, épineuses, redressées, et formant autour de l'involucre une espèce de grillage dans lequel les mouches restent quelquefois prisonnières; les fleurons sont courts, tous tubuleux et hermaphrodites, selon Linné et Lamarck; quelquefois les extérieurs dégénèrent en languettes stériles, selon Gœrtner et Desfontaines: les graines sont couvertes d'une laine rousse et abondante; l'aigrette est longue, plumeuse. ☉. Cette plante croît dans les lieux secs, stériles, rocailleux et exposés au soleil, près Montpellier à Castelnau; près Nice et Montalbani (All.). Elle porte, à Montpellier, le nom de *fuselée.*

5102. Atractylis naine.   *Atractylis humilis.*

Atractylis humilis. Linn. spec. 1162. Lam. Illustr. t. 660. —
Cirsellium humile. Gœrtn. Fruct. 2. p. 455.
β. *Involucro bracteis occultato.* — Barr. ic. t. 592.

Sa racine est dure, grise, ligneuse ; ses tiges sont droites,
longues de 1–2 décim. , glabres, garnies dans toute leur longueur de feuilles éparses, oblongues, étroites, bordées de fortes
dents saillantes, aiguës, épineuses, simples ou géminées ; la
fleur est terminale ; son involucre est cylindrique, court, glabre,
formé d'écailles embriquées, tronquées au sommet, d'où part
une épine droite, simple et aussi longue que l'écaille elle-même.
Dans la variété β, les feuilles supérieures entourent tellement
l'involucre, qu'elles le cachent presque entièrement ; les fleurons extérieurs sont radiés, stériles, à limbe étalé, fortement
denté au sommet ; les graines sont couvertes de laine rousse ;
l'aigrette est plumeuse, brunâtre à sa base. ♃. Cette plante croît
sur les rochers, aux environs de Narbonne : elle a été observée
en France par MM. Pourret et Broussonet.

TROISIÈME ORDRE.

CORYMBIFÈRES.   *CORYMBIFERÆ.*

Corymbiferæ. Vaill. Juss. — *Radiatæ et Flosculosarum gen.*
Tourn. — *Discoideæ et Oppositifoliæ.* Linn. — *Tanaceta ,*
Conyzæ , Calthæ , Bidentes et Xeranthemorum gen. Adans.

Fleurettes tantôt toutes tubuleuses, tantôt tubu-
leuses dans le centre et en languette sur les
bords ; réceptacle peu ou point charnu , nu ou
garni de paillettes ; stigmate non articulé sur
le style ; feuilles alternes ou opposées.

** Graines couronnées d'aigrette ; réceptacle nu.*

DXVIII. CACALIE.   *CACALIA.*

Cacalia. Linn. Juss. Lam. Gœrtn.

Car. L'involucre est simple, oblong, muni de petites écailles
à sa base ; tous les fleurons sont tubuleux et hermaphrodites ;
le réceptacle est nu ; les graines portent une aigrette à poils
simples.

Obs. Les cacalies n'ont jamais les feuilles opposées, ce qui
distingue ce genre des eupatoires ; elles se distinguent des

cinéraires et des séneçons, par l'absence des fleurons en languette, et des tussilages, parce que tous les fleurons sont tous
hermaphrodités.

3103. Cacalie des Alpes.   *Cacalia Alpina.*

Cacalia Alpina, β. Linn. spec. 1170. — *Cacalia Alpina.* Jacq.
Austr. t. 234. — *Cacalia glabra.* Vill. Dauph. 3. p. 170. —
Cacalia alliariæfolia. Lam. Dict. 1. p. 532. — *Tussilago ca-
calia.* Scop. Carn. n. 1055. — Lob. ic. t. 592. f. 1.

Cette plante dépasse rarement la hauteur de 3 décim., et elle
est presque entièrement glabre; sa tige est simple, garnie de
feuilles écartées, pétiolées, minces, en forme de cœur, bordées de larges dentelures; le pétiole, quoique demi-embras-
sant, ne s'évase point en appendices à sa base; les fleurs forment
un corimbe irrégulier, lâche et nivelé; leurs bractées sont linéaires; les involucres sont glabres, rougeâtres, et ne renferment que trois à cinq fleurs purpurines, deux fois plus
longues que l'involucre. ♃. Cette plante est assez commune
dans les lieux pierreux, humides et ombragés des montagnes;
dans les Pyréuées; les Alpes du Dauphiné; de la Savoie; dans
les Vosges.

3104. Cacalie pétasite.   *Cacalia petasites.*

Cacalia petasites. Lam. Dict. 1. p. 531. — *Cacalia albifrons.*
Linn. suppl. 353. — *Cacalia hirsuta.* Vill. Dauph. 3. p. 152.
— *Cacalia alliariæ.* Gouan. Illustr. 65. — *Cacalia tomentosa.*
Jacq. Austr. t. 235.

α. *Foliis seu petiolis basi appendiculatis.*
β. *Foliis et petiolis basi nudis.*

Cette plante est intermédiaire entre la précédente et la suivante; elle ressemble à la cacalie des Alpes, parce que ses involucres sont glabres et ne contiennent que trois à cinq fleurs;
mais elle s'en éloigne et se rapproche de la cacalie à feuille
blanche, parce qu'elle est couverte, sur-tout à la surface inférieure des feuilles, d'un duvet cotonneux, blanchâtre, mais
beaucoup moins abondant que dans l'espèce suivante. Dans la
variété α, qui paroît avoir été décrite par la plupart des auteurs, le pétiole des feuilles inférieures et le limbe des supérieures, se dilatent à la base en un large appendice arrondi et
semblable à une stipule; dans la variété β qui, par le nombre
des fleurs de chaque involucre, appartient à cette espèce et
non à la suivante, le pétiole est nu et les feuilles supérieures

non dilatées à la base. On voit donc que cette espèce offre deux variétés analogues à celles de l'espèce suivante. Doit-on réunir ces deux plantes? Doit-on les distinguer en deux espèces, selon la présence ou l'absence des oreillettes? Doit-on les distinguer, comme on l'a fait, d'après le nombre des fleurs? Devroit-on, enfin, réunir ces deux caractères et distinguer ici quatre espèces? Je laisse ces questions à résoudre à ceux qui pourront observer ces plantes cultivées et suivre leur germination. ♃. La cacalie pétasite est la plus commune des trois espèces confondues par Linné, sous le nom de cacalie des Alpes ; elle se trouve dans les montagnes des Alpes, des Pyrénées, du Jura, des Monts-d'Or, etc.

3105. Cacalie à feuille blanche. *Cacalia leucophylla*.

> *Cacalia leucophylla*. Wild. spec. 3. p. 1736. — *Cacalia tomen-tosa*. Vill. Dauph. 3. p. 171. Lam. Dict. 1. p. 531. non Thunb. nec Jacq.
>
> β. *Cacalia hybrida*. Vill. Dauph. 3. p. 171.

Cette espèce, long-temps confondue avec les deux précédentes, en diffère parce qu'elle est entièrement couverte sur toute sa surface d'un duvet blanc et cotonneux, que ses fleurs forment un corimbe arrondi et serré, et que chaque involucre renferme de quinze à vingt fleurs; la tige est simple, haute de 2-5 décim.; les feuilles pétiolées, presque en forme de rein, bordées de dentelures plus étroites et plus rapprochées que dans la cacalie des Alpes; les fleurs sont purpurines, un peu plus courtes que dans la cacalie des Alpes. La variété β a ses pétioles évasés à leur base en deux appendices latéraux et arrondis, ses feuilles peu cotonneuses sur-tout en dessus, plus pointues et à dents plus profondes; mais le nombre des fleurs renfermées dans chaque involucre nous engage à la rapporter à la cacalie à feuille blanche, comme Villars l'avoit déjà pensé. ♃. Cette plante croît dans les montagnes du Dauphiné, de la Provence, dans les lieux pierreux : la variété β se trouve dans les hautes Alpes du Dauphiné et de la Savoie.

3106. Cacalie sarrasine.   *Cacalia sarracenica*.

> *Cacalia sarracenica*. Linn. spec. 1169. Lam. Dict. 1. p. 530. — *Senecio cacaliaster*. Lam. Fl. fr. 2. p. 132.
>
> β. *Flore albido*. Delarb. Auv. 45.

Cette plante ressemble tellement au senecçon sarrasin et même

au

au seneçon doria, qu'il est difficile de ne pas croire qu'elle doit
être rangée dans le même genre, quoiqu'elle soit flosculeuse
et non radiée : sa tige est haute de 6 décim., simple, glabre,
anguleuse; ses feuilles sont nombreuses, lancéolées, pointues,
un peu décurrentes, dentées sur les bords, presque entièrement
glabres, longues de 12–15 centim. sur 5–6 de largeur; les fleurs
sont d'un jaune très-pâle, disposées en corimbe terminal; les
fleurons sont tous hermaphrodites dans les individus du Mont-
d'Or; ceux de la circonférence sont femelles dans les pieds
qu'on cultive au jardin des Plantes (Lam.) : cette irrégularité
laisse de l'ambiguité dans le genre auquel on doit rapporter
cette plante. ♃. Elle croît dans les bois des montagnes d'Auvergne, au Mont-d'Or, au Puy-de-Dôme.

DXIX. EUPATOIRE.   *EUPATORIUM.*

Eupatorium. Tourn. Linn. Juss. Lam. Gœrtn.

Car. L'involucre est embriqué, oblong, cylindrique; les
fleurons sont en petit nombre, tous tubuleux et hermaphrodites; le style est long, profondément bifurqué; le réceptacle
est nu; l'aigrette est composée de poils capillaires, simples ou
dentés.

3107. Eupatoire à feuilles   *Eupatorium cannabi-*
    de chanvre.   *num.*

Eupatorium cannabinum. Linn. spec. 1173. Lam. Dict. 1. p. 403.
Fl. dan. t. 745. — Lob. ic. t. 528. f. 2.
β. *Foliis superioribus indivisis.* Ray. Syn. p. 180.

Sa tige est haute de 10–13 décim., un peu quadrangulaire,
velue et rameuse; ses feuilles sont opposées, sessiles et composées de trois lobes lancéolés et dentés; les supérieures sont
un peu alternes, et celles de la variété β sont simples, excepté
les inférieures; les fleurs sont rougeâtres, terminales, disposées
en corimbe un peu serré, et remarquables par leurs styles fort
saillans. ♃. Cette plante croît dans les fossés humides et les
lieux aquatiques. Sa racine est un fort purgatif, et l'herbe est
vulnéraire, détersive et apéritive. On la désigne sous le nom
d'*eupatoire d'Avicenne.*

DXX. IMMORTELLE.   *XERANTHEMUM.*

Xeranthemum. Gœrtn. Wild. — *Xeranthemi sp.* Linn. Lam.

Car. L'involucre est formé d'écailles embriquées, scarieuses,
dont les intérieures sont longues et colorées; les fleurons sont

Tome IV.   I

tous tubuleux; ceux du centre hermaphrodites, fertiles, nombreux; ceux du bord femelles, stériles, en petit nombre; le réceptacle est nu; les graines fertiles sont couronnées par une aigrette à cinq paillettes, celles du bord sont nues et avortées.

3108. Immortelle annuelle. *Xeranthemum annuum.*

Xeranthemum annuum, *var.* α. Linn. spec. 1201. Lam. Dict. 3. p. 235. — *Xeranthemum annuum.* Gœrtn. Fruct. 2. p. 399. t. 165. Wild. spec. 3. p. 1901. — *Xeranthemum radiatum.* Lam. Fl. fr. 2. p. 48. — Hall. Helv. n. 122 (1). — Clus. Hist. 2. p. 11. f. 2.

Ses tiges sont nombreuses, dures, hautes de 3 décim. au moins, cotonneuses et feuillées; les feuilles sont lancéolées, sessiles, pointues, très-entières et blanchâtres; ses fleurs sont purpurines ou blanches dans une variété; elles terminent chaque rameau, et sont solitaires à l'extrémité de longs pédoncules; les écailles de l'involucre sont luisantes, blanchâtres et souvent marquées d'une raie pourpre. ☉. Cette plante croît dans les provinces méridionales, dans les champs et les collines sèches; on assure qu'elle se trouve entre Rozière et Montpipeau près Orléans (Dub.); sur les bords des vignes à Clermont (Delarb.) : on la cultive comme plante d'ornement dans la plupart des jardins, et ses fleurs, dont on avive la couleur au moyen de l'acide nitreux, sont conservées pendant l'hiver pour orner les appartemens.

3109. Immortelle fermée. *Xeranthemum inapertum.*

Xeranthemum inapertum. Wild. spec. 3. p. 1902. — *Xeranthemum annuum*, β. Linn. spec. 1201. Lam. Dict. 3. p. 235.

Cette espèce diffère de la précédente par ses involucres plus petits, dont les écailles intérieures sont droites et non étalées, et dont les extérieures ne sont scarieuses que sur le bord, portent sur le dos une bande longitudinale cotonneuse, et sont moins obtuses au sommet. ☉. Elle croît dans les champs et les collines sèches en Provence (Gér.); en Dauphiné (Vill.); en Bresse et en Bugey (Latourr.).

DXXI. ELYCHRYSE. *ELYCHRYSUM.*

Elychrysum. Gœrtn. — *Xeranthemi et Gnaphalii sp.* Linn. Juss.

CAR. L'involucre est embriqué d'écailles inégales, obtuses,

---

(1) C'est cette espèce et non la suivante, qui croît dans le Valais, et à laquelle on doit rapporter le n°. 122 d'Haller; c'est elle du moins que j'ai reçue de M. Schleicher, sous ce nom.

scarieuses, souvent colorées; tous les fleurons sont tubuleux et hermaphrodites; le réceptacle est nu; les graines sont à poils ordinairement simples, quelquefois dentelés.

Obs. On doit rapporter à ce genre toutes les espèces de gnaphales à fleurons tous hermaphrodites.

§. Ier. *Écailles de l'involucre blanches.*

3110. Élychryse des frimats. *Elychrysum frigidum.*

> *Elychrysum frigidum.* Wild. spec. 3. p. 1908. — *Xeranthemum frigidum.* Billard. Dec. 1. p. 9. t. 4.

Une souche ligneuse, rampante, brune et vivace, émet çà et là des touffes de branches herbacées, ascendantes, simples ou rameuses, longues de 2-6 centim., toutes couvertes de petites feuilles serrées, obtuses, entières, blanchâtres, cotonneuses et embriquées sur quatre rangs; chaque branche est terminée par une fleur solitaire, droite; l'involucre a ses folioles extérieures cotonneuses et absolument semblables aux feuilles de la plante, dont elles ne sont point séparées; les folioles intérieures sont membraneuses, glabres, alongées, d'un blanc de neige, et semblables à des pétales; les fleurons sont jaunes, beaucoup plus courts que les folioles colorées de l'involucre. ♃. Cette jolie plante a été découverte par M. Labillardière, dans les plus hautes montagnes de l'isle de Corse.

3111. Élychryse perlé. *Elychrysum margarita-*
ceum.

> *Gnaphalium margaritaceum.* Linn. spec. 1198. Lam. Dict. 2. p. 755. — *Gnaphalium Americanum.* Clus. Hist. 1. p. 327.

Sa racine est fibreuse, rampante; ses tiges sont hautes de 5-6 décim., droites, cylindriques, simples, couvertes d'un duvet laineux qui se retrouve sur les pédoncules et la surface inférieure des feuilles; ce duvet est blanc dans les individus européens, roussàtres dans ceux qui proviennent de l'Amérique septentrionale : les feuilles sont éparses, linéaires-lancéolées, pointues, un peu roulées en dessous par les bords, sur-tout dans leur jeunesse; les fleurs forment un corimbe élégant au sommet de la tige; leur involucre est globuleux, d'un blanc de neige, composé d'écailles ovales-oblongues non luisantes; les fleurons sont jaunàtres, tous hermaphrodites (Hall.), ou entourés de quelques fleurons femelles et en languette dans les individus cultivés (Smith.). ♃. Cette plante, regardée d'abord comme indigène de l'Amérique septentrionale, se trouve spontanée en Angleterre, en Suisse, en France sur le mont Cenis, et à Vanchia près Turin (All.).

§. II. *Écailles de l'involucre jaunes.*

3112. Élychryse stæchas. *Elychrysum stæchas.*

Gnaphalium stæchas. Linn. spec. 1193. Lam. Dict. 2. p. 746.—
Gnaphalium citrinum. Lam. Fl. fr. 2. p. 62. — *Gnaphalium
Italicum.* Roth. Cat. 1. p. 115.—Barr. ic. t. 278. 409. 410.
β. *Foliis utrinque tomentosis.* — *Gnaphalium crispum.* Pourr.

Sa tige est ligneuse inférieurement, et produit plusieurs rameaux simples, droits, très-grèles et blanchâtres; ses feuilles sont éparses, très-étroites, presque linéaires, blanchâtres en dessous, et disposées seulement sur les rameaux; ses fleurs sont de petites têtes d'un jaune doré ou citrin, et ramassées au sommet des rameaux en corimbe convexe; les fleurons sont tous hermaphrodites. ♄. Cette plante croît sur les côteaux arides des provinces méridionales, et dans l'ouest jusqu'à Nantes (Bon.). Elle se retrouve dans quelques parties chaudes de la Suisse (Hall.); de l'Alsace (Mapp.), et dans la Bresse et le Lionnois (Latourr.). La variété β a les feuilles plus courtes, cotonneuses sur les deux surfaces. Elle se trouve au bord de la mer près Narbonne et dans les Corbières.

3113. Élychryse des sables. *Elychrysum arenarium.*

Gnaphalium arenarium. Linn. spec. 1195. Lam. Dict. 2. p. 749.
Fl. dan. t. 641.—Barr. ic. t. 74 et 814?

Toute la plante est couverte d'un duvet cotonneux et blanchâtre; la racine, qui est un peu ligneuse, pousse une ou plusieurs tiges herbacées, simples, droites, hautes de 2 décim.; les feuilles sont oblongues, entières, éparses; les inférieures sont très-obtuses et presque en forme de spatule : les fleurs forment un corimbe simple ou rameux, toujours terminal; leurs involucres sont ovoïdes, à écailles scarieuses, jaunes et brillantes; les fleurons sont jaunes, tous hermaphrodites. ♃. Cette plante croît dans les lieux sablonneux, secs et stériles, en Alsace près Bichweiler, Haguenau, Neuenhof et dans les isles du Rhin, ce qui, selon Mappus, lui a fait donner le nom allemand de *rheinblumen* ou fleur du Rhin; dans le Palatinat à Lauteren, Entersweiler, Durckheim, Frankenstein, Darmstadt, où elle est souvent mêlée avec la soude des sables (Poll.); à Lyon et

le long du Rhône en Dauphiné (Vill.); à Fleury près Orléans (Dub.); aux environs de Dax (Thor.); en Flandre
(Lest.)?

DXXII. GNAPHALE.   *GNAPHALIUM.*

Gnaphalium. Lam. Wild. — *Gnaphalii et Filaginis sp.* Linn.
— *Filago et Antennaria.* Gœrtn.

CAR. L'involucre est embriqué d'écailles inégales, obtuses,
scarieuses au moins sur les bords , souvent colorées ; le réceptacle
est nu ; les fleurons sont tous tubuleux, les uns hermaphrodites ,
les autres femelles ; les aigrettes sont composées de poils tantôt
simples , tantôt dentés , sur-tout vers le sommet.

OBS. Quelques–unes des espèces qui composoient l'ancien
genre *filago* de Linné , n'ont que quatre étamines et des fleurons
à quatre dents.

§. Ier. *Fleurons extérieurs femelles et fertiles ;
poils de l'aigrette tous capillaires (Filago ,
Gœrtn.).*

3114. Gnaphale jaunâtre. *Gnaphalium luteo-album.*

Gnaphalium luteo-album. Linn. spec. 1196. Lam. Dict. 2. p.
750. — *Gnaphalium conglobatum.* Lam. Fl. fr. 2. p. 64. —
Barr. ic. t. 367.

Cette plante est très-cotonneuse dans toutes ses parties ; sa
tige est droite , simple , et s'élève jusqu'à 5 décim. ; ses feuilles
sont molles , longues de 5 centim. , larges de 6 millim. , demi-
embrassantes et un peu obtuses à leur extrémité ; les calices
sont luisans et d'un jaune couleur de paille , de forme arrondie ,
réunis en petites têtes ou en corimbes serrés. ⊙. Cette plante
croit dans les lieux humides de la France presque entière.

3115. Gnaphale basse.   *Gnaphalium supinum.*

Gnaphalium supinum. Linn. Syst. Veg. 623. Lam. Dict. 2.
p. 756.
α. *Gnaphalium supinum.* Wild. spec. 3. p. 1838. — Bocc. Mus.
t. 85.
β. *Gnaphalium fuscum.* Scop. Carn. n. 1048. t. 57. Wild. spec.
3. p. 1889.
γ. *Gnaphalium pusillum.* Haenk. Sud. 93. ex Schleich. Cent.
exs. n. 90.

Cette espèce est l'une des plus petites de ce genre ; sa racine
est fibreuse , un peu rampante ; sa tige est grêle , cotonneuse ,

I 5

cylindrique, peu garnie de feuilles ; celles-ci naissent la plupart vers le collet de la racine ; elles sont linéaires, entières, cotonneuses : les fleurs sont en petit nombre ; leur involucre est ovoïde ou oblong, d'un brun mélangé de blanc, composé d'écailles scarieuses : les fleurons sont, les uns hermaphrodites, les autres femelles ; les aigrettes sont toutes à poils capillaires et dentelés. La variété α a la tige longue de 4-5 centim., demi-couchée pendant la fleuraison ; les fleurs sessiles, au nombre de cinq à six, disposées en épi serré : dans la variété β, la tige s'alonge un peu plus, les fleurs sont plus écartées et pédicellées : la variété γ est, au contraire, réduite à la hauteur de 1-2 centimètres ; sa tige est à peine visible, chargée de une à deux fleurs sessiles. ♃. Cette plante croît dans les prairies exposées au nord, sur le bord des torrens et parmi les rochers, dans les hautes Alpes de la Savoie, du Dauphiné, du Piémont ; dans les Pyrénées ; aux Monts-d'Or.

5116. Gnaphale des bois. *Gnaphalium sylvaticum.*

Gnaphalium sylvaticum. Linn. spec. 1200. Lam. Fl. fr. 2. p. 65. Vill. Dauph. 3. p. 163.

α. *Gnaphalium fuscum.* Fl. dan. t. 254. Lam. Dict. 2. p. 757. — *Gnaphalium sylvaticum.* Smith. Fl. brit. 2. p. 870. — *Gnaphalium Norvegicum.* Jacq. Coll. 2. p. 21. — *Gnaphalium medium.* Vill. Prosp. p. 31.

β. *Gnaphalium rectum.* Smith. Fl. brit. 1. p. 870. Fl. dan. t. 1229. — *Gnaphalium sylvaticum.* Scop. Carn. n. 1046. t. 56. Lam. Dict. 2. p. 757.

La racine est composée de fibres simples et noirâtres ; la tige est droite, simple, cotonneuse, longue de 2-5 décim., garnie de feuilles éparses, linéaires ou lancéolées, amincies à la base et au sommet, cotonneuses au moins en dessous ; les fleurs naissent aux aisselles des feuilles supérieures, et quelquefois occupent la moitié de la longueur de la tige ; elles sont sessiles, ovales ou cylindriques : leur involucre est composé d'écailles scarieuses, serrées, obtuses ; les fleurons femelles sont plus grêles et plus nombreux que les hermaphrodites ; tous sont fertiles et ont une aigrette à poils capillaires et dentés. ♃. Cette plante est assez commune dans toute la France. La variété α est haute de 2-4 décim. ; ses feuilles sont plus larges, cotonneuses sur les deux surfaces ; ses fleurs plus rapprochées en épi ; ses involucres d'un brun foncé : elle croît dans les prairies découvertes des montagnes. La variété β s'élance davantage ; elle a les feuilles plus étroites, presque glabres en dessus; les fleurs plus écartées, et les involucres d'un roux pâle : elle croît dans les bois, les buissons, et parmi les moissons. La plupart des auteurs regardent ces deux variétés comme deux espèces; mais on trouve entre elles des nuances si nombreuses, que je suis porté à penser que leurs différences tiennent à leur station; la variété β, quoique la plus commune, me paroit produite par un étiolement incomplet.

3117. Gnaphale des marais.   *Gnaphalium uliginosum.*

> *Gnaphalium uliginosum.* Linn. spec. 1200. Lam. Dict. 2. p. 759. — *Gnaphalium ramosum.* Lam. Fl. fr. 2. p. 65. — Lob. ic. t. 481. f. 1.

Sa tige est cotonneuse, blanchâtre, très-rameuse et haute de 2 décimètres; ses feuilles sont molles, longues et un peu étroites; ses fleurs sont ramassées en paquets garnis de feuilles aux extrémités des rameaux et de la tige; les écailles de l'involucre sont jaunâtres, souvent un peu noirâtres et légèrement pointues. ☉. Cette plante croît dans les champs humides et dans les marais.

3118. Gnaphale d'Allemagne.   *Gnaphalium Germanicum.*

> *Gnaphalium Germanicum.* Lam. Dict. 2. p. 759. — *Filago Germanica.* Linn. spec. 1311. Gœrtn. Fruct. 2. p. 404. t. 166. f. 8. — *Filago vulgaris.* Lam. Fl. fr. 2. p. 61. — Lob. ic. t. 480. f. 2.

Sa tige est droite, cotonneuse, haute de 18-24 centim., et forme ordinairement des bifurcations très-ouvertes; ses feuilles sont lancéolées, un peu élargies, molles, blanchâtres, et paroissent quelquefois se prolonger sur la tige; ses fleurs sont jaunâtres, ramassées dans les bifurcations de la tige et des rameaux, où elles forment, par leur nombre, des paquets arrondis, étoilés et assez gros; les folioles de l'involucre sont très-acérées à l'extrémité. ☉. On trouve cette plante sur le bord des chemins, des fossés et des champs : elle est vulnéraire et un peu astringente. Elle porte le nom de *cotonnière* ou *herbe à coton.*

3119. Gnaphale des champs. *Gnaphalium arvense.*

> *Gnaphalium arvense.* Lam. Dict. 2. p. 759. — *Filago arvensis.*
> Linn. spec. 1312. Lam. Fl. fr. 2. p. 59.

Sa tige est droite, cotonneuse, haute de 5 décimètres ou quelquefois plus, et se divise en rameaux nombreux et redressés ; ses feuilles sont étroites, molles, cotonneuses, nombreuses et ramassées ; ses fleurs sont disposées par paquets aux aisselles des feuilles, dans toute la longueur de la tige ; les paquets de fleurs, qui terminent les rameaux, paroissent former des épis lâches et sont tous enveloppés de beaucoup de coton blanc. ☉. Cette plante croît dans les champs sablonneux.

3120. Gnaphale de France. *Gnaphalium Gallicum.*

> *Gnaphalium Gallicum.* Lam. Dict. 2. p. 759. — *Filago Gallica.*
> Linn. spec. 1312. — *Filago filiformis.* Lam. Fl. fr. 2. p. 61.
> — Pluk. t. 298. f. 2. male.

Sa tige est haute de 2 décim., droite, très-menue, branchue et un peu cotonneuse dans sa partie inférieure ; ses feuilles sont linéaires, assez longues, très-aiguës, blanchâtres, mais moins cotonneuses que dans les autres espèces, et ses fleurs placées dans les bifurcations des rameaux, à l'extrémité desquels elles forment de petits paquets qui paroissent hérissés de pointes, à cause des feuilles aiguës qui les environnent. ☉. Cette plante croît dans les champs sablonneux.

3121. Gnaphale de mon-   *Gnaphalium montanum.*
     tagne.

> *Gnaphalium montanum*, var. α. Lam. Dict. 2. p. 760. — *Gna-*
> *phalium montanum.* Wild. spec. 3. p. 1896. — *Filago mon-*
> *tana.* Linn. spec. 1311. Lam. Fl. fr. 2. p. 60.
> β. *Supinum.*

Ses tiges sont grêles, hautes de 15–18 centim., cotonneuses, feuillées, simples dans leur moitié inférieure, et se bifurquent deux ou trois fois vers leur sommet ; ses feuilles sont très-petites et serrées contre la tige, et ses fleurs disposées par petits paquets dans l'angle des divisions des rameaux, à l'extrémité desquels elles paroissent former de petits épis serrés. ☉. Cette plante croît dans les lieux secs, montagneux, et sur le bord des bois. La variété α, qui est la plus commune, a la tige droite et effilée ; la variété β, qui se trouve au bois de Boulogne, et qui ressemble absolument à la précédente, a la tige couchée et elle a le port de la gnaphale des marais ; mais la petitesse de ses fleurs m'engage à la rapporter à la gnaphale de montagne.

3122. Gnaphale naine. *Gnaphalium minimum.*

Gnaphalium minimum. Lob. ic. t. 481. f. 2. Smith. Fl. brit. 2.
p. 873. — *Gnaphalium montanum*, β. Lam. Dict. 2. p. 760. —
Gnaphalium montanum. Huds. Angl. 362. — *Filago montana.*
Relh. Cant. 327. — *Filago minima.* Dub. Fl. orl. 408.

Cette petite plante diffère de la gnaphale de montagne, parce
que sa tige n'est point bifurquée, mais irrégulièrement rameuse
dès sa base; elle est garnie de feuilles lancéolées ou presque
ovales, pointues, courtes, planes, cotonneuses, ainsi que le
reste de la plante; les fleurs sont solitaires ou réunies deux à
trois ensemble, à l'aisselle des rameaux supérieurs, ou le plus
souvent à leur sommet; les écailles de l'involucre sont pointues,
laineuses à la base, scarieuses au sommet. ☉. Cette plante a été
trouvée dans les champs du Bourbonnois, par M. Lamarck; à
la plaine de Cornay près Orléans (Dub.).

§. II. *Fleurons les uns hermaphrodites , les autres
stériles ; aigrette des fleurons stériles à poils
renflés vers le sommet (Antennaria, Gœrtn.).*

3123. Gnaphale dioïque. *Gnaphalium dioicum.*

Gnaphalium dioicum. Linn. spec. 1199. Lam. Dict. 2. p. 755. —
Antennaria dioica. Gœrtn. Fruct. 2. p. 410. t. 167.
α. *Floribus fertilibus.* — Garid. Aix. t. 30.
β. *Floribus sterilibus.* — Lob. ic. t. 483. f. 2.

Sa racine est rampante et pousse de son collet plusieurs jets
couchés, feuillés, souvent attachés au sol par des radicules ;
d'entre ces jets couchés s'élève une tige droite, simple, feuillée,
longue de 3-20 centim.; cette tige est couverte d'un coton
blanchâtre , ainsi que les jets et la face inférieure des feuilles ;
celles-ci sont éparses, entières : les radicales sont en forme de
spatule; celles qui naissent sur la tige sont linéaires ou lancéolées; toutes sont variables par leur forme et leur grandeur : les
fleurs forment un petit corimbe serré et terminal; l'involucre
est composé d'écailles oblongues, non luisantes, blanches ou
rougeâtres. Dans la variété α, l'involucre est oblong, rougeâtre ;
les fleurons sont fertiles, femelles, entourés d'une aigrette à
poils longs, simples et dentés : la variété β a son involucre
arrondi, de couleur blanche; ses fleurons sont mâles et stériles ;
ses graines avortent, et les poils de l'aigrette sont plus courts
et renflés au sommet en forme de petite massue : il semble

qu'ici la nourriture destinée à nourrir la graine, s'est jetée sur l'aigrette. ♃. Cette plante croît dans les prairies montagneuses, arides et découvertes ; elle est connue sous le nom de *pied-de-chat*, *hispidule*. L'infusion ou le syrop préparé avec ses fleurs, est employé quelquefois dans les maladies de poumon, comme corroborant.

5124. Gnaphale des Alpes. *Gnaphalium Alpinum.*

Gnaphalium Alpinum. Linn. spec. 1199. Fl. dan. t. 332. Lam. Dict. 2. p. 756. — *Antennaria Alpina.* Gœrtn. Fruct. 2. p. 410.

Cette plante ressemble beaucoup à la précédente, non seulement par le port, par le duvet cotonneux qui couvre ses feuilles et ses tiges, mais encore par ses fleurs, les unes fécondes, les autres stériles, et par ses aigrettes, dont les poils sont filiformes et dentés dans les fleurs fertiles, et évasés au sommet en massue applatie, dans les fleurs stériles : elle en diffère, parce que le collet de sa racine ne pousse point de jets couchés ni rampans, et parce que les folioles de l'involucre sont scarieuses, membraneuses, un peu luisantes au sommet et cotonneuses : la tige dépasse rarement 6-7 centim. de longueur. ♃. Elle croît dans les prairies exposées au soleil des hautes Alpes; en Savoie, en Piémont (All.); en Dauphiné (Vill.); dans les Pyrénées.

5125. Gnaphale pied-de-lion.   *Gnaphalium leontopodium.*

Gnaphalium leontopodium. Jacq. Austr. t. 86. Lam. Dict. 2. p. 760. — *Filago leontopodium.* Linn. spec. 1312. — *Filago stellata.* Lam. Fl. fr. 2. p. 58. — *Antennaria leontopodium.* Gœrtn. Fruct. 2. p. 410.

Cette plante est blanchâtre et cotonneuse dans toutes ses parties; sa tige, qui s'élève rarement au-delà de 15 centim., est garnie de quelques feuilles molles et oblongues, et porte à son sommet plusieurs paquets de fleurs entourés tous ensemble par une collerette commune, composée de folioles oblongues et très-velues; ces paquets, par leur assemblage, forment une belle étoile terminale; le paquet intérieur est composé de fleurons tous hermaphrodites, et les paquets extérieurs sont plus petits et formés de fleurons unisexuels, les uns mâles et les autres femelles, mélangés sans ordre. ☉. Cette plante croît dans les pâturages pierreux et ombragés des Alpes de la Savoie, du

Dauphiné, du Piémont, de la Provence; sur les sommités du Jura à la Dole; dans les Pyrénées, aux environs de Barrèges.

DXXIII. CONYSE. *CONYZA.*

Conyza. Linn. Juss. Lam. Gœrtn. — *Conyzæ sp.* Tourn.

Car. L'involucre est arrondi ou ovoïde, formé d'écailles embriquées, pointues; le réceptacle est nu; les fleurons sont tous tubuleux; ceux du centre hermaphrodites, à cinq dents; ceux du bord femelles, stériles, grèles, à trois dents : les graines sont couronnées d'aigrettes simples.

Obs. Ce caractère générique tracé d'après les conyses d'Europe, ne convient que très-imparfaitement aux nombreuses espèces exotiques; dans quelques-unes les fleurons femelles sont fendus longitudinalement, de sorte qu'on ne sait si on doit regarder leurs fleurs comme radiées ou flosculeuses.

3126. Conyse rude. *Conyza squarrosa.*

Conyza squarrosa. Linn. spec. 1205. Lam. Dict. 2. p. 82. Illustr. t. 697. f. 1. — *Conyza vulgaris.* Lam. Fl. fr. 2. p. 73. — Cam. Epit. 612. ic.

Sa tige est haute de 6-9 décim., droite, dure, velue, rougeâtre et rameuse; ses feuilles sont sessiles, ovales-lancéolées, dentées légèrement et pubescentes ou un peu blanchâtres en dessous; ses fleurs sont jaunâtres, rougeâtres en dehors et disposées en corimbe terminal; leurs involucres sont cylindriques, embriqués de folioles linéaires, pointues, étalées ou recourbées au sommet; les fleurons femelles sont très-minces et à trois dents. ♂. Cette plante croît sur le bord des bois et dans les terreins secs. Toute la plante a une odeur forte et désagréable, sur-tout lorsqu'on la froisse. On la nomme *herbe aux mouches*, parce que son odeur fait, dit-on, mourir ces insectes.

3127. Conyse de Sicile. *Conyza Sicula.*

Conyza Sicula. Wild. spec. 3. p. 1931. — *Erigeron siculum.* Linn. spec. 1210. — Pluk. t. 168. f. 2. — Magn. monsp. t. 76.

Cette plante s'élève à la hauteur de 4-5 décim., et est remarquable par son odeur qui approche de celle de la conyse rude; sa tige est rougeâtre, divisée latéralement en un grand nombre de petits rameaux feuillés et multiflores; les feuilles radicales sont oblongues, assez larges; celles dont la tige est chargée lorsqu'elle est en fleur, sont linéaires - lancéolées, étroites, presque entières, glabres, un peu rudes, quelquefois roulées sur les bords ; les fleurs sont nombreuses, de couleur jaune : leur involucre est composé de folioles linéaires, glabres, peu serrées et même réfléchies au sommet ; les fleurons extérieurs sont ordinairement flosculeux, et s'épanouissent quelquefois en une courte languette jaune ; mais, dans ce cas même, cette plante ne devroit pas être placée parmi les *erigeron*, mais dans les *solidago* : les graines sont pubescentes, couronnées par une aigrette rousse. ☉. Elle croît dans les fossés humides et dans les étangs maritimes, à Perauls près Montpellier (Magn.), aux environs de Narbonne ; en Provence (Gér.). Elle fleurit à la fin de l'été.

3128. Conyse de roche.   *Conyza saxatilis.*

Conyza saxatilis. Linn. spec. 1206. Lam. Dict. 2. p. 87. — *Gnaphalium.* Ger. Gallopr. p. 213. n. 9. — C. Bauh. Prod. p. 123. f. 2. — Barr. ic. t. 426.

Sa tige est un peu élevée, ligneuse inférieurement, blanchâtre, cotonneuse et branchue ; ses feuilles sont étroites, linéaires, longues de 5 centim., larges de 4-5 millim., vertes en dessus, blanches en dessous, et garnies de dents peu sensibles et distantes ; ses fleurs sont solitaires et jaunâtres, portées sur de longs pédicelles nus et cotonneux ; leur involucre est en cloche alongée, embriqué de folioles nombreuses, linéaires, glabres, un peu scarieuses sur les bords, toutes pointues au sommet. ♄. Cette plante croît sur les murs et parmi les rochers maritimes, dans la Provence près les isles d'Hières (Gér.) ; aux environs de Nice (All.).

3129. Conyse sordide.   *Conyza sordida.*

Conyza sordida. Linn. Mant. 466. Lam. Dict. 2. p. 87. — *Gnaphalium sordidum.* Linn. spec. ed. 2. p. 1193. — *Gnaphalium conyzoideum.* Lam. Fl. fr. 2. p. 63. — Barr. ic. t. 277 et 368.

Sa tige est menue, ligneuse, rameuse, blanchâtre et peu élevée ; ses feuilles sont assez longues, linéaires, très-entières, et ses pédoncules sont droits, longs et ordinairement chargés de trois fleurs ; les écailles de l'involucre sont un peu brunes en leurs bords, scarieuses, glabres, ovales-oblongues ou linéaires, selon qu'elles sont placées sur les rangs externes ou internes ; les corolles sont jaunâtres ; celles des fleurons femelles sont très-menues et à peine dentées au sommet : les graines sont pubescentes. ♄. Elle croît sur les rochers et les murs des provinces méridionales, en Languedoc; en Provence; aux environs de Nice et d'Oneille (All.); en Bourgogne (Dur.); à Nantes (Bon.).

DXXIV. CHRYSOCOME. *CHRYSOCOMA.*

Chrysocoma. Linn. Juss. Lam. Gœrtn. — *Conyzæ sp.* Tourn.

Car. L'involucre est embriqué, hémisphérique ou ovoïde; le réceptacle est marqué de petites alvéoles à bord proéminent et dentelé; tous les fleurons sont hermaphrodites; leur style est court; les graines portent des aigrettes simples et ciliées.

Obs. Toutes les chrysocomes ont la fleur jaune; elles ne diffèrent des asters que par l'absence des demi-fleurons; dans quelques espèces exotiques, les bords des alvéoles du réceptacle se prolongent en petites paillettes, ce qui établit un rapport assez marqué entre les chrysocomes et les ptéronies.

3130. Chrysocome à feuilles *Chrysocoma linosyris.* de lin.

Chrysocoma linosyris. Linn. spec. 1178. Lam. Dict. 2. p. 192. All. Ped. n. 637. t. 11. f. 2. — Lob. ic. t. 409. f. 1.
β. *Tripollicaris.* Vill. Dauph. 3. p. 188.

Ses tiges sont hautes de 6 décim., presque simples, très-grêles, striées et branchues vers leur extrémité; ses feuilles sont linéaires, pointues, glabres, éparses, nombreuses, et garnissent les tiges dans toute leur longueur; les fleurs sont jaunes, terminales, et forment un corimbe assez marqué; leurs pédoncules sont feuillés; les écailles de l'involucre sont linéaires et aiguës; les semences sont velues et chargées d'une aigrette jaunâtre. ♃. Cette plante croît aux lieux argileux et exposés au soleil, dans les parties méridionales et tempérées de la France; à Marcoussis, Mantes et Fontainebleau près Paris (Thuil.); à Montpipeau, Marigny, Saran près Orléans (Dub.); à Chassagne en Bourgogne (Dur.); entre Nancy et Pont-à-Mousson (Buch.); en Savoie à la Bonneville (Hall.), Saint-Martin, Saint-Michel de Maurienne; en Piémont à Fenestrelle, Séranne, Suze, Lombardore, Caselette (All.); à Grenoble, Die, Lauréol en Dauphiné (Vill.); en Provence (Gér.); en Languedoc près Montpellier (Gou.); sur les côteaux de vignobles en Auvergne (Delarb.). Elle manque dans tout l'ouest de la France.

DXXV. VERGERETTE. *ERIGERON.*

Erigeron. Linn. Juss. Lam. Gœrtn. — *Panios.* Adans.

Car. L'involucre est oblong, formé d'écailles embriquées et inégales ; le réceptacle est nu ; les fleurons sont tubuleux, hermaphrodites et de couleur jaune dans le disque ; en languette, femelles, nombreux, linéaires et de couleur bleue ou blanche à la circonférence ; les graines portent une aigrette à poils simples.

Obs. Tous les érigerons à rayon jaune appartiennent aux inules ou aux solidages. Ce genre diffère des asters seulement par ses demi-fleurons plus étroits, et ne mériteroit pas d'être conservé, si le nombre des espèces de ces deux genres ne forçoit à faire des coupes d'après le port.

3131. Vergerette âcre.   *Erigeron acre.*

Erigeron acre. Linn. spec. 1211. Lam. Fl. fr. 2. p. 141. — Col. Ecphr. t. 26. f. 2.

Sa racine est ligneuse, rameuse ; ses tiges sont droites, fermes, hautes de 3-5 décim., cylindriques, branchues, souvent rougeâtres, toujours garnies de poils un peu rudes qui se retrouvent sur les feuilles, les pédoncules et les involucres ; les feuilles sont éparses, sessiles, oblongues-lancéolées, entières ; celles qui naissent de la racine sont rétrécies à leur base, obtuses et quelquefois dentées : les fleurs sont ordinairement nombreuses, portées sur des pédoncules alternes, droits, feuillés, le plus souvent uniflores ; l'involucre est un peu hérissé ; les fleurs n'ont pas plus de 12-15 millim. de diamètre ; leurs demi-fleurons sont bleus ou rougeâtres, droits, très-grèles ; les graines sont poilues, couronnées par une aigrette rude, de couleur rousse, deux fois plus longue que la graine. ♃. Cette plante est commune dans les lieux secs, arides et pierreux.

3132. Vergerette des Alpes.   *Erigeron Alpinum.*

Erigeron Alpinum. Lam. Fl. fr. 2. p. 140. Hoffm. Germ. 4. p. 140.

α. *Caule multifloro, involucro subglabro.* — *Erigeron Alpinum.* Linn. spec. 1211.

β. *Caule unifloro, involucro subglabro.* — *Erigeron Alpinum.* Hop. Cent. exs. 1.

γ. *Caule unifloro, involucro tomentoso.* — *Erigeron uniflorum.* Linn. spec. 1211.

δ. *Caule multifloro, involucro tomentoso.*

La racine est une souche un peu ligneuse, qui pousse plusieurs fibres simples et brunâtres ; le collet émet une ou deux

tiges herbacées, droites, simples ou un peu rameuses, glabres
ou hérissées de poils, longues de 5–5o centim.; les feuilles sont
oblongues, entieres, les supérieures ordinairement pointues et
sessiles, les inférieures obtuses, rétrécies en pétiole, et presque
en forme de spatule : la fleur ressemble à celle de la vergerette
âcre, mais son diamètre atteint 2 ou 5 centim.; les graines sont
poilues, couronnées par une aigrette rousse qui ne dépasse pas
leur propre longueur. La variété α a la tige rameuse, chargée
de quatre à cinq fleurs; elle est presque glabre sur toute sa
surface, même sur son involucre, mais n'est point visqueuse
comme la vergerette de Villars; la variété β a la tige simple,
chargée d'une seule fleur dont l'involucre est légèrement hérissé
et presque glabre dans quelques individus; la tige elle-même
est tantôt glabre, tantôt hérissée, et varie beaucoup pour la
grandeur; la variété γ ne diffère de la précédente que par son
involucre plus fortement hérissé de poils blancs et serrés; elle
est aussi en général plus petite; la variété δ a le port de la
première : sa tige se divise de même en plusieurs pédoncules,
de sorte que la plante porte quatre à cinq fleurs; mais la tige,
les feuilles, et sur-tout les pédoncules et les involucres, sont
couverts de poils blancs et cotonneux : chacune de ces variétés
offre encore des différences dans la couleur de la fleur, dont
le rayon est ordinairement rougeâtre, quelquefois blanc. ♃.
Cette plante est assez commune dans les Alpes, les Pyrénées;
elle se retrouve dans les sommités du Jura; dans les Cévennes;
à la forêt d'Orléans près Saint-Lié (Dub.).

3133. Vergerette de Villars. *Erigeron Villarsii.*

Erigeron Villarii. Bell. Act. Tur. 5. p. 244. t. 9. — *Erigeron
Villarsii.* Wild. spec. 3. p. 1958. — *Erigeron atticum.* Vill.
Dauph. 3. p. 237.

Cette espèce, long-temps confondue parmi les nombreuses
variétés de la vergerette des Alpes, en est certainement distincte; son principal caractère consiste dans son aigrette blanche
et non pas rousse, et dans la viscosité qui recouvre ses pédoncules et même ses involucres et ses feuilles supérieures : cette
plante s'élève à 2–5 décim.; elle se ramifie en plusieurs pédoncules simples ou rameux, disposés de sorte que les fleurs forment
un corimbe un peu irrégulier; les feuilles radicales sont lancéolées, alongées, rétrécies à la base, marquées de trois ou
cinq nervures assez fortes, hérissées de quelques poils épars,

entières sur les bords ; celles de la tige sont plus courtes, sessiles, demi-embrassantes ; l'involucre est composé de folioles linéaires, pointues, garnies, ainsi que les pédoncules, de poils visqueux très-courts ; les fleurs ressemblent à celles de la vergerette des Alpes, et ont le rayon un peu plus court, mais cependant plus long que le disque ; les graines sont poilues, un peu plus courtes que l'aigrette. ♃. Elle croît dans les vallées des Alpes, au pied des montagnes ; dans le Dauphiné au Valbonnois, vis-à-vis le Désert (Vill.) ; en Piémont dans la vallée de Pise (Bell.) ; en Savoie à la Tête-Noire.

3134. Vergerette du Canada. *Erigeron Canadense.*

Erigeron Canadense. Linn. spec. 1210. — *Erigeron paniculatum.* Lam. Fl. fr. 2. p. 141. — Moris. s. 7. t. 20. f. 29.

Sa tige s'élève jusqu'à 6-9 décim. ; elle est cylindrique, velue, blanchâtre, et se termine par une panicule alongée, composée de beaucoup de fleurs fort petites, portées sur des pédoncules rameux ; les fleurons sont d'un jaune pâle, et les demi-fleurons très-petits, sont d'un blanc couleur de chair ; les feuilles sont alongées, étroites, pointues, nombreuses, éparses, ciliées et d'un verd blanchâtre. ⊙. Cette plante se trouve dans les terreins pierreux et dans les bois. Elle est indigène du Canada, et s'est maintenant naturalisée dans toute l'Europe avec une telle profusion, qu'on a peine à croire qu'elle n'en est pas originaire.

D X X V I. A S T E R.   *A S T E R.*

Aster. Linn. Juss. Lam. Gœrtn. — *Aster et Amellus.* Gat.

Car. Le calice est embriqué d'écailles foliacées, dont les extérieures sont souvent étalées ; le réceptacle est nu ; les fleurons du disque sont tubuleux, jaunes, hermaphrodites ; ceux de la circonférence sont en languette, femelles, fertiles, oblongs ou elliptiques et jamais jaunes ; les graines portent des aigrettes simples.

3135. Aster des Alpes.   *Aster Alpinus.*

Aster Alpinus. Linn. spec. 1226. Jacq Austr. t. 88. Lam. Dict. 1. p. 302. — Clus. Hist. 2. p. 15. f. 2.

Sa tige est haute de 18-20 centimètres, simple, cylindrique, velue, chargée de quelques feuilles lancéolées et aussi un peu velues ; ses feuilles radicales sont ovales-oblongues, obtuses, rétrécies en pétiole à leur base, velues et un peu rudes au toucher ; sa fleur est grande, terminale, jaune dans son disque, bleue à sa circonférence ou blanche dans une variété observée par Haller. ♃. Cette plante croît dans les pâturages des hautes montagnes, dans les Alpes, les Pyrénées, le Jura, les Monts-d'Or, les Cévennes, les Vosges, etc.

3136. Aster amellus.　　　　*Aster amellus.*

Aster amellus. Linn. spec. 1226. Lam. Dict. 1. p. 302. Jacq.
　　Austr. t. 435. — *Amellus officinalis.* Gat. Fl. montaub. 147.
　　— Clus. Hist. 2. p. 16. f. 1.

Sa tige est haute de 6-9 décim., cannelée, rameuse et un peu velue ; elle est garnie dans toute sa longueur, de feuilles nombreuses, ovales-oblongues, obtuses, rudes, un peu velues et légèrement ciliées en leur bord ; ses fleurs sont fort belles et disposées en corimbe ; leur disque est jaune, leur couronne d'un beau bleu ; les écailles de l'involucre sont obtuses, et les intérieures sont membraneuses et colorées au sommet ; l'aigrette est roussâtre. ♃. Cette plante croît sur les collines et dans les vignes des provinces méridionales ; en Piémont ; en Dauphiné ; dans la Bresse et le Lionnois (Latourr.); en Provence ; en Languedoc ; en Auvergne ; à la porte d'Ouche près Dijon (Dur.). Elle est connue sous le nom vulgaire d'*œil de Christ ;* elle est mentionnée dans Virgile, sous le nom d'*amellus.*

3137. Aster tripolium.　　　　*Aster tripolium.*

Aster tripolium. Linn. spec. 1226. Fl. dan. t. 615. Lam. Dict. 1.
　　p. 303. — *Aster palustris.* Lam. Fl. fr. 2. p. 143. — Gmel.
　　Sib. 2. t. 80. f. 2.

Sa tige est haute d'un mètre, cannelée, très-glabre et un peu branchue ; ses feuilles sont lancéolées, lisses, un peu charnues, très-glabres, chargées de trois nervures et un peu écartées les unes des autres ; ses fleurs sont terminales et disposées en corimbe ; leur disque est jaune, leur couronne d'un bleu un peu pâle, et les écailles de l'involucre lancéolées. ♃. Cette plante croît dans les étangs et dans les lieux fangeux, sur les bords de la mer, depuis Nice jusqu'en Belgique ; elle croît aussi dans les marais stagnans à Orange et à Courteizon (Vill.). Je l'ai retrouvée dans les plaines marécageuses et salées qui avoisinent les salines de la Lorraine ; mais dans cette station elle est restée naine et rabougrie, au point que les fleurs semblent naître de la racine. Lorsque cette plante est cultivée loin des lieux salés, ses feuilles sont beaucoup moins charnues et plus vertes.

3138. Aster âcre.　　　*Aster acris.*

Aster acris. Linn. spec. 1228. Lam. Dict. 1. p. 3o3. — *Aster se-*
difolius. Gou. Hort. 442.— Garid. Aix. t. 11.

β. *Corymbo brevi.* — Pluk. t. 271. f. 3.

Sa tige est haute de 3–5 décimètres, dure, cannelée,
presque glabre et très-garnie de feuilles linéaires, nombreuses,
éparses et un peu dures ou rudes au toucher ; ses fleurs sont
terminales et disposées en corimbe sur des pédoncules feuillés
et souvent rameux ; elles sont de la même couleur que celles de
la précédente, mais un peu plus petites : ses involucres sont
embriqués, deux fois plus courts que les fleurons du disque ;
les demi–fleurons sont peu nombreux ; les pédoncules sont
garnis de petites feuilles. ♃. Cette espèce croît dans les provinces méridionales, sur les collines herbeuses et au bord des
haies ; à Nice et Oneille (All.) ; en Provence aux environs d'Aix
(Gar.) ; en Languedoc près Aigues-Mortes ; à Mauguio et Gramont près Montpellier (Gou.).

3139. Aster des Pyrénées.　　*Aster Pyrenœus.*

Aster Pyrenœus. Desf. Cat. hort. Par. — *Aster sibiricus.* Lam.
Dict. 1. p. 3o5. — Tourn. Inst. 482. n. 3.

Cette plante s'élève jusqu'à 7 et 8 décim. ; sa tige est droite,
ferme, velue, cylindrique, garnie jusqu'au-dessous des fleurs,
de feuilles rapprochées, disposées en ordre quinconce, oblongues-
lancéolées, élargies et un peu embrassantes à leur base, pointues,
munies vers le sommet de quatre ou cinq fortes dentelures, d'un
verd foncé, un peu fermes et légèrement velues ; les fleurs
sont solitaires ou le plus souvent disposées quatre ou cinq ensemble en corimbe court et terminal ; elles sont grandes et d'un
aspect agréable ; leur disque est jaune et leur rayon d'un bleu
un peu lilas ; leur involucre est composé de folioles pointues,
linéaires, velues, presque égales entre elles. ♃. Cet aster est
cultivé depuis long-temps au jardin des Plantes de Paris, comme
originaire des Pyrénées.

3140. Aster annuel.　　　*Aster annuus.*

Aster annuus. Linn. spec. 1229. Lam. Dict. 1. p 3o8. Fl. dan.
t. 486.

Cette plante s'élève à 3-5 décim. ; sa tige est droite, feuillée, presque glabre, rameuse à son sommet ; les premières
feuilles, qui naissent de la racine, sont pétiolées, ovales-obtuses,

dentées, presque sinuées ; celles que porte la tige lorsqu'elle est
en fleur, sont nombreuses, sessiles, lancéolées, entières, pointues ; toutes portent quelques poils épars : les fleurs sont en corimbe ; leur involucre est court, hémisphérique ; le disque est
jaune, et les deux rangées extérieures sont des demi-fleurons
blancs, alongés, obtus, étroits et très-semblables à ceux des
érigerons, avec lesquels on doit probablement réunir cette espèce. ☉. Elle est, dit-on, originaire du Canada et naturalisée
en Europe ; elle se trouve maintenant à Grenoble, le long de
l'Isère ; à la Tronche, à la Gallochère (Vill.) ; en Valais.

3141. Aster de Chine.   *Aster Chinensis.*

Aster Chinensis. Linn. spec. 1232. Lam. Dict 1. p. 308. —
  Amellus speciosus. Gat. Fl. montaub. 147. — Dill. Elth. t.
  34. f. 38.

Cette belle plante est originaire de la Chine et du Japon, et
est maintenant cultivée en Europe dans presque tous les parterres, sous le nom de *reine Marguerite ;* elle se distingue à
ses feuilles bordées de larges dentelures, dont les inférieures
sont pétiolées et ovales, et les supérieures sessiles et lancéolées ; à sa tige un peu hérissée ; à ses fleurs grandes, solitaires
au sommet de chaque rameau ; à ses involucres dont les folioles
sont grandes et ciliées : le disque est jaune ; le rayon est blanc
ou violet : la culture fait varier la couleur des demi-fleurons,
et rend ordinairement la fleur double, c'est-à-dire toute composée de demi-fleurons. ☉.

DXXVII. INULE.   *INULA.*

Inula. Linn. Juss. Lam. — *Inula et Pulicaria.* Gœrtn.

Car. L'involucre est embriqué d'écailles foliacées, étalées au
sommet ; le réceptacle est nu ; les fleurons sont tous jaunes ; ceux
du disque sont tubuleux, hermaphrodites, et ont leurs anthères
souvent prolongées à la base en deux filets libres ; ceux de la
circonférence sont femelles, fertiles, en languette, au nombre de
dix à douze au moins : les aigrettes sont tantôt composées de
poils simples (*inula*, Gœrtn.), tantôt formées de deux rangs ;
l'extérieur est une membrane entière ou dentée ; l'intérieur est
une série de poils capillaires (*pulicaria*, Gœrtn).

Obs. Les *inula pulicaria, dysenterica* et *oculus Christi*,
appartiennent au genre *pulicaria* de Gœrtner, qui leur associe
l'*aster annuus.*

§. 1ᵉʳ. *Feuilles embrassantes.*

3142. Inule aulnée.   *Inula helenium.*

Inula helenium. Linn. spec. 1236. Lam. Dict. 3. p. 254. —
Aster officinalis. All. Ped. n. 705. — Lob. ic. t. 574. f. 2. —
Cam. Epit. 35. ic.

Sa tige est haute de 12–15 décim., ferme, cannelée, velue
et un peu rameuse; ses feuilles radicales sont pétiolées, fort
amples, ovales, pointues, un peu dentées, vertes en dessus,
nerveuses, ridées, blanchâtres et cotonneuses en dessous; les
feuilles de la tige sont moins grandes et embrassantes; ses
fleurs sont fort grandes, et les écailles de leur involucre sont
larges et ovales. ♃. On trouve cette plante en Flandre et dans
les environs de Paris. Sa racine, qui est brune et fort grande,
est amère et aromatique : elle est tonique, alexitère, stomachique, détersive et résolutive. Elle est connue sous les noms
de *aulnée, inule hélenière, énule campane.*

3143. Inule odorante.   *Inula odora.*

Inula odora. Linn. spec. 1236. Lam. Dict. 3. p. 254. — *Aster
odorus.* All. Ped. n. 713. — Barr. ic. t. 1145.

Sa racine est odorante; sa tige est haute de 5 décimètres,
simple, cylindrique et couverte de poils blancs, sur-tout dans
sa partie supérieure; elle porte à son sommet deux ou trois
fleurs jaunes, dont le diamètre est de 5 centim.; ses feuilles
radicales sont grandes, ovales, un peu obtuses et rétrécies en
pétiole; celles de la tige sont ovales - lancéolées et embrassantes; elles sont toutes chargées de poils blancs, très-couchés
et très-abondans sur leur nervure postérieure. ♃. Cette plante
croît dans les lieux maritimes en Provence, près les isles
d'Hières; en Piémont près Vinadio et Saint-Michel de Montre-
gal (All.); en Corse (Vall.); en Bourgogne (Dur.)?

3144. Inule œil de Christ.   *Inula oculus Christi.*

Inula oculus Christi. Linn. spec. 1237? Lam. Dict. 3. p. 254. —
Moris. s. 7. t. 19. f. 1.

Ses tiges sont hautes de 3 décim. ou un peu plus, simples,
velues et un peu rudes au toucher; elles se divisent à leur
sommet en plusieurs rameaux feuillés et disposés en corimbe; ses
feuilles sont lancéolées, pointues, velues en leur bord, ou un
peu en dessous, mais presque glabres en dessus : les fleurs sont

jaunes et assez grandes; les folioles de l'involucre sont nombreuses, linéaires, d'abord droites, puis réfléchies au sommet; les demi-fleurons sont peu nombreux. Cette plante ressemble beaucoup, par son port, à la conise rude; elle croît dans les lieux montueux et découverts de la Provence méridionale; dans l'isle de Corse (Vall.). ♃.

3145. Inule britanique. *Inula britanica* (1).

Inula britannica. Linn. spec. 1237. Lam. Dict. 3. p. 255.—*Aster britannicus.* All. Ped. n. 712. — *Britanica.* Dalech. Hist. 1082.

β. *Inula comosa.* Lam. Fl. fr. 2. p. 147.

Sa racine est un peu rampante; sa tige est haute de 6-8 décimètres, cylindrique, chargée de poils blancs, rameuse seulement vers le sommet; ses feuilles sont lancéolées, embrassantes à leur base, pointues, un peu dentées, molles, velues en leurs bords et longues de 1 décim. et plus; ses fleurs sont assez grandes, d'un beau jaune, solitaires au sommet de chaque rameau; leur diamètre est de 5-6 centim.; leurs demi-fleurons sont étroits et nombreux : les folioles de l'involucre sont linéaires, velues, pointues et peu serrées; dans la variété β, les extérieures s'alongent en forme de feuilles, et dépassent la longueur de la fleur. ♃. Cette plante croît le long des routes et des fossés, aux environs de Paris, sur les bords de la Seine et de la Marne; à Orléans près du Loiret (Dub.); à Montmusar et Arcelot en Bourgogne (Dur.); à Nantes (Bon.); en Auvergne (Delarb.); en Alsace (Mapp.); en Lorraine (Buch.); près de Lyon, dans le Bugey, le Belley, le Dauphiné (Latourr.); en Piémont près Turin, Ast, Montferrat, Tortone (All.).

3146. Inule dysentérique. *Inula dysenterica.*

Inula dysenterica. Linn. spec. 1237. Lam. Dict. 3. p. 253. Fl. dan. t. 410. — *Aster dysentericus.* All. Ped. n. 711. — *Inula conyzœa.* Lam. Fl. fr. 2. p. 149. — Fuchs. Hist. 436. ic.

Sa tige est haute de 5 décimètres, dure, cylindrique, laineuse, feuillée et branchue; ses feuilles sont embrassantes,

---

(1) Ce nom n'indique point que cette plante croît dans les isles britanniques, où aucun botaniste ne l'a trouvée; mais il fait allusion à ce que cette espèce a été nommée *Britanica* par Dalechamp et Pline, et βρεταννιχη par Dioscoride. Les anciens attribuoient à cette herbe de grandes propriétés toniques et alexitères.

alongées, molles, blanchâtres et cotonneuses en dessous, un peu velues et d'un verd pâle en dessus, obscurément dentées et très-ondulées en leur bord; ses fleurs sont jaunes, solitaires sur leur pédoncule et disposées en corimbe. ♃. On trouve cette plante dans les fossés et les lieux humides. On la nomme *herbe de Saint-Roch*.

3147. Inule pulicaire. *Inula pulicaria.*

Inula pulicaria. Linn. spec. 1238. Lam. Dict. 3. p. 256. — *Aster pulicarius.* All. Ped. n. 715. — *Pulicaria vulgaris.* Gœrtn. Fruct. 2. p. 461. t. 173. f. 7. — Blackw. t. 103.

Sa tige est à peine haute de 5 décim., et se divise en rameaux ouverts et tortueux; ses feuilles sont petites, assez étroites, un peu blanchâtres, très-ondulées et presque frisées; ses fleurs sont petites et disposées le long et au sommet des rameaux; les demi-fleurons sont courts et peu apparens; les involucres sont très-cotonneux, sur-tout avant l'épanouissement des fleurs. ⊙. Elle croît dans les fossés humides, le long des chemins; elle est quelquefois flosculeuse (Sm.).

§. II. *Feuilles sessiles.*

3148. Inule roide. *Inula squarrosa.*

Inula squarrosa. Linn. spec. 1240. Lam. Dict. 3. p. 257.—*Aster squarrosus.* All. Ped. n. 708. — Pluk. t. 16. f. 1.
β. *Inula spiræifolia.* Lam. Dict. 3. p. 258. — *Inula squarrosa.* Lam. Fl. fr. 2. p. 151.

Sa tige est cylindrique, striée, un peu velue, simple ou très-peu rameuse, haute de 2-3 décim.; ses feuilles sont éparses, ovales, un peu pointues, à peine dentelées, garnies de petits poils courts et peu nombreux, d'une consistance ferme et coriace; les fleurs sont terminales, solitaires ou en petit nombre, presque sessiles, de grandeur moyenne; leur involucre est glabre et composé de folioles lancéolées, dont les extérieures ont la pointe recourbée en dehors. ♃. Elle croît dans les bois et parmi les rochers, aux environs de Narbonne, de Montpellier, de Grenoble, et dans presque tout le midi de la France.

3149. Inule d'Allemagne. *Inula Germanica.*

Inula Germanica. Linn. spec. 1239. Lam. Dict. 3. p. 258.—Gmel. Sib. 2. t. 78. f. 1.

Cette plante a, par la consistance roide de ses feuilles, beaucoup de rapports avec l'espèce précédente ; mais elle en diffère parce que ses fleurs ne sont jamais solitaires, mais au contraire assez nombreuses et disposées en un corimbe rameux et un peu étalé : sa tige s'élève à 5-6 décim. ; elle est cylindrique, striée, un peu velue et ramifiée à son sommet : les feuilles sont sessiles, ovales-oblongues, presque obtuses, à peine dentelées, chargées de très-petits poils épars qui les rendent un peu rudes : les fleurs ressemblent à celles de l'inule roide par leur grandeur et leur involucre. ♃. Cette plante croît en Dauphiné, à la Bastille près de Grenoble ; à Reynier près Tallard (Vill.).

3150. Inule à feuilles de saule. *Inula salicina.*

Inula salicina. Linn. spec. 1238. Lam. Dict. 3. p. 258. Fl. dan. t. 786. — *Aster salicinus.* All. Ped. n. 709. — Clus. Hist. 2. p. 15. f. 1.

Sa tige est haute de 5 décim., plus anguleuse que celle des deux précédentes, plus glabre, ayant les involucres moins rudes, et ne portant ordinairement à son sommet que trois fleurs solitaires sur leur pédoncule et assez grandes : dans l'une et l'autre espèces, les écailles de l'involucre sont un peu ciliées vers leur extrémité, sur-tout les intérieures ; dans celle-ci, les feuilles sont moins rapprochées, plus longues, plus étroites et très-entières. ♃. Cette plante croît en Provence, en Dauphiné, en Languedoc, en Piémont, etc.

3151. Inule hérissée. *Inula hirta.*

Inula hirta. Linn. spec. 1239. Lam. Dict. 3. p. 258. — *Aster hirtus.* All. Ped. n. 707. — Clus. Hist. 2. p. 14. f. 2.
β. *Uniflora.* — *Aster hirtus.* Scop. Carn. t. 58.

Cette inule ressemble par son port à l'inule à feuilles de saule, mais elle s'en distingue facilement parce qu'elle est velue sur toute sa surface : sa tige s'élève à 3 décim., et se ramifie un peu au sommet ; elle est droite, cylindrique, garnie de feuilles éparses, entières, ovales, lancéolées ou oblongues, sessiles dans le haut, rétrécies en pétiole dans le bas de la plante ; les fleurs sont ordinairement au nombre de cinq à six, disposées en corimbe terminal ; elles sont solitaires dans la variété β : leur diamètre est d'environ 3 centim. ; leur involucre est composé de folioles velues, lancéolées-linéaires, pointues et non recourbées au sommet, disposées sur plusieurs rangs ; celles des rangs extérieurs sont les plus longues. ♃. Cette plante croît dans les prés

montagneux des basses Alpes ; en Savoie ; en Piémont ; en
Dauphiné ; en Provence ; dans le parc de Saint-Maur près Paris
(Thuil.); à Combleux et la Fontaine près Orléans (Dub.);
en Auvergne (Delarb.).

3152. Inule de Vaillant.　　　*Inula Vaillantii.*

Inula Vaillantii. Vill. Dauph. 3. p. 216. — *Aster Vaillantii.*
All. Ped. n. 710. — *Inula cinerea,* Lam. Dict. 3. p. 259. —
Hall. Helv. n. 73. t. 2.

Sa tige est cylindrique, rougeâtre, couverte sur-tout vers le
haut d'un duvet très-court et cendré, rameuse au sommet, haute
de 4-5 décim. ; ses feuilles sont éparses, nombreuses, sessiles ,
ovales-lancéolées, pointues, très-légèrement dentées en scie ,
presque glabres et vertes en dessus, couvertes en dessous d'un
duvet court et cendré; les fleurs sont solitaires au sommet de
chaque rameau , à-peu-près disposées en corimbe, de grandeur
médiocre ; leur involucre est court, velu , à folioles lancéolées-
linéaires , très-pointues et un peu étalées; les demi-fleurons sont
jaunes et très-étroits. ♃. Cette plante croît près des ruisseaux ,
sur le bord des bois et sur les côteaux, en Dauphiné près Grenoble, à Seyssins et Palenfrey; dans le Champsaur, à Gap
(Vill.); en Piémont, à Gesso, à Coni près de la Stura; en
Savoie le long de la Durance, près de Gye (All.), et au bois
de la Batie près Genève.

3153. Inule en glaive.　　　*Inula ensifolia.*

Inula ensifolia. Linn. spec. 1240. Jacq. Austr. t. 162. Lam. Dict.
3. p. 260. — *Aster ensifolius.* All. Ped. n. 716. — Bocc. Mus.
t. 18.

Sa racine est une souche presque horizontale , qui pousse en
dessous des fibres presque simples , et d'où s'elèvent une ou
plusieurs tiges droites, striées, hautes de 2-3 décim., simples
ou un peu rameuses au sommet ; les feuilles sont nombreuses,
étalées, longues, sessiles , linéaires, pointues , entières , glabres,
marquées de nervures saillantes presque longitudinales; les pédoncules et les involucres sont hérissés de longs poils blancs;
les fleurs sont en petit nombre , solitaires au sommet de chaque
rameau. ♃. Elle croît en Piémont, dans les montagnes de Piosascho (All.).

3154. Inule visqueuse. *Inula viscosa.*

Inula viscosa. Desf. Atl. 2. p. 274. — *Erigeron viscosum.* Linn. spec. 1209. — *Solidago viscosa.* Lam. Fl. fr. 2. p. 144. — Clus. Hist. 2. p. 20. f. 1.

Sa tige est haute d'un mètre, velue et branchue supérieurement; ses feuilles sont lancéolées, visqueuses, odorantes et velues; les supérieures sont entières et les inférieures un peu dentées; la base des feuilles se déjette vers le sol de chaque côté; les pédoncules sont garnis de feuilles; les fleurs sont jaunes, assez grandes, et les demi-fleurons sont un peu écartés les uns des autres : les involucres ont des folioles linéaires et glabres; les anthères se prolongent à leur base en deux filets libres; les graines sont pâles, pubescentes, couronnées d'une aigrette rousse. ♃. Elle croit dans les lieux incultes, au bord des champs et des haies des provinces méridionales; aux environs de Dax (Thor.); de Narbonne; de Montpellier (Gou.); en Bourgogne (Dur.); dans les bois d'Aigue-Perse et de Rendan en Auvergne (Delarb.); aux environs d'Orange et du Buis en Dauphiné (Vill.); à Nice et à Tortone, le long de la Stafora et de la Scrivia (All.).

3155. Inule tubéreuse. *Inula tuberosa.*

Inula tuberosa. Lam. Dict. 3. p. 260. — *Erigeron tuberosum.* Linn. spec. 1212. Gou. Illustr. p. 67. — Lob. ic. t. 350. f. 3.

Sa tige est haute de 15–18 centim., dure, presque ligneuse et chargée de poils écartés et épars; ses feuilles sont étroites, presque linéaires, rarement dentées et chargées de quelques poils en leur bord, ainsi que sur leur nervure postérieure; ses fleurs sont jaunes, courtes, terminales et au nombre de cinq ou six, portées sur des pédoncules hérissés de poils droits et écartés; les involucres sont composés de folioles linéaires un peu recourbées au sommet; les étamines ont les anthères terminées à leur base par deux filets libres; les poils de l'aigrette sont roussâtres et peu nombreux. ♃. Cette plante croit dans les lieux secs et maritimes du Languedoc; dans les Cévennes; au mont de Cette, au mont du Loup et au bourg de Selleneuve près Montpellier (Gou.).

3156. Inule de roche. *Inula saxatilis.*

Inula saxatilis. Lam. Fl. fr. 2. p. 153. Dict. 3. p. 260. — *Erigeron glutinosum flore luteo.* Pourr. Act. Toul. 3. p. 318. — Barr. ic. t. 158.

Ses tiges sont menues, simples, garnies de poils, hautes de 2-3 décim.; ses feuilles sont nombreuses, étroites, linéaires, pointues, très-entières, velues et glutineuses; les fleurs sont en petit nombre, terminales, solitaires sur leurs pédoncules, de couleur jaune, à-peu-près de la grandeur de celles de l'inule tubéreuse. ♃. Cette plante croît dans les lieux pierreux et montagneux en Provence; dans les Pyrénées et au mont Serrat en Catalogne.

3157. Inule perce-pierre. *Inula chrithmoides.*

Inula chrithmoides. Linn. spec. 1240. Lam. Dict. 3. p. 261. — *Inula chrithmifolia.* Wild. spec. 3. p. 2101. — *Senecio succulentus.* Forsk. æg. 149. — Lob. ic. t. 395. f. 2.

Ses tiges sont hautes de 9-12 décim., droites, simples et garnies dans toute leur longueur de feuilles linéaires, charnues, éparses et très-nombreuses; les inférieures sont terminées par trois pointes, et les supérieures sont souvent simples et entières : les fleurs sont solitaires et terminales; leurs demi-fleurons sont jaunes et étroits; le réceptacle est convexe, et l'involucre un peu charnu. ♃. Elle croît dans les marais fangeux au bord de la mer; sur les côtes de la Méditerranée, depuis Antibes jusqu'à Perpignan, et sur celles de l'Océan, depuis Bayonne jusqu'à Nantes.

3158. Inule de montagne. *Inula montana.*

Inula montana. Linn. spec. 1241. Lam. Dict. 3. p. 262. — *Aster montanus.* All. Ped. n. 706. — Garid. Aix. t. 10. — Lob. ic. t. 350. f. 2.

β. *Verbascifolia.* Vill. Dauph. 3. p. 230. var. C. — *Aster montanus luteo magno flore.* C. Bauh. Pin. 267. Tourn. Inst. 482.

Sa racine, qui est un peu ligneuse, pousse une ou plusieurs tiges longues de 2 décim., un peu anguleuses, velues, presque nues dans le haut et garnies vers le bas de plusieurs feuilles oblongues, velues, entières ou à peine dentées, rétrécies à leur base, longues de 5-6 centim., sur 10-12 millim. de largeur; la fleur est terminale, droite, solitaire, de 4-5 centim. de diamètre, d'un beau jaune; son involucre est velu, composé de folioles oblongues-linéaires, dont les extérieures sont les plus courtes. La variété β, qui est probablement une espèce distincte, s'élève à 4 décim.; ses feuilles sont plus ovales, beaucoup plus grandes, plus velues, ainsi que la tige; celle-ci se termine par trois à cinq fleurs pédiculées et disposées en corimbe. ♃. Cette plante croît dans les lieux stériles et découverts des montagnes; en Provence; en Piémont (All.); en Languedoc, en Dauphiné, en Bresse et dans le Lionnois (Latourr.); dans le Jura au Creux du Vent (Hall.); à Plombières (Dur.); au-dessus de Pont-à-Mousson et de Gezainville en Lorraine (Buch.); au Mont-d'Or et dans le bois de Parre à Saillans en Auvergne (Delarb.).

§. III. *Feuilles prolongées sur la tige.*

3159. Inule changeante.   *Inula bifrons.*

> *Inula bifrons.* Linn. spec. 1236. Lam. Dict. 3. p. 262. — *Inula glomeriflora.* Lam. Fl. fr. 2. p. 150. excl. secundo Linn. syn.— *Aster bifrons.* All. Ped. n. 714.— *Conyza bifrons.* Gou. hort. 436. non Linn.—Garid. Aix. t. 23.

Ses tiges sont hautes de 6–9 décim., rougeâtres, cylindriques, rameuses et très-légèrement velues; ses feuilles sont oblongues, dentelées, épaisses, un peu ridées et presque glabres; celles de la tige sont presque ovales et demi-décurrentes : les fleurs sont jaunes, terminales, assez petites et disposées en corimbes pelotonnés, serrés et garnis de bractées qui les enveloppent; elle n'est jamais flosculeuse, mais les demi-fleurons sont très-courts et peu apparens. Toute cette plante est un peu visqueuse et exhale une odeur qui approche de celle de la tanaisie. ♂. Elle croît dans les bruyères et les lieux ombragés des montagnes; dans la Provence; aux environs de Nice et de Montferrat (All.); au Noyer et aux Baux près Gap (Vill.); dans les Pyrénées (Herm.); auprès des granges, dans les marais, en Auvergne (Delarb.).

DXXVIII. SOLIDAGE.   *SOLIDAGO.*

Solidago. Linn. Juss. Lam. Gœrtn. — *Virga aurea.* Tourn.

Car. L'involucre est embriqué d'écailles oblongues, inégales, serrées; le réceptacle est nu; les fleurons du disque sont tubuleux, jaunes, hermaphrodites; ceux de la circonférence sont femelles, en languette, écartés, au nombre de cinq à six seulement, et de la même couleur que le disque; les aigrettes sont simples.

3160. Solidage verge-d'or.   *Solidago virgaurea.*

Solidago virgaurea. Linn. spec. 1235. Fl. dan. t. 663. — *Solidago vulgaris.* Lam. Fl. fr. 2. p. 145.
β. *Foliis subintegris.*
γ. *Caule vix palmari.* — *Solidago minuta.* Vill. Dauph. 3. p.
224. — Barr. ic. 783.

Sa tige est haute de 6-9 décim., cannelée, dure, rougeâtre
inférieurement, presque glabre ou légèrement velue; elle porte
à son sommet de belles grappes de fleurs jaunes, dont les demi-
fleurons sont très-écartés ou en petit nombre : ses feuilles inférieures sont ovales-lancéolées, pointues, dentées, presque glabres
en dessus, d'un verd blanchâtre en dessous, et rétrécies en
pétiole à leur base ; les feuilles supérieures sont plus étroites et
simplement lancéolées. La variété β a les feuilles moins dentées, et les épis de fleurs moins garnis; la variété γ, que la
plupart des auteurs ont confondue avec la solidage naine, croît
dans les hautes montagnes des Alpes; elle ne s'élève pas au-
delà de 2 décim., et ressemble entièrement à la précédente : on
trouve des individus intermédiaires quant à la grandeur de la
tige et au nombre des fleurs. ♃. Cette plante croît dans les
bois et dans les lieux pierreux; elle est amère, vulnéraire et
détersive.

3161. Solidage naine.   *Solidago minuta.*

Solidago minuta. Linn. spec. 1235. Wild. spec. 3. p. 2067. —
Herm. Par. t. 245.

Cette espèce, dont on a souvent appliqué le nom à la variété
γ de la verge-d'or, en est certainement distincte par ses fleurs
deux fois plus grandes, toutes portées sur des pédoncules axillaires, pubescens, simples, uniflores et deux fois plus longs que
la fleur; la tige est simple, pubescente, de 1-2 décim. de
longueur; les feuilles sont pétiolées, lancéolées, pointues, dentées en scie, presque entièrement glabres. ♃. Elle croît dans
les Pyrénées (Linn.); dans les Alpes du Piémont (All.)?

3162. Solidage odorante.   *Solidago graveolens.*

Solidago graveolens. Lam. Fl. fr. 2. p. 145. — *Erigeron graveolens.* Linn. spec. 1210. — Barr. ic. t. 370.

Cette espèce est toute couverte, sur-tout vers ses sommités,
de petits poils peu apparens, qui exsudent une liqueur visqueuse
et odorante; sa tige est droite, divisée en rameaux alternes et
ouverts ; ses feuilles sont sessiles, lancéolées-linéaires, entières;

de leurs aisselles naissent des pédoncules feuillés, chargés de
une à trois fleurs, et plus courts que la feuille qui est à leur
base : les fleurs sont petites, jaunes ; leur involucre est composé
de folioles linéaires un peu ouvertes ; les demi-fleurons sont
étroits et très-courts, comme dans les érigerons, jaunes comme
dans les solidages. ☉. Elle croit dans les champs et les vignes
un peu humides des provinces méridionales ; en Provence (Gér.) ;
sur les bords de la mer et des étangs à Montpellier (Gou.) ; à
Gasseras, Moncau et Tempé près Montauban (Gat.) ; à Dax
(Thor.) ; à Nantes (Bon.) ; à Péronne (Bouch.) ; aux environs
de Paris (Thuil.) ; à Romorentin et Ligny près Orléans (Dub.) ;
dans le Lionnois (Latourr.).

DXXIX. TUSSILAGE.   *TUSSILAGO.*

Tussilago. Linn. Juss. Lam. — *Tussilago et Petasites.* Tourn.
Gœrtn.

Car. L'involucre est composé de plusieurs folioles disposées
sur un seul rang ; les fleurs sont flosculeuses ou radiées ; leurs
fleurons sont tantôt tous hermaphrodites, tantôt femelles, fertiles vers la circonférence et hermaphrodites dans le centre ;
les graines sont couronnées d'aigrettes simples et sessiles ; le
réceptacle est nu.

Obs. Les tussilages ont presque tous des fleurs portées sur
des hampes garnies d'écailles, et des feuilles radicales qui
naissent après la fleuraison. Les trois sections de ce genre doivent
peut-être former trois genres distincts.

§. Ier. Pas-d'âne. *Farfara.* — *Fleurs radiées ; hampes
uniflores.*

3163. Tussilage pas-d'âne.   *Tussilago farfara.*

Tussilago farfara. Linn. spec. 1214. — *Tussilago vulgaris.* Lam.
Fl. fr. 2. p. 71. — Cam. Epit. 590. 591. ic.

Sa tige est haute de 1 décim., simple, rougeâtre, cotonneuse et garnie d'écailles membraneuses, lancéolées et pointues ; elle porte à son sommet une seule fleur assez grande, jaune
et radiée ; ses feuilles paroissent après les fleurs ; elles sont
radicales, pétiolées, arrondies, cordiformes, un peu anguleuses,
garnies en leur bord de petites dents charnues et rougeâtres,
d'une couleur verte en dessus, blanchâtres et cotonneuses en
dessous. ♃. Cette plante croit dans les terreins glaiseux, et en

particulier sur les pentes un peu humides et exposées au soleil. On la connoit sous les noms de *pas-d'âne*, *taconnet :* les anciens botanistes l'appeloient *filius ante patrem*, parce que les fleurs naissent avant les feuilles. Je l'ai trouvée sur les Alpes du Mont-Blanc, dans la région des neiges permanentes.

§. II. Tussilage. *Tussilago.* — *Fleurs flosculeuses ; tiges uniflores feuillées à la base.*

3164. Tussilage des Alpes.   *Tussilago Alpina.*

Tussilago Alpina. Linn. spec. :213. Lam. Fl. fr. 2. p. 71. Illustr. t. 674. f. 7.

Sa racine est un peu rampante et produit une tige haute de 12-15 centim., grêle, creuse, pubescente et chargée d'une couple d'écailles lancéolées et membraneuses ; ses feuilles sont radicales, pétiolées, fort petites, arrondies, en forme de rein, charnues, d'un verd noirâtre en dessus, et crénelées ou dentées légèrement dans leur contour ; elles sont un peu cotonneuses dans leur jeunesse, et deviennent glabres dans la suite : sa fleur est assez grande, flosculeuse, terminale ; elle est ordinairement purpurine : on en trouve une variété blanche (Hall.). ♃. Cette plante est assez commune dans les pâturages des hautes montagnes des Alpes ; sur les sommités du Jura ; dans les Pyrénées, les Cévennes.

§. III. Pétasite. *Petasites.* — *Fleurs flosculeuses ; hampes multiflores.*

3165. Tussilage pétasite.   *Tussilago petasites.*

Tussilago petasites. Hop. Tasch. 1803. p. 35. ex Wild. spec. 3. p. 1971.

☿. *Hermaphrodita.* — *Tussilago petasites.* Linn. spec. 1215. Bull. Herb. t. 391. Lam. Illustr. t. 674. f. 1. — *Petasites vulgaris.* Desf. Atl. 2, p. 270.

♀. *Fœmina.* — *Tussilago hybrida.* Linn. spec. 1214. — Dill. Elth. t. 230. f. 297.

La racine est une souche rampante et fibreuse, qui pousse, dès le printemps, une tige simple, épaisse, haute de 2-3 décimètres, chargée de fleurs et garnie de larges écailles membraneuses qui sont des pétioles avortés, et qui sont la plupart terminées par un appendice qui est une feuille avortée : après la fleuraison, la racine pousse plusieurs feuilles pétiolées, assez grandes ; leur limbe est denté inégalement sur les bords, pubescent en dessous, glabre et d'un verd foncé en dessus, ovale, obtus au sommet, fortement échancré en cœur à la base; les deux oreillettes sont arrondies et rapprochées; les fleurs sont purpurines, nombreuses, flosculeuses, disposées en thirse oblong, presque toutes solitaires sur leurs pédoncules; ces fleurs sont ordinairement toutes hermaphrodites et portées sur de courts pédicelles : dans quelques individus, les fleurs sont presque toutes femelles, et portées sur des pédicelles très-alongés, ce qui change beaucoup le port de la plante. ♃. Le pétasite croît dans les lieux humides au bord des fossés et des torrens. On le nomme aussi *chapelière.*

3166. Tussilage blanchâtre.   *Tussilago alba.*

> *Tussilago alba.* Hop. Tasch. 1803. p. 45. Wild. spec. 3. p. 969.
> ☿. *Subhermaphrodita.* — *Tussilago alba.* Linn. spec. 1214. Fl. dan. t. 524. — *Petasites albus.* Gœrtn. Fruct. 2. p. 400. t. 166. f. 2.
> ♀. *Fœmina.* — *Tussilago ramosa.* Hop. Cent. 4. — *Tussilago alba,* β. Vill. Soc. hist. nat. 1. p. 73. — Gmel. Sib. 2. t. 69. f. D. E.

Cette espèce ressemble à la précédente par son port et sa végétation; elle en diffère, 1°. par ses feuilles cotonneuses et blanchâtres, plus petites, plus arrondies, bordées de lobes courts, aigus et dentelés, échancrées en cœur à leur base, de manière que les lobes formés par cette échancrure sont peu saillans et un peu divergens; 2°. par ses fleurs blanches, disposées en un thirse élargi et qui ressemble à un corimbe, portées deux ou quatre ensemble sur le même pédicelle; ces fleurs ne sont jamais entièrement hermaphrodites. La variété α a un très-petit nombre de fleurons femelles, et les fleurs portées sur des pédoncules peu alongés; la variété β a presque tous les fleurons femelles, et les fleurs portées sur des pédoncules longs et rameux. ♃. Cette plante croît dans les lieux humides des montagnes des Alpes, du Jura, de la Bourgogne (Dur.); au Mont-d'Or (Delarb.).

3167. Tussilage blanc de   *Tussilago nivea.*
neige.

> *Tussilago nivea.* Hop. Tasch. 1803. p. 48. Wild. spec. 3. p. 1970.
> ☿. *Hermaphrodita.* — *Tussilago nivea.* Vill. Soc. hist. nat. 1. p. 73. — *Tussilago frigida.* Vill. Dauph. 3. p. 175. — *Tussilago spuria.* Schranck. Bav. 2. p. 380. — Moris. s. 7. t. 10. f. 4.

♀. *Fœmina.* — *Tussilago paradoxa.* Retz. Obs. 2. p. 24. t. 3. — *Tussilago frigida.* Snt. Helv. 2. p. 180.

Cette espèce ressemble extrêmement au pétasite par ses fleurs, et au tussilage blanchâtre par ses feuilles ; celles-ci sont pétiolées, en forme de cœur alongé, couvertes en dessous d'un duvet blanc serré cotonneux, pubescentes en dessus dans leur jeunesse, ensuite glabres et d'un verd pâle ; les bords de ces feuilles sont garnis de dentelures très-peu prononcées ; l'échancrure de leur base est beaucoup plus large que dans les deux espèces précédentes, et les lobes qu'elle forme sont divergens ; le fond de cette échancrure est formé par une nervure dénudée de parenchyme pendant une partie de sa longueur, tandis que dans les deux autres le parenchyme commence dès le sommet du pétiole : les fleurs forment un thirse oblong ; elles sont blanches ou d'un rouge très-pâle, toutes solitaires sur leurs pédicelles : les fleurons sont tous hermaphrodites, et les pédicelles assez courts dans la première variété ; les fleurons sont presque tous femelles, et les pédicelles très-alongés, dans la seconde. ♃. Cette espèce est plus rare que les deux précédentes ; elle croît au bord des ruisseaux, dans les hautes montagnes des Alpes du Dauphiné, au col de l'Arc, au-dessus de Claix, près Grenoble, au-dessus de Palenfrey, sous le bec de la Moucherolle, au villard de Lans, à la Grangette près le mont de Bure (Vill.) ; dans le Jura près la Brevine (Hall.) ; dans les Alpes de l'Arche en Provence (Gér.) ; dans les sommités des Vosges (Buch.).

DXXX. SENEÇON.   *SENECIO.*

Senecio. Linn. Juss. Lam. — *Senecio et Jacobæa.* Tourn. Gœrtn.

Car. L'involucre est à plusieurs folioles disposées sur un seul rang, égales entre elles, noirâtres au sommet, entourées à leur base par quelques petites bractées avortées ; les fleurons sont tantôt tous flosculeux et hermaphrodites, tantôt entourés d'une rangée de demi-fleurons femelles et fertiles ; le réceptacle est nu ; les aigrettes sont simples, molles et sessiles.

Obs. Les fleurs sont entièrement jaunes dans tous les senecons de France ; quelques espèces exotiques ont le rayon purpurin.

§. Ier.

§. Ier. *Fleurs flosculeuses.*

3168. Seneçon commun. *Senecio vulgaris.*

Senecio vulgaris. Linn. spec. 1216. Lam. Fl. fr. 2. p. 134. Fl.
dan. t. 513. Gœrtn. Fruct. 2. p. 400. t. 166. f. 3.

Sa tige est tendre, fistuleuse, branchue et haute de 5 déci‑
mètres à‑peu‑près; ses feuilles sont embrassantes, ailées, si‑
nuées, un peu épaisses, glabres ou quelquefois un peu coton‑
neuses en dessous; les fleurs sont jaunes, sans couronne,
cylindriques, éparses et un peu pendantes. ⊙. Cette plante
croît abondamment dans les lieux cultivés; elle est très‑émol‑
liente et un peu rafraîchissante.

§. II. *Fleurs radiées ; demi‑fleurons courts et
roulés en dehors.*

3169. Seneçon visqueux. *Senecio viscosus.*

Senecio viscosus. Linn. spec. 1217. Lam. Fl. fr. 2. p. 132. —
Jacobæa viscosa. Gilib. rar. 30. — Dill. Elth. t. 258. f. 336.

Toute la partie supérieure de la plante est garnie d'une humeur
visqueuse et un peu odorante; sa tige est haute de 6‑9 décim.,
pubescente et quelquefois un peu branchue; ses feuilles sont
pinnatifides, molles, d'un verd blanchàtre, et ressemblent
beaucoup à celles du seneçon commun; ses fleurs sont petites,
terminales et d'un jaune pâle; les demi‑fleurons sont très‑petits,
roulés en dehors et quelquefois nuls (Hall.). ⊙. On trouve
cette plante sur le bord des bois et dans les lieux montagneux.

3170. Seneçon des bois. *Senecio sylvaticus.*

Senecio sylvaticus. Linn. spec. 1217. Vill. Dauph. 3. p. 229.
Senecio viscosus, β. Huds. Angl. 365. — Dill. Elth. t. 258.
f. 337.

Cette plante est inodore et nullement visqueuse; elle s'élève
ordinairement jusqu'à 8‑10 décim.; on en trouve des indivi‑
dus qui ne dépassent pas 2 décimètres de hauteur; sa tige est
droite, rameuse au sommet; ses feuilles radicales sont ob‑
longues, presque entières; les autres sont pinnatifides, à lobes
obtus, rongés, froncés et redressés; ces feuilles sont presque
glabres, assez petites lorsqu'on les compare à la grandeur de
la plante : les fleurs sont cylindriques, jaunes, petites, dispo‑
sées en corimbe droit et terminal; les involucres sont glabres;
les demi‑fleurons très‑petits et roulés en dehors. ⊙, Linn.;

♂, Vill. Elle croît dans les bois peu touffus des plaines et des basses montagnes, aux environs de Paris, dans les Ardennes, la Savoie, le Dauphiné, et probablement dans toute la France.

3171. Seneçon des Apennins. *Senecio nebrodensis.*

Senecio nebrodensis. Linn. spec. 1217. — Barr. ic. 1081. t. 401.

Cette plante s'élève jusqu'à 3 décim.; sa tige est herbacée, cylindrique, pubescente, rameuse; ses feuilles sont embrassantes à leur base, oblongues, fortement sinuées çà et là, un peu dentées; les inférieures sont obtuses; les supérieures pointues; toutes sont d'une consistance molle : les fleurs ressemblent à celles du seneçon des bois; elles sont disposées en corimbes lâches et irréguliers, portées chacune sur un pédicelle pubescent, un peu écailleux : l'involucre est cylindrique, glabre, strié, à folioles étroites, pointues et non tachées de noir, ni scarieuses au sommet; les demi-fleurons sont très-courts, peu apparens et roulés en dehors; les graines sont brunes, alongées, marquées de raies blanchâtres et longitudinales qui, vues à la loupe, paroissent formées par des séries de petits poils couchés. ☉. Je décris cette plante d'après un échantillon desséché, qui a été recueilli dans le Languedoc, par M. Broussonet. Elle croît dans les Pyrénées (Linn.).

§. III. *Fleurs radiées; demi-fleurons grands et étalés; feuilles découpées.*

3172. Seneçon sale.   *Senecio squalidus.*

Senecio squalidus. Linn. spec. 1318. — *Senecio gallicus.* Vill. Dauph. 3. p. 230. — *Senecio sylvaticus,* α. Gou. Illustr. 67. — Barr. ic. t. 262. f. 2.

β. *Subhirsutus.*

Sa tige est droite, tendre, rameuse, glabre ou à peine garnie de quelques poils, haute de 2-4 décim.; ses feuilles sont sessiles, munies d'une petite oreillette de chaque côté, pinnatifides, à lobes linéaires, écartés, planes, un peu dentelés; elles sont glabres, lisses, souvent rougeâtres en dessous : les fleurs sont jaunes, en petit nombre, disposées en corimbe lâche et terminal; leur involucre est glabre, presque hémisphérique; les demi-rayons ont le limbe étalé, elliptique, entier, beaucoup plus grand que dans le seneçon des bois, avec lequel on a quelquefois confondu notre plante; les graines sont couvertes d'un duvet court et blanchâtre. ☉. Cette espèce croît dans les champs,

les vignes , les bords des murs et des chemins ; au bois de Gramont près Montpellier (Gou.) ; à Embrun , Gap et Chorges en
Dauphiné (Vill.) ; au pont Saint-Esprit ; dans la Provence ; aux
environs de Nice , sur-tout à Saorgio (All.).

3173. Seneçon jacobée.   *Senecio jacobœa.*

> *Senecio jacobœa.* Linn. spec. 1219. Lam. Fl. fr. 2. p. 134. —
> *Jacobœa vulgaris.* Gœrtn. Fruct. 2. p. 445. t. 170. f. 1. —
> Fuchs. Hist. 742. ic.
> β. *Flosculosa.* — Vaill. Act. Acad. 1720. p. 383.
> γ. *Grandifolia.*

Sa racine est fibreuse ; sa tige droite , rameuse , cylindrique ,
presque glabre , souvent rougeâtre inférieurement , haute de
5-8 décim. ; ses feuilles sont pinnatifides , plus étroites et plus
découpées vers leur base que vers leur sommet , presque toujours glabres et d'un verd foncé , un peu pétiolées , à lobes
dentés , planes , obtus ; les fleurs sont jaunes , nombreuses ,
disposées en corimbe terminal ; l'involucre est glabre , sillonné ,
court et cylindrique ; les demi-fleurons sont oblongs , terminés
par trois dents , d'abord planes , puis roulés en dessous ; les graines
sont hérissées de poils épars. ♃. La *jacobée* ou l'*herbe de Saint-
Jacques* , est commune dans les prés , les lieux pierreux et le
long des chemins. La variété β , qui n'a point de demi-fleurons ,
croît dans les dunes et les lieux sablonneux ; la variéte γ a les
feuilles très-grandes , et sur-tout le lobe terminal large et arrondi : elle croît dans les lieux humides , au bord des ruisseaux.

3174. Seneçon aquatique.   *Senecio aquaticus.*

> *Senecio aquaticus.* Huds. Angl. 316. Fl. dan. t. 784. Smith.
> Fl. brit. 2. p. 885. — *Senecio jacobœa,* ε. Vill. Dauph. 3. p.
> 227. — Clus. Hist. 2. p. 23. f. 1.

Cette plante long-temps confondue avec la vraie jacobée, en
paroît différente : 1°. par ses graines glabres ; 2°. par son involucre hémisphérique ; 3°. par ses demi-fleurons elliptiques ;
4°. par sa surface presque toujours glabre ; 5°. par ses feuilles ,
dont les inférieures sont presque entières , et les supérieures
pinnatifides seulement à leur base , et terminées par un grand
lobe ovale et à peine denté. ♃. Elle croît dans les marais et les
lieux aquatiques.

3175. Seneçon à feuilles de   *Senecio erucæfolius.*
roquette.

Senecio erucifolius. Linn. spec. 1128. Vill. Dauph. 3. p. 228. —
Barr. ic. t. 153.

Sa racine est traçante ; ses tiges sont droites, cotonneuses,
cylindriques, rameuses vers le sommet, hautes de 3-4 décim. ;
ses feuilles sont ovales, pinnatifides dans toute leur longueur,
rétrécies aux deux extrémités, chargées sur leurs deux surfaces
d'un duvet peu adhérent et inégalement réparti ; leurs lobes sont
oblongs, légèrement dentés et un peu pointus ; les fleurs forment
un corimbe terminal, très-semblable à celui de la jacobée ;
leur involucre est hémisphérique ; leurs graines sont velues sur
toute leur surface. Les individus âgés ont quelquefois six ou huit
tiges, ce qui n'arrive jamais dans la jacobée. ♃. Cette plante croit
dans les pays montagneux, parmi les bois taillis, au bord des
fossés et dans les isles des rivières ; en Dauphiné, en Savoie,
en Piémont.

3176. Seneçon à feuilles   *Senecio abrotanifolius.*
d'aurone.

Senecio abrotanifolius. Linn. spec. 1219. Jacq. Fl. austr. t. 79.
Hop. cent. exs. 4. non. Gou. Guet. Lam. Thuil. — Clus. Hist.
1. p. 334. f. 1.

Cette plante est entièrement glabre ; sa tige est ascendante,
simple, longue de 2 décim. ; ses feuilles sont pinnatifides, à lobes
écartés, étroits, linéaires, pointus, dentés ou incisés vers le
sommet ; le haut de la tige est presque nu et porte une, deux
ou trois fleurs pédonculées, un peu écartées, d'un jaune doré,
de 4-5 centim. de diamètre ; leur involucre est court, hémisphérique, un peu pubescent, à folioles linéaires peu serrées ; les
demi-fleurons ont le limbe alongé, étalé, terminé par cinq dents ;
les graines m'ont paru glabres. ♃. On trouve cette plante dans
les Alpes, au mont Rose en Piémont (All.) ; au lac Ferrière
près le Saint-Bernard (Hall.) ; en Provence près Colmars et
Allos (Gér.) ; dans les Pyrénées (Linn.) ? à Semur et Arnay-
le-Duc (Dur.) ?

3177. Seneçon à feuilles   *Senecio tenuifolius.*
menues.

Senecio tenuifolius. Jacq. Austr. t. 278. Hoffm. Germ. 4. p. 144.
Senecio abrotanifolius. Lam. Fl. fr. 2. p. 133. Thuil. Fl. paris.

II. 1. p. 431. excl. syn. — *Senecio erucifolius.* Huds. Angl.
366. non Linn.
β. *Nanus.*

Cette espèce, qui a été confondue tantôt avec le seneçon à
feuilles d'aurone, tantôt avec le seneçon à feuilles de roquette,
est certainement distincte de l'un et de l'autre ; sa tige est
simple, rougeâtre à la base, droite, longue de 6-10 décim. ;
les feuilles inférieures ont jusqu'à 2 décim. de longueur ; leur
côte moyenne émet vers sa base des lanières grèles, linéaires,
courtes et écartées, vers le milieu et le sommet des lanières
nombreuses, découpées en lobes grèles, linéaires, alongés et
pointus ; les feuilles supérieures sont plus courtes et ramifiées
dès leur base ; les fleurs sont d'un jaune doré, disposées en un
corimbe terminal assez régulier ; elles sont cylindriques, plus
petites que celles du seneçon commun, si l'on ne compte point
leurs demi-fleurons ; ceux-ci sont en petit nombre et ont le
limbe ovale-oblong : l'involucre est cannelé en long à la fin de
la fleuraison, parce qu'alors les folioles entourent à demi les
graines extérieures. Tous les auteurs disent que cette plante est
le plus souvent velue, mais que la quantité de son duvet est
très-variable ; je l'ai toujours vue parfaitement glabre dans toutes
ses parties, et ce même caractère se retrouve dans les nombreux
échantillons que j'ai reçus de différentes parties de la France.
Elle croît à Fontainebleau et à Marcoussis près Paris ; entre
Chatres, Linas et Brière le Château (Guett.) ; à Ingranne et à
la Cour-Dieu près Orléans (Dub.) ; au Puy-de-Dôme (Delarb.) ;
à l'Esperou et au mont Saint-Loup près Montpellier (Gou.) ;
dans le Montferrat (Bell.) ; à Narbonne ; dans les Pyrénées. La
variété β, qui croît dans les Pyrénées, n'a pas plus de 2 décim.
de hauteur, et a les feuilles très-serrées.

3178. Seneçon blanchâtre. *Senecio incanus.*

Senecio incanus. Linn. spec. 1219. Lam. Fl. fr. 2. p. 133. —
Barr. ic. t. 262. f. 1. — Pluk. t. 39. f. 6.
β. *Foliis bipinnatifidis caule altiori.* Wild. spec. 3. p. 1993.

Sa tige est haute de 15-18 centim., garnie d'un coton blanchâtre, et porte à son sommet huit ou dix fleurs jaunes, disposées en corimbe contracté ou globuleux ; ses feuilles inférieures
sont oblongues, blanchâtres, presque péliolées, pinnatifides et
à découpures obtuses ; celles de la tige ont les découpures plus
fines et plus aiguës. ♃.Cette plante, connue des montagnards sous

le nom de *genipi jaune*, croît dans les Alpes, les Cévennes, les Pyrénées; dans les fentes des rochers exposés au soleil : elle est commune dans les Alpes du Mont-Blanc, à l'allée Blanche et au col Ferret. La variété β, qui croît sur les bords de la Méditerranée, est haute de 2-3 décim., et a les feuilles beaucoup plus découpées.

3179. Seneçon à une fleur. *Senecio uniflorus.*

Senecio uniflorus. All. Ped. n. 728. t. 17. f. 3. Wild. spec. 3. p. 1992. non Retz. — Pluk. t. 39. f. 7.

Cette espèce ressemble absolument, par son port et son duvet blanchâtre, à l'espèce précédente; mais elle ne s'élève presque jamais à 1 décim. de hauteur : sa tige ne porte qu'une seule fleur d'un jaune doré, comme dans le seneçon blanchâtre, mais trois fois plus grande; ses feuilles sont oblongues, entières ou fortement dentées, mais non pinnatifides. ♃. Elle croît sur les rochers des hautes Alpes du Piémont, entre le Saint-Bernard et le mont Cenis, à Soana, Grassoney, Ré, Bonaval, Galèse, au col de Cogno, entre Giaveno et Cumiana (All.); à la vallée de Saint-Nicolas dans le Valais.

§. IV. *Fleurs radiées ; feuilles entières ou dentées.*

3180. Seneçon des marais. *Senecio paludosus.*

Senecio paludosus. Linn. spec. 1220. Fl. dan. t. 385. Lam. Fl. fr. 2. p. 129. var. α. — Dalech. Lugd. 1037. f. 2.

Sa tige est haute de 12-15 décim., droite, simple et légèrement laineuse; ses feuilles sont longues, étroites, pointues, fortement dentées en scie et un peu cotonneuses en dessous, sur-tout dans la jeunesse de la plante ; ses fleurs sont jaunes et terminales, disposées en corimbe peu serré; leur grandeur est à-peu-près la même que celle du seneçon des forêts. ♃. Cette plante croît le long des rivières et sur le bord des étangs, parmi les roseaux et les joncs.

3181. Seneçon à feuilles *Senecio persicæfolius.* de pêcher.

Senecio persicæfolius. Ramond. Bull. philom. n. 43. p. 146. t. 11. f. 3. — *Senecio paludosus*, β. Lam. Fl. fr. 2. p. 129. — *Senecio nemorensis*, α. Gou. Illustr. 68.

Cette plante est entièrement glabre; sa tige est simple, anguleuse, haute de 3-5 décim., terminée par une ou ordinairement plusieurs (cinq à huit) fleurs pédicellées, d'un jaune orangé et assez semblables à celles du seneçon doronic; ses feuilles sont oblongues, rétrécies aux deux extrémités, un peu épaisses, fermes et cassantes, à dentelures presque droites que séparent des intervalles en forme de demi-lunes; celles du bas de la plante sont ovales-obtuses, pétiolées, et se détruisent avant la fleuraison (Ram.) : l'involucre est court, cannelé, un peu noirâtre. Cette espèce diffère du seneçon des marais, par ses feuilles glabres en dessus, et du seneçon des forêts, par la consistance de ses feuilles, la forme de ses dentelures et la couleur orangée de sa fleur. ♃. Elle croît dans les hautes Pyrénées, au pied des rochers, dans les lieux froids et humides.

3182. Seneçon des forêts. *Senecio nemorensis.*

Senecio nemorensis. Linn. spec. 1221. Jacq. Fl. austr. t. 184.
Lam. Fl. fr. 2. p. 129. — Pluk. t. 235. f. 1.

Sa tige est haute de 6 décim., branchue, verte, cannelée et presque glabre; ses feuilles sont larges de 6 centim., longues de 9-12 centim., ovales-lancéolées, pointues, dentées, d'un verd noirâtre ou foncé en dessus, souvent ciliées vers leur base, pubescentes et d'un verd pâle en dessous; ses fleurs sont jaunes, terminales et disposées en corimbes feuillés, et les pédoncules propres de chaque fleur sont fort courts, ce qui distingue suffisamment cette plante du seneçon des marais. ♃. Elle croît dans les montagnes des provinces méridionales; dans les Pyrénées, à la vallée d'Eynes, du côté de Narbonne, etc.

3183. Seneçon sarrazin. *Senecio sarracenicus.*

Senecio sarracenicus. Linn. spec. 1221. Lam. Fl. fr. 2. p. 131.
Jacq. austr. t. 186. — Fuchs. Hist. 728. ic.

Sa tige est simple, haute de 6-9 décim. et très-garnie de feuilles; elle porte à son sommet un corimbe de fleurs d'un jaune très-pâle ou couleur de soufre; les demi-fleurons sont en petit nombre, et les involucres cylindriques; ses feuilles sont lancéolées, dentées, glabres et pointues; les inférieures sont un peu pétiolées. ♃. Cette plante croît dans les lieux humides et couverts des montagnes en Provence, en Dauphiné; en Piémont; en Savoie; dans le Jura; dans le Forez et le Bugey (Latourr.).

3184. Seneçon doria. *Senecio doria.*

Senecio doria. Linn. spec. 1221. Jacq. Austr. t. 185. — *Senecio carnosus.* Lam. Fl. fr. 2. p. 131.

Sa tige est épaisse, droite, très-simple et haute de 12-15

décim. ; ses feuilles sont charnues , lancéolées , un peu décurrentes , et vont en diminuant de grandeur , de sorte que les supérieures sont fort étroites ; les fleurs sont jaunes et forment un
corimbe terminal. On trouve une variété dont les feuilles supérieures sont moins étroites. ♃. Cette plante croît sur le bord
des ruisseaux , dans les provinces méridionales.

3185. Seneçon doronic.   *Senecio doronicum.*

> *Senecio doronicum.* Linn. spec. 1222. Lam. Fl. fr. 2. p. 130. —
> *Solidago doronicum.* Linn. spec. ed. 1. p. 880. — Clus. Hist.
> 2. p. 17. f. 1.
> β. *Caule multifloro. — Senecio barrelieri.* Gouan. Illustr. 68 ?

Sa tige est haute de 5 décim. , simple , velue , peu garnie de
feuilles , et ne porte souvent à son sommet qu'une seule fleur
de couleur jaune-orangée , et assez grande; ses feuilles radicales
sont ovales-oblongues , dentées , un peu obtuses et rétrécies en
pétiole à leur base ; les feuilles de la tige sont sessiles , plus étroites
et plus pointues; les unes et les autres sont un peu épaisses et
charnues. Cette plante porte quelquefois deux , trois , quatre ,
cinq ou même six fleurs , soutenues sur de longs pédoncules ;
les individus multiflores sont plus grands , ont des feuilles un
peu plus embrassantes et souvent un peu sinuées; ils ne peuvent
nullement constituer une espèce distincte. ♃. Cette plante croît
dans les prairies fertiles et un peu humides des Alpes; des Pyrénées ; des Cévennes ; au Puy-de-Dôme.

DXXXI. CINÉRAIRE.   *CINERARIA.*

> *Cineraria.* Linn. Juss. Lam. Gœrtn. — *Jacobææ sp.* Tourn.

Car. L'involucre est composé de plusieurs folioles égales ,
disposées sur un seul rang ; les fleurs sont radiées ; leurs fleurons
tubuleux sont hermaphrodites; les demi-fleurons sont femelles
et fertiles ; les aigrettes sont simples , sessiles.

3186. Cinéraire de Sibérie.   *Cineraria Sibirica.*

> *Cineraria Sibirica.* Linn. spec. 1242. Gou. Illustr. 69. Lapeyr.
> Fl. pyr. p. 9. t. 5. Lam. Dict. 2. p. 6. — *Cineraria cacalifor-*
> *mis.* Lam. Fl. fr. 2. p. 124. — Amm. Ruth. t. 24.

Sa tige est haute d'un mètre , simple , striée , très-glabre et un
peu purpurine à sa base ; ses feuilles sont pétiolées et parfaitement
glabres; les radicales sont arrondies , échancrées en cœur à la
base , obtuses et un peu crénelées ; celles de la tige ont leur pétiole
dilaté à sa base en forme de gaîne , et sont pointues , dentées

et un peu écartées : les fleurs sont terminales et disposées en grappe feuillée ou garnie de bractées ; les graines sont couronnées par une aigrette rousse. ♃. Cette plante croît dans les marais des montagnes : on la trouve en fleur au commencement de l'été, dans les Pyrenées orientales, à la Quillane près Mont-Louis (Gou.) ; autour de l'étang de Las-Rabassoles, près du port de Paillères, dans la plaine du Capsir, près le village de Réal (Lapeyr.) ; en Rouergue sur les montagnes d'Aubrac au bord des lacs ; dans la Limagne d'Auvergne (Delarb.).

5187. **Cinéraire des marais.** *Cineraria palustris.*

> *Cineraria palustris.* Linn. spec. 1243. Fl. dan. t. 573. Lam. Dict.
> 2. p. 6. — Lob. ic. t. 347. f. 2.

Cette plante s'élève à 6-8 décim. de hauteur ; elle est d'un verd clair, d'une consistance molle et couverte de poils un peu laineux dans la partie supérieure ; sa tige est cylindrique, épaisse, rameuse vers le sommet, garnie de feuilles jusqu'auprès des fleurs : les feuilles sont oblongues, assez grandes, droites, irrégulièrement sinuées ou fortement dentées, sessiles, un peu embrassantes ; les fleurs naissent plusieurs ensemble au sommet de chaque rameau, et forment, par leur réunion, un corimbe terminal qui s'élève peu au-dessus des feuilles ; elles sont d'un jaune pâle, de 15-20 millim. de diamètre ; leur involucre est en forme de cloche, composé d'un seul rang de folioles lancéolées-linéaires, plus ou moins velues ; les graines sont glabres, striées, couronnées par une longue aigrette blanche. ♃. Cette plante croît dans les lieux aquatiques, au bord des canaux et des marais, dans les sols un peu sablonneux ; à Saint-Omer et Douay en Flandre ; à la tête de Flandre près Anvers (Rouç.) ; aux tourbières d'Hailly (Bouch.). Je l'ai observée dans les isles de la Meuse près Rotterdam.

5188. **Cinéraire des champs.** *Cineraria campestris.*

> *Cineraria campestris.* Retz. Obs. 1. p. 30. Wild. spec. 3. p.
> 2081. — *Cineraria lanceolata.* Lam. Fl. fr. 2. p. 125. — *Ci-*
> *neraria Alpina.* Lam. Dict. 2. p. 7. — *Cineraria Alpina*, γ.
> Linn. spec. ed. 2. p. 1248. — *Othonna Alpina.* Linn. spec. ed.
> 1. p. 925. — *Cineraria integrifolia*, β. Vill. Dauph. 3. p. 225.
> Jacq. Austr. t. 180. — Clus. Hist. 2. p. 22. f. 2.

Sa racine est fibreuse ; sa tige est droite, simple, cannelée, garnie, ainsi que les feuilles, d'un duvet cotonneux, blanc et inégal ; elle s'élève à 5-7 décim. ; ses feuilles radicales sont

pétiolées, ovales, crénelées ; les supérieures sont sessiles, lancéolées, alongées, pointues, entières ; la tige se termine par six à
huit fleurs portées sur des pédicelles uniflores et cotonneux, à-
peu-près disposées en corimbe ; leur involucre est cotonneux ; les
corolles sont jaunes, radiées, assez semblables à celles de la
jacobée. ♃. Cette plante croît sur les côteaux boisés, à Mont-
morency, Avron, Neuilly-sur-Marne près Paris ; dans les montagnes d'Auvergne ; dans les Pyrénées.

3189. Cinéraire orangée.   *Cineraria aurantiaca.*

> α. *Cineraria aurantiaca.* Hop. cent. exs. 4. Wild. spec. 3. p.
> 2081.
>
> β. *Tomentosa.* — *Cineraria Alpina.* All. Ped. n. 738. t. 38. f.
> 2. — *Cineraria integrifolia*, A. Vill. Dauph. 3. p. 225.

Cette plante se distingue, dès le premier coup-d'œil, à la
couleur rouge-orangée de ses fleurs ; la variété *a* est glabre
ou légèrement cotonneuse ; sa racine est fibreuse ; sa tige droite,
simple, haute de 2-5 décimètres, terminée par une à quatre
fleurs pédicellées ; les feuilles inférieures sont pétiolées, ovales-
obtuses, un peu crénelées ; les supérieures sont très-peu nombreuses, sessiles, lancéolées, entières ; l'involucre est composé d'une rangée de folioles linéaires, glabres, purpurines ou
noirâtres vers le sommet. La variété β se distingue par l'a-
bondance du duvet blanc et cotonneux qui couvre toutes ses
parties ; malgré la différence extrême de son port, je ne puis
trouver de caractère qui la distingue de la précédente avec
quelque précision. ♃. Elle croît dans les prairies sèches et élevées des Alpes ; en Dauphiné dans le Queyras, au-dessus de
Molines (Vill.), et au mont Viso ; en Piémont à la vallée de
Macra, au mont Cenis, à la Chianale, à Tende, Briga, Limone, Bellino (All.); dans les Alpes de l'Arche en Provence
(Gér.)?

3190. Cinéraire à feuille   *Cineraria integrifolia.*
entière.

> *Cineraria integrifolia.* Jacq. Austr. t. 179. Wild. spec. 3. p.
> 2082.

Cette espèce ressemble aux deux précédentes, mais sa longueur ne dépasse pas 2-3 décim. ; sa tige est simple, terminée
par un petit nombre de fleurs jaunes, pédicellées, disposées en
ombelle ; les feuilles radicales sont étalées, rétrécies en pétiole

à la base, élargies au sommet en spatule, légèrement dentées ;
celles de la tige sont droites, lancéolées-linéaires, entières sur
les bords; la plante est toute couverte d'un duvet mol, cotonneux et peu adhérent; les feuilles radicales sont presque
glabres. ♃. Elle croît dans les lieux humides des montagnes ,
au bord des forêts : je l'ai reçue des Alpes voisines du Valais.
Elle se trouve aussi parmi les plantes recueillies dans les Pyrénées, par M. Ramond.

3191. Cinéraire à longue   *Cineraria longifolia.* feuille.

Cineraria longifolia. Jacq. Austr. t. 181. Wild. spec. 3. p. 2082.
     Cineraria Alpina, δ. Linn. spec. 1244. — *Othonna helenitis.*
     Linn. spec. ed. 1. p. 925.

Sa tige est droite, simple, haute de 3-4 décim. , feuillée
dans toute sa longueur, terminée par un corimbe de douze à
quinze fleurs pédonculées, dont le disque est d'un jaune doré ,
et le rayon d'un jaune plus clair; elle est presque glabre , ainsi
que les feuilles , dans les échantillons que j'ai sous les yeux ; on
assure qu'elle est quelquefois assez velue : les feuilles radicales
sont en forme de spatule; les supérieures sont lancéolées ou
oblongues, sessiles, rétrécies à la base; toutes sont dentées
sur les bords, ce qui distingue cette espèce des précédentes. ♂.
Elle croît dans les prairies arrosées des montagnes du Piémont ;
dans les Alpes de Pise , entre Tende et la Madone de la Fenêtre , au mont Vesulo et au-dessus de Garressio; en Provence
(Gér.); à Saint-Georges, Selleneuve et Caunelles près Montpellier (Gou.).

3192. Cinéraire à feuilles en   *Cineraria cordifolia.* cœur.

Cineraria cordifolia. Gou. Illustr. p. 69. Jacq. Austr. t. 176.
     Lam. Dict. 2. p. 6. — *Cineraria Alpina, α.* Linn. spec. 1243.
     — *Senecio Alpinus.* Scop. Carn. n. 1068. — C. Bauh. Prod.
     p. 69. f. 2.

Sa tige est haute de 6 décim. , droite, simple, presque
glabre; les feuilles sont toutes pétiolées , presque glabres en
dessus, un peu cotonneuses en dessous ; leur limbe est en forme
de cœur, assez grand. bordé de larges dentelures qui sont
elles-mêmes dentées; leur pétiole porte , dans la plupart, un
ou deux appendices foliacés; les fleurs forment un corimbe

terminal, irrégulier ; elles sont d'un beau jaune, au nombre de huit à dix , portées sur des pédoncules cotonneux et un peu rameux ; les folioles de l'involucre sont linéaires, étroites , couvertes d'un duvet blanc. ♃. Elle croît dans les prairies fertiles des hautes Alpes , principalement autour des chalets, à la Dent-d'Oche en Savoie ; dans le Valais entre Lioson et Argneulaz ; en Piémont , à Villar-Sovran près Garrexio (All.).

3193. Cinéraire maritime.   *Cineraria maritima.*

> *Cineraria maritima.* Linn. spec. 1244. Lam. Dict. 2. p. 7. —
> *Othonna maritima.* Linn. spec. ed. 1. p. 925. — Lob. ic. t.
> 227. f. 2.

Cette espèce, qui a donné son nom au genre entier , est toute couverte d'un duvet court et cotonneux qui lui donne un aspect blanchâtre ou cendré ; sa grandeur varie de 1 à 5 décim. ; sa tige est un peu ligneuse à la base , cylindrique , branchue ; ses feuilles sont pinnatifides , à lobes obtus ordinairement terminés par trois sinuosités ; les lobes inférieurs sont séparés jusqu'à la côte moyenne ; ceux du sommet sont réunis par la base : les fleurs naissent plusieurs ensemble au sommet de la tige et des rameaux ; elles sont de couleur jaune , à-peu-près hémisphériques ; leur involucre est cotonneux ; les demi-rayons sont moins grands que dans les autres cinéraires. ♃. Elle croît sur les rochers exposés au soleil , le long des côtes de Provence ; au château d'If près Marseille , etc. ; en Languedoc à Agde , Aigue-Morte , à la Plage près Montpellier (Gou.) ; à Nice et à Oneille , et sur les roches au-dessus de l'Escarène (All.).

DXXXII. TAGÈTE.   *TAGETES.*

> *Tagetes.* Tourn. Linn. Juss. Lam. Gœrtn.

CAR. L'involucre est tubuleux, composé de plusieurs folioles disposées sur un seul rang et soudées ensemble ; les fleurs sont radiées, à fleurons hermaphrodites , à demi-fleurons peu nombreux , larges , femelles et fertiles ; les graines sont couronnées par cinq arètes.

OBS. Les feuilles sont opposées , pinnatifides , marquées de glandes transparentes : toutes les espèces de ce genre ont une odeur fétide.

3194. Tagète étalé.   *Tagetes patula.*

> *Tagetes patula.* Linn. spec. 1249. — Dill. Elth. t. 279. f. 361.

Cette plante est originaire du Mexique ; on la cultive dans

les jardins d'Europe comme plante d'ornement, à cause de sa
fleur qui est d'une belle couleur orangée. Elle est connue sous
les noms de *Rome*, *d'œillet d'inde*. Ses pédoncules sont fistuleux et à peine renflés au-dessous de la fleur; ses involucres
sont lisses; sa tige est presque droite, à rameaux étalés; elle
est le plus souvent à fleur double. ☉. On trouve aussi dans
quelques jardins le tagète dressé, *tagetes erecta*, Linn., qui
a la tige droite, les involucres anguleux, et les pédoncules fortement renflés sous la fleur. Ce dernier porte le nom de *rose
d'inde*.

DXXXIII. DORONIC.　　*DORONICUM*.

Doronicum. Linn. Juss. Lam. Gœrtn. — *Doronici sp.* Tourn.
Lam. Desf.

CAR. L'involucre est composé de plusieurs folioles égales,
disposées sur un ou deux rangs; les fleurs sont radiées, à fleurons hermaphrodites, à demi-fleurons femelles, fertiles, terminés par trois dents; les graines des fleurons sont couronnées
par une aigrette simple; celles des demi-fleurons sont nues :
le réceptacle est nu.

5195. Doronic mort-aux-　*Doronicum pardalianches*.
　　　panthères.

Doronicum pardalianches. Linn. spec. 1247. Lam. Dict. 2. p.
312. var. α. Jacq. Austr. t. 350. —*Doronicum cordatum*. Lam.
Fl. fr. 2. p. 128. —Cam. Epit. 823. ic.
β. *Uniflorum*.

Cette plante s'élève à 3-4 décim.; elle est toute hérissée de
poils, même dans sa partie supérieure; sa racine est rampante,
fibreuse; sa tige est droite, simple, excepté vers le sommet,
où elle se divise en trois ou quatre rameaux terminés chacun
par une grande fleur jaune; la variété β est simple et uniflore;
les feuilles sont toutes dentelées; les radicales sont en forme
de cœur très-prononcée, obtuses, portées sur un long pétiole
qui embrasse la tige par un petit appendice foliacé; dans les
feuilles inférieures l'appendice est plus grand, et le pétiole plus
court; dans celles du milieu le pétiole est si court, que l'appendice et le limbe sont réunis, ce qui forme une feuille échancrée des deux côtés dans le milieu de sa longueur; enfin, les
feuilles supérieures sont oblongues, arrondies et en forme de
cœur à leur base. ♃. Elle croît dans les bois des montagnes;

dans les Alpes; les Cévennes; les Pyrénées; les Monts-d'Or;
le Forez; le Lyonnois (Latourr.) ; à Auray en Bretagne(Bon.),
etc. J'ai reçu la variété β des environs de Sorrèze.

3196. Doronic à racine noueuse.   *Doronicum scorpioides.*

Doronicum scorpioides. Wild. spec. 3. p. 2114. — *Doronicum
pardalianches*, β. Lam. Dict. 2. p. 312. — Clus. Hist. 2.
p. 16.

Cette espèce est intermédiaire entre la précédente, dont elle
a le port, et la suivante, dont elle diffère peu par ses caractères ;
elle a une racine noueuse, épaisse, genouillée ; elle est presque
glabre dans toutes ses parties; sa tige se divise au sommet en
quelques rameaux très-longs et uniflores ; ses feuilles sont minces,
bordées de dents écartées et assez sensibles ; les radicales sont
pétiolées, ovales, prolongées sur le pétiole et non échancrées
en cœur à leur base ; celles du bas de la tige ont leur pétiole
muni d'oreillettes embrassantes : le pétiole s'évanouit dans les
feuilles supérieures qui sont oblongues et embrassantes. ♃. Elle
croît dans les bois des montagnes, dans les Alpes, les Pyrénées, etc.

3197. Doronic à feuilles de plantain.   *Doronicum plantagineum.*

Doronicum plantagineum. Linn. spec. 1247. Lam. Dict. 2. p.
312. — Dalech. Hist. 1202. f. 2. — Lob. ic. 648. f. 2. male.

Cette espèce diffère des deux précédentes, parce que ses
feuilles radicales sont ovales-oblongues, et que ses pétioles ne
sont point munis à leur base d'appendices ou d'oreillettes foliacées ; elle est presque entièrement glabre et n'est peut-être
qu'une variété effilée ou demi-étiolée du doronic à racine
noueuse : sa racine est épaisse, noueuse ; le collet est souvent
garni d'une touffe de poils blancs : la tige est simple, uniflore
et haute de 4 décim. dans mes échantillons; les feuilles sont
ovales-oblongues ; les inférieures portées sur de longs pétioles ,
les supérieures sessiles et embrassantes. ♃. Elle croît dans les
bois sablonneux, aux environs de Paris, à Saint-Germain ,
Neuilly-sur-Marne, etc.; à Sémur(Dur.); à Bourmont et à Re-
miremont dans les Vosges (Buch.).

DXXXIV. ARNIQUE. *ARNICA.*

Arnica. Linn. Juss. Gœrtn. — *Doronici sp.* Tourn. Lam. Desf.

Car. Ce genre diffère des doronics, parce que les demi-fleurons ont cinq filamens stériles, et que leurs graines sont munies d'aigrettes comme celles des fleurons.

3198. Arnique de montagne. *Arnica montana.*

Arnica montana. Linn. spec. 1245. Lam. Fl. fr. 2. p. 126. — *Doronicum oppositifolium.* Lam. Dict. 2. p. 312.—*Doronicum arnica.* Desf. Cat. 101. — Clus. Hist. 2. p. 18. f. 1. — Blackw. t. 595.

β. *Angustifolia.* — *Cineraria cernua.* Thor. Land. 344. — Tabern. ic. 336.

Sa tige s'élève jusqu'à 5 décim. ; elle est quelquefois simple et uniflore ; d'autres fois elle se divise, et porte trois ou quatre fleurs : ses feuilles sont ovales-oblongues, très-entières ; celles de la tige sont presque toujours au nombre de quatre, opposées deux à deux : les fleurs sont grandes, de couleur jaune. La variété β se distingue par ses feuilles étroites, lancéolées, un peu plus velues, et par ses fleurs souvent penchées. ♃. Cette plante est assez commune dans les prairies des montagnes; dans les Alpes ; les Pyrénées ; les Vosges ; le Jura ; les Monts-d'Or ; le Rouergue ; la forêt d'Orléans et les bois de la Sologne (Dub.), etc. Elle porte les noms de *tabac des Vosges*, *tabac des savoyards*, *bétoine des montagnes*, etc. Elle est tonique, un peu vomitive, et sa poudre est sternutatoire.

3199. Arnique doronic. *Arnica doronicum.*

Arnica doronicum. Jacq. Austr. t. 82. — *Arnica stiriaca.* Vill. Dauph. 3. p. 210. — *Arnica clusii.* All. Ped. n. 745. t. 17. f. 1. et 2.— *Doronicum hirsutum.* Lam. Dict. 2. p. 313.—Clus. Hist. 2. p. 17. f. 1.

La racine est noueuse, oblique, épaisse; la tige est droite, longue de 2-3 décim., hérissée, ainsi que les feuilles et les involucres, de poils assez longs et nombreux; les feuilles sont oblongues - lancéolées, entières ou bordées çà et là de dents éparses ; les inférieures sont rétrécies en pétiole ; les supérieures sont alternes, sessiles, peu nombreuses : la fleur est jaune, terminale, moins grande que dans l'arnique à racine noueuse; leur involucre est hérissé; les demi-fleurons n'ont ni étamines, ni filets stériles (Vill.). ♃. Cette plante croît dans les hautes Alpes, dans les lieux pierreux, près des neiges qui se fondent; en

Piémont à Javena, Usima, l'Argentière, entre Tende et Limone (All.); en Dauphiné, dans le Queyras, sur le mont Vizo
et le Col Vieux (Vill.).

3200. Arnique à racine noueuse.   *Arnica scorpioides.*

> *Arnica scorpioides.* Linn. spec. 1246. Lam. Fl. fr. 2. p. 126.
> Jacq. Fl. Austr. t. 349.—*Doronicum grandiflorum.* Lam. Dict.
> 2. p. 313. — Lob. ic. t. 649. f. 1.

Sa racine est épaisse, noueuse; sa tige est haute de 5 décim.,
cylindrique, striée, verte, simple et souvent uniflore; ses feuilles
radicales sont ovales, un peu arrondies, dentées et pétiolées; celles
de la tige sont sessiles, lancéolées et dentées; les unes et les autres
sont molles, tantôt glabres, tantôt un peu velues sur les deux surfaces : la fleur est jaune, fort grande, et son involucre est velu. ♃.
On trouve cette plante dans les lieux humides des montagnes, le
long des torrens, dans les Alpes de la Savoie; du Dauphiné; du
Piémont; dans les montagnes de l'Auvergne (Delarb.).

3201. Arnique paquerette.   *Arnica bellidiastrum.*

> *Arnica bellidiastrum.* Vill. Dauph. 3. p. 212. — *Doronicum
> bellidiastrum.* Linn. spec. 1247. Lam. Dict. 2. p. 313. — *Aster
> bellidiastrum.* Scop. Carn. n. 1044. — Mich. Gen. t. 29. —
> Cam. Epit. 654. ic.

La tige de cette plante est fort petite, nue, et ne porte
qu'une fleur; ses feuilles sont radicales, ovales-oblongues, un
peu velues et dentées. Cette plante ressemble beaucoup à la
paquerette vivace, par son port, par la couleur de sa fleur,
par son réceptacle un peu conique, etc.; mais ses semences sont
toutes chargées d'aigrette. ♃. Elle croît dans les bois montagneux
en Provence, en Dauphiné, en Piémont; dans la Savoie, au mont
Salève, etc. Elle seroit peut-être mieux placée parmi les *aster*,
à cause de la couleur de ses demi-fleurons? Peut-être même
doit-elle former un genre particulier avec le *doronicum rotundifolium*, Desf.

** *Graines non couronnées d'aigrettes; réceptacle nu.*

D X X X V. S O U C I.   *C A L E N D U L A.*

> *Calendula.* Linn. Juss. Lam. Gœrtn. — *Caltha.* Tourn. Mœnch.
> non Linn.

Car. L'involucre est composé de plusieurs folioles égales,
disposées sur un seul rang; les fleurs sont radiées; les fleurons
tubuleux sont mâles dans le centre, hermaphrodites dans le
disque;

disque ; les demi-fleurons sont femelles et fertiles ; les graines
sont membraneuses , irrégulières, courbées.

3202. Souci des champs.   *Calendula arvensis.*

Calendula arvensis. Linn. spec. 1303. Lam. Fl. fr. 2. p. 123.
Gœrtn. Fruct. 2. p. 421. t. 168. f. 4. — *Caltha arvensis.* Mœnch.
Meth. 585. — Moris. s. 6. t. 4. f. 6.

Sa tige est haute de 3 décim. , grèle , cylindrique , branchue
et chargée de quelques poils ; ses feuilles sont entières , ovales-
oblongues et sessiles ; elles sont quelquefois un peu dentées :
les fleurs sont jaunes, et les écailles de l'involucre sont aiguës et
disposées sur deux rangs ; les semences du milieu sont courbées ,
creusées en nacelle d'un côté , hérissées d'aspérités sur leur
dos , et renfermées dans des espèces de capsules membraneuses
et convexes ; celles du bord sont plus longues, prolongées en
pointe souvent bifurquée. ⊙. Cette plante croît dans les champs
et dans les vignes.

3203. Souci des jardins.   *Calendula officinalis.*

Calendula officinalis. Linn. spec. 1304. Gœrtn. Fruct. 2. p. 422.
t. 168. f. 4. — *Caltha officinalis.* Mœnch. Meth. 585. — Blackw.
t. 106.

Cette espèce ressemble beaucoup au souci des champs , mais
elle est plus grande dans toutes ses parties ; ses feuilles inférieures sont en forme de spatule ; sa fleur est plus grande et
d'une couleur plus orangée ; les graines de la circonférence sont
toutes élargies , en forme de nacelle , obtuses et rudes sur leur
ligne dorsale ; celles du centre sont courbées en arc et rudes
sur le dos. ⊙. Elle croît dans les champs du midi de l'Europe ,
et est cultivée dans la plupart des jardins.

DXXXVI. CHRYSANTHÈME. *CHRYSANTHEMUM.*

Chrysanthemum. Gœrtn. — *Chrysanthemi sp.* Linn. Juss. —
Matricariæ sp. Lam. — *Chrysanthemum et Leucanthemum.*
Lam. Fl. fr.

Car. L'involucre est hémisphérique , à écailles embriquées ,
coriaces , scarieuses sur les bords ; les fleurs sont radiées ; les
fleurons sont tous hermaphrodites ; les demi-fleurons femelles ,
fertiles , oblongs , presque toujours tronqués au sommet ; les
graines sont nues et non couronnées par une membrane.

§. Iᵉʳ. LEUCANTHÈMES. *Disque jaune; demi-fleurons blancs ou rouges.*

3204. Chrysanthème leu-   *Chrysanthemum leu-*
     canthême.   *canthemum.*

> *Chrysanthemum leucanthemum.* Linn. spec. 1251. Vill. Dauph.
> 3. p. 200. — *Leucanthemum vulgare.* Lam. Fl. fr. 2. p. 137.
> — *Matricaria leucanthemum.* Lam. Dict. 3. p. 731. — Hall.
> Helv. n. 98.
> β. *Caule villis canescente.* Tourn. Inst. 492.
> γ. *Foliis semipinnatifidis.*
> δ. *Foliis radicalibus, caule subnudo unifloro.*
> ε. *Caule folioso unifloro, foliis superioribus lineari-lanceolatis.*
> — *Chrysanthemum montanum.* Linn. spec. 1252. All. Ped.
> t. 37. f. 2.
> ζ. *Flosculosum radio abortivo.*

Sa tige est haute de 3-6 décimètres, ordinairement branchue; elle est striée et garnie de feuilles embrassantes, oblongues, un peu étroites, obtuses et dentées en scie, sur-tout à leur sommet : les feuilles radicales sont en spatule et rétrécies en pétiole à leur base; la fleur est grande, fort belle; son disque est jaune, plane, entouré de demi-fleurons blancs, oblongs, longs de 15-18 millim. La var. β se distingue, parce que la tige et les feuilles sont garnies de poils blanchâtres plus ou moins nombreux; la variété γ a les feuilles toutes découpées et presque pinnatifides; dans la variété δ, observée à Chamrosay par l'Héritier, les feuilles sont presque toutes radicales, en forme de spatule; la tige est presque nue et ne porte qu'une seule fleur : la variété ε, qui croît dans les montagnes des provinces méridionales, a la tige simple, uniflore, garnie dans presque toute sa longueur, de feuilles étroites et alongées; la variété ζ est une monstruosité flosculeuse produite par l'avortement des demi-fleurons. ♃. Cette plante est très-commune dans les prés. Elle est connue sous les noms de *grande paquerette, grande marguerite, œil de bœuf.*

3205. Chrysanthème à   *Chrysanthemum maximum.*
     grande fleur.

> *Chrysanthemum maximum.* Ram. Bull. Philom. n. 42. p. 140. —
> Dodart. ic. t. 65.

Cette espèce ressemble beaucoup à la précédente, mais elle est plus grande dans toutes ses parties et spécialement dans les

dimensions de sa fleur , qui atteint la grandeur de celle de
l'aster de Chine , et dont les demi-fleurons ont jusqu'à 3 centim.
de longueur; sa racine est oblique; sa tige droite , sillonnée ,
glabre , ainsi que le reste de la plante , haute de 5-6 décim. ;
les feuilles sont charnues , fermes , cassantes; les inférieures
sont en forme de spatule , rétrécies en pétiole , à peine dentées;
celles du milieu sont sessiles , lancéolées , aiguës , dentées; les supérieures sont en petit nombre , linéaires et entières; l'extrémité des demi-fleurons est obtuse , presque toujours entière. ♃.
Cette plante croît dans les Pyrénées , au voisinage de Bagnères ,
sur le Lhéris et les montagnes adjacentes. M. Ramond a observé que dans les individus cultivés , on en trouve quelques-uns
dont la tige se ramifie vers la base en rameaux uniflores , et que
leur fleur est un peu moins grande.

3206. Chrysanthême à feuilles de gramen. — *Chrysanthemum graminifolium.*

Chrysanthemum graminifolium. Linn. spec. 1252. Jacq. Obs. t.
92. — *Leucanthemum graminifolium.* Lam. Fl. fr. 2. p. 137.
— Magn. Hort. monsp. t. 31.

Sa tige est très-simple , glabre ainsi que le reste de la plante ,
garnie de feuilles éparses , étroites , linéaires , pointues ; celles de
la tige sont parfaitement entières ; celles qui naissent près de la
racine sont un peu dentées , selon Gouan : le haut de la tige est
nu et se termine par une fleur droite , assez semblable à celle
du leucanthême , mais plus petite ; les folioles de l'involucre
sont glabres , noirâtres sur le bord ; le disque est jaune , plane ;
les demi-fleurons sont blancs , horizontaux , oblongs ou elliptiques , obtus. ♃. Cette plante croît sur les collines des provinces méridionales; dans le Rouergue ; en Languedoc au mont
Sérane , au mont du Loup et à Campestre près Montpellier
(Gou.).

3207. Chrysanthême céra-tophylle. — *Chrysanthemum ceratophylloides.*

Chrysanthemum ceratophylloides. All. Ped. n. 686. t. 37. f. 1.
Wild. spec. 3. p. 2144.

Cette plante est entièrement glabre ; sa tige est droite , nue
au sommet , terminée par une seule fleur , haute de 2-3 décimètres ; ses feuilles sont oblongues , rétrécies en pétiole , pinnatifides , à lobes écartés presque perpendiculaires sur la nervure

du milieu, entiers ou rarement divisés, pointus, parallèles
entre eux ; dans les individus cultivés ils ne dépassent guères
le milieu de la largeur de la feuille ; dans la plante sauvage ils
atteignent presque jusqu'à la côte : la fleur est droite, à rayon
blanc, assez semblable à celle du chrysanthême leucanthême,
mais un peu moins grande ; l'involucre est composé de folioles
noires et scarieuses sur les bords. ♃. Elle croit dans les montagnes de Tende et de Briga en Piémont (All.). J'ai reçu cette
plante de M. Balbis, qui l'a trouvée dans les Alpes de Pise.

3208. Chrysanthême de   *Chrysanthemum Mons-*
    Montpellier.   *peliense.*

> *Chrysanthemum Monspeliense.* Linn. spec. 1252. Jacq. Obs. t.
> 93. — *Matricaria Monspeliensis.* Lam. Dict. 3. p. 733. —
> *Leucanthemum palmatum.* Lam. Fl. fr. 2. p. 138.

Sa tige est haute de 3 décim., simple, glabre, légèrement
farineuse dans sa partie supérieure ; elle ne soutient souvent
qu'une fleur terminale fort grande, dont le disque est jaune
et la couronne d'un blanc rougeâtre ; ses feuilles sont pétiolées,
palmées ou divisées en cinq lanières étroites et pinnatifides ;
ces lanières sont un peu alternes, et ne se réunissent pas
en un même point sur le pétiole comme dans les feuilles
véritablement palmées : les écailles de l'involucre sont longues,
partagées par une ligne verte et terminées par une membrane
sèche, brune et obtuse. ♃. Cette plante croit dans les environs
de Montpellier.

§. II. CHRYSANTHÊMES. *Demi-fleurons de la même*
couleur que le disque.

3209. Chrysanthême de   *Chrysanthemum Myconis.*
    Mycon.

> *Chrysanthemum Myconis.* Linn. spec. 1254. — *Matricaria My-*
> *conis.* Lam. Dict. 3. p. 736. — Dalech. Lngd. 873. f. 2.

Cette plante ressemble au chrysanthême des blés ; sa tige
est droite, rameuse, haute de 5-6 décim. ; ses feuilles sont
oblongues, dentées en scie, découpées, embrassantes à leur
base, obtuses au sommet ; les inférieures en spatule, les supérieures oblongues : la tige se divise au sommet en rameaux
grèles, presque nus, terminés chacun par une fleur d'un jaune
doré, plus petite que dans l'espèce suivante ; les demi-fleurons

sont courts, elliptiques, à trois dents ; les graines sont nues au sommet. ☉. Elle croit dans les environs de Nice (All.).

3210. Chrysanthême des blés.   *Chrysanthemum segetum.*

> *Chrysanthemum segetum.* Linn. spec. 1254. Lam. Fl. fr. 2. p. 139. — *Matricaria segetum.* Lam. Dict. 3. p. 735. — Clus. Hist. 1. p. 334. f. 2.

Sa tige est haute de 5 décim., cannelée, feuillée et branchue ; ses feuilles inférieures sont oblongues, élargies et découpées à leur sommet ; les supérieures sont plus étroites, plus en pointe, et terminées par quelques dents aiguës ; elles sont toutes embrassantes et d'un verd glauque : les fleurs sont grandes, fort belles, tout-à-fait jaunes et solitaires au sommet de la tige et des rameaux. ☉. Cette plante croît dans les champs ; elle passe pour vulnéraire et donne une teinture jaune. On la nomme vulgairement *marguerite dorée.*

3211. Chrysanthême couronné.   *Chrysanthemum coronarium.*

> *Chrysanthemum coronarium.* Linn. spec. 1254. — *Matricaria coronaria.* Lam. Dict. 3. p. 737. — Clus. Hist. 1. p. 335. f. 1.
> β. *Flore pleno.*

Cette plante s'élève à 6-7 décim. ; sa tige est herbacée, rameuse, droite, cylindrique ; ses feuilles sont d'un verd glauque, d'une consistance molle, profondément pinnatifides, à lobes étroits, rameux, découpés en dents pointues et nombreuses ; elles embrassent la tige par leur base et sont beaucoup plus larges vers leur sommet : les fleurs sont nombreuses, solitaires au sommet des pédoncules, assez semblables à celles du chrysanthême des blés, mais d'un jaune plus pâle ; quelquefois leurs demi-fleurons se décolorent et sont jaunes seulement à la base ; les graines sont tétragones, tronquées. ☉. Cette plante croît naturellement aux environs de Nice (All.) ; dans le bas Valais (Hall.). La variété β, qui a la fleur double et stérile, est cultivée dans les jardins comme fleur d'ornement.

DXXXVII. PYRÈTHRE.   *PYRETHRUM.*

> *Pyrethrum.* Hall. Gœrtn. — *Chrysanthemi sp.* Linn. Juss. — *Matricariæ sp.* Lam. — *Leucanthemi sp.* Lam. Fl. fr.

CAR. Ce genre diffère des chrysanthêmes, parce que ses

demi-fleurons sont terminés par trois dents , et que ses graines
sont couronnées par une membrane saillante , souvent dentée.

3212. Pyrèthre d'Haller.   *Pyrethrum Halleri.*

Pyrethrum Halleri. Wild. spec. 3. p. 2152. — *Chrysanthemum
Halleri.* Sut. Fl. helv. 2. p. 193. — *Chrysanthemum corono-
pifolium.* Vill. Dauph. 3. p. 201. — Barr. ic. t. 458. f. 2.*

Sa racine est traçante ; sa tige simple , droite , glabre ainsi
que le reste de la plante , nue vers le sommet , haute de 1-2
décimètres , et terminée par une seule fleur à disque jaune et
à rayon blanc ; les feuilles sont placées vers le bas de la tige
dans les plus grands individus , et éparses dans toute la longueur
lorsque la tige est très-courte ; elles sont lancéolées , sessiles ,
bordées de fortes dents divergentes qui les rendent presque pinnatifides : les écailles de l'involucre sont foliacées dans le milieu , entourées d'une large membrane noire et scarieuse ; le
limbe des demi-fleurons est oblong , terminé par trois dents
obtuses ; les graines sont couronnées par un bord membraneux
et denté. ♃. Elle croît dans les lieux pierreux des Alpes de la
Savoie ; de la Provence ; du Dauphiné ; dans le Queyras , au-
dessus d'Abriès , à Rioutort (Vill.).

3213. Pyrèthre des Alpes.   *Pyrethrum Alpinum.*

Pyrethrum Alpinum. Wild. spec. 3. p. 2153. — *Chrysanthemum
Alpinum.* Linn. spec. 1253. — *Matricaria Alpina.* Lam. Dict.
3. p. 730. — *Leucanthemum Alpinum.* Lam. Fl. fr. 2. p. 138. —
Clus. Hist. 1. p. 335. f. 2.
β. *Caule foliisque pubescentibus.* — *Chrysanthemum minimum.*
Vill. Dauph. 3. p. 202. — *Matricaria minima.* Lam. Dict. 3.
p. 731.
γ. *Flore majore.* — *Chrysanthemum Alpinum.* Hop. Cent. exs. 3.
— *Chrysanthemum atratum.* Hoffm. Germ. 4. p. 157.

La racine de cette plante produit plusieurs tiges simples ,
feuillées , uniflores , un peu couchées à leur base , et hautes de
2 décimètres ; ses feuilles sont alongées , un peu étroites ,
pinnatifides , rétrécies en pétiole à leur base , glabres et d'une
couleur glauque ; elles sont un peu cotonneuses , blanchâtres , et
à découpures moins profondes et moins fines dans la variété β :
les fleurs sont assez grandes ; leur disque est jaune , et leur
couronne blanche ou quelquefois purpurine ; les semences sont
couronnées de paillettes. ♃. Cette plante croît dans les lieux
pierreux et montagneux des provinces méridionales , des Alpes ,

des Pyrénées, etc. La variété γ a la fleur plus grande, la tige
un peu velue; sa graine est, de même que dans les précédentes,
couronnée par un bord membraneux.

5214. Pyrèthre en corimbe. *Pyrethrum corymbosum.*

Pyrethrum corymbosum. Wild. spec. 3. p. 2155. — *Chrysanthe-*
mum corymbosum. Linn. spec. 1251. Jacq. austr. t. 379. —
Matricaria corymbosa. Lam. Dict. 3. p. 734. — *Matricaria ino-*
dora. Lam. Fl. fr. 2. p. 136. non Linn.
α. *Flore majore.* Clus. Hist. 1. p. 338. f. 1.
β. *Flore minore.* Barr. ic. t. 781. 782. 785. 786.

Sa tige est haute de 6-9 décim., droite, ferme et un peu
branchue; ses feuilles sont ailées et composées de lanières
étroites, pinnatifides et à découpures pointues; elles sont un
peu velues ou pubescentes en dessous : les écailles de l'involucre
sont terminées par une membrane brune, et les semences sont
couronnées par cinq dents; les fleurs sont disposées en corimbe
et ont leurs demi-fleurons de couleur blanche. ♃. Cette plante
croît dans les bois montueux des provinces méridionales; elle
se retrouve aux environs de Paris, au côteau de Beauté près Vincennes (Thuil.); en Bourgogne (Dur.); à Teix et la Batisse en Auvergne (Delarb.); dans le Belley et le Lyonnois (Latourr.).

5215. Pyrèthre matricaire. *Pyrethrum parthenium.*

Pyrethrum parthenium. Smith. Fl. brit. 2. p. 900. — *Matricaria*
parthenium. Linn. spec. 1250. Lam. Dict. 3. p. 727. Bull. Herb.
t. 203. — *Matricaria odorata.* Lam. Fl. fr. 2. p. 135.
β. *Flosculosum.* — Hall. Helv. n. 100.

Sa tige est haute de 6 décim., ferme, droite, cannelée et
un peu branchue; ses feuilles sont larges, blanchâtres, ailées
et composées de lanières pinnatifides, dont les découpures sont
un peu obtuses; les fleurs ont le disque jaune, la couronne
blanche, et sont portées sur des pédoncules rameux disposés
en corimbe; l'involucre est pubescent, hémisphérique, composé d'écailles scarieuses, déchirées au sommet; les graines
sont sillonnées, couronnées par un bord membraneux. La variété β ne diffère de la précédente que par l'avortement des
demi-fleurons. ♃ ou ♂. Cette plante croît dans les lieux incultes
et pierreux; elle est stomachique, emménagogue, hystérique
et vermifuge.

M 4

3216. Pyrèthre inodore. *Pyrethrum inodorum.*

Pyrethrum inodorum. Smith. Fl. brit. 2. p. 900. — *Chrysanthe-mum inodorum.* Linn. spec. 1253. — *Matricaria inodora.* Linn. Fl. succ. ed. 2. n. 765. Lam. Dict. 3. p. 734. — Fuchs. Hist. 144. ic.

Cette plante est presque inodore et glabre dans toutes ses parties ; sa tige est rameuse, un peu étalée, longue de 3–4 décimètres ; ses feuilles sont pinnatifides, à lobes grêles, étroits, linéaires, divisés en deux ou trois lanières ; les fleurs sont solitaires au sommet de la tige et des rameaux, assez semblables à celles de la camomille ; leur disque est jaune, convexe ; leurs demi-fleurons ont le limbe blanc, étalé, elliptique, terminé par trois dents ; l'involucre a ses écailles bordées d'une membrane fine et noirâtre ; le réceptacle est conique ; les graines couronnées par une membrane entière. ⊙. Elle croît dans les champs et au bord des routes, dans les terreins secs et pierreux. Je l'ai reçue du Valais, du Languedoc. On la trouve à Bressol, Bas-Pays et Beausoleil près Montauban (Gat.) ; aux environs de Nice, entre Moutier et Pralugnan, près Limon et Rubilant, dans les montagnes de Valderio en Piémont (All.) ; dans le Champsaur, l'Oysans, à Lans, sur la Mataisie en Dauphiné (Vill.) ; aux environs de Paris (Thuil.).

DXXXVIII. MATRICAIRE. *MATRICARIA.*

Matricaria. Tourn. Linn. Juss. Gœrtn. — *Matricariæ sp.* Lam.

CAR. L'involucre est hémisphérique, embriqué d'écailles foliacées et aiguës ; les fleurs sont radiées, à fleurons hermaphrodites, à demi-fleurons oblongs, femelles, fertiles ; le réceptacle est nu, conique ; les graines ne sont pas couronnées.

OBS. Ce genre diffère à peine des chrysanthèmes.

3217. Matricaire camo-   *Matricaria chamomilla.*
mille.

Matricaria chamomilla. Linn. spec. 1256. Lam. Dict. 3. p. 728. — *Leucanthemum chamæmelum.* Lam. Fl. fr. 2. p. 139. — Lob. ic. 770. f. 1.

Sa tige est haute de 5 décim., rameuse et souvent rougeâtre ; ses feuilles sont deux fois ailées, et leurs découpures sont fines et presque capillaires ; ses fleurs ont le disque jaune, la couronne blanche et l'involucre presque plane ou peu hémisphérique ; leur diamètre est de 5 centim. Cette plante ressemble beaucoup, par son port, à la camomille puante ; mais son réceptacle n'a pas de paillettes, et son odeur est foible et point désagréable. ⊙. Elle croit dans les jardins et les lieux ou les champs cultivés ; elle est un peu amère, stomachique, fébrifuge , résolutive et carminative. On l'emploie souvent à la place de la camomille romaine.

3218. Matricaire odorante. *Matricaria suaveolens.*

Matricaria suaveolens. Linn. spec. 1256. Lam. Dict. 3. p. 728.

Cette espèce ressemble extrêmement à la précédente, mais son odeur est plus agréable ; ses fleurs sont de moitié plus petites ; ses involucres ont leurs folioles moins obtuses, et ses feuilles sont trois fois pinnatifides et à lanières plus grèles. ⊙. Elle croit aux environs de Narbonne, à Cambron et au petit Lavier près Abbeville (Bouch.); en Auvergne (Delarb.).

DXXXIX. PAQUERETTE. *BELLIS.*

Bellis. Tourn Linn. Juss. Lam. Gœrtn.

C**AR**. L'involucre est hémisphérique, à plusieurs folioles égales, disposées sur un seul rang ; les fleurs sont radiées, à fleurons hermaphrodites, à demi-fleurons nombreux, lancéolés, entiers, femelles, fertiles ; le réceptacle est conique, tuberculeux ; les graines sont nues.

3219. Paquerette vivace. *Bellis perennis.*

Bellis perennis. Linn. spec. 1248. Lam. Illustr. t. 677.
β. *Flore pleno albo.* — Kniph. cent. t. 10.
γ. *Flore pleno purpureo.* — Blackw. t. 530.
δ. *Caule elongato, foliis crenatis.*
ε. *Caule elongato, foliis integris.* — *Bellis integrifolia.* Lam. Dict. 5. p. 6.

Les hampes de cette plante sont hautes de 9-12 centim., et soutiennent chacune une fleur, dont le disque est jaune et la couronne blanche, mais souvent un peu purpurine en dessous ; ses feuilles sont radicales, simples, crénelées, obtuses et en forme de spatule. ♃. Cette plante croît abondamment sur les pelouses et sur le bord des chemins, où elle fleurit presque pendant toute l'année ; ses feuilles sont vulnéraires, détersives et un peu astringentes. La variété β a la fleur double et de couleur blanche ; la variété γ a la fleur double, rouge ou purpurine : l'une et l'autre sont cultivées dans les parterres ; la variété δ, qui croît dans les lieux ombragés, offre plusieurs tiges qui sortent d'une même souche,

qui émettent à leur sommet une hampe uniflore, et qui portent
des feuilles crénelées; la variété ε, trouvée par M. Lamarck sur
la butte du jardin des Plantes, ne diffère de la précédente que
par ses feuilles entières et non crénelées.

3220. Paquerette annuelle.   *Bellis annua.*

Bellis annua, Linn. spec. 1249. Desf. Atl. 2. p. 280.
   α. Acaulis villosa. — *Bellis ramosa.* Lam. Fl. fr. 2. p. 122. —
     Mich. t. 29.
   β. Acaulis glabra.
   γ. Caulescens ramosa foliosa. —Cam. Epit. 655. ic.
   δ. Caulescens repens. —*Bellis repens.* Lam. Fl. fr. 2. p. 122.

Ses racines sont fibreuses, capillaires, annuelles; sa tige est
tantôt simple et très-courte, et alors les feuilles paroissent radicales (var. α, β); tantôt alongées, rameuses et feuillées
(var. γ); tantôt couchées et un peu rampantes (var. δ): ses
feuilles, soit qu'on les trouve réunies au bas de la plante (var.
α et β), soit qu'elles naissent le long de la tige (var. γ et δ),
sont petites, ovales, obtuses, crénelées au sommet, rétrécies
en pétiole, tantôt glabres (var. β, γ, δ), quelquefois un peu
velues (α); les fleurs sont plus petites que dans la paquerette
vivace, solitaires au sommet des pédoncules qui sont nus,
grèles, et qui naissent de la racine (α, β) ou du sommet des
rameaux (γ, δ). Plusieurs auteurs disent que cette fleur a le
rayon bleu; je ne sais s'ils ont décrit une plante différente de la
nôtre, ou si sa couleur est sujette à varier, mais j'ai toujours vu
les demi-fleurons blancs : dans quelques échantillons ils sont teints
de rouge à leur sommet, comme dans la paquerette vivace. ☉. Cette
plante croît dans les prairies, les bois et les collines du midi de
la France; dans l'isle de Corse (Tourn.); aux environs de Nice
(All.); en Provence (Gér.); à Perauls et à Villeneuve près
Montpellier (Gou.).

DXL. CARPÉSIE.   *CARPESIUM.*

Carpesium. Linn. Juss. Lam. Gœrtn. — *Conyzoides.* Tourn.

CAR. L'involucre est hémisphérique, embriqué de folioles
disposées sur plusieurs rangs; les extérieures longues et étalées;
les intérieures membraneuses, obtuses, crénelées : les fleurs sont
flosculeuses; les fleurons du disque sont hermaphrodites, à cinq
lobes; ceux de la circonférence femelles, fertiles, à cinq dents :
le réceptacle est nu; les graines sont sans aigrettes.

3221. Carpésie penchée. *Carpesium cernuum.*

Carpesium cernuum. Linn. spec. 1203. Lam. Illustr. t. 696. f. 1.
Jacq. Austr. t. 204.

Sa tige est cylindrique, branchue, garnie de quelques poils un peu rudes au toucher, et s'élève jusqu'à 5 décimètres; ses feuilles sont ovales-lancéolées, un peu dentées en leur bord, et ressemblent à celles de la conyse rude; ses fleurs sont jaunâtres, penchées à l'extrémité de leur pédoncule qui est épais et sont garnies de quatre ou cinq bractées lancéolées et inégales; les écailles de l'involucre sont réfléchies. ♃. Elle croît dans les lieux humides et ombragés, sur les côtes de la Provence (Gér.); au bord des forêts en Piémont (All.); dans les bois du Dauphiné à Saint-Martin-de-Gières, près de Grenoble, à la Gallochère (Vill.).

D X L I. B A L S A M I T E. *B A L S A M I T A.*

Balsamita. Vaill. Desf. — *Tanaceti et Chrysanthemi sp.* Linn.
— *Matricariæ sp.* Lam.

Car. L'involucre est ouvert, embriqué; tous les fleurons sont tubuleux, hermaphrodites, à cinq dents; le réceptacle est nu; les graines couronnées par une membrane incomplette.

3222. Balsamite commune. *Balsamita major.*

Balsamita major. Desf. Act. Soc. Hist. Nat. 1. p. 3. — *Balsamita vulgaris.* Wild. spec. 3. p. 1802. — *Tanacetum balsamita.* Linn. spec. 1148. Lam. Fl. fr. 2. p. 66. — Dalech. Hist. 678. ic.

Ses tiges sont hautes de 6 décim., fermes, un peu ligneuses, légèrement velues, blanchâtres et rameuses; ses feuilles sont ovales, elliptiques, dentées et d'un verd blanchâtre; les inférieures sont pétiolées, et les supérieures sessiles, munies d'oreillettes à leur base; ses fleurs sont jaunes, de 6-8 millim. de diamètre et disposées en corimbe. ♃. Cette plante croît dans les provinces méridionales; elle est stomachique, carminative; ses feuilles sont vulnéraires et sa semence vermifuge. On la cultive dans les jardins à cause de son odeur agréable : elle porte les noms de *menthe coq*, *coq*, *herbe coq des jardins*.

3223. Balsamite annuelle. *Balsamita annua.*

Tanacetum annuum. Linn. spec. 1183. Lam. Fl. fr. 3. p. 639. Gouan. Illustr. 66. — Clus. Hist. 1. p. 336. f. 1.

Cette plante s'élève à 4-6 décim.; elle est toute couverte

d'un léger duvet, et exhale une odeur forte et aromatique ; sa tige est droite, roide, striée, divisée, sur-tout vers le haut, en rameaux divergens qui dépassent souvent en longueur le corimbe terminal ; les feuilles radicales sont deux fois pinnatifides ; celles de la tige sont réunies par faisceaux pinnatifides, à lobes trifurqués ; toutes ont des lanières étroites, linéaires, acérées ; celles des rameaux sont moins découpées et réunies en faisceaux comme sur la tige : les fleurs sont disposées en corimbe au sommet de la tige et des principaux rameaux ; chaque corimbe est composé de trente à quarante petites fleurs jaunes, flosculeuses, dont tous les fleurons sont hermaphrodites (Gou.). ☉. Elle croît dans les lieux incultes et sablonneux aux environs d'Avignon, de Beaucaire, de Saint-Giles, d'Arles (Gou.) ; à Nice le long du Var (All.).

3224. Balsamite effilée.   *Balsamita virgata.*

> *Balsamita virgata.* Desf. Act. Soc. hist. nat. 1. p. 2. — *Chrysanthemum flosculosum*, β. Linn. Syst. ed. Reich. 3. p. 852. — *Cotula grandis.* Linn. spec. 1257. — *Chrysanthemum discoideum.* All. Ped. n. 687. t. 11. f. 1. — *Matricaria virgata.* Lam. Dict. 4. p. 737.

Sa tige est herbacée, effilée, rameuse à sa base, glabre, ainsi que le reste de la plante, haute de 5-7 décim., presque nue vers le sommet ; ses feuilles sont sessiles, lancéolées, dentées en scie, un peu rétrécies à la base, d'un verd clair et d'une consistance herbacée ; les supérieures sont linéaires et entières : les fleurs sont jaunes, de 2 centim. de diamètre, solitaires au sommet de la tige et des branches principales. ♃, All.; ☉, Linn. Elle croît dans les lieux arides des environs de Nice (All.).

DXLII. TANAISIE.   *TANACETUM.*

Tanacetum. Tourn. Linn. Juss. Lam. Gœrtn.

CAR. L'involucre est hémisphérique, embriqué d'écailles petites, pointues et serrées ; tous les fleurons sont tubuleux ; ceux du disque sont hermaphrodites, à cinq lobes ; ceux de la circonférence femelles, fertiles, à trois lobes ; le réceptacle est nu ; les graines sont couronnées par un rebord membraneux et entier.

5225. Tanaisie commune. *Tanacetum vulgare.*

Tanacetum vulgare. Linn. spec. 1148. Lam. Illustr. t. 696. f. 1.
— Fuchs. Hist. 46. ic.
β. *Crispum.* Dod. Pempt. 36.

Sa tige est haute de 12-15 décim. , ferme, branchue, légèrement velue et striée ; elle porte à son sommet de beaux corimbes de fleurs jaunes : ses feuilles sont d'un verd foncé, deux fois ailées et très-découpées. On en cultive une variété dans les jardins, dont les feuilles sont presque frisées. ♃. Cette plante croit dans les terreins pierreux et dans les murs ; elle porte le nom vulgaire de *barbotine.*

DXLIII. ARMOISE. *ARTEMISIA.*

Artemisia. Linn. Juss. Lam. —*Absinthium, Artemisia et Abrotanum.* Tourn. — *Artemisia et Absinthium.* Hall. Gœrtn. Lam. Fl. fr.

CAR. L'involucre est ovoïde ou arrondi, embriqué d'écailles oblongues et serrées ; les fleurons sont tous tubuleux ; ceux du disque nombreux, hermaphrodites, à cinq dents ; ceux de la circonférence grèles, peu nombreux, entiers, femelles, fertiles : les graines sont sans aigrette ; le réceptacle est nu dans les armoises, hérissé de poils dans les absinthes.

OBS. Les armoises ont des fleurs petites, nombreuses, sans éclat, des feuilles très-découpées ; elles ont une odeur très-forte ; quelques-unes sont des sous-arbrisseaux.

Première section. ABSINTHE. *ABSINTHIUM.* Hall. Gœrtn.

Réceptacle garni de poils.

5226. Armoise absinthe. *Artemisia absinthium.*

Artemisia absinthium. Linn. spec. 1188. Lam. Dict. 1. p. 261.
— *Absinthium vulgare.* Lam. Fl. fr. 2. p. 45. Gœrtn. Fruct. 2. p. 393. t. 164. f. 7. — Cam. Epit. 452. ic.

Sa tige est droite, haute de 6 décim. , dure, cannelée, feuillée et branchue ; ses feuilles sont alternes, pétiolées, blanchâtres, assez larges, très-découpées et comme plusieurs fois ailées ; ses fleurs sont petites, nombreuses, jaunâtres, terminales et disposées en grappes menues et feuillées ; les involucres sont cotonneux, demi-globuleux et pendans ; le réceptacle est garni de poils. ♃. Cette plante croit naturellement dans les terreins pierreux, incultes et montueux ; elle porte les noms d'*absinthe, grande absinthe, absinthe des boutiques, armoise amére, absin menu*, *insens*, etc. On la cultive dans les jardins; elle garde ses feuilles pendant l'hiver; elle est très-amère, aromatique, tonique et stomachique. On l'emploie sur-tout en infusion dans du vin; on assure qu'elle peut remplacer le houblon dans la fabrication de la bière.

5227. **Armoise en arbre.** *Artemisia arborescens.*

> *Artemisia arborescens.* Linn. spec. 1188. Lam. Dict. 1. p. 260.
> — *Absinthium arborescens.* Lob. ic. t. 753. f. 1. Mœnch.
> Meth. 579.

Cet arbrisseau s'élève jusqu'à 1 mètre et demi de hauteur, et ressemble, par son feuillage et par le duvet soyeux qui le recouvre, à l'absinthe commune; sa tige est nue dans le bas et se divise comme un petit arbre, en plusieurs branches droites qui partent à-peu-près de la même place; ses feuilles sont découpées en lobes profonds, palmés, divergens et linéaires; ses fleurs forment une grappe terminale, rameuse; elles sont jaunes, demi-globuleuses; leur involucre est ouvert, pubescent, un peu scarieux sur le bord des folioles; le réceptacle est velu. Cet arbrisseau, connu sous le nom *d'absinthe de Portugal*, est indiqué comme indigène du Piémont (All.)?

5228. **Armoise en corimbe.** *Artemisia corymbosa.*

> *Artemisia corymbosa.* Lam. Dict. 1. p. 265. — *Artemisia cam-*
> *phorata.* Vill. Dauph. 3. p. 242. — Lob. ic. t. 769. f. 1.
> β. *Incana.* — *Artemisia rupestris.* Scop. Carn. n. 1038.

Cette espèce a le feuillage de l'aurone et les fleurs de l'absinthe : une souche ligneuse pousse plusieurs tiges d'abord couchées, puis redressées au moment de la fleuraison, longues de 2-4 décim., souvent rougeâtres et presque entièrement glabres; les feuilles sont pétiolées, divisées en trois ou cinq lobes linéaires partagés eux-mêmes en trois ou quatre lanières linéaires; ces feuilles sont ordinairement glabres; elles se couvrent d'un duvet blanchâtre dans la variété β : les fleurs forment des grappes terminales, droites, simples ou peu rameuses, entremêlées de feuilles, dont les supérieures sont entières; les fleurs sont jaunes, presque globuleuses, assez semblables à celles de l'absinthe; l'involucre est pubescent, anguleux, et renferme une trentaine de fleurs; le réceptacle est velu. ♄. Cette plante croît aux lieux exposés au soleil, dans les basses montagnes du Dauphiné; près Grenoble, Corp, Gap, etc. (Vill.); en Provence (Gér.)?

5229. Armoise des glaciers. *Artemisia glacialis.*

Artemisia glacialis. Linn. spec. 1187. Lam. Dict. 1. p. 262. All.
Ped. n. 617. t. 8. f. 3. — *Absinthium congestum.* Lam. Fl. fr.
2. p. 46.

Ses tiges s'élèvent rarement au-delà de 2 décimètres; ses feuilles sont soyeuses et blanchâtres; les radicales sont portées sur des pétioles assez longs, et sont découpées en deux ou trois lanières trifurquées qui les font paroître palmées; les feuilles de la tige sont en petit nombre et moins découpées; les fleurs sont jaunes, assez grandes, presque sessiles et en bouquet serré aux extrémités des tiges; elles renferment de trente à quarante fleurons placés sur un réceptacle velu. ♃. Cette plante est la plus rare de celles auxquelles les montagnards donnent le nom de *genipi;* elle ne se trouve que sur les hautes sommités des Alpes, auprès des glaciers; en Savoie, en Piémont et en Dauphiné.

5230. Armoise des rochers. *Artemisia rupestris.*

Artemisia rupestris, α. Linn. spec. 1186. — *Artemisia rupestris.*
All. Ped n. 615. — *Artemisia mutellina.* Vill. Dauph. 3. p.
244. t. 35. — *Artemisia umbelliformis.* Lam. Dict. 1. p. 262. —
— *Absinthium laxum.* Lam. Fl. fr. 2. p. 46. — *Artemisia glacialis.* Jacq. Coll. 2. t. 7. f. 1. 2. 3. Hop. Cent. exs. 3.

Cette plante, connue des habitans des Alpes sous le nom de *genipi blanc* ou de *genipi*, est toute couverte d'un duvet fin, couché, soyeux et blanchâtre; sa racine, qui est noirâtre et presque ligneuse, pousse plusieurs tiges hautes de 1-2 décim.; les feuilles radicales sont pétiolées, divisées en trois ou cinq lobes découpés eux-mêmes en deux ou trois lanières droites, linéaires et disposées comme les doigts de la main; celles de la tige sont presque sessiles et n'ont que trois ou quatre lanières à leur sommet : les fleurs naissent solitaires aux aisselles de la plupart des feuilles, portées sur des pédicelles de longueur très-variable; lorsqu'ils sont très-courts, les fleurs semblent disposées en épi, et quand ils s'alongent, ils forment une espèce de corimbe irrégulier; ces fleurs diffèrent de celles de l'armoise des glaciers, parce qu'elles sont plus ovoïdes et ne renferment que douze à quatorze fleurons, et de celles de l'armoise en épi, parce que leur réceptacle est garni de poils. ♃. Cette plante est assez abondante sur les rochers des hautes Alpes, dans les vallées découvertes; en Dauphiné, en Provence, en Piémont, en Savoie, à l'allée Blanche et sur le col Ferret; à Laqueville et

Champeix en Auvergne (Delarb.) : elle a été observée par
M. Ramond dans les Pyrénées , au Pic du midi , au sommet du
mont Perdu. Elle est, ainsi que la précédente et la suivante ,
très-aromatique , amère , tonique. Ces plantes sont souvent employées par les habitans des Alpes , pour rétablir la transpiration
et arrêter les fièvres intermittentes.

Seconde section. ARMOISE. *ARTEMISIA ,* Hall. Gœrtn.

Réceptacle nu.

* *Fleurs à-peu-près globuleuses.*

3231. Armoise en épi.   *Artemisia spicata.*

> *Artemisia spicata.* Linn. Syst. 744. Jacq. Austr. app. t. 34. —
> *Artemisia boccone.* All. Ped. n. 616. t. 8. f. 1. et. t. 9. f. 1. —
> *Artemisia rupestris.* Vill. Dauph. 3. p. 246. Lam. Dict. 1. p.
> 263. — *Artemisia genipi.* Stechm. Artem. p. 17. n. 7. —
> Barr. ic. t. 462.
>
> β. *Foliis caulinis linearibus indivisis.*

Cette plante a le port des deux précédentes , mais elle s'en
distingue facilement par son réceptacle nullement garni de poils ;
sa racine est un peu ligneuse et pousse plusieurs tiges simples ,
longues de 5-15 centim. , garnies , ainsi que les feuilles et les
involucres , d'un duvet blanchâtre , soyeux et un peu cotonneux ;
les feuilles radicales sont pétiolées , divisées au sommet en lobes
linéaires disposés comme les doigts de la main ; celles de la tige
sont en petit nombre , divisées au sommet en trois lobes palmés ou à cinq lobes , dont deux naissent vers le milieu de la
feuille : dans la variété β , les feuilles sont entières et linéaires :
les fleurs naissent sessiles et solitaires à l'aisselle de toutes les
feuilles supérieures ; celles du bas de l'épi sont écartées ; celles
du haut sont très-serrées : les involucres sont cotonneux , demi-
globuleux , et ont les écailles un peu brunes sur le bord , ce qui
a fait donner à cette plante le nom de *genipi noir.* Elle se trouve
dans les hautes montagnes sur les rochers ; dans les Pyrénées ;
dans les Alpes de la Provence , du Piémont , du Dauphiné et de
la Savoie ; au sommet du Cramont , à Enzeindaz , etc.

3232. Armoise du Pont.   *Artemisia Pontica.*

> *Artemisia Pontica.* Linn. spec. 1187. Lam. Dict 1. p. 261. Jacq.
> Austr. t. 99. — Lob. ic. t. 755. f. 2.

Sa racine , qui est ligneuse , rampante et garnie de fibres ,

pousse

pousse plusieurs tiges rameuses, droites, qui s'élèvent à 4-5 décim. de hauteur; elles sont couvertes, ainsi que les feuilles et les involucres, d'un duvet fin et blanchâtre; les feuilles sont nombreuses, éparses, pétiolées, deux fois pinnatifides, à lobes étroits, linéaires, assez réguliers; celles qui naissent à la base de la panicule sont une seule fois pinnatifides; les supérieures simples et linéaires : les fleurs sont petites, globuleuses, et naissent en panicule droite, rameuse et terminale; leur réceptacle est nu; les fleurons sont jaunes, courts et comme cachés par l'involucre. ♃. Cette plante croît dans les lieux secs et pierreux des montagnes; en Piémont à Sospello et à Garbo della Luna, au-dessus de Garrexio (All.); dans le Jura au-dessus de Couvet (Hall.).

3253. Armoise tanaisie. *Artemisia tanacetifolia.*

Artemisia tanacetifolia. Linn. spec. 1188? All. Ped. n. 608. t. 10. f. 3. et t. 70. f. 2.

Sa racine pousse plusieurs tiges droites, simples, presque glabres, longues de 2-3 décim.; ses feuilles sont pétiolées, découpées jusqu'à la côte en lobes alternes qui sont eux-mêmes pinnatifides, à lanières découpées, lancéolées, linéaires et pointues; elles ressemblent à celles de la tanaisie; leur couleur est d'un verd plus clair que dans la plupart des espèces, et leur surface inférieure est garnie de poils rares et couchés : les fleurs forment vers le sommet une grappe simple ou peu rameuse, qui occupe la moitié de la longueur de la plante; leurs pédoncules sont blancs et cotonneux; leurs involucres sont glabres, roussâtres, un peu scarieux, ouverts et de 8-9 millim. de diamètre; les fleurons sont jaunes, au nombre de trente à quarante; le réceptacle est nu, bombé. ♃. Cette plante croît en Dauphiné, sur le Lautaret; en Piémont au sommet du col de la Croix, près Mirabouc, et sur le Grand Paré près Sestrières (All.).

3254. Armoise camomille. *Artemisia chamœmeli-folia.*

Artemisia chamœmelifolia. Vill. Dauph. 3. p. 250. t. 35. Lam. Dict. 1. p. 265. var. β. — *Artemisia lobelii.* All. Ped. n. 607. excl. syn.

Ses racines, qui sont fibreuses et en grand nombre, poussent plusieurs tiges droites ou ascendantes, glabres, rameuses par la base, souvent rougeâtres et hautes de 2-3 décim.; ses feuilles

sont d'un verd foncé, presque entièrement glabres, découpées
en lobes si menus et si fins, qu'elles ressemblent à celles de la
camomille; celles même qui naissent à la base des rameaux
floraux inférieurs, sont découpées en lobes disposés comme les
folioles des feuilles pennées; les supérieures sont linéaires, entières : les fleurs forment une grappe rameuse, terminale, entremêlée de feuilles ; leurs pédoncules sont glabres, aussi bien
que leurs involucres ; ceux-ci sont d'un verd jaunâtre, un peu
scarieux, ouverts et ne dépassent guère 6 millim. de diamètre ;
le réceptacle est nu, conique, chargé d'une trentaine de fleurons.
♃. Cette plante a été observée par M. Villars, sur les basses
montagnes exposées au midi; dans le Champsaur et le Gapençois, entre Tende et Nice, au-dessus de Garrexio, à Cougné et
Fenestrelle en Piémont (All.). L'*artemisia lobelii* d'Allioni,
se rapporte à cette espèce d'après Wildenow, et je l'ai en effet
trouvée sous ce nom dans l'herbier de Lemonnier, auquel elle
avoit été envoyée par Allioni lui-même; mais tous les synonymes
de la Flore du Piémont, même celui de Lobel, se rapportent à
l'armoise en corimbe.

3235. Armoise champêtre.   *Artemisia campestris.*

> *Artemisia campestris*. Linn. spec. 1185. Lam. Dict. 1. p. 266. —
>   Cam. Epit. 939. ic.
> β. *Maritima*. Bonamy. Prod. Nann. p. 1.
> γ. *Alpina*.

Ses tiges sont un peu couchées, dures à leur base, pubescentes vers leur sommet, cylindriques, ordinairement rougeâtres, quelquefois d'un verd blanchâtre et hautes de 5 décim.
tout au plus; ses feuilles sont découpées vers leur sommet,
rétrécies et linéaires à leur base, et paroissent pétiolées; elles
sont soyeuses et blanchâtres sur les jeunes pousses, et deviennent
vertes à mesure que la plante se développe : les fleurs sont jaunâtres, solitaires, et forment des grappes simples, très-grêles et
terminales ; leur involucre est glabre, hémisphérique, composé
de folioles un peu scarieuses sur les bords ; le réceptacle est nu.
♃. Cette plante croît dans les champs secs, pierreux et découverts. La variété β, qui croît dans les sables maritimes, depuis
Nantes à la Rochelle, est plus grande dans toutes ses parties
et absolument glabre; la variété γ, qui se trouve dans les
hautes Alpes, a la grappe simple et la tige haute de 2 décim.
au plus.

3236. Armoise estragon. *Artemisia dracunculus.*

Artemisia dracunculus. Linn. spec. 1189. Lam. Dict. 1. p. 266.
— Gmel. Sib. 1. t. 59 et t. 60. f. 1.

Cette plante se distingue à sa surface entièrement glabre et
de couleur verte; à ses feuilles étroites, lancéolées et entières;
à ses fleurs nombreuses, dont le réceptacle est nu et l'involucre
demi-globuleux. Sa saveur est piquante et aromatique; elle est
stomachique et tonique. On emploie sur-tout l'estragon pour
aromatiser le vinaigre. ♃. Elle est originaire de Sibérie et se
trouve cultivée dans les jardins potagers; elle croît en quantité
près Gorzes en Lorraine (Buch.).

** *Fleurs ovoïdes ou cylindriques.*

5237. Armoise bleuâtre. *Artemisia cærulescens.*

Artemisia cærulescens. Linn. spec. 1189. Lam. Dict. 1. p. 268.
— Lob. ic. t. 765. f. 2.
ß. *Foliis incisis.* — Lob. ic. t. 766. f. 1.

Arbrisseau élégant, entièrement couvert d'un duvet fin,
soyeux et couché, qui donne à son feuillage une teinte bleuâtre
et argentée; sa hauteur ne passe pas 5-6 décim.; ses feuilles sont
étroites, lancéolées, entières, assez semblables à celles de la
lavande; parmi les inférieures on en trouve toujours quelqu'es-
unes incisées ou lobées; dans la variété ß, presque toutes les
feuilles, excepté celles qui avoisinent les fleurs, sont incisées,
à trois ou cinq lobes oblongs : les fleurs sont jaunâtres, penchées, disposées en petites grappes lâches qui, par leur réunion,
forment une panicule alongée; l'involucre est oblong et ne renferme que trois fleurs; le réceptacle est nu, étroit. ♄. Cette armoise croît sur le bord de la mer, dans les environs de Nice
(All.), et de Nantes (Bon.).

5258. Armoise commune. *Artemisia vulgaris.*

Artemisia vulgaris. Linn. spec. 1188. Gærtn. Fruct. 2. p. 387. t.
164. f. 1. Lam. Dict. 1. p. 267. — *Artemisia officinalis.* Gat.
Fl. montaub. 144. — Lob. ic. t. 764. f. 2.

Ses tiges sont hautes de 12-13 décim., droites, fermes, cylindriques, cannelées, un peu velues et rougeâtres; ses feuilles
sont alternes, planes, pinnatifides et incisées; elles sont vertes
en dessus, blanches en dessous, et les supérieures sont à découpures presque linéaires : les fleurs sont ordinairement rougeâtres
et disposées en petits épis latéraux qui naissent dans les aisselles

des feuilles supérieures , et qui tous ensemble forment de longues grappes terminales; le réceptacle est nu; les fleurons sont au nombre de quinze à seize , dont les extérieurs femelles et ceux du milieu hermaphrodites. ♃. Cette plante croît dans les lieux incultes et sur le bord des chemins; elle est apéritive , stimulante , emménagogue et anti-histérique ; extérieurement elle est vulnéraire et détersive. Elle porte le nom vulgaire d'*herbe de Saint-Jean*.

3239. Armoise palmée.   *Artemisia palmata.*

Artemisia palmata. Lam. Dict. 1. p. 268. Wild. spec. 3. p. 1833.

Sa tige est ligneuse à la base , ascendante , haute de 5 décim. ; ses feuilles sont blanchâtres ; les inférieures sont pinnatifides , à lobes écartés , linéaires , bifurqués ou trifurqués à leur sommet ; les supérieures ont leurs lobes plus rapprochés et moins divisés ; celles qui naissent auprès des fleurs sont entières , obtuses , un peu rétrécies à la base : les fleurs sont nombreuses , oblongues , droites , sessiles , disposées en panicule rameuse ; les involucres sont presque glabres , membraneux au sommet, et ne renferment que une à trois fleurs placées sur un réceptacle glabre et fort étroit. ♭. Ce petit arbrisseau , qui a une odeur forte et aromatique , est originaire de la France (Bauh. Tourn. Wild.); il se trouve probablement dans les provinces méridionales voisines de l'Espagne.

3240. Armoise maritime.   *Artemisia maritima.*

Artemisia maritima. Linn. spec. 1186. Lam. Dict. 1. p. 268. var. α. Woodv. Med. Bot. t. 122.

Cette plante est très-blanche et chargée d'un coton fin dans toutes ses parties ; ses tiges sont nombreuses , cylindriques , un peu anguleuses , très-branchues , et s'élèvent presque jusqu'à 6 décim. ; ses feuilles sont multifides , et leurs découpures sont planes , mais linéaires ; les feuilles florales sont simples , linéaires, et se terminent par une pointe obtuse ; ses fleurs sont petites , nombreuses , pendantes , jaunâtres , et forment des grappes terminales; leurs involucres sont ovoïdes , cotonneux à leur base ; ils renferment cinq à sept fleurons , dont deux à trois femelles ; le réceptacle est nu. ♃. Cette plante croît sur les bords de la mer , depuis la Provence jusqu'en Belgique.

5241. Armoise de France. *Artemisia Gallica.*

Artemisia Gallica. Wild. spec. 3. p. 1834. — *Artemisia maritima*, β. Lam. Dict. 1. p. 268.

Cette plante a de grands rapports avec l'armoise maritime,
et a été pendant long-temps confondue avec elle ; on la distingue
à ses fleurs toujours droites et nullement pendantes : sa tige est
longue de 2-5 décim., divisée en rameaux droits, couverte,
ainsi que les feuilles, d'un coton blanchâtre ; ses feuilles sont
pétiolées, deux fois pinnatifides, à lobes linéaires ; les supérieures sont entières : les fleurs sont oblongues, droites, disposées en épis le long des branches et placées à l'aisselle des
feuilles ; les écailles de l'involucre sont cotonneuses à la base,
membraneuses au sommet ; le réceptacle est nu, chargé de cinq
à six fleurs. ♃. Elle croît sur les bords de la mer dans la France méridionale, aux environs de Narbonne, dans les Pyrénées, etc.

5242. Armoise du Vallais. *Artemisia Vallesiaca.*

Artemisia Vallesiaca. All. Ped. n. 614. — *Artemisia Valle-
siana.* Lam. Dict. 1. p. 269. — *Artemisia filaginoidea.* Gmel.
Syst. 1211. — Hall. Helv. n. 128.

Sa racine, qui est ligneuse, pousse plusieurs tiges droites ou
ascendantes, couvertes, ainsi que tout le reste de la plante,
d'un duvet blanc et cotonneux ; les feuilles inférieures sont pétiolées, ovales, déchiquetées jusqu'à la côte moyenne en lobes
divisés eux-mêmes en lanières étroites et linéaires ; les fleurs
forment une longue panicule droite et rameuse ; elles sont entremêlées de feuilles linéaires, entières lorsqu'elles naissent sur les
rameaux, divisées vers leur base en lobes étroits lorsqu'elles sont
placées sur la tige ; les involucres sont oblongs, légèrement scarieux, et renferment de trois à six fleurons hermaphrodites et d'un
jaune rougeâtre ; le réceptacle est nu. ♃. Cette plante a une
odeur aromatique ; elle croît dans les lieux secs et le long des
chemins, dans les vallées chaudes des Alpes ; dans la val d'Aost,
entre Nuss et Giambava (All.) ; dans le Vallais, entre Gundes
et Leuch, Saint-Léonard et Sièves.

5243. Armoise aurone. *Artemisia abrotanum.*

Artemisia abrotanum. Linn. spec. 1185 ? Lam. Dict. 1. p. 265.
— Moris s. 6. t. 2. f. 2.
β. *Artemisia tenuifolia.* Hort. Par.

Cet arbrisseau a une tige droite, nue, de l'épaisseur du

pouce, longue de 8-10 décim., qui se divise au sommet en plusieurs rameaux disposés comme ceux d'un petit arbre ; ses feuilles sont pétiolées, d'un verd un peu blanchâtre, découpées en lobes linéaires, écartés, très-fins, sur-tout dans la variété β, et semblables à celles de la camomille ; elles ont une odeur qui approche de celle du camphre ou du citron : les fleurs sont jaunes, ovoïdes, et naissent le long des rameaux supérieurs, disposées en grappes menues, terminales et peu rameuses ; leur involucre est pubescent ; le réceptacle est glabre ; les fleurons sont au nombre de huit à dix. ♄. Cette plante est cultivée dans la plupart des jardins, à cause de son odeur. On la connoît sous les noms d'*aurone des jardins*, de *citronelle*, de *garde-robe*, etc. Elle est indigène du midi de l'Europe, et peut-être du midi de la France ; j'ignore si c'est cette espèce ou la suivante, que les auteurs ont indiquée comme indigène.

3244. Armoise en panicule. *Artemisia paniculata.*

Artemisia paniculata. Lam. Dict. 1. p. 265. — *Artemisia procera.* Wild. spec. 3. p. 1819. — Lob. ic. 768. f. 2.

Cette espèce diffère de l'aurone, parce que sa tige ne s'élève point comme celle d'un petit arbre, mais que sa racine pousse immédiatement plusieurs tiges rameuses, demi-ligneuses, longues de 8-10 décim. ; ses feuilles sont toutes deux fois pinnatifides ; les fleurs sont très-nombreuses, disposées en panicule branchue ; leurs involucres sont ovoïdes, glabres, verdâtres, un peu scarieux sur le bord des folioles. ♄. On trouve ce sous-arbrisseau dans les provinces méridionales de la France (Lam.).

*** *Graines non couronnées d'aigrettes ; réceptacle garni de paillettes.*

DXLIV. MICROPE.   *MICROPUS.*

Micropus. Desf. — *Micropus et Evax.* Gœrtn. — *Micropus et Filago.* All. — *Micropus et Filaginis sp.* Linn.

CAR. L'involucre est composé de 5-9 folioles lâches, distinctes ; les fleurons sont tous tubuleux, ceux du centre hermaphrodites, stériles, à cinq dents, à cinq étamines, à stigmates simples ; ceux du bord sont femelles, fertiles, à un style, à deux stigmates : le réceptacle est très-proéminent, presque en forme d'alène, garni de paillettes sur la circonférence et non vers le centre ; les graines sont comprimées, dépourvues d'aigrette, enveloppées par les folioles de l'involucre.

Oзs. On pourroit faire autant de genres qu'il y a d'espèces
de micrope; mais ces plantes se ressemblent tellement par le
port, qu'à l'exemple de M. Desfontaines, nous avons préféré les
réunir ensemble.

3245. Micrope pygmée.   *Micropus pygmæus.*

Micropus pygmæus. Desf. Atl. 2. p. 307. — *Filago pygmæa.*
Linn. spec. 1311. Lam. Fl. fr. 2. p. 58. — *Gnaphalium pyg-*
mæum. Lam. Dict. 2. p. 761. — *Evax umbellata.* Gœrtu.
Fruct. 2. p. 393. t. 165. f. 3. — *Filago acaulis.* All. Ped. n.
620. — Barr. ic. t. 127. n. 1ⅴ.

Cette plante n'a presque point de tige; ses fleurs sont ramassées en têtes applaties, orbiculaires et garnies de beancoup
de feuilles disposées autour d'elles en rosette; ses feuilles sont
cotonneuses et blanchâtres, particulièrement en dessous, et les
rosettes qu'elles forment sont nombreuses et couchées sur la
terre. ☉. Elle croît dans les lieux maritimes et les étangs dessé-
chés de la France méridionale; dans l'isle de Corse; aux environs de Nice (All.); en Provence (Gér.).

3246. Micrope droit.   *Micropus erectus.*

Micropus erectus. Linn. spec. 1313. Lam. Illustr. t. 694. f. 2.
— Clus. Hist. 1. p. 339. f. 3.
β. *Filago multicaulis.* Lam. Fl. fr. 2. p. 59. — Barr. ic. t. 296.

Sa racine, qui est fibreuse et exiguë, pousse ordinairement
une seule tige droite, simple, ou qui se ramifie un peu vers le
sommet; dans la variété β, elle émet plusieurs tiges ascendantes ou un peu étalées, mais chacune d'elles prise en particulier, ressemble en tous points à la variété α : la plante entière est couverte d'un duvet blanchâtre très-abondant autour
des fleurs; les feuilles sont alternes, droites, oblongues, presque
obtuses; les fleurs naissent au sommet des rameaux ou entre
leurs bifurcations; l'involucre est composé de sept à neuf folioles
inégales; le réceptacle est grêle, alongé; les graines sont comprimées, à-peu-près ovales, convexes d'un côté, munies de
l'autre, vers le sommet, d'une petite apophyse cachée dars
le duvet laineux qui recouvre toute la graine. ☉. Elle se trouve
dans les champs et les lieux stériles aux environs de Paris; dans
presque toute la France, sur-tout dans le midi.

3247. Micrope couché.　　*Micropus supinus.*

Micropus supinus. Linn. spec. 1313. Cav. ic. t. 35. Lam. Illustr.
t. 694. f. 1. — *Filago supina.* Lam. Fl. fr. 2. p. 60. — Pluk.
t. 187. f. 6.

Ses tiges sont longues de 15-18 centim., un peu couchées,
branchues, cotonneuses et fort blanches, ainsi que toutes les
autres parties; ses feuilles sont opposées, en forme de coin ou de
spatule, et arrondies à leur sommet; ses fleurs sont sessiles et
axillaires; leur involucre est à cinq folioles garnies en dehors de
pointes épineuses et qui enveloppent les graines de la circonférence; le réceptacle est presque plane; les graines sont ovoïdes,
comprimées, lisses, enveloppées par les folioles de l'involucre.☉.
Elle croît dans les lieux maritimes, entre Marseille et Toulon
(Gér.); aux environs de Nice (All.).

DXLV. SANTOLINE.　*SANTOLINA.*

Santolina. Tourn. Linn. Juss. Lam. Gærtn.

Car. L'involucre est hémisphérique, embriqué d'écailles oblongues, serrées et inégales; tous les fleurons sont tubuleux,
hermaphrodites; le réceptacle est garni de paillettes; les graines
sont nues.

3248. Santoline blanchâtre.　*Santolina incana.*

Santolina incana. Lam. Fl. fr. 2. p. 43. Illustr. t. 671. f. 3. —
Santolina chamæciparissus. Linn. spec. 1176 ? Wild. spec. 3.
p. 1797. — Blackw. t. 346.

Sa racine produit plusieurs tiges un peu ligneuses, branchues,
cylindriques, blanchâtres, cotonneuses et hautes de 3-4 décim.;
ses feuilles sont cotonneuses, longues de 2 décim., presque
tétragones, c'est-à-dire formées par quatre rangées de dents
disposées autour d'un axe commun, qui est la nervure longitudinale : la base de cette nervure est nue; les fleurs sont jaunes,
solitaires au sommet des pédoncules qui sont presque nus, longs
de 5-6 centim.; leur involucre est pubescent, hémisphérique.♃.
Cette plante croît sur les collines dans le Languedoc, aux environs de Nismes, de Narbonne.

3249. Santoline verte.　　*Santolina viridis.*

Santolina viridis. Wild. spec. 3. p. 1798. — *Santolina virens.*
Mill. Dict. n. 3. — *Santolina cupressiformis.* Lam. Fl. fr. 2.
p. 42.

Cette plante est entièrement glabre; sa tige est une espèce

de souche ligneuse qui se divise en beaucoup de rameaux droits et cylindriques ; ses feuilles sont linéaires , longues de 6 centimètres , presque cylindriques ou en manière de filet charnu , verdâtre , autour duquel naissent des dentelures nombreuses , très-rapprochées et comme disposées de quatre côtés dans toute sa longueur ; ses fleurs sont jaunes ; elles terminent les rameaux , et sont portées sur de longs pédoncules grêles et presque nus. ♄. Cette plante croît dans les provinces méridionales , aux environs de Narbonne.

3250. Santoline à feuilles de romarin. *Santolina rosmarini-folia.*

Santolina rosmarinifolia. Linn. spec. 1180. var. *a.* Wild. spec. 3. p. 1798. — *Santolina tuberculosa.* Lam. Fl. fr. 2. p. 42.

Cette espèce a beaucoup de rapport avec la précédente , mais sa tige est moins ligneuse ; ses rameaux sont lisses et cylindriques ; ses feuilles sont linéaires , verdâtres , chargées de tubercules peu saillans , et comme chagrinées ; les inférieures sont fort longues et dentées légèrement vers leur sommet ; les pédoncules sont longs et uniflores. ♄. Elle croît dans les provinces méridionales.

DXLVI. DIOTIS. *DIOTIS.*

Diotis. Desf. — *Gnaphalium.* Gœrtn. — *Athanasiæ sp.* Linn. — *Santolinæ sp.* Lam. Smith.

CAR. L'involucre est hémisphérique , embriqué d'écailles oblongues , serrées ; les fleurons sont tous tubuleux , hermaphrodites , à cinq dents , resserrés dans le milieu de leur longueur , évasés à leur base en deux appendices qui se prolongent de l'un et l'autre côtés sur l'ovaire ; le réceptacle est convexe , garni de paillettes ; la graine est nue.

3251. Diotis cotonneuse. *Diotis candidissima.*

Diotis candidissima. Desf. Atl. 2. p. 261. — *Athanasia maritima.* Linn. spec. 2. p. 1182. — *Filago maritima.* Linn. spec. 1. p. 927. — *Santolina tomentosa.* Lam. Fl. fr. 2. p. 41. — *Santolina maritima.* Smith. Fl. brit. 2. p. 860. — *Gnaphalium legitimum.* Gœrtn. Fruct. 2. p. 391. t. 165. f. 2. — Cam. Epit. 605. ic.

Cette plante est très-cotonneuse dans toutes ses parties ; ses tiges sont longues de 2-3 décim. , assez simples , cylindriques , couvertes d'un coton blanc fort épais , et se divisent à leur sommet en quatre ou cinq rameaux courts , uniflores et disposés

en corimbe; ses feuilles sont éparses, nombreuses, longues de
2 centim., larges de 8 millim., un peu obtuses, légèrement
crénelées et couvertes des deux côtés d'un coton très-épais;
ses fleurs sont jaunes et terminent les rameaux. ♃. On trouve
cette plante dans les lieux maritimes des provinces méridionales; à Loana aux environs de Nice (Balb.); en Languedoc près
Montpellier et Narbonne; sur la côte de l'Océan aux environs de
Dax (Thor.); à Noirmoutier et au Croisic près Nantes (Bon.).

D X L V I I. A N A C Y C L E. *A N A C Y C L U S.*

Anacyclus. Linn. Juss. Lam. Gœrtn. — *Cotula sp.* Tourn.

C**ar.** L'involucre est hémisphérique, embriqué d'écailles
inégales, surmontées d'une petite pointe; les fleurons sont tous
tubuleux; ceux du disque hermaphrodites; ceux de la circonférence femelles, fertiles, à limbe entier : le réceptacle est
conique, garni de paillettes; les graines sont membraneuses sur
les bords, crénelées ou échancrées au sommet.

O**bs.** Ce genre a le port des camomilles, dont il ne diffère
que par l'absence des demi-fleurons.

3252. Anacycle de Valence. *Anacyclus Valentinus.*

Anacyclus Valentinus. Linn. spec. 1258. Lam. Illustr. t. 700.
f. 1. — *Anacyclus hirsutus.* Lam. Fl. fr. 2. p. 47. — Lob. ic.
t. 773. f. 1.

Sa tige est droite, striée, légèrement velue, assez simple, et
s'élève à peine jusqu'à 5 décim.; ses feuilles sont velues, comme
ailées, multifides, c'est-à-dire composées de lanières finement
découpées; ces folioles vont en augmentant de grandeur vers le
sommet de la feuille qui, dans son ensemble, paroît en forme de
spatule, les folioles de sa base étant fort courtes; les fleurs sont
jaunes, assez grandes, terminales et peu nombreuses, et les
involucres, ainsi que les pédoncules, sont chargés de poils blancs.
☉. Cette plante croît dans les provinces méridionales, aux environs de Montpellier? de Carcassonne; de Nice (All.).

3253. Anacycle doré. *Anacyclus aureus.*

Anacyclus aureus. Linn. Mant. 287. Lam. Illustr. t. 700. f. 2.—
Lob. ic. t. 771. f. 2.

Cette espèce est entièrement glabre; ses tiges sont hautes de
15-20 centim., très-menues, branchues, striées et d'un verd
clair; ses feuilles sont finement découpées, et les découpures
sont plus écartées, plus capillaires et moins garnies que dans

la précédente; ses fleurs sont jaunes, et forment de petites têtes convexes et coniques; les involucres paroissent dorés, leurs écailles étant desséchées, colorées et luisantes en leurs bords. ⊙. On trouve cette plante dans les provinces méridionales.

DXLVIII. CAMOMILLE. *ANTHEMIS.*

Anthemis. Linn. Juss. Lam. — *Chamœmelum.* All. — *Anthemis et Chamœmelum.* Gœrtn. — *Chamœmelum, Buphthalmi et Cotulœ sp.* Tourn.

Car. L'involucre est hémisphérique, embriqué d'écailles presque égales dans quelques espèces, scarieux sur les bords; les fleurs sont radiées, à fleurons hermaphrodites, à demi-fleurons nombreux, lancéolés, femelles, fertiles; le réceptacle est convexe, garni de paillettes; les graines sont couronnées par une membrane entière ou dentée.

Obs. Presque toutes les espèces de ce genre sont odorantes et ont les feuilles très-découpées.

§. Ier. *Rayon blanc ou rouge; disque jaune.*

3254. Camomille élevée. *Anthemis altissima.*

Anthemis altissima. Linn. Mant. 474. Lam. Dict. 1. p. 574. — J. Bauh. Hist. 3. p. 120. f. 1.

Sa tige est droite, striée, rougeâtre, branchue et haute de 1 mètre ou quelquefois davantage; ses feuilles sont pinnatifides, à lobes découpés, garnis à leur base d'une petite dent rude et réfléchie en dessous, qui les rend comme piquantes au toucher et presque épineuses; les fleurs sont assez grandes; leurs pédoncules sont un peu épaissis vers leur sommet, et les paillettes du réceptacle sont lancéolées, acérées et presque épineuses au sommet. ⊙. Cette plante croît dans les champs des provinces méridionales.

3255. Camomille maritime. *Anthemis maritima.*

Anthemis maritima. Linn. spec. 1259. Desf. Atl. 2. p. 286. Lam. Dict. 1. p. 574. — *Chamœmelum maritimum.* All. Ped. n. 670.

Ses tiges sont lisses, purpurines, branchues et couchées sur la terre; ses feuilles sont glabres, charnues, parsemées en dessous de petits points creux; elles sont pinnatifides, à lanières incisées et élargies vers leur sommet; les fleurs ont l'odeur de la matricaire; leur pédoncule et leur involucre sont pubescens et presque cotonneux; la fleur est un peu plus grande que dans la camomille des champs; le disque est jaune, convexe, composé de fleurons à cinq dents égales ; les demi-fleurons sont blancs, oblongs, étalés ou rabattus, terminés par trois dents ; les graines sont glabres, ovoïdes, nues au sommet. $\odot$, Smith. ; $\mathcal{Z}$, Linn. Desf. Elle croît dans les sables sur les bords de la Méditerranée ; à Nice (All.) ; en Provence (Gér.) ; en Languedoc , aux environs de Montpellier.

3256. Camomille à deux pointes. *Anthemis biaristata.*

Anthemis tomentosa. Gouan, Illustr. 70. Lam. Dict. 1. p. 574. an Linn? — *Anthemis pubescens.* Wild. spec. 3. p. 2177 ? — *Chamæmelum tomentosum.* All. Ped. n. 671 ?

Sa racine, qui est ligneuse , pousse deux ou plusieurs tiges simples ou rameuses, tantôt droites, tantôt étalées et ascendantes, longues de 5 décim.; la surface entière de la plante est couverte d'un duvet mol, soyeux et peu abondant; les feuilles sont sessiles, découpées jusqu'à la côte moyenne en lobes pinnatifides, à divisions linéaires et pointues; les pédoncules sont nus vers le sommet, droits, terminés par une fleur solitaire dont le disque est jaune, un peu convexe, et dont le rayon est composé de demi-fleurons blancs, elliptiques, dentés au sommet; les fleurons tubuleux ont cinq dents, dont deux beaucoup plus longues que les autres, s'élèvent comme de petites pointes au-dessus du disque; l'involucre est pubescent; ses folioles sont bordées de brun, sur-tout vers le sommet. Je possède un échantillon absolument semblable à la plante que je viens de décrire, mais moins velu, et dont l'involucre a les folioles blanchâtres; de sorte que les caractères indiqués par Wildenow pour son *anthemis pubescens* , se trouvent partagés entre ces deux plantes : au reste, la structure des fleurons fera distinguer facilement notre espèce. $\mathcal{Z}$. Elle croît abondamment sur les bords des étangs et près de la mer à Montpellier ; à Narbonne; à Nice (All.)?

3257. Camomille mixte. *Anthemis mixta.*

Anthemis mixta. Linn. spec. 1260. Gou. Illustr. 71. Lam. Dict. 1. p. 575. — *Chamæmelum mixtum.* All. Ped. n. 672. — Moris. s. 6. t. 12. f. 15. — Pluk. t. 17. f. 4.

Sa tige est haute de 5 décim. environ, rameuse et chargée, sur-tout dans sa partie supérieure, de poils fins et blanchâtres; ses feuilles sont alongées, un peu étroites, demi-pinnatifides, à lobes entiers ou à peine dentés; les demi-fleurons sont blancs vers leur sommet, et jaunes à leur base; le réceptacle est convexe, hérissé de paillettes lancéolées qui embrassent les graines par leur base ; celles-ci sont lisses , nues au sommet. ☉. Cette plante est excessivement commune dans les champs de la Sologne et du val de Loire (Dub.) ; elle se trouve aux environs d'Etampes (Guett.) ; de Paris (Thuil.) ; de Montpellier (Gou.) ; de Narbonne , de Nice (All.) ; à Brossols et Cap de Ville près Montauban (Gat.).

5258. Camomille des Alpes.   *Anthemis Alpina.*

Anthemis Alpina. Linn. spec. 1261. Jacq. Austr. app. t. 3o. Hop. Cent. exs. 4. — *Chamæmelum Alpinum.* All. Ped. n. 675. — Till. Pis. t. 19. f. 1.

Cette rare espèce de plante a le feuillage d'une achillée et la fleur des camomilles ; sa racine est ligneuse, tortue, brune, fibreuse ; ses feuilles radicales sont pétiolées, glabres, découpées presque jusqu'à la côte en lanières écartées, opposées, linéaires, acérées, presque toujours simples ou quelquefois bifurquées ; d'entre ces feuilles s'élève à 2 décim. de hauteur, une tige pubescente, droite, chargée de une à trois fleurs pédonculées, garnie, sur-tout vers le bas, de feuilles semblables aux radicales, mais sessiles et pubescentes ; l'involucre est pubescent, noirâtre, un peu scarieux ; le disque est d'un jaune pâle, entouré de demi-fleurons étalés ou rabattus, elliptiques, obtus ou dentés au sommet. ♃. Je décris cette espèce d'après un bel échantillon originaire du Tirol, et qui m'a été envoyé par M. Hoppe ; je l'indique ici d'après l'autorité d'Allioni , qui la dit indigène du mont Vesulo et des Alpes de Grassoney et de l'Autaret.

5259. Camomille romaine.   *Anthemis nobilis.*

Anthemis nobilis. Linn. spec. 1260. Lam. Dict. 1. p. 574. — *Anthemis odorata.* Lam. Fl. fr. 2. p. 163. — *Chamæmelum nobile.* All. Ped. n. 673. — Lob. ic. t. 770. f. 2. β. *Flore pleno.*

Sa racine est ligneuse ; ses tiges sont longues de 5 décim., rameuses, foibles et un peu couchées ; ses feuilles sont pinnatifides ; leurs découpures sont linéaires, un peu courtes et aiguës, et leur couleur est d'un verd pâle ; ses fleurs sont solitaires, terminales ; elles sont doubles dans une variété que l'on cultive : le disque des fleurs est jaune avec le rayon blanc ; les graines sont nues, lisses, et ont ceci de remarquable, c'est que la base du fleuron s'évase et forme une espèce de calotte

sur le sommet de la graine ; les paillettes du réceptacle sont plus
courtes que les fleurons. ♃. Cette plante a une odeur agréable ;
elle croît dans les pâturages secs : elle est stomachique, carminative et très-résolutive.

326o. Camomille des champs. *Anthemis arvensis.*

Anthemis arvensis. Linn. spec. 1261. Lam. Dict. 1. p. 575. —
Chamæmelum arvense. All. Ped. n. 674.

Sa tige est haute de 5 décim., rameuse, striée et un peu
rougeâtre ; ses feuilles sont deux fois pinnatifides, et leurs découpures sont linéaires, pubescentes et un peu charnues ; les
fleurs ont le disque jaune, la couronne blanche, et les écailles
de l'involucre un peu brunes en leur bord ; le réceptacle est conique, hérissé de paillettes lancéolées qui dépassent un peu la
longueur des fleurons ; les graines sont glabres, lisses, un peu
couronnées, en forme de toupie : toute la plante est peu fétide
et presque inodore, si on la compare à l'espèce suivante. ♂. Cette
plante croît dans les champs.

3261. Camomille cotule.   *Anthemis cotula.*

Anthemis cotula. Linn. spec. 1261. Lam. Dict. 1. p. 575. — *Anthemis fœtida.* Lam. Fl. fr. 2. p. 164. — *Chamæmelum cotula.*
All. Ped. n. 676.

Cette espèce a beaucoup de rapport avec la précédente, mais
elle est presque toujours glabre, son odeur est plus forte et son
aspect moins blanchâtre ; sa tige est haute de 6 décim., rameuse
et diffuse ; ses feuilles sont très-glabres, deux fois pinnatifides,
et leurs découpures sont linéaires, mais un peu élargies ; les
écailles calicinales sont étroites et un peu blanchâtres en leur
bord ; le réceptacle est conique, hérissé de paillettes en forme
d'alène à peine doubles de la longueur des graines ; celles-ci sont
nues et tronquées au sommet, tuberculeuses sur leur face, presque
ovoïdes. ☉. Cette plante croît dans les terreins incultes et dans
les champs ; elle est fondante, résolutive, fébrifuge, vermifuge
et carminative. Elle est connue sous les noms de *camomille
puante* et de *maroute*; ce dernier nom s'applique à plusieurs
autres camomilles fétides.

3262. Camomille d'Autriche. *Anthemis Austriaca.*

Anthemis Austriaca. Jacq. Austr. t. 444. Wild. spec. 3. p.
2181. — *Chamæmelum triumfetti.* All. Ped. n. 680. — Pluk. t.
17. f. 6.

Cette plante a une teinte grisâtre due à un duvet lâche et

peu abondant ; sa tige est droite, cylindrique, un peu anguleuse, haute de 4-5 décim.; ses feuilles sont pinnatifides, à
lobes profonds, étroits, dentés en scie ou découpés; le bas
de la feuille est un peu embrassant; les rameaux floraux sont
nus dans leur moitié supérieure, terminés par une seule fleur dont
le diamètre atteint 4 centim.; le disque est jaune, convexe, et
devient conique après la fleuraison; les demi-fleurons sont d'un
blanc un peu jaunâtre; les paillettes du réceptacle sont oblongues, terminées en pointe acérée; les graines sont nues. ⊙.
Elle est assez commune dans les prairies sèches et pierreuses,
et sur les collines des environs de Turin (All.).

5263. Camomille de montagne. *Anthemis montana.*

Anthemis montana. Linn. spec. 1261. Lam. Dict. 1. p. 574. —
Chamæmelum montanum. All. Ped. n. 677. — *Anthemis Alpina*, β. Lam. Fl. fr. 2. p. 160. — Ger. Gallopr. 209. n. 6. t. 8.

Sa racine émet plusieurs tiges droites ou ascendantes, cylindriques, longues de 1-3 décim., terminées par un, deux ou trois
pédoncules nus, très-longs, droits et uniflores; les feuilles sont
tantôt glabres, tantôt légèrement pubescentes, ainsi que la
tige; elles sont épaisses, pétiolées, pinnatifides, à lobes peu
nombreux, linéaires, étroits, simples ou découpés en trois lanières au sommet : la fleur a 2 centim. de diamètre; leur disque
est jaune, plane, entouré de demi-fleurons blancs, oblongs,
étalés ou rabattus, terminés par trois dents. ♃. Elle croit parmi
les rochers dans les Pyrénées; au Pic du midi et à celui d'Ereslids
(Ram.); à la vallée d'Eynes, au mont de l'Éperon près Montpellier (Gou.); en Provence dans les bois des Maures (Gér.);
en Piémont dans les Alpes de Vinadio et de Valderio, sur le
col de Lantosca et à la Madonne de la Fenêtre (All.) : elle est
commune parmi les blés des environs du Puy-de-Dôme et du
Mont-d'Or (Delarb.).

5264. Camomille pyrèthre. *Anthemis pyrethrum.*

Anthemis pyrethrum. Linn. spec. 1262. Lam. Dict. 1. p. 575.
Desf. Atl. 2. p. 287. — Lob. ic. t. 774. f. 2.

La *pyrèthre* ou *racine salivaire*, est ainsi nommée parce
qu'elle a une racine charnue, épaisse, fusiforme, qui, étant
maniée lorsqu'elle est fraîche, donne à la main une sensation
de froid et ensuite une chaleur assez vive (Desf.), et qui étant
mâchée excite la salivation; ses tiges sont nombreuses, simples,
feuillées, un peu couchées et ordinairement uniflores; ses feuilles

sont deux fois pinnatifides , et leurs découpures un peu charnues ; les demi-fleurons sont blancs et un peu rougeâtres en dessous ; sa graine est comprimée , bordée sur les angles et couronnée au sommet par une membrane. ♃. Elle croît à l'Esperou près Montpellier (*Sauv. Gou.*).

§. II. *Rayon jaune comme le disque.*

3265. Camomille de Valence. *Anthemis Valentina.*

> *Anthemis Valentina.* Linn. spec. 1262. Lam. Dict. 1. p. 576.
> — *Chamœmelum Valentinum.* All. Ped. n. 678. — Lob. ic.
> t. 772. f. 2.
> β. *Radio subtus purpureo.* — Cam. Epit. 652. ic.

Sa tige est rougeâtre , striée , irrégulièrement rameuse et diffuse , un peu velue supérieurement, et haute à peine de 5 décimètres ; ses feuilles sont légèrement velues , deux ou trois fois pinnatifides , oblongues et un peu distantes ; ses fleurs sont grandes , de couleur jaune , et leurs demi-fleurons sont rougeâtres en dessous dans la var. β ; les écailles de l'involucre sont un peu velues à la base et scarieuses à leur sommet ; les pédoncules sont un peu épaissis sous la fleur ; les fleurons du disque sont divisés en cinq dents égales et très-acérées. ☉. Elle croît dans les terreins sablonneux et un peu humides des provinces méridionales ; à Nice sur les bords du Paillon (All.).

3266. Camomille des teinturiers. *Anthemis tinctoria.*

> *Anthemis tinctoria.* Linn. spec. 1263. Fl. dan. t. 741. Lam. Dict.
> 1. p. 576. var. *α.* — *Chamœmelum tinctorium.* All. Ped. n.
> 679. — Barr. ic. t. 465.

Sa tige s'élève jusqu'à 6 décim. ; elle est droite, assez dure, rougeâtre inférieurement, pubescente et blanchâtre dans sa partie supérieure ; ses feuilles sont trois fois pinnatifides , et à découpures fines, étroites et aiguës ; elles sont velues et blanchâtres en dessous : les fleurs sont jaunes et portées sur des pédoncules nus et blanchâtres ; les demi-fleurons sont un peu blanchâtres dans une variété. ♃. Cette plante croît dans les provinces méridionales ; ses fleurs donnent une teinture jaune.

3267. Camomille flosculeuse. *Anthemis discoidea.*

> *Anthemis discoidea.* Wild. spec. 3. p. 2188. — *Chamœmelum*
> *discoideum.* All. Ped. n. 681. — *Anthemis tinctoria,* β. Vahl.
> Symb. 1. p. 74. — *Santolina flava.* Forks. Const. p. 31.

Cette plante semble n'être qu'une variété de l'espèce précédente , mais elle en diffère parce qu'elle est moins velue dans

toutes

toutes ses parties, et notamment sur les pédoncules des fleurs ;
par le constant avortement de ses demi-fleurons ; par ses paillettes plus larges, et sur-tout par ses graines plus longues, couronnées par une languette alongée d'un côté, fendue ou fortement échancrée de l'autre. ♃, Wild. ; ☉ ou ♂, All. Elle
croît le long des haies des vignes et sur les bords de la Gesse,
près de Coni en Piémont.

DXLIX. ACHILLÉE. *ACHILLEA.*

Achillea. Linn. Juss. Lam. Gœrtn. — *Millefolium et Ptarmica.*
Tourn.

CAR. L'involucre est ovoïde, embriqué d'écailles serrées et
inégales ; les fleurs sont radiées, à fleurons hermaphrodites, à
demi-fleurons courts, femelles, fertiles, terminés par deux ou
trois dents et au nombre de cinq à dix seulement ; le réceptacle
est plane, étroit, garni de paillettes ; les graines n'ont ni aigrettes, ni rebord membraneux à leur sommet.

OBS. Les feuilles sont tantôt dentées en scie, plus souvent
pinnatifides et laciniées ; les fleurs sont jaunes, blanches ou
rougeâtres : les achillées sont presque toutes aromatiques.

§. Ier. *Fleurs jaunes.*

5268. Achillée ageratum. *Achillea ageratum.*

Achillea ageratum. Linn. spec. 1264. Lam. Dict. 1. p. 25. var.
α. — *Achillea viscosa.* Lam. Fl. fr. 2. p. 156. — Lob. ic. t.
489. f. 2.

β. *Pubescens.*

Ses tiges sont fermes, droites, glabres ainsi que le reste de
la plante, hautes de 6 décimètres, rameuses, sur-tout vers
le sommet ; les feuilles sont nombreuses, oblongues, obtuses,
dentées en scie assez profondément, un peu visqueuses dans
leur jeunesse, rétrécies à la base en un court pétiole et réunies
le plus souvent par faisceaux ; les fleurs sont jaunes, assez petites, réunies en un corimbe serré et composé ; les demi-fleurons sont courts et peu apparens. ♃. Cette plante, connue sous
le nom d'*herbe au charpentier*, croît dans les lieux pierreux
et un peu humides des provinces méridionales ; aux environs
de Montpellier ; de Sorrèze ; d'Avignon ; en Provence ; aux environs de Nice, près la Turbia et le fleuve Paillon (All.) ; à
Orange, à Courteison et le long du Rhône dans le midi du

Tome IV. O

Dauphiné (Vill.). La variété β a les feuilles plus fortement dentées, et les inférieures presque pinnatifides ; sa surface entière est pubescente : elle croît dans les Pyrénées et est peut-être une espèce distincte.

3269. Achillée cotonneuse. *Achillea tomentosa.*

Achillea tomentosa. Linn. spec. 1264. Lam. Dict. 1. p. 26. Wild. spec. 3. p. 2209. — Clus. Hist. 1. p. 330. f. 2.

β. *Pygmea.*

Sa racine est un peu ligneuse et donne naissance à quelques tiges droites, hautes de 2 décim. environ, simples ou divisées seulement vers le sommet ; la surface entière de la plante est cotonneuse, blanchâtre ; les feuilles ressemblent à celles de la mille-feuille commune, mais sont plus petites, très-velues, deux fois pinnatifides, à lobes nombreux, linéaires, pointus, entiers ; les fleurs forment un corimbe terminal et composé ; elles sont d'un jaune vif. ♃. Elle croît dans les champs secs et stériles de la Provence, du Piémont, du Dauphiné. La variété β, qui croît dans les sables sur les bords du Drac près Grenoble, a la tige simple, longue de 3-4 centim. seulement, et les feuilles beaucoup plus velues.

§. II. *Fleurs blanches.*

3270. Achillée herba-rota. *Achillea herba-rota.*

Achillea herba-rota. All. spec. t. 2. f. 4. Fl. ped. n. 659. t. 9. f. 3. — *Achillea nana.* Lam. Fl. fr. 2. p. 154. et 3. p. 640. — *Achillea cuneifolia.* Lam. Dict. 1. p. 28. — *Herba-rota.* J. Bauh. 3. p. 144.

Ses racines sont traçantes et produisent çà et là des touffes de feuilles en forme de coin, rétrécies à la base, obtuses et dentées au sommet ; les tiges qui s'élèvent de ces touffes sont ascendantes, longues de 1-2 décim. au plus, simples, feuillées vers la base, presque nues vers le sommet, terminées par un petit corimbe de cinq à six fleurs très-semblables à celles de la ptarmique ; ordinairement la plante est toute glabre : on en trouve des individus pubescens ; quelquefois les feuilles de la tige sont un peu dentées vers leur base, ce qui arrive, selon Allioni, aux individus qui croissent dans les plus hautes Alpes. ♃. Cette plante croît dans les hautes Alpes du Dauphiné ; dans le Queyras et sur le mont Viso (Vill.), et sur-tout dans le Piémont au-dessus de Tende, aux monts Vesulo, Iseran, Galèse, au Saint-Bernard, au col de Cogne, entre Giaveno et Feuestrelles,

près Vinadio, Valderio, Lanze (All.). Elle est connue des habitans des Alpes, sous le nom d'*herba-rota*, et est fréquemment
employée par eux comme sudorifique, vermifuge, emménagogue, anti-venteux et même comme fébrifuge.

5271. Achillée sternutatoire. *Achillea ptarmica.*

Achillea ptarmica. Linn. spec. 1266. Fl. dan. t. 643. Lam. Dict.
   1. p. 28. — Clus. Hist. 2. p. 12. f. 1.

β. *Flore pleno.* — Clus. Hist. 2. p. 12. f. 2. — *Achillea multi-
plex.* Ren. Fl. orne. 78.

γ. *Pubescens.* — *Achillea Pyrenaica.* Sibth. mss. in herb.
   L'Her.

δ. *Foliis linearibus.*

La *ptarmique* ou *herbe à éternuer*, est une plante glabre,
d'un beau verd, dont la tige s'élève jusqu'à 5 ou 6 décim., et
ne se divise que vers le sommet pour porter les fleurs, dont la
réunion forme un corimbe élégant; les feuilles sont éparses,
sessiles, linéaires, longues de 8-10 centim., sur 8-10 millim. de
largeur, bordées de dentelures en scie qui sont très-rapprochées,
aiguës et régulières; les pédicelles et les involucres sont pubescens; les folioles de l'involucre sont serrées, un peu brunes sur
les bords; les fleurs ont le disque jaunâtre, étroit, et le rayon
composé de demi-fleurons blancs, à limbe étalé, elliptique,
terminé par deux ou trois dents obtuses. ♃. Cette plante est
commune dans les prés un peu humides. La variété β, qui est
cultivée sous le nom de *bouton d'argent*, a tous ses fleurons
stériles et changés en languettes : elle a été trouvée sauvage aux
environs de Barrèges, par M. Ramond. La variété γ, qui est
originaire des Pyrénées, est très-probablement une espèce distincte; sa souche paroît presque ligneuse; sa tige ne s'élève
pas au-delà de 2 décim.; ses feuilles sont de la même largeur
que dans l'espèce ordinaire, mais trois fois plus courtes : on
observe sur leur face inférieure des glandes visibles à l'œil nu;
les fleurs sont en très-petit nombre; enfin la surface entière de
la plante est pubescente. La variété δ a les feuilles étroites,
glabres et linéaires : elle a été trouvée dans les Pyrénées, par
M. Ramond.

5272. Achillée des Alpes. *Achillea Alpina.*

Achillea Alpina. Linn. spec. 1266. Wild. spec. 3. p. 2193. Lam.
   Dict. 1. p. 27. — Bocc. Mus. t. 101.

Cette plante a le port de l'achillée sternutatoire, mais ses

feuilles sont plus larges, plus courtes, pinnatifides, à lobes oblongs, pointus, dentés et réguliers; elle est entièrement glabre
dans toutes ses parties; sa tige est cylindrique, droite, haute
de 5-6 décim., terminée par un corimbe rameux composé de
fleurs qui ressemblent beaucoup à celles de la ptarmique; les
folioles de l'involucre sont glabres et de couleur pâle : la forme
des feuilles et le port de cette plante sont très-variables. ♃. Elle
croît dans les Alpes de la Savoie (Bocc.).

3273. Achillée à feuilles de   *Achillea chamœmeli-*
     camomille.   *folia.*

> *Achillea chamœmelifolia.* Pourr. Act. Toul. 3. p. 305. —*Achil-*
> *lea pectinata.* Wild. spec. 3. p. 2197 ? non Lam. — *Achillea*
> *ochroleuca.* Fl. hung. 1. t. 34 ? non Wild.

Cette espèce a du rapport avec l'achillée des Alpes et l'achillée
impatiente; mais elle diffère de l'une et de l'autre parce que tous
les lobes de ses feuilles sont constamment linéaires et entiers :
sa tige est droite, cylindrique, simple, haute de 2-4 décim.,
terminée par un corimbe serré, rameux et presque nu ; les
feuilles sont pétiolées, découpées presque jusqu'à la côte moyenne
en lanières opposées, linéaires, entières, presque obtuses et au
nombre de sept à neuf dans chaque feuille; la plante est glabre
ou paroît à peine pubescente lorsqu'on la voit à la loupe; les
fleurs ont le disque jaune, entouré de demi-fleurons blanchâtres,
arrondis, obtus, dentés au sommet. ♃. Cette plante a été découverte à Notre-Dame de Nouris dans les Pyrénées, par
M. Pourret.

3274. Achillée à grande   *Achillea macrophylla.*
     feuille.

> *Achillea macrophylla.* Linn. spec. 1265. Lam. Dict. 1. p. 27.
> Wild. spec. 3. p. 2204. —Barr. ic. t. 991.

Ses tiges sont droites, simples, cylindriques, légèrement
pubescentes, hautes de 3 décim., feuillées dans toute leur longueur, terminées par un corimbe nu, rameux, composé de
huit à dix fleurs qui ressemblent beaucoup à celles de la ptarmique; les feuilles sont larges, découpées à-peu-près comme
celles de l'armoise, planes, vertes, glabres; leurs lobes sont
oblongs, pointus, fortement dentés en scie vers le sommet;
les inférieurs sont distincts jusqu'à la côte moyenne, et le
couple inférieur semble tenir lieu de stipule ; les supérieurs sont

réunis dans une partie de leur longueur : les écailles de l'involucre sont brunes sur les bords. ♃. Elle croît dans les bois pierreux et montueux des Alpes ; en Savoie dans les montagnes
voisines du Mont-Blanc ; en Piémont (All.); en Dauphiné à la
grande Chartreuse (Ray.), et dans l'Oysans (Vill.).

3275. Achillée naine.   *Achillea nana.*

Achillea nana. Linn. spec. 1267. Lam. Dict. 1. p. 28. All Ped.
n. 663. t. 9. f. 2. — *Achillea lanata.* Lam. Fl. fr. 2. p.640.

Cette petite plante a une racine traçante, brunâtre, d'où
s'élève une tige longue de 1 décim., simple, feuillée et couverte
d'un coton laineux et blanchâtre ; ses feuilles sont longues de
6-9 centim., étroites, ailées, chargées d'un duvet laineux très-
abondant et composées de lanières très-petites, pointues, simples
ou incisées et presque égales ; les feuilles inférieures sont pétiolées ; les fleurs sont blanches, terminales, et disposées en
un corimbe très-serré. ♃. Elle croît parmi les rochers des hautes
Alpes ; je l'ai recueillie en abondance à l'allée Blanche au-dessus
du lac : on la trouve çà et là dans les Alpes de la Savoie, du
Piémont ; au mont Vesulo, au mont Ceris (All.); dans le Briançonnois, l'Oysans, le Valgaudemar, à Allevard en Dauphiné
(Vill.) ; en Provence (Gér.); au Puy-de-Dôme et au Mont-
d'Or (Delarb.). Les bergers des Alpes la nomment souvent
genipi blanc.

3276. Achillée musquée.   *Achillea moschata.*

Achillea moschata. Jacq. Austr. app. t. 33. — *Achillea livia.*
Scop. Insub. t. 3. — *Achillea genipi.* Murr. App. med. 1. p.
168. — Hall. Helv. n. 112.

Sa racine, qui est dure et brunâtre, émet plusieurs tiges
simples, droites ou ascendantes, longues de 1-2 décim. ; elles sont
presque toujours glabres, ainsi que les feuilles ; on en trouve des
individus légèrement pubescens ; les feuilles sont sessiles ou un peu
pétiolées, pinnatifides, à lobes linéaires, opposés, entiers, presque
obtus, au nombre de trois à six sur chaque côté et disposés régulièrement ; les fleurs sont au nombre de cinq à huit, forment
un petit corimbe terminal, nu, droit et assez serré ; les folioles
de leur involucre sont brunes sur les bords ; le disque est jaune,
entouré de demi-fleurons blancs, elliptiques, dentés au sommet. ♃. Cette plante croît parmi les pierres et les rochers dans
les hautes Alpes ; on la trouve en abondance dans l'allée Blanche

au-dessus du lac ; dans les montagnes de la Tarentaise aux environs de Moutiers ; au Saint-Bernard ; au Simplon ; au Saint-
Gothard ; au mont Fouly ; dans la val d'Aost ; dans les Alpes
de Grassoney (Vill.) ; dans le Dauphiné.

3277. Achillée à écailles noires.   *Achillea atrata.*

Achillea atrata. Linn. spec. 1267. Lam. Dict. 1. p. 23. Jacq. Fl.
austr. t. 77. — Clus. Hist. 1. p. 336. f. 2.

Sa racine est un peu ligneuse ; sa tige est droite, pubescente,
haute de 2-3 décim., toujours simple ; ses feuilles sont glabres,
presque sessiles, remarquables parce que leur nervure longitudinale est large, foliacée, et émet sur ses bords dans toute sa
longueur, des lobes nombreux, linéaires, pointus, très-étroits,
dont les inférieurs sont entiers et les supérieurs divisés en deux
ou trois parties, et quelquefois même pinnatifides ; les fleurs
sont au nombre de dix à douze, disposées en corimbe simple et
serré, portées sur des pédoncules très-pubescens ; les écailles
de l'involucre sont entourées d'une large bande noire ; le disque
est jaune ; les demi-fleurons sont elliptiques, assez grands. ♃
Elle croît dans les hautes Alpes, au-dessus de la val d'Aost,
entre la Savoie et le Piémont ; au mont Rose ; dans les Alpes
de Grassoney (All.) ; dans le Valais ; dans le Dauphiné?

3278. Achillée à feuilles   *Achillea tanacetifolia.*
 de tanaisie.

Achillea tanacetifolia. All. Ped. 2. 666. Vill. Dauph. 3. p. 260.
— Hall. Helv. n. 108.

Elle a le port de la mille-feuille ; sa racine est dure, un peu
traçante ; sa tige est simple, cylindrique, un peu pubescente vers
le sommet, haute de 3-4 décim. ; ses feuilles radicales ont 2
décim. de longueur ; elles sont pétiolées, divisées jusqu'à la côte
moyenne en lobes écartés qui sont eux-mêmes pinnatifides, à
lanières dentées en scie : les lobes de l'extrémité se prolongent
un peu le long de la côte, et cet appendice émet çà et là une
ou deux dents aiguës ; celles de la tige sont sessiles et beaucoup
plus courtes : les fleurs forment un corimbe étalé et composé ;
elles sont purpurines, roses ou blanches ; les folioles de leur
involucre sont entourées par un bord brun. ♃. Cette plante croît
dans les bois et les prés montagneux des Alpes de Provence ; de
Piémont (All.) ; de Dauphiné.

3279. Achillée compacte. *Achillea compacta.*

Achillea compacta. Lam. Dict. 1. p. 27. non Wild. — *Achillea
magna.* All. Ped. n. 668. t. 53. f. 1. non Linn. — *Achillea distans.* Wild. spec. 3. p. 2207.

Sa tige est droite, simple, cylindrique, pubescente, haute
de 6-8 décim. ; ses feuilles sont grandes, un peu velues, sur-
tout sur leur nervure, deux fois pinnatifides, à lanières incisées
en lobes pointus ; la nervure est bordée par un appendice foliacé,
étroit et entier ; les lanières sont extrêmement nombreuses et
rapprochées les unes des autres ; celles du bas de la feuille sont
assez grandes et un peu déjetées du côté de la tige : les fleurs
sont d'un blanc un peu jaunâtre, très-nombreuses, disposées en
un corimbe composé, nivellé, terminal ; leur involucre est
ovoïde, pubescent ; les demi-fleurons sont presque en forme de
cœur renversé, terminé par deux dents arrondies, entre lesquelles s'en trouve quelquefois une troisième plus petite. ♃.
Cette plante croît dans les bois montagneux ; dans le Piémont
au-dessus de Tende et de Giaveno (All.) ; à Semoy près Orléans (Dub.)? dans le Queyras, le Briançonnois et à Chaudun
près Gap (Vill.)? au pied du Jura, du côté du lac d'Iverdun, etc.

3280. Achillée mille-feuille. *Achillea millefolium.*

Achillea millefolium. Linn. spec. 1125. Lam. Dict. 1. p. 29. Fl.
dan. t. 737.

β. *Flore purpureo.* Tab. Hist. 130.

Ses tiges sont hautes de 3-6 décim., dures, cylindriques et un
peu velues ; ses feuilles sont alongées, un peu étroites, deux fois
pinnatifides, et leurs découpures extrêmement nombreuses sont
linéaires et dentées ; les fleurs sont blanches ou purpurines, et
forment des corimbes assez garnis ; les demi-fleurons sont peu
nombreux et presque en forme de cœur renversé. ♃. Cette plante
croît sur le bord des chemins et des champs ; elle est vulnéraire, astringente et résolutive.

3281. Achillée à feuilles de *Achillea ligustica.*
    livêche.

Achillea ligustica. All. Ped. n. 660. t. 53. f. 2. Wild. spec. 3.
p. 2210.

Sa tige est droite, haute de 8-10 décim., cylindrique, striée,
presque glabre, divisée vers le haut en cinq ou six rameaux
alternes, feuillés, qui portent chacun un petit corimbe, et qui,

par leur réunion, forment une fausse ombelle composée et ni-
vellée; les feuilles sont nombreuses, sessiles, deux fois pinnatifides, à lanières linéaires, pointues, dentées en scie; la nervure du milieu est bordée dans toute sa longueur d'un appendice foliacé, entier ou à peine denté; les fleurs sont blanches,
assez nombreuses; l'involucre est ovoïde, pâle, pubescent; les
demi-fleurons ont le limbe ovale, obtus ou échancré. ♃. Elle
croît sur les collines du Piémont, au-dessus du bourg de Cairo
(All.).

3282. Achillée noble.   *Achillea nobilis.*

Achillea nobilis. Linn. spec. 1268. Wild. spec. 3. p. 2211. Lam.
Fl. fr. 2. p. 155. var. *a.*

Sa tige est droite, cylindrique, non sillonnée, pubescente,
haute de 2-5 décim.; ses feuilles sont deux fois pennées, un
peu velues, à lanières écartées, pointues, étroites, dentées en
scie; la nervure du milieu est bordée de dentelures éparses;
les feuilles supérieures sont simplement pinnatifides; le haut de
la tige émet cinq à six rameaux alternes, chargés de fleurs qui
se trouvent disposées en un corimbe composé et nivellé; les
involucres sont ovoïdes, glabres, pâles; le disque jaunâtre;
les demi-fleurons sont blancs, courts, échancrés au sommet
et peu nombreux; toute la plante est odorante. ♃. Elle croît
dans les champs secs et sur les collines des provinces méridionales; en Provence; en Piémont (All.); à Gap, Veynes, l'A-
ric, Crest et Laureol en Dauphiné (Vill.); en Languedoc, près
Montpellier.

DL. BUPHTHALME.   *BUPHTHALMUM.*

Buphthalmum. Linn. Juss. Lam. Gœrtn. — *Asteroides et Aste-
riscus.* Tourn.

Car. L'involucre est embriqué de folioles tantôt plus courtes,
tantôt plus longues que les demi-fleurons; les fleurs sont radiées, à fleurons hermaphrodites, à demi-fleurons femelles,
fertiles; le réceptacle est garni de paillettes; les graines (sur-
tout celles des demi-fleurons) sont membraneuses sur les côtés
et couronnées d'un rebord membraneux, denté ou presque
foliacé.

Obs. Les feuilles sont alternes ou opposées, presque toujours
entières; les fleurs sont jaunes.

§. Ier. *Involucre foliacé et imitant une collerette.*

3283. Buphthalme épineux. *Buphthalmum spinosum.*

Buphthalmum spinosum. Linn. spec. 1274. Lam. Dict. 1. p. 516.
— Barr. ic. t. 551. — Clus. Hist. 2. p. 13. f. 1.

Sa tige est haute de 1-3 décim., dure, velue, cotonneuse et
rameuse; ses feuilles radicales sont longues, obtuses, dentelées, velues et rétrécies vers leur base; celles de la tige sont
embrassantes, lancéolées et velues : les feuilles florales sont fort
longues, nerveuses, pointues et terminées par une épine; les
fleurs sont jaunes, solitaires et garnies de demi-fleurons très-
étroits. ☉. Cette plante croît sur le bord des champs en Languedoc; à Marseille et dans le midi de la Provence; aux environs de Nice et de Montferrat (All.), entre Vienne et Valence;
aux environs de Sorrèze? de Montpellier; d'Agen; à Albarède
et Tempé près Montauban (Gat.).

3284. Buphthalme aqua- *Buphthalmum aquaticum.*
tique.

Buphthalmum aquaticum. Linn. spec. 1274. Lam. Dict. 1. p.
516. — Barr. ic. t. 552.

Sa tige est haute de 2 décim., cylindrique, pubescente et plusieurs fois bifurquée; ses feuilles sont alongées, mais moins velues, moins obtuses et moins rétrécies à leur base que celles du
buphthalme maritime; ses fleurs sont jaunes, petites, très-
garnies de feuilles florales; les unes sont sessiles et axillaires,
et les autres situées au sommet des rameaux. ☉. Cette plante
croît sur le bord des eaux en Languedoc, près Montpellier,
Cette, etc.; en Provence près Marseille; à Nice (All.).

3285. Buphthalme ma- *Buphthalmum maritimum.*
ritime.

Buphthalmum maritimum. Linn. spec. 1274. Lam. Dict. 1. p.
517. — Clus. Hist. 2. p. 13. f. 2. — Barr. ic. t. 1151.

La racine de cette plante produit plusieurs tiges hautes de
18-20 centim., velues, branchues et diffuses; ses feuilles sont
alongées, en forme de spatule, très-obtuses et velues en leur
bord, et principalement à leur base où elles sont fort étroites;
les fleurs sont jaunes, solitaires, toutes terminales, assez grandes,
et leurs demi-fleurons sont larges et à trois dents. ♃. Cette plante
croît dans les lieux maritimes des provinces méridionales, à Nice

(All.); à Marseille près le mont Redon (Barr.), et sur les collines sèches qui bordent la côte de Provence (Gér.).

§. II. *Involucre court et presque écailleux.*

3286. Buphthalme à feuilles   *Buphthalmum salici-*
       de saule.   *folium.*

α. Buphthalmum salicifolium. Linn. spec. 1275. Lam. Dict. 1. p. 516. Jacq. Austr. t. 370. — Clus. Hist. 2. p. 13. f. 3.

β. Buphthalmum grandiflorum. Linn. spec. 1275. Lam. Dict. 1. p. 516. — Mich. hort. Flor. t. 5.

Cette plante ressemble à l'inule à feuilles de saule par son port, son feuillage et sa fleuraison; mais ses graines sont dépourvues d'aigrette; son réceptacle est garni de paillettes nombreuses, longues et acérées, et les folioles de son involucre sont disposées sur deux rangs presque égaux; la tige est droite, herbacée, simple ou rameuse, glabre ou un peu pubescente, souvent rougeâtre, haute de 2-4 décim.; ses feuilles sont lancéolées-linéaires, un peu embrassantes, longues, pointues, bordées çà et là de très-légères dentelures, glabres ou pubescentes; les fleurs sont jaunes, grandes, radiées, terminales, de 4-6 centim. de diamètre. ♃. Cette plante croît dans l'Auvergne et les provinces méridionales, aux pieds des montagnes, sur les collines, dans les haies, le long des torrens, etc. Les deux plantes regardées comme des espèces par plusieurs auteurs, diffèrent si peu, qu'on a peine à trouver des échantillons qui appartiennent certainement à l'une ou l'autre. La variété α est velue; la variété β est glabre; mais la plupart des individus sont un peu pubescens, et ceux qui sont les plus velus deviennent glabres dans les jardins, selon l'observation de Gouan.

DLI. BIDENT.   *BIDENS.*

Bidens. Tourn. Linn. Juss. Lam. Gœrtn.

CAR. L'involucre est composé de plusieurs folioles inégales, disposées sur deux rangs, et dont les extérieures sont plus longues et plus étalées; le réceptacle est garni de paillettes; les fleurs sont ordinairement flosculeuses à fleurons tous hermaphrodites, rarement radiées à demi-fleurons tantôt femelles, tantôt hermaphrodites; les graines sont surmontées de deux à cinq arêtes rudes et persistantes.

OBS. Les feuilles sont opposées, ordinairement incisées; les fleurs sont communément jaunes.

5287. Bident partagé.   *Bidens tripartita.*

Bidens tripartita. Linn. spec. 1165.—*Bidens frondosa, α.* Lam.
Dict. 1. p. 413.— *Bidens cannabina.* Lam. Fl. fr. 2. p. 44.—
Blackw. t. 519.

β. *Bidens hybrida.* Thuil. Fl. paris. II. 1. p. 422.

γ. *Bidens radiata.* Thuil. Fl. paris. II. 1. p. 422.

Sa tige est cylindrique, cannelée, branchue, rougeâtre, et
s'élève jusqu'à 6 décim.; ses feuilles sont divisées en trois ou
cinq folioles oblongues, dentées, et imitent celles de l'eupatoire
ou du chanvre; les fleurs sont jaunes, droites, flosculeuses, et
garnies de quatre à cinq bractées presque entières, plus longues
que la fleur, sur-tout dans la variété γ. ☉. Cette plante est commune dans les fossés et les lieux aquatiques : elle est résolutive et
peut, ainsi que la suivante, donner une teinture jaune. Elle porte
le nom vulgaire de *cornuet.*

5288. Bident penché.   *Bidens cernua.*

Bidens cernua. Linn. spec. 1165. Lam. Dict. 1. p. 414.— Tab.
ic. 117.

β. *Bidens minima.* Linn. spec. 1165. Fl. dan. t. 312.

γ. *Coreopsis bidens.* Linn. spec. 1281.—Barr. ic. 1209.

Sa tige est droite, striée, presque lisse, haute de 5 décim.
et garnie de feuilles opposées, dans les aisselles desquelles
naissent des rameaux également opposés; ses feuilles sont embrassantes, presque réunies par la base, ovales-lancéolées, dentées en scie, pointues, vertes et glabres des deux côtés; ses fleurs
sont terminales, un peu penchées, de couleur jaune, et garnies de
bractées lancéolées et entières; les écailles de l'involucre sont ovales, colorées en leur bord, et, lorsqu'elles grandissent, paroissent
former une couronne de demi-fleurons. ☉. Cette plante croît
dans les fossés humides et sur le bord des fontaines. La variété
β, qui croît dans les tourbières, est d'une petitesse extrême et
n'a pas les folioles de l'involucre plus grandes que la fleur; ces
folioles sont au contraire grandes, un peu colorées et semblables
à des demi-fleurons dans la variété γ, qui croît dans les marais
profonds.

DLII. HÉLIANTHE.   *HELIANTHUS.*

Helianthus. Linn. Juss. Lam. Gœrtn.— *Corona solis.* Tourn.

CAR. L'involucre est embriqué de folioles nombreuses, dont
la pointe est étalée ou réfléchie; le réceptacle est très-large,
garni de paillettes; les fleurs sont radiées, à fleurons hermaphrodites, ventrus dans le milieu de leur longueur, à demi-fleurons

ovales-oblongs et stériles ; les graines sont couronnées par deux arêtes molles et caduques.

Obs. Les feuilles sont ordinairement opposées , rudes au toucher ; les fleurs sont toujours jaunes.

3289. Hélianthe annuel. *Helianthus annuus.*

Helianthus annuus. Linn. spec. 1276. Lam. Dict. 3. p. 82. Mill. Illustr. ic.

Cette plante , connue sous les noms de *soleil* , *fleur de soleil* et *tournesol* , est originaire du Pérou , et tellement cultivée en Europe qu'elle en est presque devenue indigène : c'est une herbe à tige ordinairement simple , qui s'élève à la hauteur d'un homme et quelquefois au-delà , et qui est terminée par une grande fleur jaune , penchée et large de 1-2 décim. ; les feuilles sont pétiolées , en forme de cœur , à trois nervures , hérissées ainsi que les tiges , de quelques poils roides. ☉. Les graines sont huileuses et bonnes pour la nourriture des oiseaux.

3290. Hélianthe tubéreux. *Helianthus tuberosus.*

Helianthus tuberosus. Linn. spec. 1277. Lam. Dict. 3. p. 83. Jacq. Hort. Vind. t. 161.

Cette espèce , connue sous les noms de *topinambour* , *artichaut de Canada* ou de *poire de terre* , est originaire du Brésil ; on la cultive dans un grand nombre de jardins à cause de ses racines qui sont chargées de tubercules oblongs , féculens , doux et employés comme aliment ; sa tige est ordinairement simple , haute de 1-2 mètres ; ses feuilles sont alternes , rudes , à trois nervures ; les inférieures sont un peu en forme de cœur ; les supérieures ovales , décurrentes sur le pétiole ; toutes sont pointues : les fleurs sont jaunes , plus petites que dans les autres hélianthes ; les folioles de l'involucre sont ciliées. ♃.

3291. Hélianthe multiflore. *Helianthus multiflorus.*

Helianthus multiflorus. Linn. spec. 1277. Lam. Dict. 3. p. 83. — Pluk. t. 159. f. 2.

β. *Flore pleno.*

Cette plante , et sur-tout sa variété à fleurs doubles , est cultivée dans plusieurs jardins à cause du nombre , de la beauté et de la longue durée de ses fleurs ; sa tige est rameuse , haute d'un mètre au plus ; ses feuilles sont alternes , pétiolées , rudes , à trois nervures ; les inférieures en forme de cœur ; les supérieures ovales , pointues : les écailles de l'involucre sont lancéolées ,

à peine ciliées; les demi-fleurons sont très-nombreux, même
dans les fleurs simples. ♃. Elle est originaire de la Virginie.

CINQUANTE-HUITIÈME FAMILLE.

DIPSACÉES.   *DIPSACEÆ.*

Dipsacearum gen. Juss. Lam. — *Scabiosarum gen.* Adans. —
Aggregatarum gen. Linn.

Les Dipsacées ressemblent aux Composées et aux Globulaires,
par leurs fleurs aggrégées sur un réceptacle commun garni de
paillettes, et entourées d'un involucre à plusieurs feuilles; elles
se rapprochent en particulier des derniers genres des Composées,
par leurs feuilles opposées, souvent pinnatifides et de forme
très-variable.

Chaque fleur particulière a un double calice, l'un et l'autre
persistans, libres et non adhérens avec l'ovaire; le calice intérieur embrasse étroitement l'ovaire, porte souvent à son sommet une espèce d'aigrette qui imite celle des Composées; la
corolle est posée sur le calice interne qui se resserre vers son
sommet, à-peu-près comme le périgone des nyctaginées; cette
corolle est monopétale, tubuleuse, à quatre ou cinq lobes souvent irréguliers; les étamines, qui sont en nombre égal à celui
des lobes de la corolle et alternes avec eux, sont insérées au bas
du tube; l'ovaire est placé au fond du calice; le style traverse
le resserrement de ce calice, s'élève dans le milieu de la corolle
et se termine par un stigmate entier ou échancré: le fruit est
une graine solitaire recouverte par les deux calices, composée
d'un périsperme charnu, d'un embryon droit, à radicule supérieure, et à cotylédons oblongs et comprimés.

DLIII. CARDÈRE.   *DIPSACUS.*

Dipsacus. Tourn. Linn. Juss. Lam. Gœrtn.

Car. Les fleurs sont réunies en tête, entourées d'un involucre à plusieurs feuilles, placées sur un réceptacle hérissé de
paillettes longues et épineuses; chacune d'elles est formée d'un
double calice entier sur les bords, persistant, libre, et qui
recouvre l'ovaire: la corolle est tubuleuse, à quatre lobes; elle

porte quatre étamines saillantes : la graine est anguleuse , re- couverte par les deux calices.

5292. Cardère sauvage.   *Dipsacus sylvestris.*

Dipsacus sylvestris. Mill. Dict. n. 1. Lam. Fl. fr. 3. p. 345. — *Dipsacus fullonum ,* α. Linn. spec. 140. Jacq. Austr. 5. t. 402. — *Dipsacus follanum.* Thore. Chl. Land. 36. — Lob. ic. 2. t. 18. f. 1.

Sa tige est haute de 9-12 décim. , droite , ferme , un peu bran- chue , cannelée et hérissée d'épines ; ses feuilles sont opposées , soudées ensemble , sur-tout les inférieures , ovales-lancéolées , vertes , glabres et épineuses en leurs nervures ; les têtes de fleurs sont terminales, solitaires, et garnies à leur base de bractées linéaires, courbées et épineuses ; les fleurettes ont leur corolle d'un bleu rougeâtre , et les paillettes du réceptacle sont très- droites. ♂. On trouve cette plante sur le bord des chemins et le long des haies ; ses racines sont diurétiques.

5293. Cardère à foulon.   *Dipsacus fullonum.*

Dipsacus fullonum. Mill. Dict. n. 2. Wild. spec. 1. p. 543. — *Dipsacus fullonum , var. β.* Linn. spec. 140. Lam. Dict. 1. p. 622. Illustr. t. 56. f. 1. — *Dipsacus sativus.* Thore. Chl. Land. 36. — Lob. ic. 2. t. 17. f. 2.

Cette espèce diffère de la précédente par son aspect plus ro- buste , ses feuilles réunies par leur base en un entonnoir plus alongé , ses involucres réfléchis vers le sol , et sur-tout ses pail- lettes florales arquées , et dont l'extrémité se dirige en bas. ♂. J'ignore si elle est originaire de France , mais elle est cultivée en Picardie ; à Fleury près Orléans (Dub.); à Toul (Buch.); à Dax (Thor.) , etc. Elle porte les noms de *chardon à foulon ,* *chardon à bonnetier :* les bonnetiers et les drapiers se servent de la tête de cette cardère , pour peigner et polir les draps et les couvertures ; elle sert à cet usage à cause de ses paillettes cro- chues : ce caractère se perpétue par les graines.

5294. Cardère découpée.   *Dipsacus laciniatus.*

Dipsacus laciniatus. Linn. spec. 141. Lam. Dict. 1. p. 622. Jacq. Austr. t. 403. — Moris. s. 7. t. 36. f. 4.

Cette espèce a beaucoup de rapport avec les deux précédentes , mais elle est garnie d'épines plus petites et moins fortes ; ses feuilles sont laciniées et plus fortement soudées, et les bractées sont moins courbées, moins étroites et plus courtes. ♂. On trouve cette plante en Alsace , entre Horburg et Colmar , et entre Colmar et Buffach (J. Bauh.) ; à Drusenheim et Schistigeim (Mapp.) ; à Grenoble (Vill). ; près Montmusar, sur la route de Dijon à Plombières (Dur.) ; près Worms (Poll.) ; Nantes (Bon.) ; aux environs de Turin près de la Doire (All.).

3295. Cardère velue.   *Dipsacus pilosus.*

Dipsacus pilosus. Linn. spec. 141. Lam. Dict. 1. p. 623. Illustr. t. 56. f. 2. Jacq. Austr. t. 248. — Cam. Epit. 433 ic.

Sa tige est haute de 6-9 décim. , branchue , cannelée et garnie de petites épines assez foibles ; ses feuilles sont ovales-lancéolées , pointues , dentées en leur bord , épineuses en leur nervure postérieure , et remarquables par quelques appendices en oreillettes disposées à leur base ; les inférieures sont pétiolées , et les supérieures sont presque sessiles : les têtes de fleurs sont petites , velues et hémisphériques ou presque arrondies : les corolles sont blanchâtres , et les étamines ont des anthères noirâtres ou purpurines. ♂. On trouve cette plante sur le bord des fossés humides et le long des haies. Elle porte le nom vulgaire de *verge de pasteur*.

DLIV. SCABIEUSE.   *SCABIOSA.*

Scabiosa. Linn. — *Scabiosa et Succisa.* Hall. — *Scabiosa, Succisa et Asterocephalos.* Vaill.

Car. Les fleurs sont réunies en tête , entourées d'un involucre à plusieurs feuilles , et placées sur un réceptacle hérissé de poils ou d'écailles qui sont des bractées avortées ; chaque fleur a un double calice , l'un et l'autre libres et non adhérens ; l'extérieur est membraneux ou scarieux sur les bords , muni en dedans d'une duplicature qui cache la base du calice interne ; celui-ci couvre la graine sans adhérer avec elle , et se termine par un petit évasement calleux d'où partent le plus souvent cinq arêtes ; la corolle est tubuleuse , insérée sur le calice interne , à quatre ou cinq lobes inégaux , sur-tout vers les bords de la tête ; les étamines , au nombre de quatre à cinq , sont attachées au bas du tube de la corolle et ont les anthères distinctes ; l'ovaire est dans le calice interne , émet un style qui traverse le fond du tube et se change en une graine cachée par les deux calices.

§. Ier. *Corolles des fleurons à quatre divisions.*

3296. Scabieuse des Alpes.   *Scabiosa Alpina.*

Scabiosa Alpina. Linn. spec. 141. Lam. Fl. fr. 3. p. 349. —
Dipsacus. Hall. Helv. n. 200. — Lob. ic. t. 537. f. 2. — Dalech.
1108. f. 1.

Sa tige est haute de 9-12 décim., épaisse, ferme, fistuleuse,
cylindrique et velue; ses feuilles ne ressemblent pas mal à celles
de la grande centaurée; elles sont fort grandes, d'un verd blanchâtre, et composées de folioles lancéolées, dentées, décurrentes et disposées en manière d'ailes; la foliole terminale est
plus grande que les autres : les fleurs sont jaunâtres et forment
des têtes presque globuleuses, un peu penchées et hérissées par
des paillettes velues. ♃. On trouve cette plante dans les montagnes de la Provence (Gér.); près Narbonne (Dalech.); en
Piémont près Rivoli (Dalech); près Demonte, à la vallée de
Pesio, dans les montagnes de Tende et de la Briga (All.); aux
Baux, au Devoluy, au villard de Lans et à la grande Chartreuse
en Dauphiné (Vill.); au mont Salève et à Thoiry près Genève
(Hall.).

3297. Scabieuse centaurée.   *Scabiosa centauroides.*

Scabiosa centauroides. Lam. Illustr. n. 1312.

Cette plante s'élève jusqu'à 6 et 8 décim. de hauteur; elle est
hérissée de poils épars dans la partie inférieure ; ses feuilles radicales sont entières, rétrécies en pétiole et le plus souvent
desséchées à l'époque de la fleuraison ; toutes les autres sont
grandes, profondément pinnatifides, à cinq ou sept lobes lancéolés, ordinairement entiers, quelquefois bordés d'une ou
deux fortes dentelures, prolongés à leur base sur la nervure
longitudinale; le lobe terminal est plus grand que les autres : la
tige se bifurque au sommet et porte trois ou cinq têtes de fleurs
qui terminent de longs pédoncules absolument nus; elles sont
ovoïdes, dépourvues d'involucre distinct, composées de paillettes embriquées, dont les extérieures sont obtuses, et les intérieures se prolongent en pointe acérée : les corolles sont jaunâtres, à quatre lobes inégaux ; les extérieures sont un peu plus
grandes. Je soupçonne que cette espèce est dioïque par avortement. Cette plante a été trouvée par M. Desfontaines, dans les
Alpes de Provence.

5298. Scabieuse à fleurs   *Scabiosa leucantha.*
blanches.

Scabiosa leucantha. Linn. spec. 142. Lam. Fl. fr. 3. p. 349. —
Dalech. 1110. f. 2. — Lob. ic. t. 538. f. 2.

Cette espèce se rapproche de la précédente par ses têtes
ovoïdes, sans involucre ; mais elle en diffère non seulement par
ses fleurs blanches, mais encore par ses écailles pubescentes et
non prolongées en pointe : sa tige est haute de 9–12 décimètres,
branchue, cylindrique, cannelée et très-glabre ; ses feuilles sont
grandes, profondément pinnatifides, composées de lobes lancéolés, pointus, dentés et presque incisés ; elles sont vertes et
ont leur nervure postérieure très-blanche : les fleurs sont de
couleur blanche, et forment de petites têtes presque globuleuses au sommet de la plante. ♃. On trouve cette espèce dans
les lieux montagneux de la Provence ; à Valence et Montélimart
(Vill.) ; à Rivoli (Lob.) ; à Nice, Ast et Montferrat (All.) ; à
Castelnau et Selleneuve près Montpellier (Gou.).

5299. Scabieuse de Tran-   *Scabiosa Transylvanica.*
sylvanie.

Scabiosa Transylvanica. Linn. spec. 141. Lam. Illustr. n. 1301,
Jacq. Vind. t. 111. All. Ped. n. 504. t. 48.

Cette plante se bifurque plusieurs fois et s'élève jusqu'à la
hauteur d'un mètre ; elle est hérissée de poils nombreux dans
sa partie inférieure ; ses feuilles radicales sont découpées en
forme de lyre ; les inférieures sont oblongues et fortement dentées ; celles qui naissent sous l'origine des rameaux sont pinnatifides : la forme des lanières est assez variable ; les pédoncules
des fleurs sont longs, nus, terminés par une tête ovoïde dépourvue d'involucre ; les corolles sont d'un bleu un peu rougeâtre,
à quatre lobes inégaux dans le bord de la tête, presque égaux
dans le milieu ; les paillettes sont ovales, terminées par une
pointe acérée et presque épineuse ; le calice extérieur est à huit
dents ; l'intérieur est surmonté, à l'époque de la maturité, d'un
petit godet frangé et velu. ⊙. Cette plante croît dans les chaumes, sur les collines élevées, aux environs de Turin, d'où j'en
possède un échantillon envoyé par M. Balbis : elle se retrouve
près d'Asti et de Montferrat (All.). La figure d'Allioni rend
assez mal les feuilles inférieures de ma plante.

Tome IV.   P

5300. Scabieuse succise. *Scabiosa succisa.*

Scabiosa succisa. Linn. spec. 142. Lam. Fl. fr. 3. p. 350. Fl. dan. t. 279. — Cam. Epit. 397. ic.

β. *Succisa hirsuta.* C. Bauh. Pin. 269.

γ. *Flore albo.* — Hall. Helv. n. 200.

δ. *Foliis incisis.*

Cette plante est appelée *succise* et *mors du diable*, parce que sa racine est tronquée et comme rongée à son extrémité : sa tige est haute de 3-6 décim., cylindrique, feuillée, presque simple et chargée d'un petit nombre de fleurs ; ses feuilles inférieures sont pétiolées, ovales, entières et souvent chargées de quelques poils assez longs ; celles de la tige sont ovales-lancéolées, rétrécies à leur base, un peu soudées ensemble, ordinairement très-entières, quelquefois dentées ou même incisées, et disposées par paires un peu écartées : les fleurs sont terminales, souvent au nombre de trois, et forment des têtes légèrement convexes ; les fleurettes ne sont point inégales entre elles, et l'involucre est fort court. ♃. On trouve cette plante dans les bois et sur les collines sèches ; on la regarde comme sudorifique et vulnéraire.

5301. Scabieuse des champs. *Scabiosa arvensis.*

Scabiosa arvensis. Linn. spec. 143. Lam. Illustr. t. 57. f. 1. Fl. dan. t. 447.

β. *Scabiosa hybrida.* Bouch. Fl. abbev. p. 12.

γ. *Involucro floribus longiore.* Wild. spec. 1. p. 555.

Sa tige est haute de 5-6 décim., plus ou moins branchue, un peu velue, feuillée et cylindrique ; ses feuilles sont profondément pinnatifides, presque ailées, et terminées par une lanière assez grande, lancéolée, un peu dentée et pointue ; les fleurs sont d'un bleu rougeâtre, terminales, et portées sur des pédoncules longs et nus ; les fleurettes de la circonférence sont plus grandes que celles du centre. ♃. Cette plante est commune dans les champs, les prés et sur le bord des chemins ; elle passe pour sudorifique, expectorante, détersive et vulnéraire. La variété β diffère de l'espèce commune, par ses feuilles presque toutes entières et non découpées ; elle s'approche, par ce caractère, de la scabieuse des bois, mais on l'en distingue à son port, à sa consistance moins ferme, et sur-tout à ses feuilles fortement rétrécies en pétiole à leur base et non embrassantes : la variété γ est une monstruosité produite par un développement outre-nature des feuilles de l'involucre.

3302. Scabieuse bâtarde.   *Scabiosa hybrida.*

Scabiosa hybrida. All. Auct. p. 9.

Sa racine est grèle, pivotante, fibreuse latéralement; la tige est un peu velue, cylindrique, peu branchue, haute de 3 décimètres; les feuilles sont presque glabres; les inférieures étalées, pétiolées, découpées en lyre, un peu semblables à celles du radis, à lobes ovales, dentés, obtus, réunis par une languette de parenchyme, très-petits dans le bas de la feuille, et dont le supérieur est très-grand; les feuilles intermédiaires sont ovales, pétiolées, fortement dentées; les supérieures oblongues, pointues, sessiles, entières ou inégalement dentées : les pédoncules sont nus, alongés, terminés par une fleur d'un bleu rougeâtre, un peu plus petite que dans la scabieuse des champs; les graines sont comprimées, surmontées d'un bord membraneux légèrement denté (All.). ☉. Elle croît dans les prés et les champs aux environs de Sospitello en Piémont (All.). Je la décris d'après un échantillon envoyé par M. Balbis.

3303. Scabieuse des bois.   *Scabiosa sylvatica.*

Scabiosa sylvatica. Linn. spec. 142. Jacq. Austr. t. 362. Obs. 3. t. 72. Lam. Fl. fr. 3. p. 348. — *Scabiosa pannonica.* Jacq. Vind. 22. — Clus. Hist. 2. p. 2. f. 1.

Sa tige est haute de 6-9 décimètres, cylindrique, feuillée, branchue, et chargée de poils roides, épars, horizontaux ou dirigés en bas; ces poils naissent chacun sur un petit point rougeâtre : les feuilles sont grandes, ovales, pointues, dentées, un peu soudées ensemble par leur base, traversées par une nervure blanche et d'un verd presque noirâtre ; les fleurs sont grandes, terminales, et ressemblent à celles de la scabieuse des champs. ♃. On trouve cette plante dans les bois des montagnes.

3304. Scabieuse à feuilles   *Scabiosa integrifolia.*
entières.

Scabiosa integrifolia. Linn. spec. 142. — *Scabiosa bellidifolia.* Lam. Fl. fr. 2. p. 347. — *Scabiosa serrata.* Lam. Illustr. n. 1306.

Sa tige est haute de 5 décim., cylindrique, légèrement velue et un peu branchue dans sa partie supérieure; ses feuilles inférieures sont en forme de spatule, pinnatifides à leur base, et terminées par un lobe fort grand, ovale, un peu obtus et crénelé; les lobes sont obtus et crénelés à leur sommet : les feuilles supérieures sont étroites, lancéolées, pointues, ciliées et à peine dentées en leur bord : les fleurs sont rougeâtres, terminales, et forment des têtes assez petites. ☉. On trouve cette plante sur le bord des champs dans les provinces méridionales, aux environs de Montpellier, etc.

§. II. *Corolles à cinq divisions.*

3305. Scabieuse colombaire. *Scabiosa columbaria.*

Scabiosa columbaria. Linn. spec. 143. Lam. Fl. fr. 3. p. 352. — *Scabiosa polymorpha*, α et β. Weig. Obs. p. 23. — Cam. Epit. p. 711. ic.
β? *Scabiosa gramuntia.* Linn. spec. 143.

Sa tige est cylindrique, branchue, presque glabre et s'élève depuis 5 jusqu'à 6 décim.; ses feuilles radicales sont simples, ovales, en spatule, dentées, et se fanent de bonne heure, ce qui fait qu'on ne les trouve que dans la jeunesse de la plante; toutes les autres sont une fois pinnatifides et à découpures linéaires : les fleurs sont portées sur des pédoncules nus et fort longs; les fleurettes extérieures sont plus grandes que celles du centre; les semences sont petites, distinguées par huit cannelures latérales, et chargées d'un petit godet scarieux, au milieu duquel on observe une étoile terminée par cinq filets fort longs et noirâtres. La variété β est plus velue, sur-tout dans le bas de la plante; sa tige est simple, terminée par une seule tête de fleurs; elle est certainement une variété ou de la scabieuse colombaire, ou de la scabieuse des Pyrénées; son duvet grisâtre la rapproche de cette dernière espèce, mais son fruit, que nous n'avons vu à la vérité qu'avant la maturité, nous a paru se rapprocher de la première. La scabieuse colombaire est commune dans les lieux secs et montueux, au bord des prés et des moissons. La variété β a été observée aux environs de Montpellier.♃.

3306. Scabieuse luisante. *Scabiosa lucida.*

Scabiosa lucida. Vill. Dauph. 2. p. 293. Lam. Illustr. n. 1318.

Cette plante ressemble beaucoup à la colombaire, et n'en est probablement qu'une variété due à son habitation dans les bois et les pâturages humides et ombragés; elle est entièrement glabre et même luisante : on observe encore un léger duvet sur le bord de la feuille, à la base des pétioles et dans les sinus des découpures ; les feuilles inférieures sont pétiolées, ovales-lancéolées, pointues, dentées en scie ; les supérieures sont découpées en lobes linéaires, incisés et pointus : je n'ai pas vu ses graines. ♃. Elle a été observée dans les montagnes du Dauphiné ; de la haute Provence ; en Savoie près Pralugnan (Bell.), et aux environs du lac Léman.

3307. Scabieuse odorante. *Scabiosa suaveolens.*

Scabiosa suaveolens. Desf. Cat. Hort. par. p. 110. — *Scabiosa columbaria odorata.* Thuil. Fl. par. II. 1. p. 72. — *Scabiosa minor.* I. II. III. Tab. ic. 160 et 161. — *Scabiosa media.* Ger. Hist. 720. ic. — *Scabiosa capitulo globoso.* n. IV. C. Bauh. Pin. 271.

Cette plante est très-voisine de la scabieuse colombaire, mais elle en est certainement distincte ; ses feuilles radicales, au lieu d'être ovales et crénelées, sont lancéolées, étroites et entières ; les supérieures sont divisées en lobes étroits, nombreux et entiers ; les nœuds de la tige sont verds et non purpurins ; la tige est plus courte et ne se ramifie qu'à la naissance des fleurs ; celles-ci sont très-odorantes, portées sur des pédoncules moins alongés ; les écailles de leur réceptacle, au lieu d'être linéaires et de la longueur de l'ovaire, sont en forme de spatule et de la longueur de l'aigrette ; enfin, les soies qui couronnent la graine sont plus étalées que dans la colombaire, de couleur verdâtre et non brune. ♃. Cette espèce croît dans les lieux secs à Fontainebleau ; son odeur ressemble à celle de l'orchis noir.

3308. Scabieuse des Pyrénées. *Scabiosa Pyrenaica.*

Scabiosa Pyrenaica. All. Ped. n. 512. t. 25. f. 2. et t. 26. f. 1. — *Scabiosa cinerea.* Lam. Illustr. n. 1319. — *Scabiosa maritima.* Vill. Dauph. 2. p. 295.

Cette espèce a beaucoup de rapport avec la colombaire, mais elle s'en distingue, dès le premier coup-d'œil, aux poils grisâtres qui couvrent toute la partie inférieure de la plante, et sur-tout à ses fruits qui ne sont pas marqués de profondes cannelures à l'extérieur, mais en forme de toupie ovoïde, marquée par huit nervures un peu proéminentes ; le rebord membraneux du calice externe est plus grand comparativement à la graine, non plissé en long et souvent roulé en dedans par le sommet ; enfin, les poils qui couronnent le calice interne sont plus courts dans cette espèce que dans la scabieuse colombaire. ♂. Cette plante croît dans les lieux pierreux et rocailleux des montagnes ;

dans le Piémont, la Provence, le Dauphiné, le Languedoc et les Pyrénées.

5309. Scabieuse jaunâtre. *Scabiosa ochroleuca.*

Scabiosa ochroleuca. Linn. spec. 146. Lam. Fl. fr. 3. p. 352. Jacq. Obs. 3. t. 73. 74. — *Scabiosa tenuifolia.* Roth. Germ. 1. p. 59. II. p. 167. ex Wild. spec. 1. p. 559. — *Scabiosa polymorpha.* δ. Weig. Obs. p. 24. — Clus. Hist. 2. p. 3. f. 2.

Cette plante a beaucoup de rapport avec la scabieuse colombaire, et n'en est peut-être qu'une variété ; sa tige est haute de 5 décim. , branchue, cylindrique, grêle, un peu dure, verte, et quelquefois rougeâtre à ses articulations ; ses feuilles sont soudées par la base, profondément pinnatifides, et à découpures linéaires ; les fleurs sont d'un jaune pâle, terminales, portées sur des pédoncules nus et fort longs ; les fleurettes extérieures sont plus grandes que celles du centre. ♃. On trouve cette plante dans les prés secs des provinces méridionales ; elle a été retrouvée sur les côteaux du Val près Abbeville (Bouch.)?

5310. Scabieuse d'Ukraine. *Scabiosa Ukranica.*

Scabiosa Ukranica. Linn. spec. 144. — Gmel. Sib. 2. p. 213. t. 87.

Sa tige est grêle, droite, un peu rameuse, blanchâtre, hérissée çà et là de poils longs, épars et nullement couchés ; les feuilles inférieures sont pinnatifides ; les intermédiaires sont divisées en trois ou quatre lobes alongés et linéaires ; les supérieures sont entières, linéaires, longues de 5-6 centim. ; toutes sont bordées vers leur base de longs poils semblables à ceux de la tige : les fleurs sont petites, d'un verd jaunâtre tirant sur le rouge, et ont leurs fleurons extérieurs grands et rayonnans (Gmel.) ; l'involucre est à six ou huit folioles linéaires qui dépassent un peu la longueur des fruits ; ceux-ci forment une petite tête arrondie : le calice extérieur forme un large rebord blanc et membraneux ; l'intérieur émet cinq arêtes brunâtres. ♃. Elle a été trouvée dans les lieux stériles aux environs de Tortone et au-dessus de Spigno près d'Aqui (All.). Je la connois d'après un échantillon en fruit qui provient du jardin de botanique de Turin.

3311. Scabieuse pourpre. *Scabiosa atro-purpurea.*

Scabiosa atro-purpurea. Linn. spec. 144. Lam. Illustr. n. 1324.
— Clus. Hist. 2. p. 3. f. 1.
β. *Flore albo.*
γ. *Prolifera.*

Cette espèce ressemble, par son port et son feuillage, à la scabieuse colombaire; mais elle s'en distingue facilement à ses réceptacles convexes, à ses corolles d'un pourpre foncé, à ses anthères blanches, à sa fleur odorante : son calice externe se prolonge en cinq soies rougeâtres, dures et aussi longues que la corolle. La variété *α* est cultivée dans les parterres, sous le nom de *veuve*; la variété β a la fleur blanche : on trouve des individus dont la teinte est intermédiaire entre le blanc et le pourpre ; dans la variété γ l'involucre pousse plusieurs pédicelles terminés chacun par une tête de fleurs. On croit cette plante originaire de l'Inde. ☉.

3312. Scabieuse étoilée. *Scabiosa stellata.*

Scabiosa stellata. Linn. spec. 144. Lam. Fl. fr. 3. p. 351. —
Clus. Hist. 2. p. 1. ic.
β. *Minima.* C. Bauh. Prod. p. 126. n. 5.

Sa tige est cylindrique, blanchâtre, velue, rameuse et haute de 5 décimètres ; ses feuilles sont molles, velues, d'un verd blanchâtre, profondément pinnatifides à leur base, élargies et simplement incisées ou dentées dans leur partie supérieure : les fleurs sont blanches, terminales et assez grandes ; les fleurettes extérieures sont plus grandes que celles du centre, et les divisions de leur calice commun sont velues et ciliées : les semences sont fort belles et ramassées en une tête globuleuse; chacune d'elles est velue à sa base, distinguée par huit cavités latérales, et chargée d'une aigrette campaniforme membraneuse et scarieuse, au milieu de laquelle on observe une étoile noirâtre, pédiculée et à cinq pointes. ☉. Cette plante croît dans les lieux stériles et maritimes de la Provence; des environs de Nice (All.).

3313. Scabieuse à tige simple. *Scabiosa simplex.*

Scabiosa simplex. Desf. Fl. atl. 1. p. 125. t. 39. f. 1.

Cette plante ressemble, par tous ses caractères principaux, à la scabieuse étoilée, mais elle a constamment la tige simple ; elle ne porte ordinairement qu'une seule tête de fleurs; quelquefois cependant elle porte trois têtes, et alors elle se nuance avec la précédente. Je n'aurois pas osé la séparer si M. Desfontaines, qui a observé l'une et l'autre dans leur lieu natal, ne les regardoit comme différentes. Elle a été trouvée dans les Alpes par M. Brongniart. ☉.

3314. Scabieuse graminée. *Scabiosa graminifolia.*

Scabiosa graminifolia. Linn. spec. 145. Lam. Fl. fr. 3. p. 353. — C. Bauh. Prodr. p. 127. ic.

Toute la plante est couverte d'un duvet blanc et très-court ; sa tige est haute de 3 décim. ou un peu plus, uniflore et nue vers son sommet ; ses feuilles sont linéaires, longues de 6-12 centim., larges de 3-6 mill., pointues, et d'un blanc-argenté ; la fleur est assez grande et terminale ; son involucre est cotonneux, et les fleurettes de la circonférence sont plus grandes que celles du centre. ♃. Cette plante croît en Provence, où elle a été observée par dom Fourmeault ; en Dauphiné au Clausit et au col de Las ; à Saint-Eynard dans le Champsaur, au Villard d'Arène (Vill.) ; en Piémont au-dessus de Limone, et entre Ulmeta et Carlino (All.).

~~~~~~

CINQUANTE-NEUVIÈME FAMILLE.

VALÉRIANÉES. *VALERIANEÆ.*

Dipsacearum gen. Juss. — *Scabiosarum gen.* Adans. — *Aggregatarum gen.* Linn.

Les Valérianées tiennent le milieu entre les Dipsacées, les Rubiacées et les Caprifoliacées ; mais elles diffèrent de chacune de ces familles par différens caractères, et de toutes trois, par l'absence du périsperme : ces plantes sont des herbes à tige cylindrique, souvent bifurquée ou trifurquée ; leur racine est très-odorante, fortement amère et tonique, sur-tout dans les espèces vivaces ; leurs feuilles sont opposées, souvent pinnatifides, presque toujours glabres et de forme assez variable ; leurs fleurs sont toujours distinctes, le plus souvent disposées en panicule ou en corimbe irrégulier.

Le calice est adhérent avec l'ovaire ; son limbe est quelquefois roulé en dedans jusqu'à l'époque de la maturation, quelquefois
~~~~~~

droit et denté ; la corolle est tubuleuse , placée sur le sommet
de l'ovaire , à cinq lobes souvent inégaux ; les étamines, dont
le nombre varie de une à cinq, et n'a pas de rapport avec celui
des lobes de la fleur, sont insérées sur le tube de la corolle ;
l'ovaire est adhérent avec le calice , surmonté d'un style à un
ou trois stigmates ; le fruit est une capsule qui ne s'ouvre pas
d'elle-même , à une ou trois loges ; dans le premier cas , le fruit
ressemble à une graine nue ; dans le second , il arrive ordinairement que une ou deux loges avortent avant la maturité ;
chaque graine renferme un embryon droit, à radicule supérieure et dépourvu de périsperme.

L'existence de ce grouppe comme famille distincte , est con-
firmée par M. de Jussieu, qui y rapporte le singulier genre de
l'*opercularia* (*Voy*. Annal. du Mus. d'hist. nat.).

DLV. VALÉRIANE.   *VALERIANA.*

Valeriana. Neck. — *Valerianæ sp*. Linn. Juss. Lam. Gœrtn.

CAR. Le calice est adhérent avec l'ovaire ; son limbe est roulé
en dedans pendant la fleuraison et se déroule à l'époque de la
maturation, de manière à former une aigrette plumeuse qui
couronne la graine ; la corolle est en entonnoir , sans éperon , à
cinq lobes un peu inégaux ; les étamines sont le plus souvent au
nombre de trois , rarement solitaires , quelquefois avortées ;
l'ovaire est adhérent, à une loge , surmonté d'un style simple ;
le fruit est une capsule à une loge , à une graine.

3515. Valériane officinale.   *Valeriana officinalis.*

Valeriana officinalis. Linn. spec. 45. Lam. Illustr. n. 396. t. 24.
f. 1. — Fuchs. Hist. 857. ic.
β. *Lucida*. — Tourn. Inst. p. 132. n. 4.

Sa tige est haute de 9-15 décim. , presque simple, creuse,
cannelée et un peu velue ; ses feuilles sont toutes ailées, et
leurs folioles sont pointues, légèrement velues, et dentées en
leur bord ; les fleurs sont rougeâtres, terminales et disposées
comme celles des espèces précédentes. La variété β est remarquable par ses feuilles luisantes et d'un verd foncé ou noirâtre.
♃. On trouve cette plante dans les bois et les lieux humides ;
elle passe pour anti-épileptique, anti-histérique, sudorifique ,
diurétique et emménagogue.

3316. Valériane phu.   *Valeriana phu.*

Valeriana phu. Linn. spec. 45. Lam. Illustr. n. 398. — *Valeriana hortensis.* Lam. Fl. fr. 3. p. 359. — Blackw. t. 250.

Sa tige est haute de 9-12 décim. , lisse, cylindrique, creuse et un peu branchue ; ses feuilles radicales sont pétiolées, ovales-oblongues ; les unes tout-à-fait simples, et les autres ayant une couple de lobes à leur base ; les feuilles supérieures de la tige sont ailées, composées de folioles lancéolées, pointues et un peu décurrentes : les fleurs sont blanches ou rougeâtres, et disposées au sommet de la tige et des rameaux , en panicule peu étalée. ♃. Cette plante croît dans les montagnes de l'Alsace, selon J. Bauhin , mais elle n'y a point été retrouvée par Mappus : on la cultive dans les parterres ; sa racine est anti-spasmodique , diurétique , emménagogue et céphalique.

3317. Valériane des Py-   *Valeriana Pyrenaica.*
rénées.

Valeriana Pyrenaica. Linn. spec. 46. Lam. Fl. fr. 3. p. 356. — Buxb. Cent. 2. p. 19. t. 11.

Sa tige est haute de 6 décim. , simple, cylindrique , épaisse , creuse, feuillée et quelquefois rougeâtre dans sa partie supérieure ; ses feuilles sont pétiolées, grandes, cordiformes, dentées , d'un gros verd, et chargées en leurs nervures postérieures et à la base de leur pétiole, de poils forts , courts et blanchâtres ; les fleurs sont purpurines , et forment au sommet de la tige une panicule un peu ramassée. ♃. Cette plante croît dans les Pyrénées (Tourn.), où elle est assez commune (Lemonn.) : elle a été notamment trouvée par M. Ramond près de Bagnères, le long de la prise d'eau de l'Anou ; près de Barrèges, autour des moulins de Sers.

3318. Valériane à trois lobes.   *Valeriana tripteris.*

Valeriana tripteris. Linn. spec. 45. Lam. Fl. fr. 3. p. 356. Jacq. Austr. t. 3. — C. Bauh. Prod. p. 86. ic.

Sa tige est haute de 3 décim. ou un peu plus, cylindrique , feuillée et souvent simple ; ses feuilles radicales sont pétiolées, vertes, lisses, cordiformes, quelques-unes un peu obtuses ou presque arrondies, et les autres pointues et dentées en leur bord ; les feuilles de la tige sont portées sur de courts pétioles ; elles sont composées de trois lanières lancéolées, pointues, confluentes, inégalement dentées, et dont une terminale est plus grande que les deux autres : les fleurs sont blanches ou rougeâtres et disposées en panicule au sommet de la tige. ♃. On trouve cette plante dans les montagnes de la Provence (Gér.); à Sassenage, au Noyer et ailleurs en Dauphiné (Vill.); dans les Alpes de Savoie; de Piémont; à Lamalou, près Beziers, à l'Esperou, aux Capouladoux et à la Serane près Montpellier (Gou.); dans les Pyrénées; les montagnes du Bugey (Latourr.); de l'Auvergne.

3319. Valériane de montagne. *Valeriana montana.*

> *Valeriana montana.* Linn. spec. 45. Lam. Fl. fr. 3. p. 357. Jacq.
>   Austr. t. 269. — C. Bauh. Prodr. 87. f. 1.
> β. *Valeriana rotundifolia.* Vill. Dauph. 2. p. 283. — Dalech.
>   Lugd. 1127. f. 1.
> γ. *Foliis ternis.* Ram. Pyren. ined.

Sa racine est longue, un peu horizontale, et pousse une tige simple, cylindrique, médiocrement garnie de feuilles, et haute de 2-5 décim.; ses feuilles inférieures sont pétiolées, ovales, la plupart obtuses, très-entières et plus ou moins glabres; les feuilles de la tige sont sessiles, ovales-oblongues, un peu étroites, pointues et au nombre de deux ou de quatre seulement; les fleurs sont rougeâtres, terminales et disposées en une panicule médiocre. La variété β ne me semble différer de la précédente que parce qu'elle a des feuilles supérieures plus larges, et ses fleurs disposées en panicule plus serrée. ♃. Cette plante croît dans les montagnes de la Savoie; du Piémont (All.); de la Provence; du Dauphiné; du Bugey (Latourr.); des Vosges (Buch.); des Pyrénées.

3320. Valériane tubéreuse. *Valeriana tuberosa.*

> *Valeriana tuberosa.* Linn. spec. 46. Lam. Illustr. n. 401. — Ger.
>   Gallopr. p. 218. n. 7. — Cam. Epit. 16. ic. — Dalech. Lugd.
>   926. ic.

La racine de cette valériane est épaisse, dure, très-odorante, tantôt arrondie en tubercule, tantôt alongée et cylindrique; sa tige s'élève de 1-3 décim. : la plante est entièrement glabre; ses feuilles radicales sont lancéolées ou linéaires, rétrécies en pétiole, entières; celles de la tige sont pinnatifides et se divisent de chaque côté en deux lobes linéaires; la tige ne porte que deux ou trois paires de feuilles, et se termine par une panicule serrée, composée d'une vingtaine de fleurs odorantes, d'un blanc rougeâtre, presque disposées en corimbe. ♃. Cette espèce croît dans les montagnes de la Provence méridionale; à Combecrosse dans le Devoluy, et à Briançon (Vill.); aux environs de Suze, de Nice, entre Garessio et Orméa (All.); au mont Sérane en Languedoc (Gou.).

**5521. Valériane à feuilles   *Valeriana globulariæ-*
de globulaire.   *folia.***

Valeriana globulariæfolia. Ramond. Pyr. ined.

Cette plante ressemble beaucoup, par son port, à la valériane tubéreuse, et par ses caractères, à la valériane phu; sa racine est cylindrique, ligneuse, peu rameuse, assez longue et grisâtre en dehors; sa tige s'élève à 2 décim. ; ses feuilles radicales sont entières, oblongues ou ovales, très-obtuses, rétrécies en pétiole et assez semblables à celles de la globulaire; la tige ne porte que deux paires de feuilles; ces feuilles ont de chaque côté deux lobes profonds, oblongs ou linéaires, et se terminent par un cinquième lobe un peu plus grand que les autres : les fleurs forment un corimbe serré, et ressemblent à celles de la valériane tubéreuse et de la valériane de montagne; les bractées sont simples, linéaires, égales à la longueur des pédicelles; le style est saillant et les étamines cachées dans la corolle. ♃. Cette espèce m'a été communiquée par M. Ramond, qui l'a découverte dans les Pyrénées, sur les rochers des hautes montagnes.

5522. Valériane nard-celtique. *Valeriana celtica.*

Valeriana celtica. Linn. spec. 46. Lam. Illustr. n. 403. Jacq. Coll. 1. p. 24. t. 1. — *Valeriana saxatilis.* Vill. Dauph. 2. p. 286. non. Linn. —Cam. Epit. 14. ic.

La racine de cette plante est fortement odorante, cylindrique, trace horizontalement et émet des fibres jaunâtres et descendantes; ses feuilles radicales sont oblongues, pointues, entières, nombreuses; la tige s'élève à 1-2 décim. , et porte deux à quatre feuilles linéaires; les fleurs sont disposées en grappe alongée, quelquefois composée de trois ou quatre verticilles sessiles, quelquefois formée de rameaux opposés. Cette plante ne diffère de l'espèce suivante que par ses feuilles plus aiguës, sa tige plus alongée et ses fleurs moins rapprochées : ces deux plantes sont-elles réellement distinctes? Le nard-celtique croit dans les rochers des hautes Alpes ; dans le Valais sur les montagnes de Dome , Grandloé et Saint-Nicolas (Hall.) ; en Piémont dans la vallée de Varaita ; sur le mont Cenis ; à Lanzo , à Viù , près Grassoney , Locana et Courmayeur (All.) ; en Dauphiné (Vill.). ♃.

3323. Valériane couchée.   *Valeriana supina.*

> *Valeriana supina.* Linn. Mant. 2⁷. Jacq. Misc. 2. t. 1⁷. f. 2. — *Valeriana saliunca.* All. Ped. n. 9. t. 10. f. 2. — *Valeriana celtica.* Vill. Dauph. 2. p. 285.

Cette plante a une racine épaisse , ligneuse , tortue , grisâtre et odorante ; elle forme une touffe serrée , assez semblable à celle des globulaires , et ne passe pas 3-4 centim. de hauteur ; les feuilles radicales sont oblongues , obtuses , toujours entières ; celles de la tige sont en petit nombre , lancéolées-linéaires , entières et sessiles : les fleurs forment un corimbe serré , terminal , presque en forme de tête ; elles sont entremêlées de bractées linéaires ; le style et les étamines sont saillans hors de la corolle. ♃. Elle croît parmi les rochers sur les hautes Alpes , dans les lieux exposés aux vents ; en Piémont au mont Genèvre ; près Sestrières et au-dessus de Césana (All.) ; en Dauphiné à la grande Chartreuse , au bourg d'Oysans , à Pallettes de la Cou , dans le Champsaur , aux Haies , près Briançon (Vill.).

3324. Valériane des rochers.   *Valeriana saxatilis.*

> *Valeriana saxatilis.* Linn. spec. 46. Hop. Herb. viv. cent. 1. Jacq. Vind. 204. Austr. 3. t. 267. — Clus. Hist. 2. p. 56. f. 1.

Sa racine est couverte à son collet de fibres redressées , et pousse plusieurs radicules simples , grêles et cylindriques ; la tige s'élève à 2 ou 3 décimètres ; ses feuilles radicales et inférieures sont ovales ou oblongues , ciliées sur les bords , rétrécies en un long pétiole , munies de trois nervures longitudinales , marquées çà et là d'une ou deux dentelures saillantes et irrégulières ; les feuilles qui naissent à la base des pédoncules sont linéaires , courtes , sessiles et entières ; les fleurs forment une panicule d'abord serrée , puis très-étalée , composée de trois ou cinq corimbes partiels portés sur de longs pédoncules ; les étamines sont saillantes hors de la fleur ; le style est plus court que la corolle. ♃. Cette plante croît aux environs de Nice (All.). Je la décris d'après des échantillons originaires de Saltzbourg , et qui m'ont été communiqués par MM. Hoppe et de Lezay.

3325. Valériane dioïque.   *Valeriana dioica.*

Valeriana dioica. Linn. spec. 44. Lam. Fl. fr. 3. p. 359. — Bull.
  Herb. t. 311.
♂. — Cam. Epit. 23. ic.
♀. — Lœs. Pruss. 279. ic. 84.

Sa racine est odorante et pousse latéralement quelques rejets
garnis de feuilles simples, ovales-oblongues, lisses et portées
sur de longs pétioles; sa tige est haute de 5 décim. ou un peu
plus, droite, presque simple, menue, feuillée et très-lisse; ses
feuilles sont ailées ou profondément pinnatifides, et leur foliole
terminale est plus grande que les autres : les fleurs sont purpurines ou blanchâtres, et disposées au sommet de la plante en une
panicule composée, un peu compacte et serrée en tête arrondie;
les fleurs ne sont pas vraiment dioïques, car, selon Scopoli, elles
ont toutes des graines fertiles, mais dans quelques-unes les étamines sont très-saillantes, et dans d'autres elles sont demi-avortées. Cette plante croît dans les prés humides et les marais. ♃.

3326. Valériane chausse-   *Valeriana calcitrapa.*
trape.

Valeriana calcitrapa. Linn. spec. 44. Lam. Fl. fr. 3. p. 355. —
  Clus. Hist. 2. p. 54. f. 2.

Sa tige est lisse, cylindrique, creuse, branchue et haute de
3 décim. ou quelquefois davantage; ses feuilles sont profondément pinnatifides, molles, vertes, lisses et terminées par un
lobe élargi, ovale-oblong et denté; les fleurs sont rouges et disposées en panicule courte ou semblable à un corimbe, au sommet
de la tige et des rameaux. ☉. On trouve cette plante dans les lieux
stériles de la Provence méridionale (Gér.); des environs de Nice
(All.); au Buis et à Nions en Dauphiné; aux environs de Sorrèze;
à Grabels, à Castelnau et au mont de Cette près Montpellier
(Gou.), et au pont de Castreneuve (Magn.).

DLVI. CENTRANTHE.   *CENTRANTHUS.*

Kentranthus. Neck. — *Valerianœ* sp. Linn. Juss. Lam. Gœrtn.

Car. Ce genre diffère du précédent, parce que les fleurs n'ont
jamais qu'une seule étamine, et que la corolle est prolongée à
sa base en un long éperon.

5327. Centranthe rouge.　　*Centranthus ruber.*

Valeriana rubra. All. Ped. n. 1. — *Valeriana rubra,* α. Linn.
spec. 44. Lam. Fl. fr. 3. p. 354. Illustr. t. 24. f. 2. — Cam.
Epit. 24. ic.
β. *Flore albo.*

Cette plante s'élève jusqu'à 7–8 décim.; elle est entièrement
glabre; sa couleur est d'un verd glauque; sa tige est lisse,
branchue, cylindrique; ses feuilles sont larges, lancéolées, ordinairement entières, quelquefois un peu dentées vers leur base
dans le haut de la plante; les fleurs forment une panicule terminale, assez grande; elles sont de couleur rouge-clair: on en
cultive une variété à fleur blanche. ♃. Cette plante est conservée
dans les parterres, sous les noms de *behen rouge*, *barbe de Ju-
piter*, *cornaccia*, etc. Elle croît naturellement dans les terreins
pierreux et maritimes des provinces méridionales.

5328. Centranthe à feuille　　*Centranthus angusti-*
　　　　étroite.　　　　　　　*folius.*

Valeriana angustifolia. All. Ped. n. 2. — *Valeriana monandra.*
Vill. Dauph. 2. p. 280. — *Valeriana rubra,* β. Linn. spec. 44.
Lam. Fl. fr. 3. p. 354. — Pluk. t. 232. f. 3.

Cette espèce diffère de la précédente par ses feuilles qui sont
linéaires, plus longues et plus étroites, toujours entières, même
vers le sommet des tiges; par sa panicule moins alongée; par
ses fleurs odorantes: elle a été regardée par plusieurs auteurs
comme une simple variété; mais Allioni assure qu'elle ne change
point par la culture. ♃. Elle croît dans les lieux rocailleux des
montagnes; au Creux du Vent dans le Jura; aux environs de
Dijon (Dur.); de Grenoble, d'Embrun, de Briançon (Vill.); dans
le Bugey (Latourr.); à Nantua (J. Bauh.); dans les vallées de
Maurienne, de Macre, de Vinadio et de la Stura en Piémont
(All.); dans la Provence entre Aix et Orgon (Gar.), et dans les
montagnes de Seyne.

DLVII. FÉDIA.　　　　*FEDIA.*

Fedia. Mœnch. — *Fediæ sp.* Adans. Gœrtn. — *Valerianæ sp.*
Linn. Juss. Lam.

Car. Le calice est adhérent avec l'ovaire et a son limbe droit,
à deux lobes échancrés; la corolle est en entonnoir, dépourvue
d'éperon, à cinq lobes inégaux; les étamines sont au nombre de
deux; l'ovaire est à trois loges; le fruit est une capsule charnue,
à trois loges, dont deux avortent fréquemment.

Obs. Ce genre a le port des deux précédens et le caractère du suivant : on doit séparer du genre *fedia* d'Adanson, les deux espèces de Sibérie qui ont la fleur jaune , à quatre étamines, le fruit évasé d'un côté en une large paillette, et le rudiment d'un périsperme.

3329. Fédia corne d'abondance. *Fedia cornu-copiæ*.

> *Fedia cornu-copiæ*. Gœrtn. Fruct. 2. p. 36. t. 86. f. 3. — *Vale-riana cornu-copiæ*. Linn. spec. 44. Lam. Illustr. n. 394. — *Fedia incrassata*. Mœnch. Meth. 486. — Clus. Hist. 2. p. 54. fig. 1.

Cette plante est entièrement glabre et lisse; elle s'élève jus-qu'à 3-4 décim.; sa tige est épaisse, cylindrique, rameuse, blanchâtre; les feuilles sont ovales-obtuses, sessiles, entières, un peu dentées vers la base; les pédoncules sont épaissis vers le sommet, et terminés par une touffe de fleurs serrées et dispo-sées en corimbe entouré de feuilles; ces fleurs sont rougeâtres et ressemblent, par leur forme, à celles du centranthe rouge, excepté qu'elles n'ont pas d'éperon, que leur tube est un peu courbé et qu'elles ont deux étamines. ⊙. Cette plante est ori-ginaire des environs de Nice (All.).

DLVIII. MACHE.   *VALERIANELLA.*

> *Valerianella*. Vaill. Mœnch. — *Fediæ sp.* Gœrtn. — *Valerianæ sp.* Linn. Juss. Lam.

Car. Le calice est adhérent à l'ovaire , muni d'un limbe très-petit, à cinq dents; la corolle est tubuleuse , à cinq lobes irré-guliers; les étamines sont au nombre de trois; le fruit est une capsule à trois loges, dont deux sont souvent avortées.

3330. Mâche cultivée.   *Valerianella olitoria.*

> *Valerianella olitoria*. Mœnch. Meth. 493. — *Valeriana olitoria*. Wild. spec. 1. p. 182. — *Fedia olitoria*. Gœrtn. Fruct. 2. p. 36. t. 86. f. 3. — *Valeriana locusta,* α. Linn. spec. 47. Lam. Fl. fr. 2. p. 360.

Sa tige est haute de 15-30 centim. , grêle, foible, cylin-drique, un peu cannelée, feuillée, communément très-glabre, et se divise par bifurcations divergentes; ses feuilles sont alon-gées, presque linéaires et entières ou dentées; ses fleurs sont fort petites, de couleur blanche ou rougeâtre, et ramassées par petits bouquets au sommet de la plante. La variété α se

distingue

distingue par son fruit simple et comprimé : on la cultive dans
les jardins, et l'on mange ses jeunes feuilles en salade pendant
l'hiver et le premier printemps. Cette plante croît dans les lieux
cultivés, les vignes et sur le bord des champs. ⊙. Elle porte le nom
vulgaire de *mâche*, *boursette*, *doucette*, *salade verte*, *chu-
guette*.

5331. Mâche dentée.   *Valerianella dentata.*

Valeriana dentata. Wild. spec. 1. p. 183. — *Valeriana locusta*, δ. Linn. spec. 47. — *Valeriana locusta*, γ. Lam. Fl.
fr. 3. p. 960.

Cette espèce ressemble beaucoup à la précédente, mais elle
s'élève un peu davantage, et se bifurque plus souvent et plus
régulièrement ; ses feuilles ne sont jamais dentées ; son fruit est
couronné par une petite bordure droite, à trois dents inégales.
⊙. Elle croît dans les moissons.

5332. Mâche vésiculeuse.   *Valerianella vesicaria.*

Valerianella vesicaria. Mœnch. Meth. 493. — *Valeriana vesicaria*. Wild. spec. 1. p. 183. — *Valeriana locusta*, β. Linn.
spec. 47. — Boerh. Lugd. 1. t. 75.

Elle se distingue des précédentes par ses feuilles dentelées,
et sur-tout par son fruit membraneux, vésiculeux, à six dents
aiguës réfléchies à l'intérieur, d'où résulte une espèce d'ombilic
au sommet de la vésicule. On trouve cette plante aux environs
de Nions en Dauphiné (Vill.)? ⊙.

5333. Mâche couronnée.   *Valerianella coronata.*

Valeriana coronata. Wild. spec. 1. p. 184. — *Valeriana locusta*, γ. Linn. spec. 48. — *Valeriana locusta*, β. Lam. Fl. fr.
3. p. 360. — Col. Ecphr. 1. t. 209.

Cette espèce est l'une des plus grandes de ce genre ; sa tige
est très-légèrement pubescente ; ses feuilles sont lancéolées,
dentées ; les supérieures sont même divisées jusqu'à la base en
trois lobes linéaires : ses fruits sont réunis en têtes sphériques,
pubescens, membraneux, terminés par un appendice rayon-
nant, à six lobes pointus, très-ouverts. Elle croît dans les champs
en Provence (Gér.); aux environs de Nice (All.); dans le bas
Dauphiné (Latourr.); aux environs de Montpellier, où elle
porte le nom de *passerous* (Gou.); à Saran près Orléans
(Dub.).

3334. Mâche hérissée.   *Valerianella echinata.*

Valeriana echinata. Linn. spec. 47. Lam. Fl. fr. 3. p. 361. —
Valeriana locusta dentata. Gou. Hort. p. 22. — Garid. Aix.
p. 479. t. 94.

Sa tige est plusieurs fois fourchue et garnie de feuilles sessiles, lancéolées, dentées et un peu incisées à leur base ; ses
fleurs sont blanchâtres et régulières, et ses fruits sont chargés
de trois fortes dents, dont une recourbée et plus grande que les
autres. ☉. On trouve cette plante dans les champs des provinces
méridionales ; et dans la Limagne d'Auvergne (Delarb.).

3335. Mâche naine.   *Valerianella pumila.*

Valeriana pumila. Wild. spec. 1. p. 184. — *Valeriana locusta
multifida.* Gou. Hort. 23. — *Valeriana locusta*, н. Linn spec.
1676. — *Valeriana locusta*, δ. Lam. Fl. fr. 3. p. 361. — Lob.
ic. t. 716. f. 2.

Cette espèce ressemble, par son fruit, à la mâche cultivée ;
par son port, à la mâche dentée ; mais elle se distingue de l'une
et de l'autre par ses feuilles, dont les inférieures sont dentées,
et dont les supérieures sont divisées en lobes profonds et linéaires : elle dépasse rarement un décimètre de longueur. ☉.
On la trouve aux environs de Montpellier.

SOIXANTIÈME FAMILLE.

RUBIACÉES.   *RUBIACEÆ.*

Rubiaceæ. Juss. — *Aparines.* Adans. — *Stellatæ.* Linn.

LES Rubiacées considérées en général, forment une vaste
famille composée de plusieurs grouppes distincts par certaines
parties de leur organisation, mais rapprochés par l'ensemble de
leur structure : nous ne possédons en Europe que celle de ces sections à laquelle on a spécialement réservé le nom d'*étoilées* (*stellatæ*) ; elle ne comprend que des herbes à racine ordinairement
vivace, dure, rouge ou brune à l'extérieur, et susceptible de servir
à la teinture ; leur tige est tétragone ou anguleuse, souvent hérissée sur les bords, ainsi que les feuilles, d'aspérités dures
et crochues ; les feuilles sont verticillées à chaque nœud, ovales-
oblongues ou linéaires, toujours entières ; les fleurs sont disposées

le plus souvent en panicules ou en corimbes ; elles sont quelquefois solitaires aux aisselles des feuilles.

Leur calice est adhérent avec l'ovaire dans presque toute son
étendue, de sorte que son limbe est à peine visible ; leur corolle est monopétale, régulière, en roue ou en entonnoir, posée
sur l'ovaire, ordinairement divisée en quatre lobes ; les étamines
sont en nombre égal à celui des divisions de la corolle, alternes
avec elle, insérées vers le sommet du tube ; l'ovaire est adhérent
avec le calice, surmonté d'un style à deux stigmates ; le fruit
est composé de deux graines accolées, enveloppées dans une
tunique extérieure ; ces graines ont un embryon droit, entouré
d'un grand périsperme corné, à radicule inférieure et à cotylédons foliacés.

Les Rubiacées étrangères sont des arbrisseaux à feuilles opposées, munies de stipules intermédiaires qui semblent tenir
lieu des feuilles verticillées particulières aux espèces de nos climats ; leur fruit est une capsule ou une baie à deux ou plusieurs
loges, à deux ou plusieurs graines.

DLIX. SHÉRARDE. *SHERARDIA.*

Sherardia. All.—*Sherardiæ sp.* Linn. Juss. Lam.

Car. La corolle est en forme d'entonnoir ; le fruit est couronné par les dents du calice qui persistent et s'accroissent après
la fleuraison.

3356. Shérarde des champs. *Sherardia arvensis.*

Sherardia arvensis. Linn. spec. 149. Fl. dan. t. 439. Lam. Illustr.
n. 1899. t. 61.

Ses tiges sont longues de 15–20 centimètres, plus ou moins
droites, rameuses, feuillées, très-grêles et rudes en leurs
angles ; ses feuilles sont lancéolées, très-aiguës, verticillées
quatre à six à chaque nœud, et hérissées de poils roides ; ses
fleurs sont bleuâtres ou purpurines, terminales et ramassées en
ombelle ; celle-ci est garnie d'une collerette en étoile à folioles
glabres. ☉. On trouve cette plante dans les champs.

DLX. ASPÉRULE. *ASPERULA.*

Asperula. Linn. Juss. Lam. Gœrtn.

Car. La corolle est en entonnoir, à trois ou presque toujours
quatre divisions ; le fruit est composé de deux baies sèches, non
couronnées par les débris du calice.

3337. Aspérule des champs.　*Asperula arvensis.*

Asperula arvensis. Linn. spec. 150. Lam. Dict. 1. p. 298.—
Asperula ciliata. Mœnch. Meth. 484.— Lob. ic. t. 801. f. 2.

Sa tige est haute de 2 décimètres, feuillée, plus ou moins
lisse et rameuse; ses feuilles sont linéaires, un peu émoussées à
leur sommet, et au nombre de six ou de huit par verticille; ses
fleurs sont bleues, terminales, sessiles, ramassées et environnées
de feuilles florales ciliées et disposées en étoiles. ☉. On trouve
cette plante dans les champs; elle ressemble beaucoup à la shé-
rarde des champs, dont elle diffère par ses feuilles florales ciliées,
ses fruits non couronnés et ses feuilles obtuses.

3338. Aspérule hérissée.　　*Asperula hirta.*

Asperula hirta. Ram. Bull. Philom. n. 41. p. 131. t. 9. f. 1. 2. 3.

Une racine forte et ligneuse, pousse un grand nombre de
tiges grèles, quadrangulaires, longues d'un décimètre au plus,
droites ou montantes; les feuilles sont nombreuses, plus longues
que les entre-nœuds, verticillées six ensemble, linéaires, hérissées de cils roides sur leurs bords et quelquefois aussi sur
leur nervure : les fleurs naissent en têtes terminales, sessiles;
elles sont blanches, nuancées de pourpre en dehors, plus longues
que les feuilles qui les entourent : le fruit est formé, selon
M. Ramond, par deux baies sèches, d'un pourpre noir luisant,
divisées chacune en deux lobes à leur maturité. ♃. Cette plante
est commune dans les hautes Pyrénées, sur les rochers et dans
les terreins arides.

3339. Aspérule à six feuilles.　*Asperula hexaphylla.*

Asperula hexaphylla. All. Pedem. n. 48. t. 77. f. 3.

Cette plante est entièrement glabre et lisse, excepté sur le
bord des feuilles qui est rude; elle ne s'élève pas au-delà d'un
décimètre : sa tige est grèle, tétragone, simple ou rameuse;
les feuilles sont linéaires, étroites, pointues, un peu fermes,
verticillées six ensemble; les fleurs forment une petite ombelle
terminale, presque sessile, entourée de six folioles plus courtes
que les corolles; celles-ci sont d'un blanc tirant sur le rose, à
tube long de 7-8 millim. et à limbe divisé en quatre lobes pointus : le fruit est glabre, cannelé, à deux graines ovales-oblongues. ♃. Elle se trouve dans les rochers au-dessus de Tende
en Piémont.

3340. Aspérule odorante. *Asperula odorata.*

Asperula odorata. Linn. spec. 150. Lam. Illustr. n. 1391. t. 61.
Fl. dan. t. 562. — Lob. ic. t. 801. f. 1.

Sa racine rampe sous terre ; ses tiges sont hautes d'environ 2
décim. , simples , lisses , feuillées et légèrement anguleuses ; ses
feuilles sont ovales-lancéolées, un peu ciliées en leur bord, et
au nombre de huit par verticille ; les supérieures sont plus grandes
que les inférieures : les fleurs sont blanches , pédonculées, terminales, et remplacées par des fruits un peu velus. ♃. On trouve
cette plante dans les bois et les lieux couverts ; son herbe verte
et à demi-fanée, a une odeur agréable ; elle est vulnéraire, tonique et emménagogue. On s'en sert pour parfumer le linge ;
elle est connue sous les noms de *petit muguet*, *d'hépatique
étoilée*.

3341. Aspérule de Turin. *Asperula Taurina.*

Asperula Taurina. Linn. spec. 150. Lam. Dict. 1. p. 298. —
Asperula trinervia Lam. Fl. fr. 3. p. 376. — Galium Tauri-
num. Scop. Carn. 2. n. 148. — Lob. ic. t. 800. f. 1.

Ses tiges sont droites , rameuses et s'élèvent jusqu'à 5 décim. ;
ses feuilles sont toutes verticillées quatre ensemble , larges, ovales-
lancéolées , pointues , chargées de quelques poils en dessous , et
marquées de trois nervures disposées comme celles des plantains ;
les fleurs sont blanches , terminales et fasciculées ou verticillées ;
les unes sont hermaphrodites , et les autres mâles ou stériles par
avortement. ♃. Cette plante croît dans les lieux montueux et les
collines ombragées du Piémont, sur-tout aux environs de Turin
(All.) ; dans les prés d'Aoste , dans le Queyras , le Champsaur ,
au Lautaret , au bourg d'Oysans , à Orcière et aux Baux (Vill.) ;
à la Vérune et à Pignan près Montpellier (Gou.).

3342. Aspérule des teinturiers. *Asperula tinctoria.*

Asperula tinctoria. Linn. spec. 150. — Asperula tinctoria , α.
Lam. Dict. 1. p. 298. — Asperula rubeola , β. Lam. Fl. fr. 3.
p. 375. — Tab. ic. t. 733. f. 1.

Sa racine est dure , rameuse , rouge à l'extérieur ; ses tiges
sont herbacées , foibles, cylindriques , renflées aux articulations
et longues de 5-6 décim. ; les feuilles sont linéaires , verticillées six à six dans le bas de la plante , quaternées dans le milieu
et opposées vers le sommet ; celles qui naissent auprès des fleurs
sont courtes et ovales : les fleurs sont blanches , presque toutes

à trois lobes, disposées en une panicule composée de plusieurs
petits corimbes axillaires et terminaux. Cette plante croit sur
les collines arides et pierreuses. ♃.

3343. Aspérule à l'esqui- *Asperula cynanchica.*
nancie.

Asperula cynanchica. Linn. spec. 151. — *Asperula rubeola, a.*
Lam. Fl. fr. 3. p. 375. — *Asperula tinctoria, β.* Lam. Dict. 1.
p. 298.

Cette plante, connue sous le nom d'*herbe à l'esquinancie*,
ressemble tellement à la précédente, qu'il est difficile de ne
pas croire, avec M. Lamarck, qu'elle en est une simple variété; elle en diffère par sa tige droite, plus ferme, quoique
plus grêle; par ses feuilles dont les inférieures sont verticillées
quatre ensemble seulement, et dont les supérieures sont linéaires et non ovales; par ses fleurs couleur de chair, à quatre
divisions. Elle croit sur les collines pierreuses et dans les prés
arides. ♃.

3344. Aspérule lisse. *Asperula lævigata.*

Asperula lævigata. Linn. Mant. 38. Wild. spec. 1. p. 579.
excl. syn. Barr. — *Asperula lævigata, a.* Lam. Dict. 1. p.
298. — *Asperula rotundifolia.* Linn. Mant. 2. p. 330. — *Galium rotundifolium, β.* Linn. spec. 156.

Ses tiges sont hautes de 2-4 décim., menues, rameuses, un
peu étalées, glabres, lisses et quadrangulaires; ses feuilles sont
quaternées, elliptiques, beaucoup plus courtes que les entre-
nœuds, lisses et glabres, un peu rudes sur les bords, munies
d'une seule nervure longitudinale; les pédoncules sont plusieurs
fois bifurqués, terminés par trois ou quatre fleurs blanches,
petites, en forme d'entonnoir, plus courtes que dans les autres as-
pérules; le fruit est composé de deux baies distinctes, un peu
rudes mais nullement hérissées de poils. ♃. Cette plante croit
dans les montagnes du Lyonnois (Latourr.)? dans les environs
de Narbonne (Vill.); de Strasbourg (C. Bauh.).

DLXI. CRUCIANELLE. *CRUCIANELLA.*

Crucianella. Linn. Juss. Lam. — *Rubeola.* Tourn. Mœnch.

Car. La corolle est en entonnoir, munie d'un tube grêle et
d'un limbe court à quatre ou cinq divisions; le calice est à deux
lanières profondes et opposées; le fruit est formé de deux capsules étroites, non couronnées par le calice.

Obs. Les fleurs sont ordinairement disposées en épis serrés, embriqués de bractées.

3345. Crucianelle à feuilles étroites. *Crucianella angusti-folia.*

Crucianella angustifolia. Linn. spec. 157. Lam. Illustr. n. 1403. t. 61. — *Crucianella spicata*, α. Lam. Fl. fr. 3. p. 372. — *Rubeola linearifolia.* Mœnch. Meth. 525. — Barr. ic. t. 550.
β. *Monostachya.*

Cette plante est ordinairement très-rameuse, chargée de plusieurs épis, haute de 2-4 décim. La variété β est simple, terminée par un seul épi et longue de 1 décim. La tige est grèle, quadrangulaire, glabre; les feuilles sont linéaires, beaucoup plus courtes que les entre-nœuds, droites, glabres et verticillées six ensemble; chaque rameau se termine par un épi grèle, comprimé, panaché de verd et de blanc, et dont la longueur atteint rarement 6 centim. : les corolles sont blanchâtres et dépassent à peine les bractées et le calice. ⊙. Elle croît dans les lieux secs, sablonneux et pierreux du midi de la France; à Nice, en Provence et en Languedoc.

3346. Crucianelle à large feuille. *Crucianella latifolia.*

Crucianella latifolia. Linn. spec. 158. Lam. Dict. 2. p. 216. — *Crucianella spicata*, β. Lam. Fl. fr. 3. p. 372. — Barr. ic. t. 520 et 549.

Cette espèce est intermédiaire entre la précédente et la suivante; elle diffère de la première par ses feuilles lancéolées, plus larges et verticillées quatre à quatre, et par sa tige plus couchée; elle se distingue de la seconde par ses épis plus courts et ses feuilles supérieures plus étroites. Peut-être n'est-elle qu'une variété de la crucianelle à feuille étroite. ⊙. Elle se trouve dans les champs secs et les lieux stériles à Nice, en Provence, en Languedoc.

3347. Crucianelle de Montpellier. *Crucianella Monspeliaca.*

Crucianella Monspeliaca. Linn. spec. 158. Lam. Dict. 2. p. 216. — *Crucianella spicata*, γ. Lam. Fl. fr. 3. p. 372. — *Rubeola heterophylla.* Mœnch. Meth. 526. — *Crucianella vulgaris.* Gat. Fl. montaub. 44.

Cette espèce ressemble beaucoup aux deux précédentes, mais sa tige est plus couchée à la base; ses feuilles inférieures sont ovales, verticillées quatre à quatre; celles du haut de la plante sont linéaires, au nombre de cinq ou six par verticille; toutes sont plus roides et plus étalées que dans la première espèce : les épis atteignent jusqu'à 10-15 centim. de longueur, et sont moins comprimés que dans les espèces précédentes; les corolles sont saillantes hors des bractées. ☉. Cette plante croît dans les lieux sablonneux aux environs de Nice, de Montpellier, de Montauban, de Vienne en Dauphiné.

5348. Crucianelle maritime. *Crucianella maritima.*

Crucianella maritima. Linn. spec. 158. Lam. Dict. 2. p. 217. — *Rubeola maritima.* Mœnch. Meth. 526. — Barr. ic. t. 353.

Toute la plante est d'une couleur glauque; ses tiges sont dures, ligneuses, persistantes, un peu couchées et longues de 2-5 décim.; ses feuilles sont quaternées, lancéolées, rudes et pointues; ses fleurs sont opposées et ne forment que des épis lâches ou interrompus, et dont les écailles sont très-ouvertes; ces fleurs sont jaunâtres et un peu rougeâtres en dehors; leur corolle est à cinq divisions, terminées chacune par une petite pointe remarquable. ♄. On trouve cette plante dans les sables maritimes des provinces méridionales, en Provence et en Languedoc près Montpellier.

DLXII. GAILLET.　　　*GALIUM.*

Galium. Scop. All. Hall. Sm. — *Galium et Valantiæ sp.* Linn.

CAR. La corolle est en roue ou en cloche courte et évasée, à quatre divisions; le fruit est formé de deux capsules ovoïdes, accolées et non couronnées par le calice.

OBS. Dans quelques espèces (réunies par Linné avec les vraies vaillanties) on trouve des fleurs mâles mélangées avec les fleurs hermaphrodites; mais ce caractère qui tient à un simple avortement, ne peut suffire pour autoriser la formation d'un genre. Les gaillets sont tous herbacés, ont les feuilles verticillées et les fleurs réellement axillaires; dans plusieurs d'entre eux les feuilles supérieures sont si petites, et les pédoncules si développés, que les fleurs paroissent former une panicule terminale.

§. Ier. *Fruit glabre et non tuberculeux.*

† *Fleurs jaunes.*

5349. Gaillet jaune.　　　*Galium verum.*

Galium verum. Linn. spec. 155. Lam. Dict. 2. p. 582. — *Galium luteum.* Lam. Fl. fr. 3. p.381. — Cam. Epit. 868. ic.

β. *Maritimum.*

Ses tiges sont grêles, quarrées, rameuses, un peu couchées

dans leur partie inférieure, et s'élèvent jusqu'à 5 décim.; ses
rameaux fleuris sont fort courts; ses feuilles sont étroites, linéaires, pointues, lisses, partagées par un sillon, souvent réfléchies pendant la fleuraison, et au nombre de six ou de huit
à la plupart des verticilles; les fleurs sont petites, portées sur
de courts pédoncules et ramassées en grappe droite, alongée
presque en épi. ♃. On trouve cette plante dans les prés, le
long des haies et sur le bord des chemins; elle est dessicative,
astringente et vulnéraire; ses sommités fleuries font, dit-on,
cailler le lait. La variété β, qu'on trouve dans les sables maritimes, ne s'élève pas au-delà de 1 décim., et a le haut de la
tige très-velu.

5550. Gaillet à gros fruit. *Galium megalospermum.*

> α. *Galium megalospermum.* All. Pedem. n. 35. t. 79. f. 4. non
> Vill.

> β. *Galium hierosolymitanum.* Thore. Chlor. Land. p. 40. non
> Linn.

Cette espèce est intermédiaire entre le gaillet des rochers et
le gaillet du Hartz; elle a la consistance un peu charnue du premier, et la forme des feuilles du second : sa racine est longue,
rougeâtre, traçante; sa tige est grêle, tétragone, très-rameuse,
lisse sur les angles, longue de 1-2 décim.; les feuilles sont verticillées six ensemble, et les verticilles sont rapprochés les uns
des autres; elles sont oblongues, un peu épaisses, bordées de
petites aspérités et terminées par un poil acéré : les fleurs
forment, vers le sommet des rameaux, de très-petits corimbes
serrés, dont les pédicelles dépassent à peine la longueur des
feuilles et portent une ou plus souvent deux fleurs; elles sont
jaunes, odorantes, à quatre lobes oblongs non terminés en poil:
les fruits sont très-gros, lisses, glabres, un peu charnus, composés de deux graines ovales-oblongues et accolées. Ce gaillet,
extrêmement distinct de toutes les espèces connues, croît sur
le mont Cenis (All.). La variété β, qui a les verticilles très-rapprochés et la souche longue et rampante, m'a été communiquée
par M. Thore, qui l'a découverte dans le sable mouvant des
Dunes, entre Saint-Jean de Luz et le bassin d'Arcachon; elle
a été retrouvée dans les environs de la Rochelle, par M. Bon-
pland. J'en possède un échantillon qui provient de l'herbier du
docteur Morand, avec l'étiquette *aparine Monspeliensis*, d'où

je présume que cette espèce se retrouve dans les environs de Montpellier.

3351. Gaillet croisette.　　*Galium cruciata.*

Galium cruciata. Scop. Carn. 1. p. 100. — *Galium cruciatum.* Smith. Fl. brit. 173. — *Valantia cruciata.* Linn. spec. 1491. — Lob. ic. t. 804. f. 2.

Ses tiges sont longues de 3 décim. ou environ, foibles, quarrées, très-velues, ordinairement simples et feuillées dans toute leur longueur; ses feuilles sont quaternées, ovales, velues, sessiles et marquées de trois nervures; ses fleurs sont petites, d'un jaune verdâtre, toutes quadrifides et disposées par bouquets pédonculés, communément plus courts que les feuilles; ces bouquets sont au nombre de quatre ou cinq par verticille, garnis chacun de deux bractées très-petites, et composés de fleurs les unes mâles, les autres hermaphrodites; le fruit est glabre, arrondi, recouvert par les feuilles qui se déjètent en bas après la fleuraison. ♃. On trouve cette plante le long des haies et sur le bord des chemins; son odeur est assez forte; elle est astringente et vulnéraire.

3352. Gaillet de Piémont. *Galium Pedemontanum.*

Galium Pedemontanum. All. Auct. p. 2. — *Valantia Pedemontana.* Bell. Obs. Bot. p. 61. Act. Tur. 5. p. 252. t. 7.

Il ressemble beaucoup au gaillet croisette, mais il est plus grèle et plus petit; ses feuilles sont au nombre de trois à quatre sur chaque pédicelle, et ses pédicelles ne sont pas garnis de feuilles florales; enfin, il est annuel au lieu d'être vivace. Cette espèce croît dans les lieux stériles du Valais et du Piémont; dans les haies près du lac de Moncrivello; dans les vignes de Borgomasino; à Ivrée, à la montagne de Cavour, près d'Aost et le long du Pô (All.). ☉

3353. Gaillet printannier.　　*Galium vernum.*

α. *Flore luteo.* — *Valantia glabra.* Linn. spec. 1491. — *Vaillantia glabra.* Fl. hung. t. 32. — *Galium vernum.* Scop. Carn. ed. 2. n. 144. t. 2.

β. *Flore albo minimo.* — *Valantia glabra.* Vill. Dauph. 2. p. 334. — *Galium Scopolii.* Vill. Dauph. 1. p. 304. — Hall. Helv. n. 720.

Sa racine pousse plusieurs tiges tétragones, simples ou rameuses par la base seulement, ordinairement glabres, quelquefois pubescentes et même cotonneuses; les feuilles sont verticillées quatre ensemble, ovales, obtuses, oblongues dans la variété *α*, toujours munies de trois nervures et le plus souvent ciliées sur les bords; les fleurs sont disposées comme dans le gaillet croisette, mais portées sur des pédicelles glabres et dépourvus de bractées; les fleurs sont jaunâtres dans la var. *α*, blanches et beaucoup plus petites dans la var. *β*; les fruits sont lisses, glabres et ovoïdes. ♃. Cette plante croît dans les bois montueux et ombragés, dans les Pyrénées près de Barrèges; aux environs de Dax (Thor.); au mont Serrat; au mont Genèvre (Vill.); en Piémont, sur-tout prés de Cels et d'Exilles (All.). Je soupçonne que nous confondons ici deux plantes distinctes.

†† *Fleurs rouges.*

3354. Gaillet rouge. *Galium rubrum.*

Galium rubrum. Linn. spec. 156. Lam. Dict. 2. p. 582. — Clus. Hist. 2. p. 175. f. 1.

Cette plante a une tige extrêmement rameuse, droite, tétragone, peu ou point rude sur les angles et longue de 1-3 décimètres; ses feuilles sont fines, linéaires, rudes sur les bords, étalées, verticillées cinq ou six ensemble; les fleurs naissent vers le sommet des rameaux; elles sont solitaires sur des pédicelles grèles, courts et simples; leur corolle est petite, d'un pourpre foncé : le fruit est glabre, lisse, ovoïde, parce que l'un des ovaires avorte ordinairement. Ce gaillet croît sur les collines les plus stériles de la Provence, près de Seillans (Gér.).

3355. Gaillet pourpre. *Galium purpureum.*

Galium purpureum. Linn. spec. 156. All. Ped. n. 19. — *Galium rubrum.* Scop. Carn. n. 154. — J. Bauh. Hist. 3. p. 721. f. 2.

Cette espèce, que plusieurs auteurs ont confondue avec le gaillet rouge, lui ressemble en effet par la couleur purpurine de ses fleurs; mais elle en est certainement distincte par ses tiges plus grandes, moins rameuses, absolument lisses; par ses feuilles dont la largeur atteint 3 millim., et qui se rétrécissent au sommet en pointe acérée; par ses fleurs portées sur des pédoncules rameux, divergens, multiflores et plus longs que les feuilles; enfin, par sa corolle dont les lobes se terminent par une pointe acérée comme un poil. ♃. Elle est assez fréquente en Piémont, sur le bord des forêts; parmi les broussailles et sur les collines près de Montferrat, de Nice et d'Ivrée.

††† *Fleurs blanches.*

3356. Gaillet des bois.　　*Galium sylvaticum.*

Galium sylvaticum. Linn. spec. 155. Lam. Dict. 2. p. 578. —
Hall. Helv. n. 712.
β. *Pubescens.*

Ses tiges sont hautes de 6 décim., lisses, sans angles remarquables, renflées à leurs articulations et très - rameuses ; ses feuilles sont larges, lancéolées, plus grandes que celles du gaillet mollugine, d'un verd presque glauque, un peu rudes en leur bord et en leur nervure, et au nombre de huit aux verticilles inférieurs ; les fleurs sont extrêmement petites, paniculées et portées sur des pédoncules capillaires. ♃. Cette plante croît en Alsace et en Dauphiné ; aux environs de Paris dans les bois d'Orcay (Thuil.). La variété β, qui a la tige, les branches et même la nervure postérieure des feuilles couvertes de poils courts et serrés, m'a été envoyée par M. Kœler, qui l'a trouvée aux environs de Mayence.

3357. Gaillet à feuilles de lin.　　*Galium linifolium.*

Galium linifolium. Lam. Dict. 2. p. 578. — *Galium lævigatum.*
Vill. Dauph. 2. p. 329. — *Galium glaucum.* Sut. Fl. helv. 1.
p. 90 ? — Hall. Helv. n. 716 ? — Barr. ic. t. 356 et 583.

Cette espèce est très-voisine du gaillet des bois, et a été confondue avec lui par la plupart des auteurs ; elle s'en distingue par ses feuilles plus étroites et plus longues, lisses sur l'une et l'autre surfaces ; par ses fleurs un peu plus grandes et dont les divisions sont plus pointues, quoiqu'elles ne soient pas terminées par un poil acéré, comme dans plusieurs autres espèces ; les fleurs sont droites avant la fleuraison ; la racine est ligneuse, d'un rouge vif en dedans ; la tige est cylindrique. ♃. Ce gaillet croît dans les bois ombragés aux environs de Grenoble, de Gap, de Montferrat, d'Embrun, aux Baux et au Noyer ; sur le mont Ventoux (Vill.); en Provence dans les montagnes de Seyne ; aux environs de Genève ; au mont Cenis (All.)?

3358. Gaillet glauque.　　*Galium glaucum.*

Galium glaucum. Linn. spec. 156. Jacq. Austr. t. 81. — *Galium campanulatum.* Vill. Dauph. 2. p. 325. t. 7. — *Galium Halleri.* Sut. Fl. Helv. 1. p. 88 ? — Hall. Helv. n. 714 ?

Ses tiges sont lisses, grèles, anguleuses, rougeâtres à leurs articulations, très-rameuses, diffuses ; un peu couchées dans leur partie inférieure, et s'élèvent presque jusqu'à 5 décim. ; ses feuilles sont linéaires, communément au nombre de six ou huit à chaque verticille, et de couleur glauque, particulièrement en dessous ; elles ont environ 9 millim. de longueur, et sont à peine larges de 1 millim. ; leur sommet est chargé d'une pointe très-petite : les fleurs sont pédonculées, de couleur blanche et remarquables par leur grandeur et leur forme campanulée ; les pédicelles se renflent au sommet à la fin de la fleuraison. Cette plante se distingue du gaillet lisse, par ses feuilles plus étroites, rudes sur les bords et roulées en dessous de manière à avoir leur face inférieure concave. ♃. Ce gaillet croît dans les lieux pierreux et ombragés ; en Provence dans les montagnes de Seyne ; sur les collines voisines de Turin (All.) ; près Gap, Embrun et Grenoble (Vill.) ; au mont Ventoux en Dauphiné ; au Creux de Genthod près Genève.

5359. Gaillet à feuilles de garance. *Galium rubioides.*

> *Galium rubioides.* Linn. spec. 152. Lam. Illustr. n. 1351. —
> *Galium rubioides*, *var.* α. Lam. Dict. 2. p. 576.
> β. *Foliis lineari-lanceolatis.* — *Galium rubioides.* Poll. Pal.
> n. 148. — *Galium hyssopifolium.* Hoffm. Germ. 3. p. 71. —
> *Galium boreale*, α. Lam. Dict. 2. p. 576.

Cette espèce se distingue facilement de tous les gaillets d'Europe, par sa grandeur, par son port qui ressemble à celui d'une garance, par ses feuilles verticillées quatre à quatre, et munies de trois nervures longitudinales bien prononcées. La variété α a les feuilles lancéolées, presque égales entre elles, et s'approche un peu du *galium articulatum*, Lam. ; mais elle en est certainement distincte par ses feuilles moins rudes et de moitié plus étroites, par ses articulations non renflées, par sa panicule moins ample et par ses corolles glabres. Il paroît qu'elle croît aux environs de Turin, car elle a été long-temps cultivée au jardin des Plantes, sous le nom de *valantia Taurina*. La variété β a les feuilles linéaires-lancéolées, inégales entre elles à chaque verticille, la panicule moins développée et la tige moins rude. Elle a été trouvée, par mon frère, dans les prés du bas Valais, aux environs de Roche ; dans le ci-devant Palatinat près Lautereu (Poll.). ♃.

3360. Gaillet des marais.　　*Galium palustre.*

Galium palustre. Linn. spec. 153. Lam. Dict. 2. p. 577. Fl. dan.
t. 423.
β. *Caule subscabro.*
γ. *Galium glomeratum.* Vill. ex herb. Desf.

Cette espèce varie beaucoup pour son port et sa grandeur,
mais on la reconnoît cependant avec assez de facilité à ses verticilles composés seulement de quatre, cinq ou rarement six
feuilles; à sa tige tétragone, grêle, ordinairement lisse sur les
angles; à la teinte noirâtre que prend toute la plante par la
dessication; à ses feuilles glabres, légèrement rudes sur les
bords, ovales, larges et toujours obtuses au sommet : les tiges
sont étalées, rameuses par le haut; les fleurs sont blanches,
petites, disposées en ombelle terminale, à pédicelles ternés;
la corolle a ses lobes peu pointus; le fruit est glabre, à deux
lobes sphériques très-légèrement chagrinés.♃. Elle croît dans les
prés humides, au bord des fossés et des ruisseaux. La variété
γ, qui est originaire du mont Pilat, se distingue à ses fleurs
rapprochées en petites têtes, et à ses feuilles moins obtuses; elle
a les feuilles verticillées quatre ensemble sur les rameaux stériles, et six ensemble sur les tiges chargées de fleurs.

3361. Gaillet mollugine.　　*Galium mollugo.*

Galium mollugo. Linn. spec. 155. Buil. Herb. t. 283. — *Galium
album.* Lam. Fl. fr. 3. p. 380. — Lob. ic. t. 802. f. 1. 2.
β. *Galium scabrum.* With. Brit. 190. ex Smith. Fl. brit. p. 179.
γ. *Galium elatum.* Thuil. Fl. par. II. 1. p. 76.

Ses tiges sont foibles, lisses, quarrées, noueuses, rameuses et
s'élèvent jusqu'à 6-9 décim.; ses feuilles sont ovales-oblongues,
glabres, très-ouvertes, chargées d'une petite pointe à leur sommet, et au nombre de huit à la plupart des verticilles; ses fleurs
sont blanches, pédonculées et disposées en une panicule oblongue et très-ramifiée. ♃. Cette plante est commune le long
des haies et sur le bord des prés et des chemins humides; sa
racine teint en rouge; elle est dessicative et astringente. La
variété β est hérissée de poils un peu roides dans toute la partie
inférieure, et doit probablement cette différence à ce qu'elle
croît dans les lieux exposés au soleil; la variété γ, qu'on trouve
au contraire dans les buissons humides, s'élève à une hauteur
de 8-12 décim., et a les feuilles ovales-oblongues. Toutes ces
plantes ont la tige renflée au-dessus des articulations.

3362. Gaillet droit. *Galium erectum.*

Galium erectum. Huds. Angl. 68. Smith. Fl. brit. 1. p. 176.
Hoffm. Germ. 3. p. 72. — *Galium Provinciale.* Lam. Dict. 2.
p. 581.
β. *Galium lucidum.* All. Ped. n. 21. t. 77. f. 2.

Ce gaillet s'élève à la hauteur de 6 décim.; sa tige est droite,
foible, glabre, tétragone, presque toujours lisse, divisée en
rameaux lâches, grêles et nombreux; ses feuilles sont verticillées six à huit ensemble, oblongues-lancéolées, rétrécies aux
deux extrémités, larges de 3-4 millim., terminées en pointe
acérée, glabres sur leurs faces, un peu rudes sur les bords; les
fleurs sont blanches, petites, disposées en panicule courte et
peu garnie; les pédoncules se divisent presque tous en trois pédicelles bifurqués; la corolle a ses lobes pointus, mais non terminés par un poil; le fruit est glabre, lisse, assez petit. ♃.
Cette plante croit dans les prairies humides des pays de montagnes, en Provence, en Dauphiné. J'en ai des échantillons
originaires des Pyrénées, qui ne diffèrent nullement ni de
ceux recueillis aux environs de Londres par M. Curtis, et con-
servés dans l'herbier de M. Delessert, sous le nom de *galium
erectum*, ni des échantillons même décrits par M. Lamarck,
sous le nom de *galium Provinciale.* Quant à la variété β, elle
se distingue par la grandeur de sa panicule, par la distance de
ses verticilles, et par ses feuilles plus luisantes : elle constitue
peut-être une espèce distincte.

3363. Gaillet acéré. *Galium aristatum.*

Galium aristatum. Linn. Syst. 127. — *Galium bericum.* Turra.
Diar. ital. 1764. p. 119. ex Wild. spec. 1. p. 592.

Cette plante est très-voisine du gaillet à feuilles de lin, dont
elle a le port, et du gaillet à pointe, à laquelle elle ressemble
par ses corolles dont les divisions se terminent en pointe soyeuse
et semblable à un poil; sa tige est un peu couchée à sa base,
puis droite et assez ferme, exactement tétragone, longue de
2-3 décim.; ses feuilles sont verticillées huit ensemble, oblongues, rétrécies aux deux extrémités, terminées en pointe
acérée, glabres et lisses sur leurs faces, un peu rudes sur les
bords; les fleurs forment une panicule terminale, lâche et moins
grande que dans le gaillet à feuilles de lin; les fruits sont lisses
et glabres. ♃. Ce gaillet croît dans les bois montagneux; en Provence, et je crois aussi dans les Pyrénées.

3364. Gaillet cendré.   *Galium cinerium.*

Galium cinereum. All. Pedem. n. 22. t. 77. f. 2. excl. syn. Vill.
β. *Pubescens.*

Cette espèce a une tige presque ligneuse à la base, tétragone, droite, lisse, glabre ou pubescente, longue de 2-4 décim., divisée en rameaux qui divergent à angles droits de la tige principale; les feuilles sont linéaires, glauques en dessous, un peu roides, verticillées six à six, terminées en pointe, bordées de petites dentelures visibles à la loupe; les fleurs sont blanchâtres, nombreuses, disposées en panicule terminale; leur corolle est petite, blanche, à lobes presque obtus; les fruits sont assez gros, blanchâtres, lisses ou un peu ridés. ♃. Elle croît dans les vignes de Savorgio et de Sospello en Piémont (All.). Je l'ai reçue de M. Schleicher qui l'a trouvée sur les rochers exposés au soleil, dans le bas Valais.

3365. Gaillet à feuilles menues. *Galium tenuifolium.*

Galium tenuifolium. All. Pedem. n. 23. — *Galium corrudæfolium.* Vill. Dauph. 2. p. 320. — Tourn. Inst. p. 115. n. 12.

Ce gaillet est remarquable par la roideur de ses tiges et de ses feuilles, qui ont été comparées avec raison à celles de l'asperge à feuilles menues, nommée *corruda* par plusieurs auteurs; il est glabre dans toutes ses parties; sa tige s'élève à 2-3 décimètres; elle est lisse, tétragone, rameuse : les feuilles sont linéaires, étalées, pointues, très-dures et un peu dentelées sur les bords, souvent roulées longitudinalement en dessous, du moins dans l'état de dessication : les fleurs naissent sur des pédoncules trifurqués, et sont disposées en corimbes terminaux; leur corolle est blanche, à quatre lobes terminés par un poil (All.); le fruit est glabre, lisse, à deux graines oblongues. ♃. Il croît sur les rochers le long du Rhône à Lyon, Cremieu, Puissignieux (Vill.); sur les collines aux environs de Nice (All.); à Narbonne (Tourn.).

3366. Gaillet lisse.   *Galium lœve.*

α. *Galium lœve.* Thuil. Fl. par. II. 1. p. 77. — *Galium umbellatum,* α. Lam. Dict. 2. p. 579. — *Galium montanum.* Vill. Dauph. 2. p. 317. t. 7. — *Galium glabrum.* Sut. Fl. helv. 1. p. 90.
β. *Galium anisophyllum.* Vill. Dauph. 2. p. 317. t. 7.
γ. *Galium pusillum.* Linn. spec. 154.
δ. *Galium argenteum.* Vill. Dauph. 2. p. 318.

Cette espèce a été décrite sous plusieurs noms et ne se reconnoît
qu'avec

qu'avec difficulté à cause des variations nombreuses qu'elle subit dans sa grandeur et dans son port; j'en possède des individus qui n'ont pas plus de 3-4 centim. de hauteur, et dont les feuilles étant placées assez près les unes des autres, paroissent réellement embriquées, comme Linné le dit de son *galium pusillum:* dans d'autres échantillons, la tige s'alonge, se ramifie, les verticilles s'écartent plus ou moins, et enfin on arrive ainsi à des individus dont la longueur atteint 3 décim., dont les feuilles sont très-écartées, et dont les fleurs naissent sur des rameaux alongés et divergens. Au milieu de ces variations, l'espèce se distingue aux caractères suivans : la plante est entièrement lisse et glabre dans toutes ses parties, ce qui la distingue du gaillet de Boccone, dont elle a le port quand elle est d'une grande dimension; les feuilles sont planes, acérées, linéaires et non en alène, comme dans le gaillet nain, auquel les petits individus de notre plante ressemblent; les divisions de la corolle sont un peu pointues, mais nullement prolongées en poil, comme dans le gaillet à pointe et le gaillet acéré. ♃. Cette plante croît dans les pâturages montagneux, dans les bois secs, etc.; aux environs de Paris; dans le Jura, les Alpes du Dauphiné, de la Provence, etc.

3367. Gaillet de Boccone. *Galium Bocconi.*

Galium Bocconi. All. Ped. n. 24.— *Galium sylvestre.* Poll. Pal. n. 151.— *Galium nitidulum.* Thuil. Fl. paris. II. 1. p. 76.— *Galium scabrum.* Schl. Cent. exs. n. 16. — *Galium asperum.* Schreb. Spic. 5. — *Galium ciliatum.* Schrank. Salisb. n. 140. — *Galium umbellatum,* β. Lam. Dict. 2. p. 579. — Bocc. Mus. t. 101.— Barr. ic. t. 57.

Cette espèce se distingue en ce qu'elle est glabre et lisse dans toute sa partie supérieure, et qu'elle est pubescente dans la partie inférieure; ses tiges sont foibles, tétragones, couchées et rameuses par le bas, longues de 2-3 décim.; les feuilles sont linéaires, terminées par une pointe, rudes sur les bords, pubescentes dans le bas de la plante, verticillées six ou sept ensemble, plus courtes que les entre-nœuds; les pédoncules sont souvent ternés et divisés en rameaux bifurqués ou trifurqués; la fleur est blanchâtre et a ses divisions presque obtuses; le fruit est glabre, lisse. ♃. Elle croît dans les forêts montueuses et sur les rochers, aux environs de Paris, d'Étampes, de Genève, du Mans; dans les montagnes de l'Auvergne; dans le ci-devant

Tome II. R

Palatinat près Lauteren (Poll.) ; en Piémont, sur-tout au mont
Cenis (All.).

3368. Gaillet à pointe.   *Galium mucronatum.*

Galium mucronatum. Lam. Dict. 2. p. 581. non Thunb.
β. *Galium obliquum.* Vill. Dauph. 2. p. 320. t. 8. — *Galium
scabrum.* Jacq. Austr. t. 422. Willd. spec. 1. p. 590.

Ce gaillet ressemble beaucoup à celui de Boccone , parce qu'il
est pubescent dans le bas et glabre dans le haut de la plante ;
mais il s'en distingue sans difficulté à ce que les divisions de sa
corolle sont terminées par une pointe fine et acérée comme un
poil : la pointe qui termine les feuilles est aussi plus distincte
dans cette espèce que dans la précédente. La variété *α* a les
feuilles plus larges et les inférieures presque ovales ; la variété
β, qui a les feuilles toutes linéaires , se rapproche davantage
encore du gaillet de Boccone , mais rentre dans notre espèce par
la forme de sa corolle. ♃. Cette plante est commune dans les
pâturages des basses montagnes , aux lieux secs , pierreux et
exposés au soleil ; en Dauphiné ; dans les Pyrénées.

3369. Gaillet d'Angleterre.   *Galium Anglicum.*

Galium Anglicum. Huds. Angl. 69. Smith. Fl. brit. 1. p. 179.—
Galium parisiense. Lam. Dict. 2. p. 584. — Ray. Syn. t. 9.
f. 1.

Sa racine pousse plusieurs tiges quelquefois droites , plus souvent couchées au moins à leur base, longues de 1-2 décim. , rudes
sur les angles ; les feuilles sont petites , lancéolées , acérées ,
rudes sur les bords , plus courtes que les entre-nœuds , souvent
déjetées en bas ; les pédicelles sont opposés et naissent à presque
tous les verticilles supérieurs ; ils sont grêles , bifurqués ou trifurqués vers leur sommet , chargés de deux à huit fleurs écartées ,
petites, d'un blanc jaunâtre ; leurs divisions sont presque obtuses : les fruits sont glabres , un peu chagrinés lorsqu'on les
voit à la loupe. ☉. Ce gaillet croît dans les lieux secs, pierreux
ou sablonneux ; il est commun aux environs de Paris. M. Boucher l'a observé à Abbeville ; M. Schleicher dans le haut Valais ;
M. Pourret à Narbonne. Il se trouve en Dauphiné, à Saint-
Priest, au Buis, à Saint-Laxier, à Chantemerle près Vienne, à
Grenoble (Vill.), etc. Il est confondu par la plupart des auteurs ,
avec le gaillet en litige , et méritoit mieux que lui le nom de
galium parisiense.

3570. Gaillet divergent. *Galium divaricatum.*

Galium divaricatum. Lam. Dict. 2. p. 580.

Ce gaillet est très-facile à reconnoître à l'extrême ténuité de sa tige et de ses rameaux ; à la petitesse de ses ombelles et à la distance qui sépare les verticilles des feuilles : il est entièrement glabre et lisse, et s'élève jusqu'à 1 décim. ; sa tige se divise en rameaux divergens, souvent bifurqués vers leurs sommités ; les feuilles sont verticillées cinq à sept ensemble, linéaires, étalées, longues de 5-6 millim. et beaucoup plus courtes que les entre-nœuds ; les pédoncules sont nus, grèles, longs, terminés par trois à quatre fleurs blanchâtres, plus petites que dans toutes les autres espèces ; le fruit est glabre, à deux lobes arrondis. ☉. Cette plante croit dans les lieux sablonneux et pierreux ; en Berri ; en Languedoc près Narbonne.

3571. Gaillet fangeux. *Galium uliginosum.*

Galium uliginosum. Linn. spec. 153. — *Galium supinum*, β. Lam. Dict. 2. p. 579. — Vaill. Bot. p. 14. n. 4. — Barr. ic. 82 ?

Cette espèce est très-voisine du gaillet couché, avec lequel plusieurs naturalistes l'ont réunie ; elle lui ressemble sur-tout par son feuillage, mais elle est ordinairement plus grande et plus droite, et s'en distingue sur-tout parce que les angles de sa tige sont hérissés d'aspérités crochues, plus apparentes que dans la plupart des espèces, et visibles à l'œil nu : les fleurs sont blanches, plus écartées que ne les représente la figure de Barrelier, citée plus haut ; les fruits sont glabres, presque lisses. ♃. On trouve ce gaillet dans les lieux fangeux, aquatiques et tourbeux ; aux environs de Genève ; de Huningue (Hall.) ; de Paris, dans la vallée des Hauts de Cerney près Dampierre.

3572. Gaillet couché. *Galium supinum.*

Galium supinum Lam. Fl. fr. 3. p. 379. Dict. 2. p. 579. — *Galium Jussiei.* Vill. Dauph. 3. p. 323. t. 7 ? — Juss. Acad. Paris. 1714. p. 378. t. 15. f. 2.

β. *Caule basi pubescente.*

Ses tiges sont longues de 1-2 décim., très-nombreuses, rameuses, grèles, lisses, feuillées, couchées et étalées sur la terre ; ses feuilles sont lancéolées-linéaires, aiguës, terminées par un poil, petites, rudes ou accrochantes en leur bord, d'une roideur remarquable, et ordinairement six ou sept à chaque verticille ; ses fleurs sont blanches, pédonculées et fort petites. ♃. On trouve cette plante dans les lieux arides et pierreux, à Longchamp près Paris, et probablement dans toute la France. La variété β, que M. Lamarck a rapportée du Mont-d'Or, a la partie inférieure de la tige pubescente. J'ai rapporté à cette espèce le synonyme de Villars, parce que sa description et sa synonymie conviennent à notre plante; mais sa figure est trop petite et trop droite.

3373. Gaillet des Pyrénées. *Galium Pyrenaicum.*

Galium Pyrenaicum. Linn. F. suppl. 121. Gou. Illustr. 5. t. 1. f. 4. — *Galium muscoides.* Lam. Dict. 2. p. 580. — *Galium hypnoides.* Vill. Dauph. 2. p. 323.

Cette plante est remarquable par son verd jaunâtre et luisant qui lui donne quelque ressemblance avec certaines mousses; sa tige est foible, très-rameuse, longue de 5-6 centim., toute couverte de feuilles soit sèches, soit vivantes; les feuilles sont plus longues que les entre-nœuds, verticillées six à sept ensemble, linéaires, pointues, convexes en dessous et même un peu renflées à leur base; les fleurs naissent solitaires, opposées, presque sessiles aux aisselles des feuilles supérieures; leur corolle est d'un blanc un peu jaunâtre, à quatre lobes oblongs et presque obtus. ♃. Cette plante croît dans les Pyrénées, à la vallée de Eynes, au mont Laurenti, au Pic du midi, à la montagne de Cambres d'Ases : elle a été retrouvée dans le Dauphiné, au mont Ventoux et à la montagne des Hayes près Briançon (Vill.).

3374. Gaillet nain. *Galium pumilum.*

Galium pumilum. Lam. Dict. 2. p. 280. Illustr. n. 1368. t. 60. f. 2. — *Galium trichophyllum.* All. Auct. p. 1.
β. *Galium cæspitosum.* Lam. Illustr. n. 1369.

Cette plante, qu'on a probablement confondue avec le gaillet des Pyrénées, lui ressemble en effet parce qu'elle forme des touffes serrées, d'un verd jaunâtre et luisant; mais si l'on isole les divers pieds de cette touffe, on les trouve fort différens de ceux de l'espèce précédente : les tiges sont plus droites, moins rameuses, longues de 6-8 centim.; les feuilles sont très-fines, presque en forme d'alène, acérées, étalées, verticillées cinq à sept ensemble et de la longueur des entre-nœuds; les fleurs naissent des aisselles supérieures, portées sur des pédoncules ordinairement bifurqués, toujours plus longs que les feuilles qui les entourent; la corolle est blanchâtre, à quatre lobes oblongs et obtus : toute la plante est lisse, d'un verd jaunâtre et un peu luisant. ♃. Elle croît dans les rochers; elle est originaire des Pyrénées et des Alpes du Piémont. La variété β ne me paroît différer de la précédente, que parce qu'elle a les rameaux supérieurs plus divergens.

5575. Gaillet des rochers.   *Galium saxatile.*

Galium saxatile. Linn. spec. 154. Lam. Dict. 2. p. 580. — *Galium Helveticum.* Weig. Obs. p. 24. — Juss. Acad. Paris. 1714. t. 15. f. 1.

La plante est couchée, molle, d'un verd foncé, entièrement lisse et glabre; sa tige est foible, rameuse; ses feuilles sont planes, molles, oblongues, très-obtuses et un peu élargies au sommet, rétrécies à la base, verticillées six ensemble; les fleurs naissent dans les aisselles supérieures, portées sur des pédicelles plus courts que les feuilles et le plus souvent solitaires sur chaque pédicelle; leur corolle est blanchâtre, à quatre lobes oblongs et obtus; le fruit est glabre, lisse. ♃. Cette espèce croît parmi les graviers et les débris de rochers dans les hautes Pyrénées; dans les Alpes du Piémont au mont Cenis, à la Vanoise, dans la vallée étroite au-dessus de Bardonache, près Nice et Grassoney (All.). La plante décrite sous ce nom par Villars, paroît appartenir à une autre espèce.

§. II. *Fruit glabre et tuberculeux.*

5576. Gaillet du Hartz.   *Galium Harcynicum.*

Galium Harcynicum. Weig. Obs. p. 25. — *Galium saxatile.* Mœnch. Hass. n. 23. non Linn. — Hall. Helv. n. 717.

Cette espèce est entièrement glabre; sa tige est couchée, grêle, rameuse, longue de 1-2 décim.; ses feuilles sont verticillées cinq à six ensemble dans le bas de la plante, trois à quatre dans le haut; celles du bas sont ovales, plus larges vers l'extrémité; celles du haut sont oblongues; toutes se terminent par une petite pointe qui est le prolongement de la nervure longitudinale: les rameaux floraux sont axillaires, feuillés, divisés en pédicelles branchus chargés de cinq à six fleurs; celles-ci sont blanches: le fruit est à deux lobes arrondis, glabres, un peu chagrinés. ♃. Cette plante croît dans les bois montagneux aux environs de Huningue (Hall.); à Lausanne et à Bex près le lac de Genève; dans les Pyrénées; au mont Baillon et dans les prairies élevées des Vosges, d'où elle m'a été envoyée par M. Nestler.

5577. Gaillet bâtard.　　　*Galium spurium.*

Galium spurium. Linn. spec. 154. Lam. Dict. 2. p. 582. — *Valantia aparine*, γ. Lam. Fl. fr. 3. p. 383. — *Galium hispidum.*
Hoffm. Germ. 3. p. 74.

Cette plante ressemble beaucoup au gratteron par son port,
et par les aspérités crochues de sa tige et de ses feuilles; mais
elle est communément moins grande : ses verticilles n'ont que
six feuilles au lieu de huit ou neuf; la nervure longitudinale des
feuilles est lisse et non rude; les articulations de la tige ne sont
pas velues; les fruits sont portés sur des pédoncules deux fois
plus longs que les feuilles, un peu recourbés au sommet; ils ne
sont nullement velus et à peine légèrement tuberculeux. ⊙. Elle
est commune dans les lieux cultivés.

5578. Gaillet à trois cornes.　　*Galium tricorne.*

Galium tricorne. With. Brit. ed. 2. p. 153. Smith. Fl. brit. 1. p.
176. — *Galium spurium.* Huds. Angl. 68. Hoffm. Germ. 3. p.
73. — *Valantia aparine.* Mart. Fl. rust. t. 122. — *Valantia
triflora.* Lam. Fl. fr. 3. p. 384. excl. syn. — Vaill. Bot. p. 14.
n. 2. t. 4. f. 3. a. a.

Cette espèce tient le milieu entre le gaillet gratteron, le
gaillet bâtard et le gaillet anis-sucré; elle diffère du premier,
parce qu'elle n'a ni les fruits, ni les articulations hérissées de
poils; on la distingue du second, parce que ses pédoncules ne
dépassent point la longueur des feuilles, ne portent à leur sommet que trois fruits recourbés en bas et légèrement tuberculeux;
elle se sépare, enfin, du troisième, parce que les petits poils
roides qui bordent sa feuille, sont dirigés vers la base et non
vers le sommet de la feuille, et parce que les tubercules des fruits
sont beaucoup moins saillans. ⊙. Elle est commune dans les
champs et les lieux cultivés.

5579. Gaillet anis-sucré.　　*Galium saccharatum.*

Galium saccharatum. All. Ped. n. 39. Vill. Dauph. 2. p. 331.
var. β. — *Valantia aparine.* Linn. spec. 491. — *Valantia
aparine*, α. Lam. Fl. fr. 3. p. 383. — Vaill. Bot. p. 14. n. 3. t.
4. f. 3. b.

Sa racine pousse plusieurs tiges foibles, demi-couchées, rameuses, longues de 2-3 décim., et un peu rudes lorsqu'on les
frotte de bas en haut; les feuilles sont linéaires, étalées, verticillées six à sept ensemble, hérissées sur les bords de petites
aspérités dirigées vers le sommet de la feuille; les pédoncules

sont étalés, recourbés vers le sommet, chargés de trois à quatre petites fleurs d'un blanc jaunâtre, auxquelles succèdent de gros fruits fortement tuberculeux, divisés en deux corps arrondis ; quelques-unes des fleurs sont sujettes à avorter. ⊙. Ce gaillet est commun dans les lieux cultivés.

§. III. *Fruit hérissé de poils.*

3380. Gaillet gratteron.   *Galium aparine.*

Galium aparine. Linn. spec. 157. Lam. Dict. 2. p. 581. Bull. Herb. t. 315. — *Valantia aparine*, β. Lam. Fl. fr. 3. p. 383. *Aparine hispida.* Mœnch. Meth. 640 — Lob. ic. t. 800. f. 2.

Cette espèce est très-remarquable, parce que les bords et les nervures de ses feuilles, et sur-tout les angles de sa tige, sont garnis de petites aspérités crochues, au moyen desquelles elle adhère à tous les corps qui l'entourent ; sa tige est rameuse, foible, à quatre angles, longue de 3-6 décim., velue au-dessus de chaque articulation ; les feuilles sont linéaires, pubescentes en dessus, glabres en dessous, verticillées huit ou dix ensemble ; les fleurs sont en petit nombre, portées sur des pédoncules axillaires ; leur corolle est blanche, et leur fruit fortement hérissé de longs poils crochus au sommet. ⊙. Cette plante est commune dans les champs, les vignes, les haies et les jardins incultes.

3381. Gaillet de Vaillant.   *Galium Vaillantii.*

Galium aparine, var. β. Lam. Dict. 2. p. 581. — Vaill. Bot. p. 14. n. 1. t. 4. f. 4.

Cette espèce ressemble beaucoup au vrai gratteron, mais elle en diffère par sa stature beaucoup moins élevée ; par sa tige presque toujours simple ; par ses articulations moins velues ; par ses fruits de moitié plus petits, hérissés de poils plus courts : elle ressemble beaucoup par le port, aux petits individus du gaillet à trois cornes, dont elle se distingue par le fruit hérissé de poils et non de tubercules ; elle se distingue de tous les autres gaillets à fruits velus, parce que les poils de ses fruits sont crochus au sommet. ⊙. Cette espèce se trouve aux environs de Paris, dans les lieux cultivés.

3382. Gaillet en litige.   *Galium litigiosum.*

Galium parisiense. Linn. spec. 157. excl. syn. Ray. et forsan. Tourn.

β. *Nanum.*

Cette plante pousse ordinairement des tiges foibles, tétragones,

rudes sur leurs angles, rameuses à presque toutes leurs articulations et longues de 3-4 décim.; la variété β, qui paroît un in-
dividu rabougri, a la tige presque simple, droite et longue de
6-8 centim.: les feuilles sont petites, verticillées quatre à six
ensemble, lancéolées, beaucoup plus courtes que les entre-
nœuds et rudes sur leurs bords; les pédoncules sont grêles, divergens, la plupart trifurqués, chargés de 6-8 fleurs écartées;
la corolle est petite, rougeâtre; le fruit est hérissé de poils,
trois ou quatre fois plus petit que celui du gratteron. ☉. Ce
gaillet croît dans les lieux secs, au bord des murs et des chemins. Je l'ai reçu des environs du lac de Genève; on l'indique
en Provence (Gér.)? aux environs de Turin (All.)? de Paris
(Tourn.)? au bois de Boulogne et au Point du Jour (Thuil.)?
aux Chartreux et à Montreuil près Abbeville (Bouch.)? à
Montpellier près Lavalette, la Colombière et Gramont (Gou.)?
La plupart des auteurs ont confondu cette espèce avec le gaillet
d'Angleterre, et il est en effet très-douteux que notre plante
ait été jamais trouvée aux environs de Paris. L'herbier de
Vaillant ne renferme que le gaillet d'Angleterre, auquel ce na-
turaliste rapporte avec doute la phrase de Tournefort, que
Linné cite pour notre espèce, et d'où il a tiré son nom spécifique: j'ai cru devoir changer ce nom qui est faux, et que
la plupart des auteurs ont appliqué à une autre plante.

3383. Gaillet des murs.　　　*Galium murale.*

Galium murale. All. Ped. n. 34. t. 77. f. 1. — *Sherardia muralis.*
Linn. spec. 149. — *Aparine minima.* All. Nic. p. 4. — *Galium
verticillatum.* Danth. in Lam. Dict. 2. p. 585.

Sa racine, qui est fibreuse et un peu rougeâtre, pousse un
grand nombre de tiges rameuses, sur-tout par le bas, grêles,
foibles, tétragones, glabres ou pubescentes vers le haut, et
longues de 1 décim. au plus; les feuilles sont planes, linéaires
ou oblongues, verticillées cinq ensemble dans le bas, quatre dans
le milieu et trois vers le sommet; les fleurs sont jaunâtres, très-
petites, axillaires, portées sur des pédicelles courts, hérissés,
arqués, sur-tout à la fin de la fleuraison, de sorte que leur extrémité se trouve au-dessous du verticille des feuilles; la corolle
est en roue et non en tube, comme dans les shérardes; le fruit
est ovoïde, velu, non couronné comme dans les shérardes et
les vaillanties. ☉. Cette plante croît sur les murs, et dans les
lieux secs et pierreux des provinces les plus méridionales:

à Nice (All.); à Marseille et dans le midi de la Provence (Gér.).

5384. Gaillet maritime.   *Galium maritimum.*

Galium maritimum. Linn. Mant. 38. Gou. Illustr. p. 5. Lam. Dict. 2. p. 583.

Toute la plante est hérissée de poils courts, grisâtres, un peu roides, mais non accrochans; la tige est grêle, tétragone, très-rameuse, souvent bifurquée, un peu couchée ou même rampante à sa base, puis redressée et longue de 2-4 décim.; les feuilles sont oblongues, et les supérieures presque ovales, rétrécies aux deux extrémités, au nombre de six par verticille dans le bas de la plante, quaternées dans le milieu et opposées sous les fleurs; celles-ci naissent ordinairement sur des pédicelles grêles, plus courts que la feuille; vers l'extrémité des tiges les pédicelles sont quelquefois bifurqués : la fleur est petite, rouge, velue en dehors; l'ovaire est hérissé de poils. ♃. Cette plante croît dans les Pyrénées auprès de Prades et d'Olette (Gou.); aux environs de Narbonne, de Montpellier, dans le bois de Gramont et à l'étang près le village de Perauls; aux environs de Nice (All.).

5385. Gaillet boréal.   *Galium boreale.*

Galium boreale. Linn. spec. 156. Lam. Dict. 2. p. 576. var. β. Fl. dan. t. 1024. — *Galium nervosum,* α. Lam. Fl. fr. 3. p. 378.

Sa racine est rampante; ses tiges sont droites, à peine rudes sur leurs angles, glabres et rameuses; les feuilles sont quaternées, souvent inégales, étalées, fermes, ovales-lancéolées ou linéaires, un peu obtuses, légèrement rudes sur les bords, lisses en dessus, marquées de trois nervures longitudinales; les rameaux floraux sont axillaires, feuillés, bifurqués ou trifurqués; les fleurs forment de petits corimbes peu garnis; elles sont de couleur blanche : leur fruit est hérissé de poils courbés et qui, vus à la loupe, ont un aspect écailleux (1). Le gaillet boréal croît

(1, Ce dernier caractère est le seul qui distingue, avec certitude, cette espèce du *galium rubioides,* qui a de même les tiges droites, les feuilles quaternées, à trois nervures. Le *galium boreale, var.* α de Lamarck, qui a le fruit glabre, appartient peut-être au *galium rubioides,* on doit former une nouvelle espèce intermédiaire entre le *boreale* et le *rubioides.* L'une de ces plantes est originaire de la France orientale, mais je ne la connois pas assez pour l'indiquer ici.

dans les lieux montueux et pierreux, parmi les haies; dans les
montagnes de Provence; dans le Briançonnois, le Champsaur et
ailleurs en Dauphiné; dans les montagnes du Piémont, au-dessus
de Tende, de Vinadio, de Saint-Stefano; dans les vallées de
Bardonache; sur les Ferrères; les monts de Plosaschi, du Por-
tuse, du Vallon, etc. (All.); dans les montagnes du Bugey
(Latourr.). ♃.

3386. Gaillet à feuilles   *Galium rotundifolium.*
rondes.

Galium rotundifolium, α. Linn. spec. 156. — *Galium rotundi-*
folium. Lam. Dict. 2. p. 577. Wild. spec. 1. p. 596. — *Ga-*
lium decipiens. Ehrh. Herb. 63. — *Asperula lævigata*, β.
Lam. Dict. 1. p. 298. — Barr. ic. t. 323.

Cette plante a une souche couchée et vivace d'où s'élèvent
plusieurs tiges simples, droites, hautes de 1-2 décim.: les feuilles
sont quaternées, petites ovales et arrondies dans le bas de la
plante, grandes elliptiques d'un verd clair dans le haut, ciliées
sur les bords; les fleurs sont en petit nombre: leurs pédicelles sont
une ou deux fois bifurqués, terminés par une ou deux fleurs; la
corolle est blanche; le fruit est globuleux, fortement hérissé de
poils. ♃. Cette plante croît dans les bois ombragés des hautes montagnes; dans les Alpes de la Savoie, du Piémont, du Dauphiné;
dans les montagnes voisines de Narbonne; dans les Pyrénées.

DLXIII. VAILLANTIE.   *VAILLANTIA.*

Valantia. Tourn. Mich. All. — *Valantiæ sp.* Linn. — *Vail-*
lantiæ sp. Waldst.

CAR. La corolle est en cloche, à trois ou quatre divisions; le
fruit est une capsule à trois cornes très-prononcées.

OBS. Ce genre diffère, par la structure de son fruit, de toutes
les Rubiacées, et si l'on persiste à séparer les gaillets polygames
des gaillets hermaphrodites, il faudra diviser encore le genre
valantia de Linné. L'ancien nom générique a été légèrement
modifié par les botanistes modernes, pour mieux rappeler le
nom de Vaillant, auquel ce genre a été dédié par Tournefort.

3387. Vaillantie des murs.   *Vaillantia muralis.*

Valantia muralis. Linn. spec. 1490. Lam. Fl. fr. 3. p. 385. —
Mich. Gen. p. 13. t. 7.

Ses tiges sont longues de 9-12 centim., glabres, menues,
feuillées, et simples ou rameuses à leur base; ses feuilles sont

quaternées, petites, ovales, obtuses, rétrécies en pétiole à leur base, vertes et très-glabres ; les pédoncules sont courts, axillaires, simples, et portent communément deux fleurs d'un verd jaunâtre, dont une est stérile, à trois divisions, et l'autre fertile, à quatre divisions. ⊙. On trouve cette plante parmi les rochers et sur les murs, dans les provinces méridionales, depuis Nice jusqu'à Narbonne.

DLXIV. GARANCE. *RUBIA.*

Rubia. Tourn. Linn. Juss. Lam.

Car. La corolle est en cloche évasée, à quatre ou cinq lobes, à quatre ou cinq étamines ; le fruit est composé de deux baies glabres, arrondies et accolées.

3588. Garance des teinturiers. *Rubia tinctorum.*

Rubia tinctorum. Linn. spec. 158.—*Rubia sylvestris.* Mill. Dict. n. 2. — Hall. Helv. n. 708.
β. *Sativa.* — *Rubia tinctorum.* Mill. Dict. n. 1. tab. 1.

Sa racine est longue, rouge, rampante, et pousse plusieurs tiges hautes de 6-9 décim., rameuses, feuillées, et dont les angles sont hérissés de dents crochues ; ses feuilles sont verticillées au nombre de quatre à six, ovales, pointues, et garnies en leur bord et en leur nervure postérieure, de dents dures, crochues et blanchâtres ; ses fleurs sont petites, jaunâtres, et naissent sur des pédoncules rameux, disposés dans les aisselles des feuilles supérieures ; il leur succède des baies noirâtres ; la corolle est à quatre ou cinq lobes profonds, étroits, oblongs, insensiblement rétrécis vers le sommet qui est calleux et comme réfléchi. ♃. On trouve cette plante aux environs de Montpellier, dans le pays de Vaud et probablement dans la plus grande partie de la France ; lorsqu'elle est sauvage elle a les feuilles plus étroites et plus rudes que lorsqu'on la cultive. Elle préfère les terreins sablonneux ; sa racine donne une belle teinture rouge ; elle a la singulière propriété de rougir les os des animaux qui la mangent. On la cultive aux environs d'Avignon, en Alsace, en Belgique, etc.

3589. Garance voyageuse. *Rubia peregrina.*

Rubia peregrina. Linn. spec. 158. Smith. Fl. brit. 1. p. 181. — *Rubia tinctorum,* α. Lam. Dict. 2. p. 605. — *Rubia anglica.* Huds. Angl. ed. 1. p. 54. — Moris. s. 9. t. 21. f. 2.

Cette espèce souvent confondue avec la précédente et la suivante dans la plupart des ouvrages de botanique, est certainement distincte de l'une et de l'autre ; sa consistance est plus ferme, plus roide; ses feuilles persistent constamment d'une année à l'autre; ses fleurs sont plus grandes que dans la garance des teinturiers, toujours divisées en cinq lanières : ce qui la distingue surtout, c'est que les lobes de sa corolle sont larges et ovales à leur base, et bruquement rétrécis en une pointe acérée; ses feuilles oblongues-lancéolées, verticillées cinq ou six ensemble, la distinguent suffisamment de l'espèce suivante. ♃. Elle croît en Dauphiné, aux environs de Lyon, de Paris, etc.

3390. **Garance luisante.** *Rubia lucida.*

Rubia lucida. Linn. Syst. Nat. 12. p. 732. Lam. Dict. 3. p. 605. — *Rubia peregrina.* Latourr. Chl. Lugd. 4.

Cette plante ressemble beaucoup à la précédente et a, comme elle, des feuilles dures et persistantes; mais elle s'en distingue à sa tige dont les angles sont presque lisses, au moins dans le bas; à ses feuilles ovales, verticillées quatre ensemble seulement et plus luisantes en dessus; à ses fleurs plus blanchâtres, à quatre ou cinq lobes acérés à l'extrémité, mais moins brusquement rétrécis que dans l'espèce précédente. ♃. La confusion qui a régné jusqu'ici dans la distinction des espèces de garance, empêche de déterminer avec précision les divers lieux où croît cette plante : j'en ai vu des échantillons recueillis à Vernon près Paris; elle se trouve aussi dans le Lyonnois et le Bugey.

SOIXANTE ET UNIÈME FAMILLE.

CAPRIFOLIACÉES.   *CAPRIFOLIACEÆ.*

Caprifolia. Juss. Adans. — *Caprifoliaceæ.* Vent. — *Stellatarum et Aggregarum gen.* Linn.

Les Caprifoliacées, qui renferment des plantes à corolle d'une ou de plusieurs pièces, se trouvent placées entre les Dicotylédones monopétales et polypétales. Cette famille est presque toute composée d'arbres ou d'arbrisseaux droits ou grimpans, et tortillés de gauche à droite, à rameaux opposés, à bourgeons coniques et écailleux, à feuilles opposées, ordinairement pétiolées, quelquefois sessiles, embrassantes et soudées ensemble par leur base; les fleurs sont axillaires ou terminales, solitaires ou disposées en panicule ou en corimbe.

Le calice est adhérent avec l'ovaire, souvent muni de deux bractées à sa base; son limbe est entier ou divisé; la corolle est le plus souvent régulière, à quatre ou cinq divisions, tantôt monopétale, tantôt formée de quatre ou cinq pétales élargis à leur base ; les étamines sont en nombre égal à celui des parties de la corolle, insérées sur la corolle et alternes avec ses lobes dans les fleurs monopétales, insérées sur le réceptale ou sur les pétales, alternes ou opposées avec eux dans les fleurs polypétales ; l'ovaire est simple, adhérent ; le style est simple, quelquefois nul ; le stigmate est simple ou triple ; le fruit est une baie ou une capsule, souvent couronnée par le limbe du calice, à une ou plusieurs loges monospermes ou polyspermes ; l'embryon est placé dans une petite cavité située au sommet d'un périspermo charnu ; sa radicule est supérieure.

** Calice entouré de bractées ; style simple, corolle monopétale.*

DLXV. LINNÉE. *LINNÆA.*

Linnæa. Gron. Linn. Juss. Lam. — *Campanulæ sp.* Tourn.

Cₐᵣ. Le calice est à cinq lobes, entouré à sa base d'un petit calice persistant, à quatre parties ; la corolle est en cloche régulière, à cinq lobes ; les étamines sont au nombre de quatre, dont deux plus courtes ; le fruit est une baie sèche, ovoïde, à trois loges qui renferment chacune deux graines.

3391. Linnée boréale. *Linnæa borealis.*

Linnæa borealis. Linn. spec. 880. Fl. lapp. 250. t. 12. f. 4. Lam. Illustr. t. 536.

Ses tiges sont longues de 2-5 décimètres, persistantes, très-grèles, légèrement velues, rameuses, feuillées et couchées sur la terre ; ses feuilles sont petites, arrondies, garnies de quelques dentelures, pétiolées, opposées et un peu velues ; ses fleurs sont blanches ou rougeâtres, et géminées sur chaque pédoncule. ♄. On trouve ce sous-arbrisseau dans les lieux pierreux et couverts des montagnes ; dans les Alpes du Valais ; à la montagne des Voirons près Genève (Sauss.)? au Saint-Gothard (Hall.) ; au bord du torrent qui coule sous la Tête Noire ; en Alsace ; aux environs de Montpellier à l'Espinouse, et entre l'Esperou et Meyrveis (Gou.).

DLXVI. CHÈVREFEUILLE. *LONICERA.*

Lonicera. Desf. — *Loniceræ sp.* Linn. — *Caprifolium et Xylosteon.* Juss. — *Xylosteon, Caprifolium, Chamæcerasus et Periclymenum.* Tourn.

Cₐᵣ. Le calice est à cinq dents ; la corolle tubuleuse, en

cloche ou en entonnoir, à cinq divisions un peu inégales ; les étamines sont au nombre de cinq ; le fruit est une baie à une, deux ou trois loges polyspermes.

Première section. CHÈVREFEUILLE. *CAPRIFOLIUM* (Tourn.).

Baies solitaires.

3592. Chèvrefeuille des jardins.　　*Lonicera caprifolium.*

Lonicera caprifolium. Linn. spec. 246. Lam. Dict. 1. p. 727. Illustr. t. 150. f. 1. — *Caprifolium hortense.* Lam. Fl. fr. 3. p. 365. — *Caprifolium rotundifolium.* Mœnch. Meth. 501. — *Periclymenum Italicum.* Mill. Dict. n. 5.

β. *Præcox.* — Duh. Arb. t. 48.

Arbrisseau grimpant dont les tiges sont cylindriques, lisses, feuillées et s'entortillent facilement autour des arbres de son voisinage ; ses rameaux sont grèles, verdâtres et flexibles ; ses feuilles sont opposées, sessiles, ovales, la plupart obtuses, très-entières, glabres et d'un verd glauque en dessous ; les deux ou trois paires placées vers le sommet des tiges, sont réunies chacune en une seule feuille arrondie qui semble percée par la tige : les fleurs sont grandes, fort belles, d'une odeur suave, rougeâtres en dehors et disposées en bouquet terminal, composé d'un ou deux verticilles feuillés ou colletés, ce qui distingue cette espèce du chèvrefeuille toujours-verd, dont les verticilles de fleurs sont tout-à-fait nus. ♄. On trouve cet arbrisseau dans les haies et les vignes des provinces méridionales ; on le cultive dans les jardins pour la beauté et l'odeur délicieuse de ses fleurs. La variété β fleurit de bonne heure et se distingue à ses fleurs blanchâtres.

3593. Chèvrefeuille périclymène.　　*Lonicera periclymenum.*

Lonicera periclymenum. Linn. spec. 247. Lam. Dict. 1. p 728. — *Caprifolium sylvaticum.* Lam. Fl. fr. 3. p. 365. — *Periclymenum vulgare.* Mill. Dict. n. 6. — *Caprifolium distinctum.* Mœnch. Meth. 501. — Blackw. t. 25.

β. *Serotinum.* — Mill. icon. t. 79.

γ. *Sinuatum seu quercifolium.* — Pluk. t. 213. f. 1.

Cet arbrisseau ressemble beaucoup au précédent, mais ses feuilles sont toutes libres, pointues, et jamais soudées ensemble ; ses fleurs sont grandes, terminales et d'une odeur agréable ; leur corolle a un tube fort long ; elle est rougeâtre en dehors, jaunâtre à son entrée, et presque labiée en son limbe. ♄. Il est commun dans les bois et les haies. La variété *α* a les rameaux velus, les fleurs pâles et fleurit à l'entrée de l'été; la variété *β* fleurit plus tard que la précédente : on la distingue à ses jets glabres, à ses fleurs d'un rouge plus foncé : elle porte le nom de *chèvrefeuille d'Allemagne;* la variété *γ*, qui paroît une maladie de la variété *α*, a les feuilles sinuées et recroquevillées.

Seconde section. XYLOSTEON.   *XYLOSTEON* (Tourn.).

Baies géminées ou soudées deux à deux.

3394. Chèvrefeuille à fruits noirs. *Lonicera nigra.*

Lonicera nigra. Linn. spec. 247. Lam. Dict. 1. p. 730. Jacq.
Austr. t. 314. — *Caprifolium roseum.* Lam. Fl. fr. 3. p. 368.

Arbrisseau de 1 – 2 mètres, dont les rameaux sont assez droits, feuillés et plians; ses feuilles sont ovales, pointues, presque en cœur à leur base, très-entières, glabres, partagées par une nervure blanche, et portées sur de courts pétioles : ses fleurs sont deux à deux sur chaque pédoncule, garnies chacune d'une bractée linéaire, et d'une couleur rose fort agréable ; il leur succède deux baies noirâtres et distinctes. ♄. On trouve cet arbrisseau dans les montagnes de la Provence, du Dauphiné, de l'Auvergne, sur la Dole dans le Jura.

3395. Chèvrefeuille xylosteon. *Lonicera xylosteum.*

Lonicera xylosteum. Linn. spec. 248. — *Xylosteon dumetorum.*
Mœnch. Meth. 502. — *Caprifolium dumetorum.* Lam. Fl. fr.
3. p. 367. — Duh. Arb. 2. t. 54.
β. Baccis albis. — Duh. ed. 2. vol. 1. p. 52.
γ. Baccis luteis. — Id.
δ. Baccis nigris. C. B. Pin. 451.

Arbrisseau de 2 mètres, droit, branchu, dont le bois est blanc, l'écorce des rameaux rougeâtre, et celle du tronc grise ou cendrée; ses feuilles sont opposées, pétiolées, ovales-oblongues, pointues, molles, d'un verd blanchâtre, pubescentes et presque cotonneuses en dessous : ses fleurs sont petites, blanches et disposées deux ensemble sur le même pédoncule ; il leur succède deux baies rouges, remplies d'un suc amer et désagréable. ♄. On trouve cet arbrisseau dans les lieux montagneux et couverts, dans les haies. La variété *β* a les baies blanches ; elles sont jaunes dans la variété *γ* et noirâtres dans la variété *δ*.

3396. Chèvrefeuille des Py-   *Lonicera Pyrenaica.*
rénées.

Lonicera Pyrenaica. Linn. spec. 248. Lam. Dict. 1. p. 730. Dub. ed. sec. 1. p. 53. t. 15. — *Caprifolium Pyrenaicum.* Lam. Fl. fr. 3. p. 366.

Arbrisseau d'un mètre à-peu-près, branchu, dont l'écorce est grisâtre et le bois cassant; ses feuilles sont opposées, presque sessiles, oblongues, un peu élargies vers leur sommet, glabres, d'un verd glauque et veinées en dessous; ses fleurs sont blanches, presque régulières, et ont une petite bosse à la base de leur corolle; leurs anthères sont jaunâtres; ses baies sont rouges et distinctes. ♄. On trouve cet arbrisseau sur les montagnes du Piémont (All.), de la Provence; dans les Pyrénées. M. Ramond l'a observé notamment aux environs de Gavarni, et a remarqué que dans son pays natal, ses fleurs sont odorantes.

3397. Chèvrefeuille des Alpes. *Lonicera Alpigena.*

Lonicera Alpigena. Linn. spec. 248. Lam. Dict. 1. p. 731. Dub. ed. sec. p. 54. t. 16. — *Caprifolium Alpinum.* Lam. Fl. fr. 3. p. 367.

Arbrisseau d'un mètre, dont le bois est cassant, et les rameaux un peu épais et feuillés; ses feuilles sont opposées, pétiolées, fort grandes, ovales-lancéolées, pointues, moins larges à leur base que dans leur partie moyenne, légèrement velues en leur bord dans leur jeunesse, et un peu luisantes en dessous : ses fleurs sont géminées, labiées, jaunâtres intérieurement, et purpurines en dehors; il leur succède deux baies réunies et rougeâtres. ♄. On trouve cet arbrisseau dans les lieux couverts et montagneux de l'Alsace, de la Provence, du Dauphiné, des environs de Montpellier, de l'Auvergne; dans le Jura à Thoiry et à la Dent de Vaulion; dans les Alpes de Savoie, à Salève, etc. Ses baies sont émétiques.

3398. Chèvrefeuille à fruits bleus. *Lonicera cærulea.*

Lonicera cærulea. Linn. spec. 249. Lam. Dict. 1. p. 731. Dub. ed. sec. 1. p. 54. t. 17. — *Caprifolium cæruleum.* Lam. Fl. fr. 3. p. 366.

Arbrisseau d'un mètre et plus, rameux et dont l'écorce est d'un jaune rougeâtre; ses feuilles sont opposées, ovales, très-entières, émoussées à leur sommet, un peu fermes, glabres dans leur parfait développement, et portées sur de courts pétioles : les fleurs sont blanches, géminées sur chaque ovaire, et soutenues par des pédoncules fort courts; elles sont presque régulières, et remplacées par une baie solitaire, ovale et bleuâtre. ♄. Cet

arbrisseau

arbrisseau croît dans les bois élevés et montagneux en Provence ;
en Dauphiné ; en Auvergne ; dans les Vosges au mont Ballon ; dans
le Jura près la Brevine ; dans les Alpes de Savoie près du Valais.

** *Calice entouré de bractées ; style unique ; corolle presque*
polypétale.

DLXVII. GUY.   *VISCUM.*

Viscum. Tourn. Linn. Juss. Lam. Gœrtn.

Car. Les fleurs sont monoïques ou dioïques ; le calice a son
limbe entier à peine visible ; la corolle, qui a l'apparence d'un
calice, est formée de quatre pétales courts réunis par leur base ;
les fleurs mâles ont quatre anthères sessiles sur le milieu des pétales ; les femelles ont un ovaire couronné par le bord du calice, un
style et un stigmate ; le fruit est une baie globuleuse à une graine.

Obs. A l'époque de la germination, la graine du guy pousse
plusieurs radicules qui commencent d'abord par s'élever ; elles
vont ensuite se fixer par l'extrémité à l'écorce ou au sol qui les
soutient ; alors la graine se sépare en plusieurs lobes et chacun
d'eux est soulevé par la radicule, laquelle reste fixée par le
côté qui sembloit d'abord destiné à fournir la tige. — L'analogie du guy avec les autres caprifoliacées, ne peut être bien
sentie, que lorsqu'on connoît le *loranthus* qui est parasite comme
le guy, et qui se rapproche des chèvrefeuilles par sa structure.

5399. Guy à fruits blancs.   *Viscum album.*

Viscum album. Linn. spec. 1451. Lam. Dict. 3. p. 55. Illustr. t.
87. Duh. ed. sec. 1. p. 87. t. 26.

Plante parasite dont la tige ligneuse, longue de 5-6 décim.,
est articulée et divisée en rameaux extrêmement nombreux et
diffus ; ses feuilles sont opposées, lancéolées, obtuses, dures et
épaisses ; ses fleurs sont axillaires, sessiles et disposées deux ou
trois ensemble ; les fruits sont de petites baies blanches, monospermes, pleines d'un suc visqueux. ♄. Cette plante croît sur les
troncs et les branches des pommiers, des chênes, des ormes, des
tilleuls et de la plupart des arbres qui ne sont ni laiteux, ni résineux : l'eau colorée qu'on fait pomper à une branche de pommier,
passe sans difficulté dans celle du guy, et les feuilles du guy dé-
terminent le mouvement de la sève dans le pommier, comme
les propres feuilles de cet arbre. Le guy est implanté sur le corps
ligneux, et sa base est chaque année enveloppée par les nouvelles couches ligneuses, de sorte que sa racine semble avoir
percé le bois.

3400. Guy de l'oxycèdre.　　*Viscum oxycedri.*

Viscum in oxycedro. Clus. Hist. 1. p. 39. Lob. ic. 2. p. 325.
f. 2.

Cette espèce ne ressemble nullement à la précédente, mais elle a beaucoup de rapports avec le *viscum capense*, Linn. f., et le *viscum magellanicum*, Comm.; sa hauteur totale ne dépasse pas la longueur du doigt; sa couleur est d'un verd jaunâtre, selon Clusius, et devient brune par la dessication; sa tige est droite, grêle, charnue, rameuse, dépourvue de feuilles, mais munie à leur place de petites gaînes qui leur donnent quelques ressemblances avec les salicornes et le gnetum : l'extrémité de chaque rameau présente un petit renflement ovoïde qui paroit contenir le rudiment de la fleur. Cette singulière plante croît parasite sur les rameaux du génevrier oxycèdre, dans la Provence et le Languedoc. Je la décris d'après des échantillons secs, non dans le but de la faire connoître complettement, mais afin d'appeler sur cette espèce l'attention des botanistes qui habitent les provinces méridionales.

*** *Calice entouré de bractées; style nul; trois stigmates;*
corolle monopétale.

DLXVIII. VIORNE.　　*VIBURNUM.*

Viburnum. Linn. Juss. Lam. Gœrtn. — *Viburnum, Tinus et*
Opulus. Tourn.

Car. Le calice est à cinq lobes courts; la corolle est en cloche, à cinq lobes; les étamines sont au nombre de cinq, alternes avec les lobes de la corolle; le fruit est une baie monosperme, nue ou couronnée au sommet par les débris du calice dans le laurier-tin.

Obs. Les feuilles sont entières, dentées ou lobées à-peu-près comme des feuilles de vignes, mais jamais ni pinnatifides, ni déchiquetées.

3401. Viorne laurier-tin.　　*Viburnum tinus.*

Viburnum tinus. Linn. spec. 383. — *Viburnum lauriforme.* Lam.
Fl. fr. 3. p. 363.
α. *Hirtum.* — Clus. Hist. 1. p. 49. n. 1.
β. *Lucidum.* — Clus. Hist. 1. p. 49. n. 11. ic.
δ. *Virgatum.* — Clus. Hist. 1. p. 49. n. 111. ic.

Arbrisseau de 6-9 décim., rameux, et dont les jeunes pousses sont quarrées et souvent rougeâtres; ses feuilles sont opposées,

pétiolées, ovales, pointues, persistantes, coriaces, lisses, d'un
verd foncé en dessus, et garnies en dessous de nervures pubescentes; les fleurs sont blanches ou un peu rougeâtres, disposées
en manière d'ombelle, et durent fort long-temps; la baie est
couronnée par les dents du calice. ♄. On trouve cet arbrisseau
dans les lieux pierreux et couverts des provinces méridionales;
on le cultive dans les jardins pour sa beauté. La variété α a les
feuilles ovales-oblongues, hérissées sur les bords et sur la face
inférieure; la variété β a les feuilles de la même forme que la
précédente, mais glabres et luisantes; la variété γ a ses feuilles
oblongues-lancéolées, velues sur le bord et les nervures.

3402. Viorne mancienne. *Viburnum lantana.*

Viburnum lantana. Linn. spec. 384. Jacq. Austr. t. 341. — *Viburnum tomentosum.* Lam. Fl. fr. 3. p. 363. — Cam. Epit.
122. ic.

Arbrisseau de 1 - 2 mètres, rameux, et dont l'écorce des
jeunes pousses est comme farineuse; ses feuilles sont opposées,
pétiolées, assez larges, ovales, dentelées, blanchâtres et cotonneuses en dessous; ses fleurs sont blanches, terminent les
rameaux, et sont disposées en manière d'ombelle sur des pédoncules cotonneux; il leur succède des baies d'abord verdâtres,
rouges ensuite, et enfin de couleur noire lorsqu'elles sont mûres.
♄. On trouve cet arbrisseau dans les haies et les bois; ses feuilles
et ses baies passent pour rafraîchissantes et astringentes. Il porte
les noms vulgaires de *maussane*, *mantiane*, *viorne*, *mancienne.*

3403. Viorne obier. *Viburnum opulus.*

Viburnum opulus. Linn. spec. 384. Fl. dan. t. 661. — *Viburnum
lobatum.* Lam. Fl. fr. 3. p. 363. — *Opulus glandulosus.*
Mœnch. Meth. 505. — Cam. Epit. 977. ic.
β. *Sterilis.*

Arbrisseau de 1 - 2 mètres, rameux, et dont le bois est
blanc et fragile; ses feuilles sont opposées, pétiolées, glabres,
et ordinairement à trois lobes un peu pointus et dentés : ses
fleurs sont blanches, terminales et disposées en manière d'ombelle; les fleurs de la circonférence de l'ombelle sont plus
grandes que les autres, tout-à-fait planes, irrégulières et communément stériles. ♄. On trouve cet arbrisseau dans les bois et
les haies; on en cultive dans les jardins une variété dont les fleurs
sont ramassées en boule et presque toutes stériles. Elle est connue
sous le nom de *rose de Gueldre*, de *pomme de neige*, de *pain-
blanc.*

DLXIX. SUREAU. *SAMBUCUS.*

Sambucus. Tourn. Linn. Juss. Lam. Gœrtn.

CAR. Le calice est à cinq lobes courts; la corolle en roue à cinq lobes; les étamines au nombre de cinq, alternes avec les divisions de la corolle; le fruit est une baie à une loge, à trois graines ridées, attachées vers l'axe du fruit.

OBS. Les feuilles sont découpées en lobes profonds qui atteignent la côte du milieu, et qui imitent les folioles d'une feuille pennée; ces lobes sont eux-mêmes dentés ou découpés.

3404. Sureau yèble.   *Sambucus ebulus.*

Sambucus ebulus. Linn. spec. 385. Blackw. t. 488. — *Sambucus humilis.* Lam. Fl. fr. 3. p. 370.

β. *Laciniata.* — *Sambucus humilis.* Mill. Dict. n. 5.

Sa tige est droite, herbacée, haute d'un mètre, un peu rameuse, verte, cannelée, pleine de moelle, feuillée, et périt tous les ans; ses feuilles sont opposées, ailées, et composées de sept ou neuf folioles plus longues et plus étroites que celles de l'espèce suivante, et pareillement dentées en scie; ses fleurs sont blanches et disposées en ombelle terminale. ♃. On trouve cette plante sur le bord des chemins et des fossés humides; sa racine, son écorce moyenne et ses feuilles, sont purgatives et anti-hydropiques; à l'extérieur ses fleurs et ses feuilles sont résolutives.

3405. Sureau noir.   *Sambucus nigra.*

Sambucus nigra. Linn. spec. 385. Fl. dan. t. 545. — *Sambucus vulgaris.* Lam. Fl. fr. 3. p. 369.

β. *Sambucus laciniata.* Mill. Dict. n. 2. — Lob. ic. 2. t. 164. f. 1.

Arbrisseau de 3-5 mètres, dont le bois est cassant et les rameaux creux ou pleins de moelle; ses feuilles sont opposées, ailées avec une impaire, et composées de cinq ou sept folioles ovales-lancéolées, pointues et dentées en scie; ses fleurs sont blanches, odorantes, petites, nombreuses, terminales et disposées en manière d'ombelle sur des pédoncules particuliers, rameux; il leur succède des baies d'abord rouges et ensuite noirâtres lorsqu'elles sont mûres. ♄. Cet arbrisseau est commun dans les haies et les terreins un peu humides; ses feuilles et ses fleurs sont résolutives, diaphorétiques; sa seconde écorce est purgative et hydragogue, et ses baies sont anti-dysentériques. La variété β, qu'on cultive dans les bosquets sous le nom de *sureau à feuilles de persil*, a les folioles découpées en lanières étroites et pointues.

3406. Sureau à grappes.   *Sambucus racemosa.*

Sambucus racemosa. Linn. spec. 386. Lam. Fl. fr. 3. p. 370.
Jacq. ic. rar. 1. t. 59. Duh. Arb. 2. t. 66.

Arbrisseau de 2 à 3 mètres, et assez semblable au sureau
commun par son port; ses feuilles sont opposées, ailées et composées de cinq ou sept folioles lancéolées et dentées en scie; les
supérieures sont quelquefois simplement ternées : ses fleurs sont
terminales, disposées en grappes ovales, presque droites, et
remplacées par des baies de couleur rouge. ♄. On trouve cet
arbrisseau dans les lieux montagneux, en Alsace, en Provence,
dans le Jura, etc.

**** *Calice sans bractées; style unique; corolle polypétale.*

DLXX. CORNOUILLER.   *CORNUS.*

Cornus. Tourn. Linn. Juss. Lam. Gœrtn.

C_{AR}. Le calice est à quatre dents; la corolle à quatre pétales,
à quatre étamines alternes avec eux; le fruit est une drupe ovoïde
ou globuleuse, non couronnée, contenant un noyau à deux loges
et à deux graines.

3407. Cornouiller mâle.   *Cornus mas.*

Cornus mas. Linn. spec. 171. Lam. Fl. fr. 3. p. 475. — *Cornus
mascula.* Linn. Syst. Veg. 131. Lam. Illustr. t. 74. f. 1.
β. *Sativa.* — Kniph. Cent. 1. t. 18.
γ. *Fructu luteo.* Duh. Arb. 1. p. 182.

Arbrisseau de 3-4 mètres, rameux, et dont le bois est dur; ses
feuilles sont opposées, portées sur de courts pétioles, ovales, entières, pointues, chargées de quelques poils en dessous, et garnies
de nervures parallèles et convergentes : les fleurs naissent avant
les feuilles, forment de petites ombelles jaunes, composées de
dix à quinze rayons très-courts et uniflores; ces ombelles ont
chacune une collerette de quatre folioles ovales, pointues et
aussi longues que les rayons : les fruits sont oblongs, d'un
beau rouge dans leur maturité. ♄. On trouve cet arbrisseau
dans les bois et les haies. La variété β est cultivée sous les noms
de *cornouiller, cormier, acurnier;* la variété γ a les fruits d'un
jaune de cire. Les baies de cet arbre, connues sous les noms
de *cornouilles, cormes* ou *cornioles,* sont bonnes à manger,
quoique assez astringentes.

5408. Cornouiller sanguin. *Cornus sanguinea.*

Cornus sanguinea. Linn. spec. 171. Lam. Dict. 2. p. 115. Fl. dan. t. 481. — Lob. ic. 2. p. 169. f. 2.

Cet arbrisseau s'élève un peu moins que le précédent; ses rameaux sont longs, droits et recouverts d'une écorce lisse qui devient souvent d'un rouge vif pendant l'hiver; ses feuilles sont opposées, pétiolées, ovales, pointues, entières et garnies de nervures convergentes : les fleurs sont blanches, naissent après les feuilles et forment des ombelles assez grandes, sans collerette, et dont les rayons sont rameux; les fruits sont globuleux, noirâtres dans leur maturité. ♄. On trouve cette espèce dans les haies et les bois.

DLXXI. LIERRE. *HEDERA.*

Hedera. Tourn. Linn. Juss. Lam. Gœrtn.

Car. Le calice est à cinq dents; la corolle à cinq pétales, à cinq étamines alternes avec eux, et dont les anthères sont vacillantes, bifurquées à leur base; le fruit est une baie à cinq loges monospermes, dont les cloisons s'oblitèrent à la maturité.

5409. Lierre grimpant. *Hedera helix.*

Hedera helix. Linn. spec. 292. Lam. Illustr. t. 145. Bull. Herb. t. 133.

α. *Arborea.* — Duh. Arb. t. 115.

β. *Humi repens.* — C. B. Pin. 305.

Arbrisseau dont les tiges sont sarmenteuses, rampantes ou grimpantes, et s'attachent aux arbres ou aux vieilles murailles par des vrilles qui s'y implantent en manière de racine; dans un âge avancé, il prend souvent la forme d'un arbre, et se soutient alors sans appui; ses feuilles sont pétiolées, fermes ou coriaces, luisantes, partagées en plusieurs lobes anguleux sur les individus jeunes ou stériles, et ovales, pointues et entières sur ceux qui sont adultes : les fleurs sont disposées en corimbe ou en manière d'ombelle; elles sont composées d'un calice très-petit, de cinq pétales blancs, oblongs et charnus, de cinq étamines et d'un style simple : le fruit est une baie rouge à cinq semences. ♄. On trouve cet arbrisseau dans les bois, les haies et contre les vieux murs. La variété β rampe sur la terre, dans les bois.

SOIXANTE-DEUXIÈME FAMILLE.

OMBELLIFÈRES.　*UMBELLIFERÆ.*

Umbelliferæ. Juss. — *Umbellatæ.* Linn. — *Umbellatarum gen.* Adans.

Les Ombellifères se distinguent de toutes les Dicotylédones polypétales, par leurs étamines épigynes, et par la structure de leur fruit ; elles forment un grouppe tellement prononcé, soit par leur port, soit par leurs caractères, qu'il n'existe aucune méthode où elles soient séparées ; elles sont presque toutes herbacées et vivaces par leurs racines ; leur tige est souvent cannelée et pleine de moëlle ; leurs feuilles sont presque toujours alternes, découpées en lobes (1) très-nombreux et portées sur des pétioles élargis et engainans à leur base ; celles des Buplèvres qui sont simples et entières, peuvent être assimilées à des pétioles foliacés dont le limbe avorteroit naturellement, à-peu-près comme on le voit dans certaines *mimosa* de la nouvelle Hollande : les fleurs sont ordinairement blanches, quelquefois jaunes ou purpurines, le plus souvent hermaphrodites, rarement mâles ou stériles par avortement, disposées en ombelle ; cette ombelle est *simple* quand elle est formée de pédicelles uniflores qui partent d'un seul point ; elle est *composée* quand les ombelles simples sont elles-mêmes portées sur des pédoncules qui partent d'un seul point ; à la base des pédicelles ou des pédoncules se trouvent des feuilles avortées, dont l'assemblage a reçu le nom de *collerette :* on nomme *collerette générale* ou *involucre*, celle qui est à la base des pédoncules de l'ombelle générale, et *collerette partielle* ou *involucelle*, celle qui est à la base des ombelles partielles.

Chaque fleur d'une ombelle considérée isolément, présente un calice adhérent dont le bord est tantôt entier ou à peine visible, tantôt à cinq dents ; une corolle à cinq pétales égaux ou inégaux, échancrés ou fléchis en forme de cœur, insérés sur

---

(1) C'est par abus qu'on a coutume de dire que les feuilles des Ombellifères sont ailées ou composées ; elles sont toujours simples mais divisées très-profondément, de manière que leurs lobes ressemblent à des folioles, excepté qu'ils ne sont jamais articulés sur le pétiole ; nous avons cependant conservé ces expressions admises par tous les botanistes, afin que nos descriptions soient comparables avec les leurs.

le pistil ou sur une glande dont l'ovaire est recouvert ; cinq étamines alternes avec les pétales et insérées avec eux , un ovaire simple , adhérent , surmonté à son sommet d'un corps glanduleux d'où s'élèvent deux styles ordinairement persistans et divergens après la fleuraison : le fruit est composé de deux akènes , c'est-à-dire de deux graines entourées du calice , appliquées l'une contre l'autre , se séparant d'elles-mêmes à leur maturité , attachées par le haut au sommet d'un axe central filiforme ; chaque graine a un embryon très-petit , situé au sommet d'un périsperme ligneux et dirigé de haut en bas.

Les Ombellifères sont tellement semblables entre elles , que leurs genres sont, à l'exception d'un petit nombre , mal définis et purement artificiels. Nous les présentons ici dans l'ordre admis par la plupart des botanistes , sans nous dissimuler combien il est encore imparfait.

* *Ombellifères vraies à fleurs blanches ou un peu rougeâtres.*

DLXXII. ÉGOPODE.   *ÆGOPODIUM.*

Ægopodium. Linn. — *Podagraria.* Hall. — *Pimpinellæ sp.* Lam. — *Ligustici sp.* Crantz. — *Seseleos sp.* Scop.

CAR. Le calice a le bord entier ; les pétales sont entiers , fléchis au sommet en forme d'échancrure , inégaux entre eux ; le fruit est ovale-oblong , marqué de trois à cinq côtes longitudinales sur chaque graine.

OBS. Les fleurs sont blanches ; les collerettes nulles ; les feuilles sont deux fois ternées. Ce genre a le port des angéliques ; son fruit ressemble à celui des livêches ; mais la forme même de ce fruit et l'absence des collerettes , rapprochent ce genre des boucages , dont on peut à peine le distinguer.

3410. Égopode des gout-   *Ægopodium podagraria.*
teux.

Ægopodium podagraria. Linn. spec. 379. Fl. dan. t. 670. — *Tragoselinum angelica* Lam. Fl. fr. 3. p. 449. — *Pimpinella angelicæfolia.* Lam. Dict. 1. p. 451. — *Ligusticum podagraria.* Crantz. Austr. p. 200. — *Seseli ægopodium.* Scop. Carn. ed. 2. n. 359. — *Podagraria ægopodium.* Mœnch. Meth. 90. — Lob. ic. t. 700. f. 2.

Sa racine est longue , rampante , traçante , et pousse une tige droite , glabre , un peu rameuse et haute de 6-9 décim. ; ses feuilles inférieures ont leur pétiole divisé en trois parties , qui

soutiennent chacune trois folioles ovales , pointues et dentées ;
les supérieures sont simplement ternées , et ont leurs folioles
plus étroites : les fleurs sont blanches; leur ombelle est lâche et
composée d'une vingtaine de rayons. ♃. On trouve cette plante
dans les vergers et le long des haies.

DLXXIII. BOUCAGE. *PIMPINELLA.*

Pimpinella. Linn. Juss. Lam. — *Tragoselinum.* Tourn. Adans.

Car. Le calice a le bord entier ; les pétales sont entiers , fléchis au sommet en forme d'echancrure , presque égaux entre eux ;
le fruit est ovale-oblong , strié ; les stigmates sont globuleux.

Obs. Les feuilles sont ailées et non ternées ; les fleurs sont
blanches ; la collerette manque entièrement.

3411. Boucage saxifrage. *Pimpinella saxifraga.*

Pimpinella saxifraga. Linn. spec. 378. Lam. Dict. 1. p. 450.
Jacq. Austr. 4. t. 395. — *Tragoselinum minus.* Lam. Fl. fr. 3.
p. 447. — *Tragoselinum saxifragum.* Mœnch. Meth. 99.
β. *Pimpinella nigra.* Wild. spec. 1. p. 1471. — J. Bauh. Hist.
3. p. 111. f. 2.

Toute la plante est glabre ou à peine pubescente ; sa tige est
grêle , médiocrement rameuse , peu garnie de feuilles et haute
de 5 décim. ou quelquefois un peu plus ; ses feuilles radicales
imitent assez celles de la pimprenelle ; elles sont ailées , composées de cinq ou sept folioles arrondies et dentées, et la terminale est souvent trilobée : ces feuilles se flétrissent de bonne
heure et se trouvent rarement lorsque la plante fructifie ; les
feuilles de la tige ont leurs folioles découpées très-menu , et les
supérieures ne sont que des gaînes alongées et dépourvues de vé-
ritables feuilles : les fleurs sont blanches , et leur ombelle est
penchée avant la fleuraison. ♃. On trouve cette plante sur les pelouses et dans les pâturages secs. La variété β ne me paroît différer de la précédente , que parce qu'elle est un peu plus velue et
qu'elle a un aspect un peu noirâtre.

3412. Boucage à grandes feuilles. *Pimpinella magna.*

Pimpinella magna. Linn. Mant. 217. Lam. Dict. 1. p. 450. —
Tragoselinum majus. Lam. Fl. fr. 2. p. 448. — *Pimpinella
major.* Gouan. Illustr. 21. — *Tragoselinum magnum.* Mœnch.
Meth. 99. — Barr. ic. 243.
β. *Floribus rubentibus.* — *Pimpinella rubra.* Hop. ex Schleich.
cent. exs. n. 34.

Sa tige est striée , rameuse , et s'élève jusqu'à 6-9 décim. ;

les premières feuilles que pousse la racine sont pétiolées, simples, ovales, arrondies, dentées et trilobées ; celles d'ensuite sont ternées ; enfin, les autres sont ailées et composées de cinq ou sept folioles ovales, assez larges, dentées et souvent un peu luisantes : les feuilles de la tige sont pareillement ailées, mais leurs folioles sont moins larges, et d'autant plus petites que les feuilles dont elles font partie sont plus près du sommet de la plante ; les fleurs sont blanches ou rougeâtres, et leurs ombelles sont penchées avant la fleuraison. ♃. On trouve cette plante dans les lieux incultes et sur le bord des bois. La variété β, qui croit dans les prairies des montagnes, est remarquable par la couleur purpurine de ses fleurs, et constitue peut-être une espèce distincte.

3413. Boucage découpé. *Pimpinella dissecta.*

> *Pimpinella dissecta.* Retz. Obs. 3. p. 30. t. 2. — *Pimpinella pratensis.* Thuil. Fl. par. II. 1. p. 154.
> β. *Pimpinella laciniata.* Thor. Chl. land. 108. — *Pimpinella peregrina.* Linn. Mant. 357 ?

Cette plante diffère des deux précédentes, parce que ses feuilles sont toutes pennées, et que les inférieures ont leurs folioles découpées en lobes profonds, pointus, divergens, et semblent même deux fois ailées dans certains échantillons. Peut-être réunissons-nous ici des variétés découpées des deux boucages précédens, ou de l'un des deux ? Dans ce genre où les feuilles sont de forme très-variable, il est difficile de déterminer la limite des espèces. ♃. Elle croît dans les lieux secs et sablonneux.

3414. Boucage dioïque. *Pimpinella dioica.*

> *Pimpinella dioica.* Linn. Mant. 357. Jacq. Austr. t. 28. Lam. Dict. 1. p. 452. — *Seseli glaucum.* Lam. Fl. fr. 3. p. 436. et *Tragoselium pumilum.* Lam. Fl. fr. 3. p. 448. — *Seseli dioicum.* Vill. Dauph. 2. p. 579. — *Seseli pumilum.* Linn. spec. 2. p. 373. — *Peucedanum minus.* Linn. Mant. 219. — Clus. Hist. 2. p. 200. f. 1.

Cette espèce est fort petite ; sa tige est un peu épaisse, glabre, anguleuse, droite, rameuse, paniculée, et ne s'élève communément que depuis 1 à 3 décimètres ; ses feuilles sont partagées en découpures ou folioles linéaires, vertes et un peu fermes : ses fleurs sont blanches ou rougeâtres, et forment des ombelles petites et extrêmement nombreuses, qui couvrent presque toute la plante : elles sont dioïques par l'avortement de l'un des deux sexes; son port est très-variable. Gouan assure qu'elle a quelquefois des collerettes. ♂. Cette plante croît parmi les rochers des montagnes ; dans la Savoie, le Dauphiné, le Piémont, la Provence.

DLXXIV. SÉSÉLI.   *SESELI.*

Seseli. Lam. — *Seseli et Carum.* Linn. Juss.

CAR. Le calice est entier ; les pétales sont égaux, courbés en cœur; le fruit est petit, ovoïde, strié; chaque semence est concave du côté intérieur.

OBS. Les fleurs sont blanches; les ombelles partielles sont courtes, globuleuses; les collerettes générales sont nulles ou à une foliole; les collerettes partielles ont une ou plusieurs folioles : les sésélis ont un port roide, des folioles linéaires et une teinte glauque.

5415. Séséli fenouil des   *Seseli hippomarathrum.*
chevaux.

> *Seseli hippomarathrum.* Linn. spec. 374. Jacq. Austr. t. 143.—
> *Seseli articulatum.* Crantz. Austr. p. 205. t. 5. f. 1. 2.—
> *Sium hippomarathrum.* Roth. Germ. 1. p. 128.

Cette espèce se distingue non seulement de tous les sésélis, mais de presque toutes les ombellifères, parce que les folioles de ses collerettes partielles, au lieu d'être distinctes, sont soudées les unes avec les autres, de manière à former une enveloppe orbiculaire d'une seule pièce : elle ressemble, par son port, au séséli glauque; ses feuilles sont presque toutes radicales, deux fois ailées, à folioles linéaires trifurquées; les feuilles de la tige sont avortées et n'offrent plus que la gaîne du pétiole; la tige est cylindrique, haute de 2 décim.; l'ombelle générale est à cinq rayons courts et ne porte pas de collerette universelle; les fleurs sont sessiles, blanches. ♃. Elle croît dans les rochers; elle est assez commune dans le Canevéz en Piémont, où elle a été trouvée par M. Allioni.

5416. Séséli annuel.   *Seseli annuum.*

> *Seseli annuum.* Linn. spec. 373. Lam. Fl. fr. 3. p. 434. Jacq.
> Austr. t. 55. — *Seseli bienne.* Crantz. Austr. 204. — *Sium an-*
> *nuum.* Roth. Germ. 1. p. 128.

Cette plante se distingue de ses congénères (et en particulier du séséli de montagne dont elle a le port), 1°. parce que les gaines des feuilles de sa tige sont profondément échancrées à leur sommet; 2°. parce que les folioles des collerettes partielles dépassent la longueur des fleurs; sa tige est haute de 3 décim. , cylindrique; striée, articulée, glabre, et légèrement rameuse; ses feuilles sont deux fois ailées, lisses, d'un verd un peu foncé, et leurs folioles sont assez roides, trifides ou pinnatifides; l'ombelle universelle est un peu convexe, et les ombelles partielles sont serrées et agglomérées. ⊙? Lin.; ♂, Crantz.; ♃, Vill. On trouve cette plante dans les prés secs et sur les rochers aux environs de Grenoble; en Auvergne (Delarb.); à Montpellier (Gou.); dans le Brabant-Wallon et du côté de Namur (Rouç.)? au mont Valérien près Paris (Thuil.)?

3417. Séséli de montagne.   *Seseli montanum.*

> *Seseli montanum.* Linn. spec. 372. Lam. Fl. fr. 3. p. 435. Gou. Illustr. p. 17. — Vaill. Bot. t. 5. f. 2.
>
> β. *Seseli glaucum.* Linn. spec. 372. Gou. Illustr. p. 17. — *Seseli osseum.* Crantz. Austr. 207.

Sa tige est haute d'un mètre, cylindrique, lisse et un peu rameuse; ses feuilles radicales sont petites, alongées, deux fois ailées et à découpures ou folioles courtes et divergentes, qui ressemblent un peu à celles des feuilles de carotte; les feuilles de la tige sont écartées, plus petites, moins composées et à folioles linéaires; les rayons de l'ombelle sont courts, et soutiennent des ombelles partielles serrées et en petit nombre. La var. α, qui est la moins commune, a les folioles planes, l'ombelle un peu lâche; les folioles des collerettes partielles, lancéolées; la variété β a les folioles traversées en dessous par une nervure longitudinale et comme cannelées, les ombelles serrées et les folioles des collerettes-partielles très-fines. Dans l'une et dans l'autre, la plante a une teinte glauque, les gaînes n'embrassent qu'incomplètement la tige; les collerettes générales sont tantôt nulles, tantôt à 1-2 folioles; les fruits, vus à la loupe, sont légèrement pubescens. ♃. On trouve cette plante dans les lieux secs et montagneux.

3418. Séséli élevé.   *Seseli elatum.*

> *Seseli elatum.* Linn. spec. 375. Gou. Illustr. 16. t. 8. Lam. Fl. fr. 3. p. 437.

Cette espèce se distingue de tous les autres sésélis par ses fruits chargés de petits tubercules et couronnés par les rudimens des dents du calice; sa tige est haute de 6 décim., grêle, cylindrique, lisse, à peine striée, articulée et légèrement rameuse; ses articulations sont un peu noueuses et blanchâtres;

ses feuilles sont deux fois ailées, et composées de folioles
étroites et linéaires; celles de la tige sont écartées, et les supérieures sur-tout sont fort petites et peu composées; les fleurs
sont blanches, rougeâtres avant leur épanouissement, et forment
des ombelles nombreuses, qui ont à peine 3 centim. de diamètre.
♂. On trouve cette plante dans les lieux montagneux et sur le
bord des bois; à Fontainebleau; à Saran et Ingré, près Orléans
(Dub.); en Bourgogne (Dur.); à Saint-Paul-Trois-Châteaux
(Vill.).

3419. Séséli tortueux.   *Seseli tortuosum.*

> *Seseli tortuosum.* Linn. spec. 373. Lam. Fl. fr. 3. p. 436. —
> *Sium tortuosum.* Roth. Germ. 1. p. 128. — J. Bauh. Hist. 3.
> p. 2. t. 16. f. 1.

Sa tige est lisse, striée, dure, presque ligneuse inférieurement, très-rameuse, tortueuse, à entre-nœuds courts, et blanchâtre à ses articulations; ses feuilles inférieures sont grandes,
deux fois ailées, et leurs folioles sont partagées en découpures
linéaires; les feuilles de la tige sont pareillement divisées, mais
beaucoup moins grandes, et leur gaîne est bordée d'une membrane blanche; les ombelles sont portées sur des pédoncules
longs de 5 centim. au plus.; la plante sauvage est remarquable
par sa dureté et son aspect d'un glauque blanchâtre; lorsqu'on
la cultive, elle devient verte et herbacée, au point qu'on a
peine à la reconnoître. ♃. On trouve cette plante dans les provinces méridionales, parmi les rochers, aux environs d'Aix,
de Marseille et dans presque toute la Provence méridionale;
à Montélimart, Orange, Tallard et Sigoyer en Dauphiné
(Vill.); à Narbonne; en Piémont entre Lucerame et la Scaréna
(All.); à la tête de Buch, dans les Landes (Thor.).

3420. Séséli carvi.   *Seseli carvi.*

> *Carum carvi.* Linn. spec. 378. Jacq. Austr. t. 393. — *Seseli ca-*
> *rum.* Lam. Fl. fr. 3. p. 435. — *Ligusticum carvi.* Roth. Germ.
> 1. p. 124. — *Apium carvi.* Crantz. Austr. p. 218. — Cam. Epit.
> 516. ic.

Ses tiges sont hautes de 6 décim., lisses, striées et rameuses; ses feuilles sont allongées, deux fois ailées, et composées de folioles ou découpures linéaires et pointues; ces folioles
sont disposées en croix autour de la côte principale, à-peu-près
comme si elles étoient verticillées: ses fleurs sont blanches, petites et disposées en ombelle lâche; elles ont leurs pétales bifides;
la collerette générale est composée d'une seule foliole linéaire. ♂.

On trouve cette plante dans les prés montagneux ; sa racine, et sur-tout ses semences, sont incisives, carminatives, stomachiques et diurétiques.

DLXXV. IMPÉRATOIRE.   *IMPERATORIA.*

Imperatoria. Lam. — *Imperatoria et Angelicæ sp.* Linn. Juss.

CAR. Le calice est entier, peu apparent ; les pétales sont échancrés, courbés, presque égaux ; le fruit est comprimé, elliptique ; les graines sont bordées d'une aile membraneuse, munies sur le dos de trois petites côtes.

OBS. Les fleurs sont blanches ; le port des impératoires est le même que celui des angéliques, dont ce genre diffère surtout par l'absence de la collerette générale.

3421. Impératoire ostru-   *Imperatoria ostruthium.*
thium.

Imperatoria ostruthium. Linn. spec. 371. Lam. Illustr. t. 199. f.
1. — *Imperatoria major.* Lam. Fl. fr. 3. p. 417. Garid. Aix. t.
55. — *Selinum imperatoria.* Crantz. Austr. p. 174.

Sa racine est assez grosse, un peu noueuse, et pousse une tige épaisse, cylindrique et haute de 6 décim. ; ses feuilles sont pétiolées et divisées communément en trois folioles larges, trilobées et dentées ; l'ombelle des fleurs est fort grande, et presque toujours dépourvue de collerette. ♃. On trouve cette plante dans les pâturages des montagnes.

3422. Impératoire sauvage. *Imperatoria sylvestris.*

Imperatoria sylvestris. Lam. Fl. fr. 3. p. 417. — *Angelica sylvestris.* Linn. spec. 361. Lam. Dict. 1. p. 172. — *Selinum angelica.* Roth. Germ. I. 133. — *Selinum sylvestre.* Crantz.
Austr. 177. — Lob. ic. 699. f. 1.

Sa tige est droite, lisse, cylindrique, couverte de poussière glauque et haute de 10-12 décim. ; ses feuilles sont deux fois ailées, à folioles ovales, distinctes, nullement décurrentes, bordées de dentelures en scie qui sont acérées au sommet : leur pétiole forme à sa base une gaine large et ventrue ; les ombelles sont d'un blanc une peu couleur de chair, hémisphériques, à environ trente rayons pubescens ; la collerette générale est nulle ou composée de une ou deux folioles avortées ; les ombelles partielles sont serrées, et leurs collerettes sont composées de plusieurs folioles fines, et un peu plus courtes que les fleurs ; les fruits sont applatis, garnis de chaque côté d'une aile ou d'un feuillet très-mince. ♃. Cette plante croît fréquemment aux bords des ruisseaux et dans les lieux humides.

3423. Impératoire verti-   *Imperatoria verticillaris.*
    cillée.

Angelica verticillaris. Linn. Mant. 217. excl. syn. Lam. Dict. 1. p. 172. Jacq. Hort. Vind. t. 130. All. Pedem. 1311. excl. Lam. syn. — Pluk. t. 134. f. 1.

Sa tige s'élève jusqu'à deux mètres de hauteur ; elle est cylindrique, souvent rougeâtre, couverte d'une poussière glauque, divisée en rameaux verticillés ; le nombre des rameaux de chaque verticille est d'autant plus grand, qu'on approche davantage du haut de la plante ; les feuilles sont grandes, presque triangulaires, trois fois ailées, à folioles ovales-deltoïdes, fortement dentées en scie, glabres, et nullement décurrentes sur le pétiole ; les ombelles sont grandes, souvent prolifères, d'un blanc verdâtre à dix ou douze rayons, dépourvues de collerette générale ; les fruits sont comprimés, bordés de deux ailes membraneuses, et munis sur les deux faces de trois côtes saillantes. ♃. Cette plante croît en Piémont, dans les environs de Tortone et d'Aqui (All.).

3424. Impératoire nodiflore. *Imperatoria nodiflora.*

Imperatoria nodiflora. Lam. Fl. fr. 3. p. 417. — *Angelica paniculata.* Lam. Dict. 1. p. 172. — *Ligusticum nodiflorum.* Vill. Dauph. 2. p. 608. t. 13. — *Smyrnium nodiflorum.* All. Ped. n. 1347. t. 72.

Sa racine est profonde, peu divisée, garnie, vers son collet, de fibres qui sont les débris des anciens pétioles ; elle pousse une grande feuille radicale, haute de 5 décim. , dont le pétiole se divise en trois rameaux divisés eux-mêmes en trois branches chargées de trois ou neuf folioles ovales-lancéolées, acérées, fortement dentées en scie, glabres et lisses ; la tige est droite, ferme, dépasse la hauteur d'un mètre, se divise en rameaux nombreux, opposés ou verticillés, étalés ; à leur base se trouvent des feuilles simples ou à trois folioles ; ces rameaux se trifurquent plusieurs fois, sont chargés d'un grand nombre d'ombelles, et forment ainsi une vaste panicule ; les ombelles universelles se divisent en cinq ou six rayons, et sont dépourvues d'involucre ; les ombelles partielles ont une collerette de deux ou trois folioles linéaires, et portent sept ou huit petites fleurs blanches, la plupart avortées ; les fruits, qui mûrissent en petit nombre, sont ovales, arrondis, comprimés sur les côtés, voûtés sur le dos de chaque semence, et sillonnés en long. ♃. Cette belle plante croît dans les forêts ombragées du Dauphiné, dans le Champsaur, les environs de Die, de Gap et d'Embrun (Vill.); en Piémont, aux environs de Vinadio, Valderio, Tende, Limone, Robbio, Suze et Viù (All.); au-dessus de Port-Valais (Schleich.) : les racines sont aromatiques, et les paysans du Dauphiné les vendent sous le nom d'*Angélique de Bohème*.

DLXXVI. CERFEUIL.   *CHÆROPHYLLUM.*

Chærophyllum et Myrrhis. Tourn. All. Gærtn. — *Chærophyllum et Scandicis sp.* Linn. Juss. — *Chærophylli sp.* Lam.

Car. Le calice est entier; les pétales sont échancrés, inégaux; le fruit est oblong ou cylindrique, glabre, strié ou lisse à la surface.

Obs. Les fleurs sont blanches; la collerette générale est nulle; les feuilles sont très-découpées.

§. Ier. *Fruits lisses (Chærophyllum, All.).*

3425. Cerfeuil sauvage.   *Chærophyllum sylvestre.*

Chærophyllum silvestre. Linn. spec. 369. Lam. Dict. 1. p. 684.
Chærophyllum sylvestre, α. Lam. Fl. fr. 3. p. 440. — Dod. Pempt. 701.

Sa tige est haute de 6-12 décimètres, fistuleuse, rameuse, velue dans sa partie inférieure, striée et un peu enflée sous chaque articulation; ses feuilles sont grandes, deux ou trois fois ailées, ordinairement glabres, et à folioles alongées, pinnatifides et pointues; les fleurs sont blanches, et forment des ombelles médiocres, composées de huit à douze rayons; les fruits sont lisses, luisans et d'une couleur brune ou noirâtre à leur maturité. ♃. Cette plante est commune dans les prés, le long des haies : son odeur est désagréable.

3426. Cerfeuil des Alpes. *Chærophyllum Alpinum.*

Chærophyllum Alpinum. Vill. Dauph. 2. p. 642.

Cette plante ressemble tellement au cerfeuil sauvage, qu'on pourroit croire qu'elle en est une simple variété; elle ne s'élève qu'à 3-4 décim.; sa tige est simple ou peu rameuse; ses feuilles sont glabres, découpées en lanières très-étroites et plus écartées que dans l'espèce précédente; son ombelle est plus serrée; ses pétales planes et entiers; ses fruits sont lisses, non cannelés, un peu plus ventrus à la base que dans le cerfeuil sauvage,

et

et dépourvus de style à leur maturité complète. ♂. Elle croît
dans les lieux pierreux et exposés au nord des montagnes ;
M. Villars l'a trouvée en Dauphiné, au mont Bovinant, à la
grande Chartreuse, au-dessus des forges de Seyssins, sur le
Glandaz, près de Die ; M. Clarion, dans les montagnes de
Seyne en Provence.

§. II. *Fruit cannelé ou marqué de côtes longitudinales (Myrrhis, All.).*

3427. Cerfeuil doré.   *Chœrophyllum aureum.*

> *Chœrophyllum aureum.* Linn. spec. 370. Jacq. Austr. t. 64. Lam.
> Fl. fr. 3. p. 440. — Lob. ic. 734. f. 2.

Ses tiges sont droites, peu rameuses, légèrement velues, peu
ou point tachées, non renflées sous les articulations, hautes de
5-6 décim. ; ses feuilles sont deux fois ailées, un peu velues,
composées de folioles profondément pinnatifides, et dont les
découpures sont étroites et pointues ; les ombelles sont amples,
composées d'environ quinze rayons filiformes qui se ressèrent
après la fleuraison ; les pétales sont blancs, un peu rougeâtres
en dehors ; les collerettes partielles sont composées de six à sept
folioles ovales-lancéolées et pointues ; les fruits sont oblongs,
profondément cannelés, d'un beau jaune à leur maturité, sur-
montés par les styles persistans et extrêmement divergens. ♃.
Cette plante croît dans les lieux un peu couverts des montagnes ;
dans le Jura, au creux du Vent ; dans les montagnes d'Auvergne ; dans les Alpes, les Pyrénées, etc.

3428. Cerfeuil hérissé. *Chœrophyllum hirsutum.*

> *Chœrophyllum hirsutum.* Linn. spec. 371. Jacq. Austr. t. 148. —
> *Scandix hirsuta.* Scop. carn. ed. 2. n. 350. — *Chœrophyllum
> sylvestre,* β. Lam. Fl. 3. p. 440. — *Chœrophyllum palustre.*
> Lam. Dict. 1. p. 683.
> β. *Subglabrum.* Lam. Dict. 1. p. 683. var. a.

Sa racine, qui est épaisse, longue et fibreuse, pousse une
tige creuse, branchue, plus ou moins hérissée, selon les variétés, et qui s'élève jusqu'à près d'un mètre ; ses feuilles sont
grandes, deux ou trois fois ailées, à folioles larges, lancéolées, pointues, incisées, dentées, glabres excepté sur les nervures, et d'un verd foncé ; les ombelles sont grandes, à dix
ou quinze rayons, souvent munies d'une ou deux folioles à la
place de la collerette générale ; les folioles des collerettes par-

tielles sont au nombre de cinq à sept, lancéolées, acérées, réfléchies à la fin de la fleuraison, égales à la longueur des pédicelles; les fleurs sont blanches; les fruits sont grêles, oblongs,
striés, jaunâtres, terminés par les deux styles qui persistent
et forment entre eux un angle aigu. ♃. Elle croît dans les lieux
humides des montagnes; au mont d'Or, où M. Lamarck a
trouvé la variété β; dans les Pyrénées; les Cévennes; les Vosges;
les Alpes; aux environs de Mayence (Kœl.), etc.

3429. Cerfeuil odorant. *Chœrophyllum odoratum.*

Chœrophyllum odoratum. Lam. Dict. 1. p. 683. — *Scandix odo-*
rata. Linn. spec. 368. — *Myrrhis odorata.* Scop. Carn. ed. 2.
n. 341. — Cam. Epit. 898. ic.

Sa tige est épaisse, creuse, cannelée, un peu velue,
rameuse, et haute de 6 – 9 décim.; ses feuilles sont fort
grandes, larges, molles, trois fois ailées, légèrement velues,
et souvent marquetées de taches blanches; ses semences sont
luisantes, longues de 12–15 millim. et remarquables par leurs
profondes cannelures. ♃. On trouve cette plante dans les prés des
montagnes de Provence; en Dauphiné, à Sassenage (Vill.);
à la grande Chartreuse (Plum.); en Savoie, au Mole, près
Genève; dans les Vosges, au Ballon et au champ de Feu; à
Madres, près Narbonne; à Vinadio, Valderio, Fenestrelles et
Limone en Piémont (All.); dans le Jura, près de la Brévine
(Hall.); dans le Lyonnois et le Forez (Latourr.). Elle a une
odeur agréable qui a quelque rapport avec celle de l'anis.

3430. Cerfeuil penché. *Chœrophyllum temulum.*

Chœrophyllum temulum. Linn. spec. 370. Lam. Dict. 1. p. 684.
Jacq. Austr. t. 63. *Scandix temula.* Roth. Germ. 1. p. 122. —
Scandix nutans. Mœnch. Meth. 101. — Tabern. ic. 94.

Sa tige est haute de 6 décim., rameuse, enflée sous ses
articulations, velue et un peu rude au toucher; ses feuilles sont
deux fois ailées, velues sur les deux surfaces, et leurs folioles
sont élargies, incisées, et à découpures obtuses; les ombelles
sont lâches, penchées avant l'épanouissement des fleurs et composées de six à dix rayons; les fleurs du centre de chaque ombelle partielle sont sujettes à avorter; les fruits sont oblongs, lisses,
un peu striés. ♂. On trouve cette plante dans les haies et les
lieux incultes.

3451. Cerfeuil cultivé. *Chærophyllum sativum.*

Chærophyllum sativum. Lam. Fl. fr. 3. p. 438. Dict. 1. p. 684.
— *Scandix cerefolium.* Linn. spec. 368. Jacq. Austr. t. 390. —
Chærophyllum cerefolium. Crantz. Austr. 191.

Sa tige est haute de 5-6 décim., rameuse et ordinairement glabre; ses feuilles sont tendres, deux ou trois fois ailées, et composées de folioles un peu élargies, courtes, et incisées ou pinnatifides; les ombelles sont latérales, sessiles, la plupart à quatre ou cinq rayons; les fleurs sont petites, blanches, et
les extérieures un peu irrégulières; les collerettes partielles sont
composées de deux ou trois folioles tournées du même côté :
les graines sont lisses, noires, longues de 12-15 millim. ☉. On
cultive cette plante dans les jardins potagers; elle est incisive,
apéritive, diurétique, emménagogue et résolutive.

DLXXVII. SCANDIX. *SCANDIX.*

Scandix. Gœrtn. Vill. — *Scandicis sp.* Linn.

Car. Le calice est entier; les pétales sont inégaux, échancrés; le fruit est finement strié, hérissé de quelques poils courts,
surmonté par une pointe en forme d'alène, trois fois au moins
plus longue que la graine.

Obs. Les fleurs sont blanches; la collerette générale manque :
les feuilles sont très-découpées.

3452. Scandix peigne de *Scandix pecten-Veneris.* Vénus.

Scandix pecten-Veneris. Linn. spec. 368. Gœrtn. Fruct. 2. p.
33. t. 85. f. 8. — *Pecten Veneris, α.* Lam. Fl. fr. 3. p. 437. —
Chærophyllum rostratum, α. Lam. Dict. 1. p. 685. — *Myrrhis pecten-Veneris.* All. Ped. n. 1376. — Cam. Epit. 304. ic.

Sa tige est haute de 5 décim., grèle, lisse et un peu rameuse;
ses feuilles sont finement découpées, vertes et quelquefois légèrement velues; ses fleurs sont petites, blanches, irrégulières,
et forment des ombelles peu garnies; il leur succède des fruits terminés chacun par une corne comprimée, très-longue, qui imite
une aiguille ou une dent de peigne; ces fruits sont hérissés de
petits poils rudes sur les côtes de la graine et sur les bords des
cornes; mais l'intervalle des côtes et le dos des cornes, est
lisse, glabre; ces cornes sont terminées par les deux styles qui
sont droits, jaunes et persistans. ☉. Cette plante est commune

dans les champs, parmi les blés. Elle porte les noms de *Peigne de Vénus*, *Cerfeuil à aiguillettes*, *Aiguille de berger*.

3433. Scandix du midi. *Scandix australis.*

Scandix australis. Linn. spec. 369. — *Chærophyllum rostratum*, β. Lam. Dict. 1. p. 685. — *Pecten Veneris*, β. Lam. Fl. fr. 3. p. 437. — *Myrrhis australis.* All. Ped. n. 1377. — *Chærophyllum australe.* Crantz. Umb. 76.

Cette espèce ressemble beaucoup à la précédente, avec laquelle elle a été réunie par plusieurs botanistes; elle en diffère par son port plus grêle, par ses feuilles moins nombreuses, et dont les découpures sont très-étroites; par ses fruits plus grêles, non comprimés et rudes sur toute leur surface; enfin par ses styles qui sont purpurins après la fleuraison. ⊙. Elle croit dans les lieux secs, montueux, stériles et exposés au soleil des provinces méridionales; à Nice (All.), en Provence; en Dauphiné; en Languedoc; à Boutonet près Montpellier (Gou.).

DLXXVIII. CORIANDRE. *CORIANDRUM.*

Coriandrum. Tourn. Linn. Juss. Lam. Gærtn.

CAR. Le calice est à cinq dents; les pétales sont courbés en cœur, plus grands sur les bords de l'ombelle; le fruit est sphérique ou à deux globules presque sphériques.

OBS. Les fleurs sont blanches; la collerette générale est nulle ou à une seule foliole.

3434. Coriandre cultivée. *Coriandrum sativum.*

Coriandrum sativum. Linn. spec. 367. Lam. Illustr. t. 196. f. 1. Dict. 2. p. 106. — *Coriandrum majus.* Gouan. Hort. 145. — Cam. Epit. 523. ic.

Sa tige est glabre, rameuse et haute de 6 décim., ou quelquefois davantage; ses feuilles inférieures sont deux fois ailées et composées de folioles assez larges, ovales ou arrondies, lobées et dentées dans leur contour : toutes les autres feuilles sont découpées très-menu; les fleurs sont blanches, et les extérieures sont grandes et irrégulières; l'ombelle est composée de cinq à huit rayons, et les semences sont globuleuses, chargées de stries légères. ⊙. Elle est assez commune aux environs de Paris; à Fleury près Orléans (Dub.); à Neuchâtel en Suisse; à Sciolze en Piémont (All.), etc. On la cultive dans quelques provinces pour recueillir sa graine.

3435. Coriandre à deux   *Coriandrum testiculatum.*
bosses.

Coriandrum testiculatum. Linn. spec. 367. Lam. Dict. 2. p. 106.
Illustr. t. 196. f. 2. — Pluk. t. 169. f. 2.

Sa tige est rameuse, cannelée, et ne s'élève que jusqu'à
5 décimètres; ses feuilles sont une ou deux fois ailées, et
leurs folioles sont toutes partagées en découpures étroites et
pointues; les ombelles sont petites, presque régulières et souvent
simples; les semences sont géminées, à deux bosses, un peu
ridées, mais sans stries. ☉. Elle croit dans les champs, parmi
les moissons, en Provence (Ger.); à Nice, à Oneille et dans la
vallée de Stafora (All.), aux environs de Dijon (Dur.)?

DLXXIX. ÉTHUSE.   *ÆTHUSA.*

Æthusa. Linn. Juss. Lam. Gœrtn. — *Cicutæ sp.* Tourn.

Car. Le calice est entier; les pétales sont inégaux, courbés en cœur; le fruit est ovoïde ou oblong, strié ou sillonné;
les collerettes particlles sont disposées d'un seul côté de l'ombelle et déjetées en bas.

Obs. Les fleurs sont blanches; les collerettes générales nulles
ou composées de une ou deux folioles.

3436. Éthuse ache-des-chiens. *Æthusa cynapium.*

Æthusa cynapium. Linn. spec. 367. Lam. Dict. 1. p. 47. Illustr.
t. 196. — *Coriandrum cynapium.* Crantz. Austr. 211. — J. Bauh.
Hist. 3. p. 2. p. 180. ic.

Sa tige est haute de 5 décimètres, rameuse, glabre et cannelée; ses feuilles sont toutes deux ou trois fois ailées, et leurs
folioles sont pointues et pinnatifides, ou profondément découpées. Ses fleurs sont blanches, et forment des ombelles planes,
très-garnies, et dépourvues de collerette générale. Cette plante
est commune dans les lieux cultivés. ☉. On l'emploie à l'extérieur comme calmante et résolutive; mais prise intérieurement,
elle est très-dangereuse. Elle porte le nom de *petite ciguë.*

3437. Éthuse bunius.   *Æthusa bunius.*

Æthusa bunius. Murr. Syst. Veg. 236. — *Carum bunius.* Linn.
Syst. Nat. 12. p. 733. Jacq. Hort. Vind. t. 198. — *Æthusa
montana.* Lam. Fl. fr. 3. p. 649. — *Seseli saxifragum.* Linn.
spec. 374. ex Gouan. — *Seseli bunius.* Vill. Dauph. 2. p. 588.
— *Meum heterophyllum.* Mœnch. Meth. 86. — Dalech. Lugd.
774. f. 2.

Sa tige est haute de 3 décim., menue, glabre, un peu foible

et rameuse ; ses feuilles inférieures sont deux fois ailées et ont leurs folioles un peu élargies, légèrement cunéiformes, incisées et pinnatifides ; celles de la tige ont des découpures étroites et linéaires : les fleurs sont blanches, régulières et disposées en ombelles médiocres, composées de huit ou dix rayons à peine longs de 5 centim. ; ces ombelles sont penchées dans leur jeunesse, et ont une collerette universelle de deux ou trois folioles linéaires, assez longues et inégales : les folioles des collerettes partielles sont fines comme des soies et longues de 5-6 millim. ♂, Linn ; ☉, All. On trouve cette plante dans les lieux pierreux des provinces méridionales ; aux Pyrénées, au val d'Ordesa sur le revers du mont Perdu ; sur le chemin de l'hermitage de Saint-Paul de Fenouilhèdes, entre Olette et Mont-Louis, près de Montfort (Gou.); en Piémont près Saorgio, Lucerame, Fenestrelle, en Tarentaise près Moutiers (All.); en Provence près Marseille ; en Dauphiné dans les champs, parmi les graviers ; aux isles du Drac, à Challemont et ailleurs près Grenoble (Vill.); au bord du lac de Genève (C. B.)?

DLXXX. CICUTAIRE.   *CICUTARIA.*

Cicutaria. Juss. Lam. — *Cicuta.* Linn. — *Angelicæ sp.* Tourn.

CAR. Le calice est entier ; les pétales sont ovales, entiers, courbés au sommet, presque égaux ; le fruit est ovoïde, sillonné ; chaque graine est convexe en dehors et munie de cinq petites côtes.

OBS. Les fleurs sont blanches ; la collerette générale est nulle ou à une foliole ; les collerettes partielles ont trois à cinq folioles quelquefois plus longues que les fleurs.

5458. Cicutaire aquatique.   *Cicutaria aquatica.*

Cicutaria aquatica. Lam. Fl. fr. 3. p. 445. Illustr. t. 195. f. 1. — *Cicuta virosa.* Linn. Mant. 355. — *Coriandrum cicuta.* Roth. Germ. 1. p. 130. — Lob. ic. t. 208. f. 2.

Sa tige est haute de 5-6 décim., cylindrique, fistuleuse et rameuse ; ses feuilles sont grandes, deux ou trois fois ailées et composées de folioles lancéolées, un peu étroites, pointues et dentées en scie ; les fleurs sont blanches, presque régulières et disposées en ombelles lâches ; la collerette universelle est nulle ou à une seule foliole, et la partielle est composée de plusieurs folioles qui débordent les ombelles partielles. ♃. On trouve cette plante sur le bord des étangs et des fossés aquatiques ; elle est un poison très-dangereux.

DLXXXI. ŒNANTHE.   *ŒNANTHE.*

Œnanthe. Lam. — *Œnanthe et Phellandrium.* Linn. Juss. Gærtn.

Car. Le calice est à cinq dents fines, persistantes; les pétales sont courbés en cœur, égaux dans les fleurs du centre de l'ombelle; ceux du bord sont grands et irréguliers; le fruit est oblong ou ovoïde, surmonté par les dents du calice, sillonné longitudinalement.

Obs. Les fleurs sont blanches; les ombelles sont composées d'un petit nombre de rayons à collerette-générale nulle, ou composée de une à deux folioles; les ombelles partielles sont globuleuses. Les œnanthes sont la plupart des herbes aquatiques, vénéneuses, à feuilles simplement ailées et à racines en faisceau.

5439. Œnanthe phellandre. *Œnanthe phellandrium.*

Œnanthe phellandrium. Lam. Fl. fr. 3. p. 432.—*Œnanthe aquatica.* Lam. Dict. 4. p. 530. — *Phellandrium aquaticum.* Linn. spec. 366. — *Ligusticum phellandrium.* Crantz. Austr. 200. — Lob. ic. 735. f. 1.

Sa tige est haute de 6–9 décim., très-épaisse, creuse, cannelée et rameuse; ses feuilles sont fort amples, trois fois ailées, vertes, glabres, à pinnules écartées et à folioles extrêmement petites; les pinnules ou principales ramifications des feuilles, sont souvent relevées de chaque côté, et font paroître les feuilles un peu pliées dans leur longueur; les fleurs sont petites, et leurs ombelles sont portées sur de courts pédoncules; la collerette universelle est nulle; les partielles sont formées par six à sept folioles aiguës, de la longueur des fleurs. ♃. On trouve cette plante sur le bord des étangs et dans les fossés aquatiques; elle est très-venimeuse. On la croit utile contre le schirre, le cancer et la gangrène.

5440. Œnanthe fistuleuse.   *Œnanthe fistulosa.*

Œnanthe fistulosa. Linn. spec. 365. Lam. Dict. 4. p. 527. Illustr. t. 203. f. 1. — Cam. Epit. p. 611. fig. exter.
β. *Foliis omnibus cuneiformibus trilobis.*

Cette espèce est très-remarquable par ses feuilles dont les pétioles sont fistuleux; sa racine est rampante, un peu tuberculeuse à son origine; sa tige est cylindrique, lisse, striée, fistuleuse et haute de 5 décim.; ses feuilles sont alongées, deux fois ailées et à découpures petites et pointues; les supérieures ont des folioles linéaires : les fleurs sont blanches et forment une ombelle composée ordinairement de trois rayons qui soutiennent chacun une ombelle partielle très-ramassée , mais plane ; la collerette universelle manque très-souvent ou n'a qu'une seule foliole : les fruits , à leur maturité, forment une tête globuleuse et hérissée ; chacun d'eux est ovoïde , cylindrique , couronné par les cinq dents du calice et par les deux styles droits et persistans. ♃. Cette plante est commune dans les marais. La var. β , qui a été trouvée aux environs de Villiers dans le Marquenterre , est peut-être une espèce nouvelle : elle a toutes ses folioles courtes , larges, en forme de coin et divisées en trois lobes , c'est-à-dire semblables aux feuilles primordiales de l'œnanthe fistuleuse; son ombelle générale est à trois rayons et munie d'une collerette à une feuille ; ses fruits sont assez gros , presque en forme de toupie; la tige paroit foible et ascendante.

3441. Œnanthe globuleuse. *Œnanthe globulosa.*

Œnanthe globulosa. Linn. spec. 365. Gou. Illustr. p. 18. t. 9. Lam. Dict. 4. p. 528.

Sa racine est en forme de navet, vivace, rameuse (Gou.); sa tige s'élève jusqu'à 3-4 décim.; elle est presque cylindrique , peu branchue, glabre ainsi que le reste de la plante ; les feuilles inférieures sont deux fois et les supérieures une fois ailées; toutes ont des folioles linéaires , entières , alongées et ressemblent à celles de l'œnanthe peucédane : l'ombelle est à cinq ou six rayons striés; la collerette générale est nulle ou composée d'une seule foliole; les ombelles partielles sont serrées et arrondies , entourées d'une collerette à huit ou dix folioles un peu plus longues que les fleurs : les fruits forment une tête globuleuse; chacun d'eux est ventru , ovoïde , marqué de dix sillons peu profonds , d'ailleurs lisse sur la surface, couronné par les deux styles et par les cinq dents du calice qui sont à peine visibles. ♃. Cette plante croît dans les étangs; j'en ai reçu un échantillon de M. Broussonet qui l'avoit recueilli en Languedoc.

3442. Œnanthe peucédane. *Œnanthe peucedani-*
folia.

Œnanthe peucedanifolia. Poll. Pal. n. 192. f. 3. — *Œnanthe peucedanoides.* Roth. Beytr. 1. p. 19. — *Œnanthe filipendu-loides.* Thuil. Fl. paris. II. 1. p. 146. — *Œnanthe patens.* Mœnch. Meth. 91. — Dalech. Lugd. 773. f. 2.

Sa racine est composée de cinq à huit tubercules elliptiques,

sessiles et serrés ; sa tige est droite, ferme, striée, un peu
anguleuse, haute de 5-6 décim., glabre ainsi que le reste de la
plante ; les feuilles radicales sont deux fois et celles de la tige
une fois pennées ; toutes ont des folioles linéaires, alongées et
pointues : l'ombelle est composée de six à huit rayons, dépourvue de collerette ou n'ayant que une ou deux folioles avortées ;
les ombelles partielles sont planes, très-serrées : les fleurs sont
blanches ; celles du bord souvent rougeâtres et plus développées :
les collerettes partielles sont composées de neuf à dix folioles
lancéolées, dont les bords sont membraneux et blanchâtres ; les
fruits sont alongés, cylindriques, couronnés par les dents du
calice qui sont inégales entre elles. ♃. Elle croît dans les marais
et les fossés aquatiques ; elle a été trouvée dans les environs de
Paris, aux prés d'Issy vers les Moulineaux, par M. Thuillier ;
en Alsace (Nestl.) ; aux environs de Lauteren et de Cusel (Poll.) ;
aux marais de Choulez et de Suinet près Genève (Hall.) ; en
Savoie (All.) ; aux environs de Grenoble (Vill.) ?

3443. Œnanthe pim-   *Œnanthe pimpinelloides.*
prenelle.

> *Œnanthe pimpinelloides.* Linn. spec. 366. Jacq. Austr. t. 394.
> Lam. Dict. 4. p. 528. — J. Bauh. Hist. 3. p. 2. p. 191. f. 2.
>
> β. *Œnanthe chœrophylloides.* Pourr. Act. Toul. 3. p. 323. —
> Cam. Epit. 610. f. 111.

Sa racine est composée de quelques tubercules grêles, alongés, entremêlés de fibres ; sa tige est cannelée, glabre, fistuleuse et s'élève jusqu'à 6 décim. ; ses feuilles radicales sont deux
ou trois fois ailées et composées de folioles un peu cunéiformes,
incisées et assez semblables à celles du persil ; celles de la tige
sont distantes, et leurs folioles ou découpures sont plus étroites,
plus alongées et moins nombreuses : l'ombelle est composée de
six à douze rayons ; la collerette générale est composée de cinq
à six folioles linéaires. ♃. On trouve cette plante dans les prés
marécageux. La variété β, qui est peut-être une espèce distincte, diffère de la précédente, 1°. par ses feuilles inférieures
dont les folioles sont arrondies, à-peu-près en forme de coin
et semblables en petit à celles de l'œnanthe à suc jaune ; 2°. par
ses racines composées de fibres menues, dures, cylindriques,
qui se renflent subitement dans le milieu de leur longueur, pour
former un tubercule ovoïde ou anguleux, très-bien représenté

dans la figure citée de Camerarius. Elle a été trouvée à Donos et à Fontlaurier près Narbonne, par M. Pourret; dans les environs de Barrèges, par M. Ramond.

5444. Œnanthe à suc jaune. *Œnanthe crocata.*

Œnanthe crocata. Linn. spec. 365. Lam. Dict. 4. p. 527. Jacq. Hort. Vind. t. 55. — Moris. s. 9. t. 7. f. 2.

Sa racine est composée de tubérosités sessiles et oblongues; sa tige est haute de 6 décim., cannelée, rameuse, d'un verd roussâtre, pleine d'un suc jaunâtre et fluide; ses feuilles sont deux fois ailées, à folioles sessiles, en forme de coin ou de delta, toutes incisées vers le sommet; les ombelles sont terminales, hémisphériques, à dix ou douze rayons; la collerette générale est composée de plusieurs folioles alongées; les fleurs sont blanches, nombreuses; le fruit est oblong, terminé par les styles droits et persistans. ♃. Cette plante croît au bord des fleuves et des étangs, en Belgique (Lest.); aux environs d'Anvers (Rouc.); de Paris (Thuil.); de Bayeux en Normandie; de Nantes (Bon.); de Dax (Thor.); au pont de Beauvoisin en Dauphiné (Vill.); au lac de Saint-Michel près Ivrée (All.). Son herbe et sur-tout sa racine, sont très-fortement venéneuses. Elle est connue à Nantes sous le nom de *pensacre*, et on l'emploie à faire mourir les taupes (Bon.).

DLXXXII. BUBON. *BUBON.*

Bubon. Linn. Juss. Lam. Gœrtn. — *Apii et Ferulæ sp.* Tourn.

Car. Le calice est presque entier; les pétales sont lancéolés, courbés au sommet, presque égaux : le fruit est ovale, strié, velu.

Obs. Les fleurs sont blanchâtres; la collerette générale est à cinq folioles; la collerette partielle est à plusieurs folioles.

5445. Bubon de Macédoine. *Bubon Macedonicum.*

Bubon Macedonicum. Linn. spec. 364. Lam. Dict. 1. p. 498. Illustr. t. 194. — Lob. ic. t. 708. f. 1.

Plante herbacée, haute de 5-8 décim., pubescente, droite, à tige cylindrique, à rameaux nombreux, à feuilles assez semblables à celles du persil; ces feuilles sont trois fois pennées; leurs pétioles sont pubescens, presque cylindriques; les folioles sont ovales-rhomboïdales, bordées de dents aiguës, quelquefois incisées: les fleurs sont petites, blanchâtres, nombreuses, disposées en ombelles peu considérables, dont la réunion forme une espèce de panicule pubescente et blanchâtre; les feuilles des rameaux floraux sont rétrécies en un long pétiole, et ont le limbe à trois lobes profonds et ordinairement entiers. ♂. Elle croit dans les prairies sèches, près de Nice (All.) On la cultive dans plusieurs jardins, sous le nom de *Persil de Ma-cédoine.*

DLXXXIII. BERLE. *SIUM.*

Sium. Lam. Gœrtn. — *Sium et Sison.* Linn. Juss. — *Sium et Sisarum.* Tourn.

CAR. Le calice est presque entier; les pétales sont lancéolés ou en cœur, un peu courbés à leur sommet; le fruit est ovoïde ou oblong, glabre, strié.

OBS. Les fleurs sont blanches; les ombelles sont, en géné-ral, composées d'un petit nombre de rayons, souvent laté-rales; leurs collerettes ont depuis quatre à dix folioles; les feuilles sont simplement ailées et non décomposées; les racines de plusieurs espèces sont des fibres épaisses et en faisceau. Dans quelques berles le fruit est couronné par les dents du calice.

§. Ier. *Pétales échancrés en cœur au sommet (Sium, Linn.).*

3446. Berle à larges feuilles. *Sium latifolium.*

Sium latifolium. Linn. spec. 361. Jacq. Austr. t. 66. Lam. Dict. 1. p. 404. — *Coriandrum latifolium.* Crantz. Austr. 212. — Dod. Pempt. 589.

Sa tige est haute de 6 décimètres, cylindrique et rameuse; ses feuilles sont composées de folioles longues, étroites, den-tées, glabres, un peu dures, et souvent partagées en plusieurs lanières, sur-tout la terminale, qui est communément trifide, et dont les lanières latérales sont confluentes; les fleurs sont blanches, les ombelles sont amples et bien garnies; la colle-rette générale est à cinq à six folioles linéaires, souvent inci-sées. ♃. On trouve cette plante le long des haies, en Alsace, en Savoie, en Dauphiné, en Provence, etc.

3447. Berle à feuilles étroites. *Sium angustifolium.*

Sium angustifolium. Linn. spec. 1672. Jacq. Fl. Austr. t. 67. Lam. Dict. 1. p. 414. — *Sium erectum.* Huds. Angl. ed. 1. p. 103. — *Sium nodiflorum.* Fl. dan. t. 247. non Linn. — *Sium berula.* Gouan. Fl. monsp. 218. — *Apium sium.* Crantz. Austr. 215.

Sa tige est longue de cinq décimètres, rameuse, et ordi-nairement droite; ses feuilles inférieures sont composées de treize ou quinze folioles, ovales-oblongues, assez larges, dentées, un peu incisées, et lobées ou auriculées à leur base. Les supérieures sont beaucoup plus petites, et leurs folioles sont presque laciniées; les fleurs sont blanches; leurs ombelles sont pédonculées, composées de huit à douze rayons, et naissent dans les aisselles supérieures à l'opposition des feuilles; la collerette générale est à plusieurs folioles, déjetées en bas, souvent découpées. On trouve cette plante dans les ruisseaux et les fossés aquatiques.

5448. Berle à ombelles sessiles.   *Sium nodiflorum.*

Sium nodiflorum. Linn. spec. 361. Lam. Dict. 1. p. 405. Woodw. Med. Bot. 3. p. 494. t. 182. — *Seseli nodiflorum.* Scop. Carn. ed. 2. n. 353.
β. *Nanum.*

Ses tiges sont longues, souvent couchées, feuillées et rameuses; ses feuilles sont ailées, composées de cinq ou sept folioles ovales-lancéolées, pointues et dentées en scie; les fleurs sont blanches; leurs ombelles n'ont que six ou huit rayons, et naissent à l'opposition des feuilles, portées sur des pédoncules longs de 5-9 millim. La collerette universelle manque presque toujours. La variété β n'a pas 1 décim. de hauteur. **On** trouve cette plante dans les ruisseaux et sur le bord des rivières. ♃.

5449. Berle rampante.   *Sium repens.*

Sium repens. Linn. F. suppl. 181. Jacq. Austr. 3. t. 260.
β. *Ochreatum.* — *Caule ramoso, foliolis sublanceolatis, involucro diphyllo.*

Sa tige est grêle, couchée sur la terre à laquelle elle est fixée par des racines qui partent au-dessous de chaque feuille; elle est glabre ainsi que le reste de la plante; les feuilles sont ailées avec une foliole impaire ordinairement à trois lobes; les autres folioles sont au nombre de huit, opposées deux à deux, arrondies, dentées, incisées ou même lobées, d'une consistance mince, et un peu veinées; les ombelles sont pédonculées, opposées aux feuilles, composées de cinq ou six rayons un peu divergens; la collerette est de quatre à six folioles ovales déjetées en bas; le fruit est arrondi, comprimé, cannelé. ♃. Cette plante croît sur le bord des étangs et dans les lieux tourbeux et inondés aux marais de Saint-Gratien et de Neuilly-sur-Marne, près Paris; dans le Lyonnois et le Dauphiné

(Latourr.); en Alsace (Nestl.); aux marais de Saint-Gilles, près Abbeville (Bouch.); aux environs de Dax (Thor.), de Caen (Rouss.). La variété β tend à réunir cette espèce avec la précédente; elle a la tige rampante, les ombelles pédonculées et la foliole terminale à trois lobes, comme la berle rampante; mais elle s'approche de la berle à ombelles sessiles par ses folioles presque lancéolées, par la dilatation membraneuse qui se forme à la base des pétioles, par la consistance de ses feuilles, et enfin par sa collerette qui n'est qu'à deux folioles, et qui manque quelquefois. Seroit-ce une espèce distincte? On la trouve aux Brotteaux, près Lyon, etc.

345o. Berle chervi.   *Sium sisarum.*

Sium sisarum. Linn. spec. 361. Lam. Dict. 1. p. 4o5. — Lob. ic. 7 io. f. 1.

Sa racine est composée de six à sept tubercules alongés, blancs, tendres et bons à manger; sa tige est droite, haute de 6-8 décim.; ses feuilles sont ailées, à cinq ou sept folioles lancéolées, dentées en scie; l'ombelle est à neuf ou douze rayons; la collerette générale à six ou sept folioles linéaires déjetées en bas. ♃. Le chervi est cultivé dans un grand nombre de jardins, comme plante potagère. On présume qu'il est indigène de la Chine : mais son introduction en Europe est bien ancienne; car au rapport de Pline, Tibère exigeoit des Germains un tribut annuel de chervi.

3451. Berle faucille.   *Sium falcaria.*

Sium falcaria. Linn. spec. 362. Lam. Dict. 1. p. 4o6. — *Seseli falcaria.* Crantz. Austr. 208. — *Sium falcatum.* Dub. Orl. 442. — Lob. ic. 2. t. 2 f. f. 1.

Sa tige est haute de 6 décimètres, cylindrique et rameuse; ses feuilles sont composées de folioles longues, étroites, dentées, glabres, un peu dures, et souvent partagées en plusieurs lanières, sur-tout la terminale, qui est communément trifide, et dont les lanières latérales sont confluentes; les fleurs sont blanches, les ombelles sont amples et bien garnies; la collerette générale est à cinq ou six folioles étalées fines comme des soies. ♃. Elle croit au bord des haies et le long des champs; aux environs de Paris, entre Arcueil et le Bourg-la-Reine; en Flandre (Lin.); en Bourgogne (Dur.); à Saint-Gabriel et l'Expert près Orléans (Dub.); aux Baux; à Valence, au Buis, à Ferneyer près Veynes en Dauphiné (Vill.); en Alsace (Mapp.);

près de Basle (Hall.); en Lorraine , entre Hatton et Nomeny,
Clevant et Bouxières-aux-Dames (Buch) ; en Auvergne (Delarb.);
à Beauvoir-sur-Mer et à Charon près Luçon (Bou.); en Piémont
près Candiole et aux environs de Nice (All.); aux environs d'Aix
en Provence (Gar.); à Alais, et Usez en Languedoc (Gou.).

3452. Berle verticillée.   *Sium verticillatum.*

Sison verticillatum. Linn. spec. 363. Lightf. Scot. t. 35. — *Sium
verticillatum.* Lam. Fl. fr. 3. p. 460. Dict. 1. p. 407. — Dalech.
Ludg. 718. ic.

Sa racine est composée de plusieurs tubercules ; sa tige est
cylindrique , peu rameuse , droite , haute de 3-4 décim. , assez
semblable à celle des œnanthes ; ses feuilles radicales sont ailées , à folioles très - nombreuses , réellement opposées , mais
partagées jusqu'à la base en plusieurs lobes linéaires et un peu
divergens , qui paroissent être autant de folioles verticillées ;
les feuilles de la tige sont peu nombreuses et leurs folioles ne
sont divisées qu'en deux ou trois lobes ; les ombelles sont terminales, à dix ou douze rayons ; la collerette générale est composée de cinq ou six folioles courtes et ovales ; les partielles ont
un plus grand nombre de folioles ; les pétales sont courbés en
forme de cœur ; le fruit est ovale , comprimé, non couronné
par les dents du calice ; le disque et les stigmates deviennent
souvent rougeâtres après la fleuraison. ♃. Elle croît dans les
prairies humides ; à Forges près Abbeville (Bouch.) ; à Saint-Hu-
bert, Saint-Léger et Rambouillet près Paris ; dans les bois de la
Sologne (Dub.) ; à Nantes (Bou) ; au Puy-de-Dôme, au mont
d'Or et au Cantal (Delarb.) ; en Bourgogne (Dur.) ; aux environs de Sorrèze ; dans le Forez (Latourr.) ; au pont de Beauvoisin , à la Tour-du-Pin (Vill.) ; dans les montagnes de Provence
(Gér.) ; à Montauban (Gat.).

§. II. *Pétales lancéolés (Sison , Linn.).*

3453. Berle intermédiaire.   *Sium intermedium.*

Sison verticillato-inundatum. Thore. Chlor. Land. 101.

Cette espèce a le port de la berle inondée, et s'approche,
par ses caractères, de la berle verticillée ; sa racine est composée de plusieurs fibres, presque simples, qui partent toutes du
collet ; sa tige est grèle, foible, conchée ou appuyée sur les
plantes voisines, herbacée, longue de 1-2 décimètres , une ou

rarement deux fois bifurquée, glabre, ainsi que le reste de la
plante ; les feuilles radicales sont presque aussi longues que la
tige ; leur pétiole est nu pendant les trois quarts de sa longueur, et porte vers son sommet huit ou dix paires de petites
folioles opposées, la plupart profondes, divisées en trois lobes
linéaires, de sorte qu'elles paroissent un peu verticillées ; les
feuilles de la tige sont en petit nombre, et beaucoup plus
courtes ; l'ombelle générale est à quatre, cinq ou six rayons un
peu inégaux : sa collerette est de quatre ou six folioles lancéolées et assez courtes ; les collerettes partielles sont à cinq
folioles ; les fleurs sont blanches, assez semblables à celles de
la berle inondée. ? Cette plante croît sur les bords des mares
herbeuses et à demi couvertes d'eau. Elle a été découverte aux
environs de Dax par M. Thore, qui m'en a envoyé des échantillons.

5454. Berle inondée. *Sium inundatum.*

Sium inundatum. Lam. Fl. fr. 3. p. 46o. Dict. 1. p. 4o7.—*Sison
inundatum.* Linn. spec. 363. Fl. dan. t. 89. — Pluk. t. 61. f. 3.

Cette espèce est fort petite ; sa tige est rampante ; ses feuilles
inférieures sont partagées en découpures capillaires, et les
supérieures qui sont communément hors de l'eau, sont ailées
et composées de cinq folioles fort petites, élargies, et dentées
ou trifides à leur sommet ; les ombelles sont axillaires, pédonculées, et n'ont souvent que deux ou trois rayons ; les ombelles
partielles sont très-petites. ♃. Lam. ♂. All. ☉. Lin. On trouve
cette plante à Fontainebleau dans les mares de la forêt ; à Saint-
Léger, en face du moulin des Planets (Thuil.) ; en Belgique
(Lest.) ; dans les fossés des Landes entre Gand et Bruges,
Anvers et Breda (Rouç.) ; à Saint-Denis en Val près Orléans
(Dub.) ; au marais de Saint-Giles près Abbeville (Bouch.) ;
dans les marais de l'Archamp près Caen (Rouss.) ; en Bourgogne
(Dur.) ; en Piémont près la rocca di Cario (All.) ; en Au-
vergne (Delarb.) ; en Bresse (Latourr.) ; à Nantes (Bon.).

5455. Berle des blés. *Sium segetum.*

Sium segetum. Lam. Fl. fr. 3. p. 458. Dict. 1. p. 4o6. — *Sison
segetum.* Linn. spec. 362. Jacq. Hort. Vind. t. 134.

Sa tige est droite, grêle, rameuse, et haute de 2-3 décimètres ; ses feuilles inférieures sont longues, composées de
folioles nombreuses, petites, arrondies dans le bas de la plante,
ovales, pointues, dentées et quelquefois un peu incisées ; les

ombelles sont terminales, plus ou moins droites, et n'ont que deux ou trois rayons inégaux ; les ombelles partielles sont penchées et composées de deux ou trois fleurs blanches et régulières ; la collerette générale est à deux folioles lancéolées ; le fruit est ovale-oblong, marqué de côtes longitudinales. ♂. On trouve cette plante dans les champs un peu humides, aux environs de Paris ; de Péronne (Bouch.) ; à Boigny et Saran près Orléans (Dub.) ; le long des haies dans la Provence méridionale près Ramatuelle (Gér.)? en Bourgogne (Dur.) ; en Auvergne (Delarb.) ; à Montauban (Gat.) ; à Nantes (Bon.).

3456. Berle amome.   *Sium amomum.*

Sium amomum. Roth. Germ. II. p. 336. — *Sison amomum.* Linn. spec. 362. — *Sium aromaticum.* Lam. Fl. fr. 3. p. 458. Dict. 1. p. 405. — *Seseli amomum.* Scop. Carn. ed. 2. n. 355. — *Cicuta amomum.* Crantz. Austr. 96. — *Smyrnium heterophyllum.* Mœnch. Meth. 97. — Barr. ic. t. 1190.

Sa tige est grêle, droite, un peu rameuse, et s'élève jusqu'à 5 décimètres ; ses feuilles sont ailées, et composées de cinq ou sept folioles ovales – lancéolées, pointues et bordées de dentelures assez fines : les folioles des feuilles supérieures sont quelquefois un peu incisées ; les ombelles sont petites, et n'ont que quatre à six rayons. ♂. Elle croît dans les terreins humides et glaiseux, le long des haies, aux environs de Paris ; de Genève ; de Nice, de Casal et de Tortone (All.) ; de Grenoble (Vill.) ; de Montpellier (Gou.) ; à Saint - Vincent et à Fleury près Orléans (Dub.) ; à Cap-de-Ville près Montauban (Gat.) ; ses racines et ses semences sont carminatives, diurétiques, et exhalent une odeur qui approche de celle de l'amome cardamome, mais qui est plus désagréable.

DLXXXIV. ANGÉLIQUE.   *A N G E L I C A.*

Angelica. Lam. — *Angelica sp.* Tourn. Linn. Juss

Car. Le calice est presque à cinq dents ; les pétales sont lancéolés, courbés au sommet ; le fruit est arrondi ou ovoïde, anguleux, glabre ; chaque graine est creusée sur la face interne d'une strie longitudinale, et porte en dehors cinq côtes, dont trois dorsales et deux latérales plus larges.

Obs. Les fleurs sont blanches, disposées en grandes ombelles ; la collerette générale est à trois ou cinq folioles. Nous renvoyons, d'après l'exemple de Lamarck, les espèces sans collerette générale au genre des impératoires ; les ombelles

partielles

partielles sont globuleuses, et leur collerette est à cinq ou huit folioles.

3457. Angélique archan- *Angelica archangelica.*
gélique.

Angelica archangelica. Linn. spec. 36o. Lam. Dict. 1. p. 171. Fl. fr. 3. p. 451. excl. var. *b.* — *Angelica sativa.* Mill. Dict. n. 1. — *Angelica officinalis.* Mœnch. Meth. 81. — Garid. Aix. t. 55.

Sa racine est assez longue, grosse, brune, et pousse une tige creuse, branchue, un peu rougeâtre à sa base, et qui s'élève à la hauteur d'un mètre, ou quelquefois beaucoup davantage; ses feuilles sont grandes, deux fois ailées, et composées de folioles ovales-lancéolées, pointues, dentées en scie, et souvent lobées, sur-tout la terminale : les fleurs sont verdâtres; leur ombelle est fort grande et très-garnie. ⚄. Cette plante croît dans les montagnes aux environs de Turin (All.); en Provence (Gér.); au Ballon d'Alsace (Nestl.) On la cultive dans les jardins. Les jeunes tiges de cette plante confites au sucre, sont aromatiques et stomachiques.

3458. Angélique de Rasouls. *Angelica Rasoulsii.*

Angelica Razuli. Gou. Illustr. 13. t. 6. — *Angelica Razoulii.* Wild. spec. 1. p. 1429. — *Angelica sylvestris*, *β.* Vill. Dauph. 2. p. 628? — Bocc. Mus. t. 99.

Cette plante a le port de l'archangélique; sa racine est longue, épaisse; sa tige est lisse, peu rameuse, haute d'un mètre; ses feuilles sont grandes, assez semblables à celles du sureau, trois fois ailées, à folioles lancéolées, alongées, pointues, dentées en scie, décurrentes le long du pétiole, et un peu réunies par leur base; la tige, les feuilles et les rayons de l'ombelle sont très-légèrement pubescens; les ombelles sont grandes, hémisphériques, et ont cinquante ou soixante rayons inégaux, dont quelques-uns paroissent porter seulement des fleurs femelles; la collerette générale est composée de une à six folioles fines et avortées; les collerettes partielles ont quatre ou six folioles très-menues; les corolles sont pourpres avant l'épanouissement, et ensuite blanches; le fruit est pubescent, ovale-oblong, à trois côtes dorsales. ⚄. Elle a été trouvée dans les Pyrénées, par M. Rasouls, au mont Laurenti, sur le côté gauche au-dessous de l'étang (Gou.); par M. Ramond, dans les prairies voisines de Bagnères; en

Dauphiné, au collet allant à Charmanson près la grande Chartreuse (Vill.)? en Piémont, dans les prés du haut Grassoney,
et à Viu, au-delà de la Stura (All.).

**3459. Angélique à feuilles   *Angelica aquilegifolia.*
d'ancolie.**

Angelica aquilegifolia. Lam. Fl. fr. 3. p. 452. Dict. 1. p. 173.—
Laserpitium trilobum. Linn. spec. 357. — Pluk. t. 223. f. 7.

Sa tige est cylindrique, striée, légèrement rameuse, et
haute de 6 décimètres; ses feuilles ont leur pétiole divisé en
trois parties, qui soutiennent chacune trois folioles arrondies,
lobées, incisées, et d'un verd glauque en dessous; les fleurs
sont blanches, et leur ombelle est lâche, mais fort ample;
l'ombelle générale est à quinze ou vingt rayons, et sa collerette est tantôt nulle, tantôt composée de une à deux folioles
membraneuses; les collerettes partielles offrent de même deux
folioles courtes, larges et obtuses; les fruits sont oblongs, so-
lides, striés sur le dos, nullement chargés d'ailes ou de feuillets
membraneux. ♃. On trouve cette plante dans les pâturages des
montagnes en Provence (Gér).

3460. Angélique livèche.   *Angelica levisticum.*

Angelica levisticum. All. Ped. n. 1309. — *Ligusticum levisticum.* Linn. spec. 359. — *Angelica paludapifolia.* Lam. Dict.
1. p. 173.

Sa tige est haute d'un mètre et demi, cylindrique, glabre et
un peu rameuse; ses feuilles sont grandes, deux ou trois fois
ailées, et composées de folioles planes, lisses, luisantes, cunéiformes, incisées ou lobées vers leur sommet, et entières dans
leur moitié inférieure; les fleurs sont terminales, et disposées
en ombelle d'une grandeur médiocre. ♃. Cette plante croît
naturellement dans les prairies des montagnes, en Provence
(Gér.); entre Gênes et Savone (Lob.); à l'Esperou-Lalouzère près
Montpellier (Gou.); à Rosans dans le Champsaur (Vill.); elle est
cultivée dans un grand nombre de lieux, et s'est peut-être naturalisée autour des habitations; les feuilles et les jeunes pousses
servent d'aliment comme le céleri. Toute la plante est aromatique, chaude, carminative, et passe pour un puissant emménagogue. On la nomme vulgairement *ache de montagne.*

DLXXXV. LIVÈCHE.   *LIGUSTICUM.*

Ligusticum. Lam. — *Ligustici sp.* Tourn. Linn. Juss. Gærtn.

Car. Le calice est presque entier; les pétales sont entiers, courbés en demi-cercle; le fruit est oblong, glabre, relevé sur chaque graine de cinq côtes épaisses et saillantes.

Obs. Les fleurs sont blanches, disposées en grandes ombelles; la collerette générale est à plusieurs folioles. Ce genre ne diffère des angéliques que par ses fruits plus longs et plus étroits.

3461. Livêche du Pélo- *Ligusticum Peloponense.*
ponèse.

Ligusticum Peloponense. Linn. spec. 360. Lam. Dict. 3. p. 576.
— *Ligusticum cicutarium.* Lam. Fl. fr. 3. p. 453. — *Ligusticum Peloponesiacum.* All. Ped. n. 1322. — Cam. Epit. 514. ic.

Sa tige est haute d'un mètre et demi, très-grosse, cannelée, creuse et rameuse; ses feuilles sont extrêmement grandes, très-découpées, surcomposées et à folioles longues-lancéolées, pointues et demi-pennées ou à découpures confluentes, élargies par leur base et non divergentes; l'ombelle est fort ample, et les folioles de la collerette sont élargies et membraneuses. ♃. Elle croît dans les Alpes de la Provence près Colmars (Gér.); aux environs de Barcelonnette (Vill.); en Piémont près Sospello, la Giandola (All.) et Viù (Bell.).

3462. Livêche d'Autriche. *Ligusticum Austriacum.*

Ligusticum Austriacum. Linn. spec. 360. All. Pedem. n. 1323. t. 43. Lam. Dict. 3. p. 576. — *Ligusticum Gmelini.* Vill. Dauph. 2. p. 610. t. 13. bis. — Clus. Hist. 2. p. 193. f. 1.

Sa racine est grosse, peu branchue, garnie vers le collet de fibres qui sont les débris des anciens pétioles; la tige est droite, ferme, ordinairement simple, très-feuillée et haute d'un mètre; les feuilles sont glabres, d'un verd foncé; les radicales sont grandes, pétiolées; leur pétiole se divise en trois branches, dont chacune porte trois folioles sessiles, pinnatifides, à lobes divergens, incisés et décurrens le long de la nervure longitudinale; les feuilles supérieures sont plus petites, presque sessiles et divisées à-peu-près de la même manière; l'ombelle est terminale, blanchâtre, très-grande, à trente ou quarante rayons; la collerette générale est à huit ou seize folioles linéaires, étalées, quelquefois incisées au sommet; les collerettes partielles ont huit ou dix folioles linéaires égales à la longueur des fleurs. ♂. Elle croît le long des eaux, sous les rochers et dans les bas-fonds des montagnes; en Provence (Gér.); au Valbonnais et au Désert en Dauphiné (Vill.); au mont Cenis, dans les Alpes de Viu, de Lance, de Fenestrelles en Piémont, et assez abondamment dans la Savoie (All.).

3463. Livèche à feuilles de *Ligusticum apioides.*
　　　persil.

> *Ligusticum apioides.* Lam. Dict. 3. p. 577. — *Ligusticum cicu-*
> *taefolium.* Vill. Dauph. 2. p. 612. t. 15. — *Ligusticum Lobelii.*
> Vill. Prosp. 24. excl. syn.

Cette espèce a le port des sélins; sa racine est dure, branchue; sa tige est glabre, ainsi que le reste de la plante, un peu sillonnée, haute de cinq à huit décim.; ses rameaux sont peu nombreux et divergens; les feuilles sont assez grandes, trois fois ailées; leurs folioles sont pinnatifides, à trois, cinq ou sept lobes linéaires, entiers ou trifurqués, traversés par une nervure longitudinale qui se prolonge au sommet en une petite pointe; les ombelles sont blanches, ouvertes, à vingt ou trente rayons, dépourvues de collerette générale; chaque ombelle partielle a une collerette de quatre ou cinq folioles linéaires; le fruit est ovoïde, cannelé. ♃. Cette plante croît dans les bois taillis exposés au midi, en Dauphiné près du Glandaz, au-dessus de Die, à Loubet, près des Baux (Vill.) et dans les forêts de Varses.

3464. Livèche férule. *Ligusticum ferulaceum.*

> *Ligusticum ferulaceum.* All. Ped. n. 1319. t. 60. f. 1. Lam. Fl. fr.
> 3. p. 453. excl. syn. — *Laserpitium dauricum.* Jacq. Hort. Vind.
> 3. t. 38. Willd. spec. 1. p. 1417. — *Ligusticum seguieri.* Vill.
> Dauph. 2. p. 615. excl. syn?

Cette plante a le port du laser velu, dont elle diffère, parce qu'elle est entièrement glabre, et du livèche des Pyrénées, dont on la distingue à cause de la grande collerette à plusieurs feuilles qui entoure son ombelle; elle se rapproche du laser simple, parce que les folioles de ses collerettes sont la plupart trifurquées ou pinnatifides; mais elle s'en distingue facilement par sa grandeur et par sa tige feuillée et rameuse. Elle s'élève à 1-3 décim.; sa tige est cylindrique, un peu cannelée, nullement tachée du moins dans mes échantillons; les feuilles sont deux fois ailées, à folioles petites, écartées, pinnatifides, divisées en lobes pointus; leur consistance est un peu charnue; les ombelles sont grandes, blanches, à quinze ou vingt rayons; les folioles des collerettes sont membraneuses sur les bords; on en trouve de simples, de trifurquées ou même de pinnatifides dans les collerettes générales et particielles. ♃. Elle croît dans

les Alpes de Piémont, à la Barricade près Vinadio (All.),
dans les montagnes de Seyne en Provence, où elle a été
trouvée par M. Clarion ; dans le Dauphiné , au Clausit proche
la Croix haute , où elle a été observée par M. Liottard.

5465. Livèche des Pyrénées. *Ligusticum Pyrenæum.*

Ligusticum Pyrenæum. Gou. Illustr. p. 14. t. 7. f. 2. Wild. spec.
1. p. 1426. — *Ligusticum seguieri.* Vill. Dauph. 2. p. 609 ? ex
syn. — *Ligusticum ferulaceum.* Lam. Fl fr. 3. p. 453. ex syn.—
Seseli aristatum. Ait. Kew. 1. p. 359. Wild. spec. 1. p. 1460.
— Seg. Ver. 41. t. 13.

Sa racine est rameuse ; sa tige est ferme, droite, cylindrique , haute de 8-16 décim. , divisée en rameaux opposés ou
verticillés , dont les inférieurs sont étalés ; les feuilles sont très-
grandes, trois fois ailées, à folioles pinnatifides , découpées en
cinq ou sept lobes linéaires, divergens, terminés par une petite
pointe ; ces feuilles sont glabres, d'un verd foncé ; celles du
haut de la tige sont verticillées comme les rameaux ; les ombelles sont blanches , très-grandes, nombreuses, et composées
de trente à cinquante rayons ; la collerette est nulle ou composée de une à deux folioles avortées et caduques ; les collerettes partielles ont six à douze folioles fines, entières, plus
courtes que les fleurs ; les fruits ont sur leur dos trois côtes
glabres et membraneuses. ♃. Cette plante croît dans les Pyrénées , sur les murs et les remparts de Mont-Louis et à Gavarni. Elle se retrouve dans les Alpes du Piémont et du Dauphiné (Vill.)?

5466. Livèche à feuilles   *Ligusticum tenuifolium.*
menues.

Ligusticum tenuifolium. Ramond. Pyren. ined.

Sa racine pousse plusieurs tiges hautes de 2-5 décim. , et un
grand nombre de feuilles qui ne dépassent guère 1 décim. de
hauteur : toute la plante est glabre et ne ressemble pas mal à
l'athamante de Mathiole ; les feuilles radicales sont composées
d'un pétiole à trois branches, dont chacune porte des folioles linéaires , trifides ou multifides , disposées en manière d'aile ; celles
de la tige ont un pétiole grêle , chargé de quatre à cinq folioles
linéaires : la tige est nue ou à peine feuillée , terminée par
une ombelle droite, à fleurs blanches, régulières, à huit ou
neuf rayons peu ouverts ; la collerette générale n'offre qu'une
foliole oblongue, scarieuse, caduque ; les partielles ont huit

ou neuf folioles linéaires, aiguës, à peine scarieuses sur les bords et un peu plus longues que les fleurs : les fruits sont oblongs, à six côtes ; c'est-à-dire que chacun porte trois côtes lisses, saillantes et deux sillons assez larges. ♃. Elle croît dans les fentes des rochers des hautes Pyrénées, à l'Hiéris, où elle a été découverte par M. Ramond.

3467. Livèche mutelline.   *Ligusticum mutellina.*

> *Ligusticum mutellina.* Crantz. Austr. p. 198. All. Ped. n. 1318. t. 60. f. 2. — *Phellandrium mutellina.* Linn. spec. 366. — *Æthusa mutellina.* Lam. Fl. fr. 3. p. 443. Dict. 1. p. 47. — *Œnanthe purpurea.* Lam. Dict. 4. p. 530. — *Seseli.* Hall. Helv. n. 763. — Cam. Epit. p. 8. ic.

Sa racine est très-aromatique, épaisse, oblique, noirâtre en dehors, entourée vers le collet de fibres qui sont les débris des anciens pétioles ; les feuilles radicales sont au nombre de cinq ou six, pétiolées, deux fois ailées, à folioles nombreuses, profondément découpées en lanières étroites et pointues ; la tige est cylindrique, lisse, haute de un à deux décim., simple et nue, excepté vers le sommet où elle porte une feuille découpée à pétiole large et membraneux ; la plante se termine par deux ombelles médiocres, d'un blanc un peu rougeâtre, l'une terminale, l'autre sortant de l'aisselle de la feuille supérieure ; la collerette générale est nulle ; les collerettes partielles ont quatre ou cinq folioles linéaires disposées du côté extérieur. ♃. Elle croît dans les prairies des hautes montagnes ; dans les Alpes de Savoie ; de Piémont ; de Dauphiné ; dans les monts d'Or.

3468. Livèche meum.   *Ligusticum meum.*

> *Ligusticum meum.* Crantz. Austr. 199. Lam. Dict. 3. p. 577. — *Athamantha meum.* Linn. spec. 355. — *Ligusticum capillaceum.* Lam. Fl. fr. 3. p. 454. — *Æthusa meum.* Murr. Syst. 237. — *Seseli meum.* Scop. Carn. 2. n. 352. — *Meum athamanticum.* Jacq. Austr. t. 303.

Sa tige est cannelée, un peu rameuse et s'élève ordinairement à la hauteur de 3 décim., mais sa grandeur varie de 5 centim. à 4 décim. ; ses feuilles sont deux ou trois fois ailées et remarquables par leurs folioles ou découpures très-nombreuses, courtes et capillaires : les gaines des pétioles sont dilatées et ventrues ; les feuilles sont glabres et d'un verd foncé ; les fleurs sont terminales ; la collerette universelle est quelquefois nulle, mais on la trouve plus souvent composée d'une à cinq folioles étroites ; les graines sont alongées, et les collerettes partielles sont composées

de plusieurs folioles linéaires , un peu plus longues que les rayons.
♃. Elle croît dans les pâturages des montagnes des Alpes , des
Pyrénées, des Vosges, de l'Auvergne, des Cévennes, etc.

DLXXXVI. DANAA.   *DANAA.*

Danaa. All. non Smith. — *Ligustici sp.* Wild.

Car. Ce genre diffère des livêches par son fruit ovoïde , à
deux lobes renflés, lisses et dépourvus de toutes côtes saillantes.

3469. Danaa à feuilles   *Danaa aquilegifolia.*
    d'ancolie.

Danaa aquilegifolia. All. Ped. n. 1392. t. 63. — *Ligusticum
aquilegifolium.* Wild. spec. 1. p. 1425. — Lob. ic. 786. f. 1.

La racine est composée de trois ou quatre grosses branches
peu fibreuses (All.); la plante entière est glabre et s'élève à
6-7 décim.; la tige est nue , droite , cylindrique , striée; les
feuilles radicales ont un long pétiole divisé en trois branches;
celles-ci sont une seconde fois trifurquées , et leurs rameaux
portent trois ou cinq folioles en forme de coin , trilobées et
dentées; les feuilles de la tige sont réduites à des gaînes avortées ; la collerette générale est à six folioles linéaires , courtes ,
acérées ; celle des ombelles partielles n'a que trois folioles : les
fleurs sont blanches; le fruit est à deux bosses ovoïdes , presque
globuleuses , lisses , dépourvues de côtes saillantes ; les graines
ne remplissent pas complettement leur enveloppe ; les styles sont
très-divergens et persistans. Cette plante se rapproche des livêches par le port , mais s'en éloigne par la structure de son
fruit. ♃. Elle croît sur les collines pierreuses des environs de
Turin et des basses Alpes du Piémont, d'où elle m'a été envoyée par M. Balbis.

DLXXXVII. LASER.   *LASERPITIUM.*

Laserpitium. Linn. Juss. Lam. Gœrtn.

Car. Le calice est presque entier; les pétales sont courbés au
sommet , échancrés , ouverts et presque égaux ; le fruit est ovale
ou oblong; les graines sont légèrement convexes en dehors ,
et relevées chacune de quatre ailes membraneuses dont les bords
sont souvent rongés.

Obs. Les fleurs sont blanches , disposées en ombelles grandes
et bien garnies ; les collerettes générales ou partielles sont composées de plusieurs folioles membraneuses.

5470. Laser à larges feuilles. *Laserpitium latifolium.*

Laserpitium latifolium. Linn. spec. 356. Lam. Dict. 3. p. 423. — *Laserpitium asperum.* Crantz. Austr. 179. — Lob. ic. t. 704. f. 2.

Sa tige est glabre, striée, rameuse, et s'élève jusqu'à 6 décimètres ; ses feuilles sont amples, divisées en trois parties qui soutiennent chacune trois ou cinq folioles assez larges, un peu fermes, glabres ou pubescentes en dessous, tronquées obliquement en cœur et dentées : les fleurs sont blanches et disposées en ombelle terminale fort large et très-ouverte. ♃. On trouve cette plante dans les lieux un peu secs des bois et des montagnes du Jura ; des Alpes ; à Fontainebleau sur la côte Champagne près Thomery (Thuil.) ; dans les bois de la Sologne au sud de Folleville (Dub.) ; en Bourgogne (Dur.) ; sur les montagnes de Custine et d'Apremont en Lorraine (Buch.) ; en Alsace (Nestl.) ; à Royac et ailleurs en Auvergne (Delarb.) ; dans le Bugey (Latourr.) ; dans le Champsaur et près Grenoble (Vill.).

5471. Laser de France. *Laserpitium Gallicum.*

Laserpitium Gallicum. Linn. spec. 537. Lam. Dict. 3. p. 424. — *Laserpitium trifurcatum,* α. Lam. Fl. fr. 3. p. 415. — *Laserpitium cuneatum.* Mœnch. Meth. 79. — Pluk. t. 198. f. 6.

Sa tige est haute de 5 décim., glabre, striée et un peu rameuse ; ses feuilles sont extrêmement amples, surcomposées, et trois ou quatre fois ailées ; leurs folioles sont nombreuses, petites, cunéiformes, la plupart trifides ou quinquéfides, pointues en leurs angles, lisses, glabres, un peu dures et d'un verd foncé : les fleurs sont blanches et terminales ; leur ombelle est très-garnie et un peu ramassée, et les semences qui leur succèdent ont leurs ailes très-ondulées et comme frisées. ♃. Il croît dans les lieux secs des montagnes des provinces méridionales ; en Provence (Gér.) ; aux environs de Marseille (J. Bauh.) ; au Monteignez et à Sainte-Victoire (Gar.) ; à Nice près du Paillon, entre Tende et l'Escarène ; à Demont près de la Stura (All.) ; en Languedoc près Montpellier ; à Lamalou, la Sérane, Saint-Guillin-le-Désert (Gou.) ; à Grenoble et dans tout le Dauphiné (Vill.).

5472. Laser de Prusse. *Laserpitium Prutenicum.*

Laserpitium Prutenicum. Linn. spec. 357. Lam. Dict. 3. p. 424. — *Laserpitium selinoides.* Crantz. Austr. 182. — *Laserpitium Gallicum.* Jacq. Vind. 48. — Breyn. cent. t. 48.

Sa racine est pivotante, dure, un peu noirâtre en dehors ;

sa tige est droite, simple, haute de 6-7 décim., hérissée de poils et garnie de feuilles dans le bas, glabre et presque nue vers le haut ; les feuilles sont trois fois pennées, à folioles lancéolées, entières ; les supérieures de chaque rameau du pétiole sont soudées par la base ; les pétioles et les nervures sont un peu hérissés, sur-tout dans les feuilles inférieures : la tige porte deux ou trois ombelles dont les rayons sont légèrement hérissés, peu étalés et au nombre de dix à quinze ; les deux collerettes sont à plusieurs folioles linéaires, déjetées en bas : les fleurs sont blanches ; leur ovaire est un peu pubescent. ♃, Linn. ; ♂, All. Elle croît parmi les buissons et dans les bois au pied des Alpes ; en Piémont près Torre di Lucerna (All.); en Valais à Roche et près le lac de Vervay ; en Dauphiné à la Tour du Pin, et au col du Fresne près de la Savoie (Vill.); aux environs de Mayence, d'où elle m'a été envoyée par M. Kœler.

5473. Laser siler. *Laserpitium siler.*

Laserpitium siler. Linn. spec. 357. Jacq. Austr. t. 145. Lam. Dict. 3. p. 426. — *Siler montanum.* Crantz. Austr. 185. — *Laserpitium montanum.* Lam. Fl. fr. 3. p. 415. — *Siler lancifolium.* Mœnch. Meth. 85.

β. *Foliis angustioribus.* — Clus. Hist. 2. p. 195. f. 1.

Sa tige est haute de 6-12 décim., cylindrique, striée et un peu rameuse ; ses feuilles sont fort amples, deux ou trois fois ailées, et composées de folioles lancéolées, entières, glabres, un peu fermes et d'un verd pâle ; ses fleurs sont blanches et disposées en ombelles larges, terminales et très-garnies ; les fruits ont leurs ailes si peu proéminentes, que plusieurs botanistes pensent que cette plante n'appartient pas au genre des lasers. ♃. On trouve cette plante dans les montagnes des provinces méridionales ; elle est incisive, carminative, diurétique et emménagogue.

5474. Laser velu. *Laserpitium hirsutum.*

Laserpitium hirsutum. Lam. Fl. fr. 3. p. 678. Wild. spec. 1. p. 1430. — *Laserpitium Halleri.* All. Ped. n. 1315. — *Laserpitium panax.* Gou. Illustr. 15. — Hall. Helv. t. 19.

Sa tige est haute de 3 décim. ou environ, nue dans sa partie supérieure, et simple ou quelquefois divisée en deux rameaux nus, inégaux et chargés chacun d'une seule ombelle ; les feuilles sont au nombre de deux ou trois, et disposées dans la partie inférieure de la tige ; elles sont larges, triangulaires, presque

quatre fois ailées, velues, et composées de pinnules extrêmement petites, pointues, trifides ou pinnatifides : les fleurs
sont blanches, régulières, et disposées en une ombelle serrée,
composée de quarante à cinquante rayons ; la collerette universelle et les partielles sont formées chacune par huit à douze
folioles élargies, blanches en leurs bords, pointues, velues et
ciliées : les semences sont glabres, longues de 9 millimètres, et
chargées de quatre feuillets minces, saillans et blanchâtres. ♃.
Cette plante n'est pas rare dans les prairies des Alpes ; en Dauphiné ; dans l'Oysans ; le Briançonnois ; à Allevard ; au Saint-
Bernard ; au mont Cenis ; dans les Alpes de Piémont, de Savoie
et du Valais.

3475. Laser simple.   *Laserpitium simplex.*

Laserpitium simplex. Linn. Mant. 56. Lam. Dict. 3. p. 426. —
Ligusticum simplex. Vill. Dauph. 2. p. 618. t. 14. All. Ped. n.
1324. t. 71. f. 2. — *Ligusticum mutellinoides.* Vill. Prosp. p.
25. t. 8. f. 3.

Sa racine est grosse presque comme le petit doigt, ligneuse,
noirâtre et souvent divisée à son collet en deux ou trois souches
assez courtes, et couvertes d'écailles ou de filets bruns ; ses feuilles
sont toutes radicales, pétiolées, longues de 5-6 centim. tout au
plus, glabres, lisses, à peine larges de 15 millim., et presque
simplement ailées ; leurs folioles sont au nombre de cinq ou sept,
opposées, incisées et pinnatifides : la tige est nue, simple,
haute de 12-15 centim., et soutient à son sommet une ombelle
ramassée, composée de douze à quinze rayons, dont les plus longs
n'ont que 18 millim. de longueur ; la collerette universelle est
formée par cinq ou sept folioles presque aussi longues que les
rayons de l'ombelle, simples ou divisées en trois ou cinq lobes
comme celles des ammi : les fleurs sont blanches ou purpurines,
et remplacées par des semences assez petites, ovales, chargées
de quatre ailes, et d'un pourpre noirâtre à leur sommet. ♃. Cette
plante est commune dans les montagnes du Dauphiné, à Sept-
Laus, Allevard, la Coche, où elle a été trouvée par MM. Liottard et Villars ; en Piémont où elle est commune dans les prés
des montagnes les plus froides (All.) ; au Saint-Bernard, à
Fouly, à la Grandvire et ailleurs dans le Valais.

DLXXXVIII. BERCE.   *HERACLEUM.*

Heracleum. Linn. Juss. Lam. — *Sphondylium.* Tourn. Gærtn.

CAR. Le calice est presque entier ; les pétales sont échancrés,
courbés au sommet ; ceux du bord de l'ombelle sont grands et

bifurqués : le fruit est elliptique , comprimé , strié , un peu échancré au sommet ; les graines sont membraneuses sur les bords.

Obs. Les fleurs sont blanches ; les ombelles grandes et bien
garnies ; les collerettes générales sont nulles ou le plus souvent
à plusieurs feuilles caduques.

5476. Berce branc-ursine. *Heracleum sphondylium.*

> *Heracleum sphondylium.* Linn. spec. 358. Lam. Dict. 1. p. 402.
> — *Heracleum branca-ursina.* All. Ped. n. 1291. — *Heracleum
> branca.* Scop. Carn. ed. 2. n. 335. — *Sphondylium branca.*
> Mœnch. Meth. 83. — Lob. ic. 703. f. 2.
> β. *Foliis angustioribus.*

Sa tige est haute de 9-12 décim., épaisse, cannelée, cylindrique, creuse, rameuse et plus ou moins velue ; ses feuilles
sont fort amples, ailées, à pinnules lobées, et velues particulièrement en dessous. La variété β a ses feuilles un peu plus finement découpées, et ses fleurs quelquefois d'un blanc sale. ♃.
Cette plante est commune dans les prés ; ses feuilles passent
pour émollientes ; sa racine et ses semences sont incisives et
carminatives. Elle porte les noms de *branc-ursine*, *acanthe
d'Allemagne.*

5477. Berce des Pyrénées. *Heracleum Pyrenaicum.*

> *Heracleum Pyrenaicum.* Lam. Dict. 1. p. 403. — *Heracleum
> amplifolium.* Lapeyr. Fl. pyr. ined. — *Heracleum platyphyl-
> lum.* Ram. Pyr. ined.

Cette belle espèce tient le milieu entre la branc-ursine et la
berce des Alpes ; ses feuilles sont couvertes en dessous d'un
duvet fin, blanchâtre et velouté comme dans la première,
et elles sont simples, arrondies, découpées jusqu'au milieu de
leur largeur, en cinq ou sept lobes dentés comme dans la seconde espèce ; les feuilles supérieures sont un peu plus découpées
et moins obtuses que les inférieures ; toutes sont échancrées en
cœur à leur base : la tige est cannelée, pubescente, peu rameuse,
haute de 6-16 décim. ; les ombelles sont grandes, semblables à
celles de la berce des Alpes ; les collerettes, soit générales, soit
partielles, sont composées de une à trois folioles : les fruits ne diffèrent pas de ceux de l'espèce suivante. ♃. Elle croît dans les
prairies montagneuses des Pyrénées. M. Ramond l'a observée
aux environs de Barrèges et de Bagnères.

3478. Berce des Alpes. *Heracleum Alpinum.*

Heracleum Alpinum. Linn. spec. 359. Lam. Dict. 1. p. 403. — *Heracleum sphondylium,* γ. Lam. Fl. fr. 3. p. 413. — C. Bauh. Prodr. p. 83. ic.

Cette plante est toute glabre, à l'exception de quelques poils blancs, dont le pétiole et les nervures des feuilles sont hérissés ; sa tige est cylindrique, haute de 6-8 décim.; ses feuilles sont pétiolées sur-tout dans le bas de la plante, arrondies, simples, découpées à-peu-près jusqu'au milieu de leur largeur, en cinq ou sept lobes obtus, simples ou trifurqués, bordés de dentelures en scie; l'ombelle est en forme de cône renversé, à douze ou quinze rayons inégaux, munie d'une collerette à trois ou quatre folioles linéaires courtes et caduques; les ombelles partielles ont une collerette de trois à quatre folioles linéaires disposées du côté extérieur. ♃. Elle croît dans les prairies et sur le bord des bois pierreux des Alpes de Provence (Gér.); du Dauphiné (Vill.); de Savoie; dans le Jura au creux du Vent.

3479. Berce naine. *Heracleum minimum.*

Heracleum minimum. Lam. Fl. fr. 3. p. 413. Dict. 1. p. 403. — *Heracleum pumilum.* Vill. Dauph. 2. p. 640. t. 14.

Sa tige est longue de 2 décim., menue, glabre, et presque toujours couchée ou serpentante parmi les cailloux; ses feuilles sont petites, deux fois ailées, et composées de folioles lancéolées et entières ou un peu confluentes; les ombelles sont communément au nombre de deux, soutenues par des pédoncules redressés, et n'ont que quatre à six rayons : les fleurs sont blanches et irrégulières, et la collerette manque très-souvent. ♃. Cette plante croît dans les endroits pierreux des Alpes du Dauphiné; sur le mont Auroux près Gap; au Glandaz près Die; au mont Aiguille et à Portes en Trièves, à la Rochette, etc.

DLXXXIX. CRITHME. *CRITHMUM.*

Crithmum. Tourn. Linn. Juss. Lam. Gærtn.

Car. Le calice est entier; les pétales sont presque égaux, entiers, courbés au sommet : le fruit est ovoïde, strié, à écorce fongueuse.

Obs. Les fleurs sont blanches : les collerettes sont à plusieurs feuilles.

3480. Crithme maritime.   *Crithmum maritimum.*

Crithmum maritimum. Linn. spec. 354. Lam. Illustr. t. 197. —
Lob. ic. 392. f. 2.

Sa tige est haute de 3 décim., cylindrique, lisse, verte,
feuillée et souvent simple ; ses feuilles sont assez grandes,
deux fois ailées, et composées de folioles étroites, linéaires, un
peu applaties et charnues. Les fleurs sont terminales, et forment
des ombelles médiocres, portées sur de fort courts pédoncules. Elle
porte les noms de *bacille, criste marine, fenouil de mer, passe-
pierre, perce-pierre.* ♃. On la trouve sur les bords de la mer,
parmi les rochers, depuis Nice jusqu'en Belgique. Elle croit
quelquefois dans l'intérieur des terres sur les collines exposées
au soleil, sur les murs et les rochers, près Turin, Ast et Montferrat (All.); dans les Pyrénées.

DXC. ATHAMANTE.   *ATHAMANTA.*

Athamanta. Lam. — *Libanotis.* Scop. All. Gœrtn. — *Atha-
mantæ sp.* Linn.

Car. Le calice est entier ; les pétales sont échancrés, courbés au sommet, à peine inégaux ; le fruit est ovale ou oblong,
strié, velu ou cotonneux.

Obs. Les fleurs sont blanches ; les collerettes générales ou
partielles, sont à plusieurs folioles simples.

3481. Athamante libanotide.   *Athamanta libanotis.*

Athamanta libanotis. Linn. spec. 351. — *Libanotis montana.*
Lam. Fl. fr. 3. p. 427. All. Ped. n. 1378. t. 62.

β. *Nana.*

γ. *Pubescens.* — *Crithmum Pyrenaicum.* Linn. spec. 354 ?

Sa tige est droite, cannelée, plus ou moins glabre, un peu
rameuse, et s'élève jusqu'à 6 décim. ou même davantage, lorsque
la plante est cultivée ; ses feuilles sont grandes, deux fois ailées,
et leurs pinnules ou premières divisions sont garnies jusqu'à leur
base, de folioles oblongues, pinnatifides et à découpures pointues.
Les fleurs sont blanches, disposées en ombelles serrées, très-garnies et convexes. ♃. Cette plante croit au bord des bois, sur les
collines et les montagnes ; dans les Alpes, le Jura, les Pyrénées ;
aux environs de Mayence (Kœl.), etc. La var. β que M. Lamarck
a observée sur le Puy-de-Dôme, n'a pas plus de 1 décim. ;
elle a les feuilles glabres, à folioles nombreuses et découpées ;
la variété γ qui est indigène des Pyrénées, se distingue des
deux précédentes, par sa tige plus anguleuse, par ses feuilles
pubescentes, à découpures plus pointues, et dont les folioles

inférieures ne sont nullement disposées en croix autour du pétiole commun. Seroit-elle une espèce distincte ?

3482. Athamante de Crète.   *Athamanta cretensis.*

> *Athamanta cretensis.* Linn. spec. 352. Jacq. Austr. t. 62. Lam. Dict. 1. p. 324. — *Libanotis cretensis.* Scop. Carn. ed. 2. n. 314. — *Libanotis hirsuta.* Lam. Fl. fr. 3. p. 428. —Cam. Epit. 536. ic.

Sa tige est droite, striée, pubescente, peu garnie de feuilles dans sa partie supérieure, et s'élève jusqu'à 5 décim. ; ses feuilles sont légèrement velues, trois fois ailées, et leurs folioles sont partagées en découpures planes, étroites, pointues et linéaires : leur pétiole embrasse la tige par une gaîne un peu large et membraneuse en ses bords ; l'ombelle universelle est composée de huit à quinze rayons pubescens et blanchâtres, et les folioles de sa collerette, dont le nombre varie d'un à six, sont blanchâtres en leur bord. ♃. Cette plante croît dans les montagnes du Piémont (All.), du Dauphiné (Vill.), de la Savoie; sur les sommités du Jura; en Alsace (Mapp.), à l'Esperou près Montpellier (Gou.).

3483. Athamante de Mat-   *Athamanta Matthioli.*
thiole.

> *Athamanta Matthioli.* Wulf. Jacq. Coll. 1. p. 211. Jacq. ic. rar. 1. t. 57. — *Athamanta mutellinoides.* Lam. Dict. 1. p. 325. — *Libanotis rupestris.* Scop. Carn. n. 315. t. 9. — *Athamantha rupestris.* Vill. Dauph. 2. p. 648. — Matth. Comm. 1. p. 569. f. 1.

Cette plante est probablement une variété de la précédente; je la distingue avec le plus grand nombre des botanistes, 1°. parce qu'elle a les folioles glabres et non velues, mais les graines, les tiges et quelquefois même le pétiole des feuilles garnis de poils courts plus ou moins rapprochés; 2°. parce que ses folioles sont plus alongées, fines et linéaires. ♃. Elle croît parmi les rochers des montagnes en Dauphiné, aux forges de Seyssins, au mont Bovinant, à la grande Chartreuse (Vill.).

D X C 1. SÉLIN.   *S E L I N U M.*

> *Selinum.* Lam. — *Selinum et Athamantæ sp.* Linn. Juss. — *Selinum et Cervaria.* Gærtn. — *Thysselinum et Oreoselinum.* Tourn.

Car. Le calice est entier ou à cinq dents; les pétales sont égaux, en forme de cœur; le fruit est glabre, ovale, oblong ou arrondi, comprimé; chaque graine est relevée de cinq nervures, dont deux latérales saillantes.

Obs. Les fleurs sont blanches; la collerette générale est nulle ou à plusieurs folioles : plusieurs espèces ont le suc propre laiteux.

§. Ier. *Une collerette générale à plusieurs folioles.*

3484. Sélin des cerfs.   *Selinum cervaria.*

> *Selinum cervaria.* Crantz. Austr. 167. t. 3. f. 1. — *Athamanta cervaria.* Linn. spec. 352. — *Selinum glaucum.* Lam. Fl. fr. 3. p. 419. — *Cervaria rigida.* Mœnch. Meth. 95. — *Cervaria Rivini.* Gœrtn. Fruct. 1. p. 90. t. 21. f. 10. — Fuchs. Hist. 233. ic.

Sa tige est haute de 9-12 décimètres, ferme, striée et rameuse; ses feuilles sont deux fois ailées, composées de folioles grandes, lancéolées, pointues, inégalement dentées en scie, d'une couleur glauque, un peu fermes et veinées en dessous. Les fleurs sont blanches et disposées en ombelles terminales, à huit ou dix rayons; les collerettes ont six à huit folioles lancéolées souvent réfléchies : les fruits sont glabres. ♃. Elle croît dans les lieux pierreux des montagnes du Languedoc; de la Provence; du Piémont (All.); du Dauphiné (Vill.), de la Savoie; du Jura; de l'Alsace (Nestl.). Cette espèce doit former un genre séparé à cause de ses fruits comprimés, non bordés et à peine striés.

3485. Sélin de montagne.   *Selinum oreoselinum.*

> *Selinum oreoselinum.* Crantz. Austr. 169. Lam. Fl. fr. 3. p. 420. *Athamanta oreoselinum.* Linn. spec. 352. Jacq. Austr. t. 68. *Peucedanum oreoselinum.* Mœnch. Meth. 82. — Clus. Hist. 2. p. 195. f. 2.

Sa tige est glabre, cylindrique, rameuse, et haute de 1 mètre; ses feuilles sont trois fois ailées, et ont des folioles cunéiformes, incisées, trifides ou pinnatifides, et assez semblables à celles du persil; les pétioles communs et leurs divisions sont un peu pliés, et comme brisés ou interrompus dans leur direction; les fleurs sont blanches, et forment des ombelles terminales assez garnies : la collerette générale est à huit ou dix folioles linéaires pointues, étalées ou réfléchies. ♃. On trouve cette plante dans les bois et les lieux montagneux; sa racine est incisive, diurétique et sudorifique.

3486. Sélin des bois.   *Selinum sylvestre.*

> *Selinum sylvestre.* Linn. F. suppl. 180. Fl. dan. t. 412. — *Athamantha flexuosa.* Hort. Par.

Cette espèce se distingue de la plupart des sélins munis de

collerette générale, en ce que sa tige est cylindrique, lisse et
nullement cannelée; elle s'élève à 6-8 décim., et se ramifie
un peu vers le sommet; ses feuilles sont deux ou trois fois ailées, à folioles pinnatifides, incisées, à lobes pointus, entiers, divergens; les tiges et les gaînes des feuilles sont souvent un peu rougeâtres; les ombelles sont très-nombreuses,
beaucoup plus petites que dans le sélin des marais, à douze ou
quinze rayons courts et peu écartés; la collerette générale est
à huit ou dix folioles acérées, linéaires, membraneuses sur les
bords, étalées et nullement réfléchies; les styles sont droits et
peu divergens après la fleuraison. ♃. Elle croît dans les bois
montueux en Auvergne, au bas du pas de Peyrol, dans la
prairie de Dienne (Delarb.); aux environs de Mayence (Korl.);
en Alsace (Mapp.); en Piémont près Giaveno et le long du
fleuve Sangone (All.).

3487. Sélin des marais.   *Selinum palustre.*

Selinum palustre. Linn. spec. 350. Smith. Fl. brit. 1. p. 363. —
Selinum montanum. Schleich. cent. exs. 31. — *Selinum syl-
vestre*. Jacq. Austr. t. 152. — *Selinum thysselinum*. Crantz.
Austr. p. 170. — *Peucedanum palustre*. Mœnch. Meth. 82.

Sa racine est presque simple, fusiforme (Sm.); sa tige est
droite, glabre, cannelée, haute de 8-12 décim., simple ou
peu rameuse; ses feuilles sont deux ou trois fois ailées, à
folioles opposées, glabres, pinnatifides, à lobes lancéolés-
linéaires pointus, plus étroits que dans le sélin d'Autriche; les
ombelles sont grandes, planes, terminales, à vingt ou trente
rayons légèrement pubescens après la fleuraison; la collerette
générale est à huit ou dix folioles linéaires un peu membraneuses
sur les bords, déjetées vers le sol; les ombelles partielles ont
trente à quarante fleurs blanches, et des collerettes semblables
à celles de l'ombelle générale. Après la fleuraison, les styles
divergent d'une manière très-marquée, et sont presque ren-
versés sur le fruit; celui-ci est elliptique, comprimé, bordé
d'une aile membraneuse et marqué de trois côtes saillantes
sur le dos. ♃. Cette plante croît dans les marais et les prés montagneux. Je l'ai reçue de la partie du Valais, voisine du lac de
Genève. Elle se trouve en Piémont dans les marais de la Mar-
saja et au lac de Vivron (All.); aux environs des échelles et de
Saint-Laurent du Pont en Dauphiné (Vill.); en Alsace (Nestl.);
à Arcelot près Dijon (Dur.); en Auvergne (Delarb.); aux marais de Saint-Gilles près Abbeville (Bouch.).

3488. Sélin d'Autriche. *Selinum Austriacum.*

Selinum Austriacum. Jacq. Austr. t. 71. — *Selinum nigrum,*
Lam. Fl. fr. 3. p. 430. excl. syn. Gou.

Sa tige est haute de 5 décim., glabre, cannelée, chargée
de deux ou trois feuilles distantes entre elles, et garnie ordinairement d'un seul rameau ; ses feuilles radicales ont une
forme triangulaire, sont deux fois ailées, portées sur des pétioles cannelés et presque luisans, et ont leurs folioles élargies,
partagées en trois lobes cunéiformes et incisés ; ces folioles sont
lisses, d'un vert foncé ou noirâtre en-dessus, d'une couleur pâle
en dessous, et ont leurs découpures terminées par une petite
pointe blanche ; les feuilles de la tige ont une forme oblongue,
et sont plus petites et une seule fois ailées. Les fleurs sont
blanches, régulières, et forment une ombelle plane, composée d'une vingtaine de rayons ; les folioles de la collerette universelle sont petites, blanchâtres en leur bord, et au nombre
de huit ou dix. ♃. Cette plante croît dans les montagnes ; elle
a été trouvée au mont d'Or par M. Lamarck ; en Dauphiné au
Buis, à Blucis, à Saint-Lagier, au bas du mont Ventoux
(Vill.).

3489. Sélin de Lemonnier *Selinum Monnieri.*

Selinum Monnieri. Linn. spec. 351. Jacq. Hort. Vind. t. 62.
— *Ligusticum minus.* Lam. Fl. fr. 3. p. 454. — *Cnidium
confertum.* Mœnch. Meth. 98.

Sa tige est cannelée, très-rameuse et ne s'élève que jusqu'à
5 décim.; ses feuilles ressemblent un peu à celles de l'æthuse
persillée ; elles sont deux ou trois fois ailées, et ont des découpures assez menues, planes et traversées par un sillon très-
fin ; les pétioles sont bordés d'une membrane blanche et trans-
parente : les fleurs sont blanches, petites et forment une ombelle
resserrée et peu ouverte : les folioles de la collerette universelle
sont souvent réfléchies contre le pédoncule ; les graines sont
courtes, chargées de cinq côtes membraneuses et s'approchent
de celles des lasers selon Linné, ou des livêches selon Lamarck.
☉. On trouve cette plante dans les provinces méridionales.

§. II. *Point de collerette générale.*

3490. Sélin à feuilles de carvi. *Selinum carvifolia.*

Selinum carvifolia. Linn. spec. 350. Jacq. Austr. t. 16. — *Selinum angulatum.* Lam. Fl. fr. 3. p. 419. — *Selinum pseudo-
carvifolia.* All. Ped. n. 1306. — *Carvifolia.* J. Bauh. 3. p. 2.
p. 171. Vill. Dauph. 2. p. 629.

Sa tige est haute de 6–12 décim. , droite, glabre, un peu
rameuse, et remarquable dans toute sa longueur par des angles
élevés et tranchans, qui la font paroître presque ailée; ses
feuilles sont trois fois pennées, et leurs folioles sont nombreuses,
petites, simples ou trifides, ou pinnatifides: les feuilles supérieures
ont leurs folioles plus alongées et moins composées; les fleurs
sont blanches, régulières, et forment au sommet de la tige et
des rameaux, des ombelles évasées et assez garnies; la collerette
universelle est nulle ou à une seule foliole; le fruit est comprimé,
bordé de deux ailes membraneuses et chargé sur chaque face de
trois côtes saillantes. ♃. Elle croît au pied des montagnes, dans
les bois humides et le long des étangs couverts; aux environs
d'Alost (Lest.); à Termonde, entre Gand et Bruge, entre
Anvers et Breda (Rouc.); à Saint-Prix, Saint-Léger et Mont-
morency près Paris; dans les prés à Orléans (Dub.); à Grenoble
(Vill.); en Piémont (All.); à Feniers et Condat en Auvergne
(Delarb.); dans le Forez et le Lionnois (Latourr.). Je n'ai
point cité la figure de Vaillant (Bot. t. 5. f. 2.), qui représente
assez bien les feuilles, mais nullement le port ni le fruit de notre
plante; celle de Haller (Helv. t. 20.) a le port trop effilé; celle de
Gmelin (Sib. 1. t. 48.) ne peut appartenir à notre plante, puisqu'elle indique une collerette générale à plusieurs feuilles, tandis
que la nôtre en est dépourvue: aucune de ces planches n'indique
les côtes membraneuses de la tige.

3491. Sélin de Chabræus.   *Selinum Chabræi.*

Selinum Chabræi. Jacq. Austr. 1. t. 72. Willd. spec. 1. p. 1349.
Selinum carvifolia. Crantz. Austr. 3. p. 22. t. 3. f. 2. — *Peu-
cedanum carvifolia.* Vill. Dauph. 2. p. 630? — *Selinum car-
vifolia Chabræi.* All. Ped. n. 1305. — *Selinum lactescens.* α.
Lam. Fl. fr. 3. p. 418. — *Selinum palustre.* Thuil. Fl. Paris.
II. 1. p. 139. — *Ligusticum decussatum.* Mœnch. Meth. 81.

La plante est glabre, d'un verd clair; sa racine est épaisse,
cylindrique, simple, blanchâtre; sa tige est haute d'un mètre,
cylindrique, striée, garnie de feuilles alternes, ailées, pétiolées

et remarquables par leurs folioles lâches, planes et étalées ; les feuilles inférieures ont des folioles nombreuses, pinnatifides, à lobes divergens et linéaires qui sont disposés en croix autour du pétiole ; celles des feuilles supérieures sont plus alongées, divisées en trois lobes grêles et divergens : la collerette générale est nulle ; l'ombelle est à environ dix rayons inégaux, anguleux ; les ombelles particelles sont à dix fleurs blanches, et leur collerette n'a que deux ou trois folioles fines comme des soies. ♃. Elle croît dans les prés, les bois et les buissons humides : elle a été trouvée aux environs de Paris ; à Strasbourg, par M. Nestler ; à Nice et à Turin (All.); dans les montagnes du Dauphiné (Vill.)? aux environs d'Abbeville (Bouch.); dans le Jura, près du Doubs et du lac des Brenets (Sut.); à Mayence (Kœl.).

5492. Sélin demi-engainé.   *Selinum dimidiatum.*

Cette espèce ressemble un peu au sélin de Chabræus par ses caractères ; mais elle en diffère par le port, par la structure de ses gaines et par ses collerettes particelles : sa racine est dure, presque simple, noirâtre en dehors, garnie à son collet de fibres ascendantes ; sa tige est presque simple, un peu ferme, haute de 5 décim., cylindrique, striée, glabre ainsi que le reste de la plante : les feuilles sont ailées ; celles de la racine ont des folioles pinnatifides, découpées en lobes linéaires, divergens, peu nombreux et trifurqués au sommet ; celles de la tige sont simplement trifurquées : les gaines des feuilles embrassent étroitement la tige, mais comme elles sont étroites, elles ne couvrent que la moitié de son diamètre et semblent tronquées du côté opposé ; leurs bords sont entiers et scarieux ; les ombelles sont terminales, blanches, à environ vingt rayons dressés, peu étalés, anguleux ; la collerette générale est nulle ou composée d'une seule foliole ; les collerettes particelles ont huit à dix folioles lancéolées-linéaires, acérées, au moins égales à la longueur des fleurs, membraneuses sur les bords ♃. Cette plante a été trouvée par mon frère, au pied des Alpes vers le château de Martigny.

5493. Sélin des Pyrénées.   *Selinum Pyrenœum.*

Selinum Pyrenœum. Gou. Illustr. p. 11. t. 5. — *Seseli Pyre-nœum.* Linn. spec. 374. — Moris. s. 9. t. 9. f. 2.

Sa racine est épaisse, simple, cylindrique ; sa tige est simple

ou à peine rameuse, droite, cylindrique, striée, glabre ainsi
que le reste de la plante, haute de 2-5 décim.; les feuilles sont
la plupart radicales, d'un verd clair, deux fois ailées, à folioles
incisées, et dont les lobes sont profonds, linéaires-lancéolés;
l'ombelle terminale est dépourvue de collerette générale, composée de quatre à sept rayons toujours inégaux; les ombelles partielles sont serrées, arrondies, composées d'une quarantaine de
fleurs blanches un peu plus courtes que les folioles de la collerette
partielle, qui sont fines et nombreuses : les fruits sont ovales,
marqués de trois côtes sur le dos et entourés d'un bord membraneux. M. Gouan observe que le suc de la racine des tiges
et des feuilles, est laiteux. ♃. Cette plante croît dans les prairies
des montagnes; dans les Pyrénées à la vallée d'Eynes, et p'us
abondamment à la Quillane près Mont-Louis (Gou.); et sur-tout
au Pic du midi, dans les pâturages voisins des neiges éternelles,
où M. Ramond en a observé une variété naine longue de 5 centim.;
elle a été retrouvée par M. Lamarck au Mont-d'Or, et par
M. Nestler sur les Vosges, dans les prairies nommées les *Hautes
Chaumes*, près du lac Blanc et Noir; dans les montagnes du
Lionnois (Latourr.).

DXCII. CIGUË.   *CICUTA.*

Cicuta. Tourn. Hall. Juss. Lam. Gœrtn. — *Conium.* Linn.

CAR. Le calice est entier; les pétales sont inégaux, courbés
en cœur; le fruit est ovale, globuleux; chaque côte est bossue,
relevée de côtes tuberculeuses, dont trois dorsales et deux latérales.

OBS. Les fleurs sont blanches; la collerette générale est à
trois ou cinq folioles réfléchies; les collerettes partielles sont à
trois folioles disposées du côté extérieur de l'ombelle.

3494. Ciguë commune.   *Cicuta major.*

Cicuta major. Lam. Fl. fr. 3. p. 1041. Illustr. t. 195. f. 1. — *Conium maculatum.* Linn. spec. 349. — *Coriandrum cicuta officinarum.* Crantz. Austr. p. 211. — *Coriandrum maculatum.*
Roth. Germ. I. p. 130.

Sa tige est haute de 9-12 décim., épaisse, fistuleuse, rameuse, feuillée et chargée inférieurement de taches noirâtres
ou purpurines; ses feuilles sont grandes, un peu molles, trois
fois ailées, et leurs folioles sont pinnatifides, pointues, d'un
verd noirâtre et un peu luisantes : les fleurs sont blanches, et
forment des ombelles très-ouvertes. ♂. On trouve cette plante

sur le bord des haies et dans les terreins un peu humides ; son
odeur est forte et fétide : elle passe pour résolutive ; on l'emploie
contre la goutte et les rhumatismes, et sur-tout dans les affec-
tions cancéreuses.

DXCIII. BUNIUM.   *BUNIUM.*

Bunium. Linn. Juss. Lam. Gœrtn. — *Bulbocastanum.* Tourn.

Car. Le calice est entier ; les pétales sont égaux, courbés en
cœur ; le fruit est ovale-oblong, strié, et l'interstice des stries
est tuberculeux.

Obs. Les fleurs sont blanches ; la collerette générale est nulle
ou à plusieurs folioles simples ; la racine est tubéreuse, arrondie.

3495. Bunium noix de terre.   *Bunium bulbocastanum.*

Bunium bulbocastanum. Linn. spec. 349. Wild. spec. 1. p. 1394.
Lam. Illustr. t. 197. — *Bunium minus.* Gouan. Illustr. p. 10.
Scandix bulbocastanum. Mœnch. Meth. 101. — Lob. ic. 745.
f. 1.

Sa racine est une bulbe arrondie, noirâtre, et pousse une
tige haute de 5 décim., cylindrique, striée et un peu rameuse ;
ses feuilles sont deux ou trois fois ailées, et partagées en découpures étroites et linéaires ; les inférieures sont portées sur
de longs pétioles, et les radicales ont des découpures un peu
plus élargies et moins longues : les fleurs sont blanches et forment
des ombelles assez amples ; la collerette générale est composée
de sept à huit folioles linéaires, beaucoup plus courtes que les
rayons ; les fruits sont cylindriques, un peu épaissis au sommet,
terminés par deux styles d'abord réfléchis, puis caducs. ♃. On
trouve cette plante dans les champs et les pâturages un peu
humides ; sa grandeur varie de 1–5 décim., d'où résulte qu'elle
a été appelée par les uns *bunium majus*, et par d'autres *bunium minus* ; sa racine est bonne à manger, aussi bien que
celle de l'espèce suivante : elles portent l'une et l'autre les noms
de *terre-noix, moinson, suron.*

3496. Bunium sans collerette.   *Bunium denudatum.*

Bunium majus. Gouan. Illustr. p. 10. Wild. spec. 1. p. 1394. —
Bunium flexuosum. With. Brit. 291. Smith. Fl. brit. 1. p. 301.
— *Bunium bulbocastanum.* Curt. Lond. t. 24.

Cette espèce diffère de la précédente parce qu'elle est ordinairement plus grèle, moins rameuse et moins feuillée ; que la
partie inférieure de sa tige est nue, alongée, un peu flexueuse ;

que sa collerette générale est nulle ou composée d'une ou deux
folioles avortées ; que les fruits sont un peu plus gros à la base
qu'au sommet, terminés par deux styles droits et persistans. ♃.
Elle croit dans les prés montagneux au Mont-d'Or, aux Cévennes, en Dauphiné, etc.

DXCIV. AMMI.   *A M M I.*

Ammi. Tourn. Lam. Juss. Gærtn. — *Ammi et Dauci sp.* Linn.

Car. Les folioles de la collerette générale sont pinnatifides ;
le calice est entier ; les pétales sont courbés en cœur, plus grands
sur le bord de l'ombelle ; le fruit est petit, arrondi, glabre,
strié.

Obs. Les fleurs sont blanches.

3497. Ammi à larges feuilles.   *Ammi majus.*

Ammi majus. Linn. spec. 349. Lam. Illustr. t. 193. — *Apium
ammi.* Crantz. Austr. 217. n. 6. — Lob. ic. t. 721. f. 1.

Sa tige est haute de 5 décim., cylindrique, glabre et rameuse ; ses feuilles inférieures sont ailées, composées de cinq
folioles ovales-lancéolées, dentées en scie et la plupart simples,
ou quelquefois ayant un lobe à leur base ; les feuilles supérieures
sont moins grandes, plus divisées, et partagées en découpures
lancéolées, dentées, assez étroites, mais point linéaires : les
fleurs sont blanches ; leurs ombelles sont amples et les folioles
de la collerette universelle n'ont communément que trois découpures. ⊙. On trouve cette plante sur le bord des champs.

3498. Ammi à feuilles   *Ammi glaucifolium.*
glauques.

Ammi glaucifolium. Linn. spec. 349? Guett. Stamp. 2. p. 433?
Vill. Dauph. 2. p. 592. Thuil. Fl. paris. II. t. p. 137. — J.
Bauh. 3. p. 2. p. 58.

Cette espèce n'est peut-être qu'une variété de la précédente,
dont elle ne diffère que par ses feuilles inférieures dont les folioles sont découpées en lanières linéaires, aussi bien que les
feuilles supérieures ; le reste de la plante ressemble à l'ammi à
larges feuilles, au point qu'il seroit impossible de les distinguer
sans la présence des feuilles radicales. ⊙. Elle croit dans les champs,
les prairies et sur les côteaux secs et pierreux ; aux environs de
Paris ; à Luçon (Guett.)? à Pierrelate en Dauphiné (Vill.) ; aux
environs de Montbeillard (J. Bauh.) ; de Lyon (Latourr.) ; de
Montauban (Gat.) ; à Saint-Sever et à la tête de Busch près

Dax : à la motte Achard en Poitou (Bon.); au château de Vous-
sel près Rouen.

5499. Ammi visnage. *Ammi visnaga.*

Ammi visnaga. Lam. Dict. 1. p. 132. — *Daucus visnaga.* Linn.
spec. 348. — *Visnaga.* Vill. Dauph. 2. p. 594 — *Visnaga
daucoides.* Gœrtn. Fruct. 1. p. 92. t. 21. f. 12. — Lob. ic.
726. f. 1.

Sa tige est droite, cylindrique, cannelée, lisse, un peu rameuse, feuillée, et s'élève jusqu'à 6 décim.; ses feuilles sont
toutes découpées très-menu, et leurs découpures sont étroites
et linéaires : les fleurs sont blanches et forment au sommet de
la tige et des rameaux, des ombelles composées de rayons
nombreux qui se contractent dans la maturation des fruits, et
naissent d'un réceptacle un peu solide et arrondi; les folioles
de la collerette générale sont à trois lobes linéaires; les fruits sont
comprimés, lisses, marqués de nervures peu saillantes. ⊙. Elle
croit dans les marécages voisins de la mer, en Provence (Gér.),
près Saint-Maximin (Gar.); aux environs d'Orange (Vill.); à
Montauban (Gat.), près Sorrèze; à Montpellier près Miraval,
Frontignan (Magn.); au Nazareth et à Villeneuve (Gou.); aux
environs de Caen (Rouss.)? de Paris (Thuil.)? Elle porte le
nom d'*herbe aux cure-dents*, parce qu'on se sert pour fabriquer
les cure-dents, des rayons de son ombelle, devenus ligneux
après la fructification.

DXCV. CAROTTE. *DAUCUS.*

Daucus. Tourn. Juss. Lam. Gœrtn. — *Dauci sp.* Linn.

Car. Les collerettes générales sont pinnatifides; le calice est
entier; les pétales sont courbés en cœur, plus grands sur les
bords de l'ombelle; le fruit est ovoïde, hérissé de poils roides;
les graines sont planes, striées intérieurement, convexes en dehors et relevées de petites côtes membraneuses.

Obs. Les fleurs sont ordinairement blanches; la fleur du centre
de l'ombelle avorte souvent et se change en un tubercule charnu
et d'un pourpre foncé.

5500. Carotte commune. *Daucus carotta.*

Daucus carotta. Linn. spec. 348. Lam. Dict. 1. p. 634. — *Daucus
vulgaris*, α. Lam. Fl. fr. 3. p. 430.
β. *Sativa radice lutea.* — Lob. ic. 723. f. 1.
γ. *Sativa radice rubra.* — J. Bauh. 3. p. 2. p. 64.
δ. *Sativa radice alba.* — J. Bauh. 3. p. 2. p. 64.

Sa tige est haute de 6-12 décim., rameuse, un peu hérissée

de poils courts et rudes au toucher ; ses feuilles sont grandes , légèrement velues , deux ou trois fois ailées , et leurs folioles sont partagées en découpures assez étroites , pointues et presque linéaires ; les fleurs sont blanches et forment des ombelles très-garnies , dont le centre est souvent remarquable par une fleur rouge et stérile : les stries des semences sont hérissées et comme ciliées. ♂. On trouve cette plante dans les prés et sur le bord des champs. On cultive pour l'usage de la cuisine différentes variétés de cette plante ; les noms de *carotte jaune* , *carotte blanche* et *carotte rouge* , qui distinguent ces variétés , font allusion à la couleur de leurs racines. La variété β porte aussi , à Genève , le nom de *patenaille* , qui est peut-être dérivé de celui de *pastenagues* , qu'on donne au panais , dans les provinces méridionales.

3501. Carotte hérissée. *Daucus hispidus.*

Daucus hispidus. Desf. Atl. 1. p. 243. t. 63. Bouch. Fl. abb. 20.

Sa tige est épaisse , rameuse , haute de 2-5 décim. , hérissée principalement sur le tronc de poils blancs , nombreux , un peu roides , et dont les inférieurs sont presque dirigés vers la terre ; les feuilles inférieures sont deux fois ailées ; les supérieures le sont une seule fois ; les folioles sont ovales , velues , sur-tout sur les nervures , incisées , à lobes ovales et obtus dans le bas de la plante , lancéolés et pointus dans le haut ; les ombelles sont blanchâtres , terminales , serrées , à vingt ou vingt-cinq rayons ; les folioles de la collerette générale sont pubescentes , membraneuses sur les bords et profondément découpées ; l'ombelle se resserre après la fleuraison : les fruits sont ovoïdes , hérissés le long de leurs côtes de pointes membraneuses un peu jaunâtres , et dont l'extrémité vue à la loupe , est crochue ou un peu rameuse. ♃. Elle croît sur le bord de la mer , le long des falaises , parmi les rochers. M. Boucher l'a trouvée à Tréport ; je l'ai recueillie près de Dieppe. Elle fleurit à la fin de l'été.

3502. Carotte porte-gomme. *Daucus gummifer.*

Daucus gummifer. Lam. Dict. 1. p. 634. — *Daucus gingidium*. Linn. spec. 348 ? Ger. Gallopr. 242. n. 3.

Sa racine est épaisse , cylindrique , noirâtre en dehors ; sa tige est cylindrique , peu rameuse , légèrement hérissée de poils courts et un peu roides ; les feuilles qui naissent près de la racine ou sous l'origine des rameaux , sont une ou deux fois ailées ,

à folioles incisées, très-obtuses et toutes arrondies au sommet ;
leur consistance est un peu épaisse ; leur surface lisse, presque
luisante ; le pétiole est pubescent dans les grands individus ; les
folioles de la collerette générale sont à trois lobes divergens et
pointus ; celles des collerettes partielles sont lancéolées-linéaires,
pointues et entières ; l'ombelle est très-serrée, à vingt ou vingt-
cinq rayons ; les fruits sont ovoïdes, hérissés de pointes plus
courtes que dans la carotte hérissée. ♃. Cette plante croît le long
de la mer, dans les provinces méridionales, depuis Marseille
jusqu'à Narbonne.

5505. Carotte maritime. *Daucus maritimus.*

Daucus maritimus. Lam. Dict. 1. p. 634. non Gœrtn.
β. *Caule tuberculato.*

Cette plante se distingue de toutes les autres carottes de
France, par son port grèle et effilé, et sur-tout parce qu'elle
est entièrement glabre dans toutes ses parties ; sa racine est
grèle, simple, fusiforme : sa tige s'élève de 2-5 décim. ; elle
est simple ou peu rameuse, presque nue, lisse dans la variété
α, hérissée çà et là de tubercules saillans dans la variété *β* : les
feuilles sont radicales ou placées sous l'origine des rameaux,
deux fois ailées, à folioles simples ou découpées en quelques
lobes divergens, alongés, linéaires, et dont la largeur ne dépasse pas 2 millim. : les ombelles sont ordinairement peu considérables, soutenues sur des rameaux très-longs et dégarnis de
feuilles. ♃ ? Cette plante croît sur les bords de la mer et des
étangs salés dans les provinces méridionales. La variété *α*, qui
croît à Montpellier, m'a été communiquée par M. Broussonet ;
la variété *β* a été trouvée à la Nouvelle près Narbonne, par
M. Pourret.

DXCVI. CAUCALIDE. *CAUCALIS.*

Caucalis. Tourn. Juss. All. — *Caucalis et Torilis sp.* Adans.
Gœrtn. — *Caucalidis, Tordylii et Scandicis sp.* Linn. —
Caucalis et Myrrhis. Lam.

CAR. Le calice est à cinq dents ; les pétales sont courbés en
cœur, égaux dans le centre de l'ombelle ; ceux du bord sont
le plus souvent grands, rayonnans et bifurqués ; le fruit est
ovale - oblong, hérissé de pointes roides, tantôt éparses, tantôt disposées sur les côtes des semences.

OBS. Les fleurs sont blanches ; les folioles des collerettes sont
simples, ce qui distingue les caucalides des carottes.

Première section. CAUCALIDE.　　CAUCALIS.

Fruits hérissés de pointes comprimées, disposées par séries
longitudinales sur les côtes principales.

3504. Caucalide à grandes　*Caucalis grandiflora.*
**　fleurs.**

> *Caucalis grandiflora.* Linn. spec. 346. Lam. Illustr. t. 192. f. 1.
> Jacq. Fl. austr. t. 54.

Sa tige est haute de 5 décim., cannelée et rameuse; ses
feuilles sont deux fois ailées, finement découpées, d'un verd
pâle et légèrement velues ; ses fleurs sont blanches; les intérieures ont leurs pétales fort petits, mais celles de la circonférence ont chacune un pétale bifide, long de 1 centim., et qui
fait paroître l'ombelle radiée; les folioles de la collerette sont
sèches et blanchâtres en leur bord; les semences sont hérissées
de pointes fort longues. ☉. On trouve cette plante aux environs
de Paris, de Genève, de Montpellier, et dans presque toute
la France.

3505. Caucalide à larges feuilles.*Caucalis latifolia.*

> *Caucalis latifolia.* Linn. Syst. 205. Jacq. Hort. Vind. t. 128.
> Lam. Dict. 1. p. 657, non Fl. fr. — *Tordylium latifolium.*
> Linn. spec. 345. — Garid. Aix. t. 22.

Sa tige est haute de 2-4 décim., anguleuse, un peu rude,
simple ou peu rameuse; ses feuilles sont longues, pennées, à
cinq, sept ou neuf folioles écartées, opposées deux à deux avec
une impaire, lancéolées, bordées de fortes dentelures en scie,
un peu décurrentes le long de la nervure principale, et quelquefois tellement réunies que la feuille est seulement pinnatifide; l'ombelle générale porte deux à quatre rayons hérissés
d'aspérités et une collerette à deux ou trois folioles lancéolées,
entières, un peu membraneuses ; les ombelles partielles ont
plusieurs fleurs blanches, sessiles, égales, et une collerette à cinq
folioles ; les fruits sont au nombre de trois à cinq, rapprochés,
ovoïdes, hérissés de pointes rudes, souvent purpurines au sommet et un peu crochues à l'extrémité. ☉. Elle croit dans les
champs parmi les moissons, aux environs de Paris, de Montpellier, de Sorrèze, d'Aix, etc. etc.

5506. Caucalide à large fruit. *Caucalis platycarpos.*

Caucalis platycarpos. Gouan. Fl. monsp. 285. Lam. Dict. 1. p.
657. Wild. spec. 3. p. 1387. — *Caucalis latifolia.* Lam. Fl.
fr. 3. p. 426. excl. syn. — J. Bauh. 3. p. 2. p. 80. f. 1. — Ger.
Gallopr. p. 238. n. 7.

Sa tige est haute de 5 décimètres, anguleuse, rameuse et
chargée de quelques poils écartés; ses feuilles sont vertes,
deux fois ailées, et leur folioles sont ovales et pinnatifides : les
ombelles sont portées sur de longs pédoncules qui naissent à
l'opposition des feuilles; elles ont trois ou quatre rayons, et
un pareil nombre de folioles pour collerette; les fleurs sont
un peu rougeâtres en dehors; il leur succède des fruits assez
gros et hérissés de pointes longues et purpurines. ☉. On trouve
cette plante dans les provinces méridionales, aux environs de
Montpellier, en Provence (Gér.), au Buis, à Rions, à Vin-
sobre, et à Rosans en Dauphiné (Vill.).

5507. Caucalide maritime. *Caucalis maritima.*

Caucalis maritima. Gouan. Hort. 135. Lam. Dict. 1. p. 657. —
Caucalis pumila. Gouan. Fl. monsp. 285. Vahl. Symb. 2. p.
47. — *Daucus muricatus*, β. Linn. Mant. 352. — *Daucus maritimus.* Gærtn. Fruct. 1. p. 80. t. 20. f. 4. non Lam.
α. *Umbella subquinquefida.* — *Caucalis maritima.* Lam. Fl.
fr. 3. p. 426.
β. *Umbella bifida.* — *Caucalis pumila*, α. Lam. Fl. fr. 3. p
425. — Ger. Gallopr. p. 227. n. 4. t. 10.

Sa racine est longue, presque simple, pivotante; la plante
est rameuse, diffuse, toute velue, ou pubescente, rabougrie
et haute de 1 décim. au plus; les feuilles sont deux fois ailées,
à folioles menues, pinnatifides; les ombelles sont pédonculées,
opposées aux feuilles, à deux rayons dans la variété β, à trois,
quatre ou quelquefois cinq rayons inégaux dans la variété α;
la collerette-générale est à deux ou trois folioles courtes et linéaires; les fleurs sont rougeâtres, à calices cotonneux; les
collerettes partielles sont à cinq folioles, un peu plus longues
que les fleurs; le fruit est ovale, comprimé, assez grand,
hérissé de longues pointes jaunâtres, élargies et comprimées à la
base, et disposées par séries. ☉. Elle croît dans les sables maritimes de la Provence et du Languedoc.

3508. Caucalide à feuilles *Caucalis daucoides.* de carotte.

Caucalis daucoides. Linn. Mant. 351. non spec. Jacq. Austr. t.
157. — *Caucalis leptophylla.* Lam. Dict. 1. p. 657. — *Conium
Royeni.* Linn. spec. 240.

Cette plante s'élève à 3–4 décim. ; sa tige est droite , anguleuse , presque toujours glabre et lisse , branchue , flexueuse ;
ses feuilles sont trois fois pennées , un peu hérissées sur les nervures , à folioles glabres , pinnatifides , à lobes obtus : les ombelles naissent sur des pédoncules opposés aux feuilles supérieures ; l'ombelle générale n'a point de collerettes , et se divise
en trois rayons ; ceux-ci portent des fleurs un peu rougeâtres ,
presqu'égales entre elles , assez nombreuses , et qui avortent , excepté trois ou quatre : la collerette partielle est à cinq folioles plus
courtes que les fleurs ; les fruits sont oblongs, presque cylindriques,
munis sur chaque face de quatre côtes chargées de pointes roides,
blanchâtres , un peu crochues au sommet , entre lesquelles se
trouvent d'autres pointes avortées. ☉. Elle croît dans les champs ,
aux environs de Paris ; de Montpellier ; de Sorrèze ; de Dijon;
à la tête de Busch dans les Landes (Thor.); en Alsace (Nestl.);
à Mayence (Kœl.); à Epagne près Abbeville (Bouch); à Montauban (Gat.).

Seconde section. TORILIS.   *TORILIS*, Adans. Gœrtn.

*Fruit hérissé de pointes nombreuses , éparses , un peu cro-
chues et semblables à celles des bardanes.*

§. Ier. *Poils strictement appliqués ; ceux de la tige
dirigés de haut en bas ; ceux des rayons de l'ombelle dirigés de bas en haut.*

3509. Caucalide à petite fleur.   *Caucalis parviflora.*

Caucalis parviflora. Lam. Dict. 1. p. 657. — *Caucalis leptophylla.* Linn. spec. 347. Ger. Gallopr. 236. n. 2. — *Caucalis
pumila ,* β. Lam. Fl. fr. 3. p. 425. — *Caucalis humilis.* Jacq.
Hort. Vind. 2. t. 195. Desf. Atl. 1. p. 239.

Cette plante a le port de la caucalide à feuilles de carotte;
sa tige est rameuse , haute de 1–3 décim. , un peu rude , à rameaux divergens; ses feuilles sont deux fois ailées , à folioles
découpées en lobes étroits et pointus , chargés de petits poils
couchés et un peu roides; les ombelles naissent opposées aux

feuilles ; elles se divisent en deux rayons et sont dépourvues de collerette générale ; chaque ombelle partielle a cinq ou six fleurs d'un blanc un peu rougeâtre, presque toutes fertiles, entourées d'une collerette à cinq folioles courtes et lancéolées : les fruits sont oblongs, de moitié plus petits que dans la caucalide à feuilles de carotte, hérissés sur toute leur surface de pointes dures, blanchâtres disposées par séries, et terminés par deux pointes roides et divergentes, qui sont les styles persistans. ☉. Cette plante croit dans les champs, les lieux stériles, le long des routes ; en Provence ; en Languedoc ; en Piémont (All.), à Montéli-mar, au Buis et à Valence (Vill.), en Auvergne (Delarb.), à l'Égontier, près Orléans (Dub.), à Étampes (Guett.), aux environs de Paris (Dal.), à Cagny, près Abbeville (Bouch.), en Alsace (Nestl.).

5510. Caucalide des champs. *Caucalis arvensis.*

Caucalis arvensis. Huds. Angl. 113. excl. syn. — *Caucalis Hel-vetica.* Jacq. Hort. Vind. 3. p. 12. t. 16. — *Caucalis infesta.* Curt. Lond. t. 23. — *Caucalis segetum.* Thuil. Fl. paris. II. 1. p. 136. — *Caucalis aspera, β.* Lam. Dict. 1. p. 656.

Cette espèce, long-temps confondue avec la caucalide an-thrisque, en diffère parce que la collerette générale est nulle ou composée d'une seule foliole demi-avortée ; son port est très-différent ; notre plante forme une touffe rameuse, diffuse, haute de 1-2 décim. au plus, à rameaux nombreux et diver-gens ; les fleurs sont blanches et rarement rougeâtres : les fruits sont un peu plus gros et d'un verd foncé. ☉. Elle croît dans les champs, parmi les moissons et le long des routes.

5511. Caucalide anthrisque. *Caucalis anthriscus.*

Caucalis anthriscus. Scop. Carn. n. 311. — *Tordylium anthris-cus.* Linn. spec. 346. Jacq. Fl. Austr. t. 261. — *Caucalis as-pera, α.* Lam. Dict. 1. p. 656. — *Torilis rubella.* Mœnch. Meth. 103. — *Caucalis aspera.* Lest. Fl. belg. 2. p. 150. — C. Bauh. Prod. p. 80. ic.

Sa tige est haute de 6-12 décim., rameuse, grèle, dure et âpre ou rude au toucher ; ses feuilles sont ailées, et leurs fo-lioles sont ovales-lancéolées, profondément pinnatifides, inci-sées et dentées ; les feuilles supérieures ont leur foliole termi-nale fort alongée et pointue ; les fleurs sont communément rougeâtres ou simplement blanches, et forment des ombelles planes, composées de cinq à dix rayons ; elles sont entourées d'une collerette générale à quatre ou cinq folioles courtes et linéaires; il leur succède des fruits petits, ovales et hérissés de poils courts, roides et quelquefois purpurins. ☉. On trouve cette plante le long des haies et dans les lieux incultes.

3512. Caucalide à fleurs latérales.   *Caucalis nodiflora.*

Caucalis nodiflora. Lam. Dict. 656. — *Tordilium nodosum.* Linn. spec. 346. Jacq. Fl. austr. app. t. 24.— *Caucalis nodosa.* Huds. Angl. 114. non. All. — *Torilis nodosa.* Gœrtn. Fruct. 1. p. 82. t. 20. f. 6.— J. Bauh. 3. p. 2 p. 83. f. 2.

Ses tiges sont longues de 3 décim. ou environ, grêles, dures, un peu rudes au toucher, rameuses et plus ou moins droites; ses feuilles sont ailées et composées de folioles profondément pinnatifides, dont les découpures sont étroites et pointues; ses fleurs sont blanches, petites, et naissent à l'opposition des feuilles, ramassées en ombelles latérales simples et presque sessiles. Les semences sont petites, ovales et hérissées la plupart d'un seul côté. ☉. On trouve cette plante dans les lieux incultes et sur le bord des champs.

§. II. *Plantes glabres ou à poils non appliqués.*

3513. Caucalide à feuilles de cerfeuil.   *Caucalis scandicina.*

Caucalis scandicina. Fl. dan. t. 863. — *Scandix anthriscus.* Linn. spec. 368. Jacq. Austr. t. 154.—*Caucalis scandix.* Scop. Carn. ed. 2. n. 312. — *Chærophyllum anthriscus.* Lam. Dict. 1. p. 685. — *Myrrhis chærophyllæa.* Lam. Fl. fr. 3. p. 442.— *Caucalis æquicolorum.* All. Ped. n. 1390.— *Torilis anthriscus.* Gœrtn. Fruct. 1. p. 83.

Cette plante ressemble beaucoup au cerfeuil cultivé; sa tige est haute de 5 décim., lisse, striée et très-rameuse; ses feuilles sont molles, légèrement velues, trois ou quatre fois ailées, et composées de folioles très-petites et incisées; les ombelles sont la plupart latérales, portées sur de courts pédoncules, et formées par quatre à six rayons filiformes; les fleurs sont petites, presque régulières, et les semences n'ont pas plus de 5 millim. de longueur; les fruits sont ovoïdes, d'un verd foncé, hérissés de pointes roides et crochues. ☉. On trouve cette plante dans les haies et sur le bord des champs.

3514. Caucalide noueuse.   *Caucalis nodosa.*

Caucalis nodosa. All. Ped. n. 1389.—*Scandix nodosa.* Linn. spec. 369. — *Myrrhis nodosa.* Lam. Fl. fr. 3. p. 444. — *Chærophyllum*

nodosum. Lam. Dict. 1. p. 685. — *Torilis tumida*. Mœnch.
Meth. 102. — *Torilis macrocarpa*. Gœrtn. Fruct. 1. p. 83.

Sa tige est haute de 6 décim., rameuse, hérissée de poils
droits et distans, et enflée sous chacune de ses articulations;
ses feuilles sont deux fois ailées et leurs folioles sont larges,
incisées et à découpures presque obtuses; les fleurs sont blanches;
l'ombelle universelle n'est composée que de deux à quatre
rayons, et les semences sont cylindriques, longues de 6 millim.
ou davantage, et couvertes de poils roides, dirigés vers le sommet.
☉. On trouve cette plante dans les haies et les lieux couverts
aux environs de Paris (Lam.), de Nice, de Gènes (All.).

DXCVII. TORDYLE. *TORDYLIUM.*

Tordylium. Tourn. Juss. Lam. Gœrtn. — *Tordylii sp.* Linn.

Car. Le calice est à cinq dents; les pétales sont courbés
en cœur, égaux dans les fleurs du centre, souvent très-grands
et bifurqués sur les bords de l'ombelle; le fruit est comprimé,
orbiculaire, entouré d'un rebord calleux et cannelé : les graines
sont planes.

Obs. Les fleurs sont blanches, toutes fertiles; les collerettes
générales sont à plusieurs folioles simples; celles des ombelles
partielles ne sont disposées que du côté extérieur de l'ombelle.

3515. Tordyle officinal. *Tordylium officinale.*

Tordylium officinale. Linn. spec. 345. Lam. Fl. fr. 3. p. 412. —
J. Bauh. Hist. 3. p. 2. p. 84. f. 1.

Sa tige est droite, velue, rameuse, et haute de 2-5 décim.;
ses feuilles inférieures sont ailées et leurs folioles sont ovales,
incisées et crénelées; les supérieures sont peu nombreuses, découpées en lanières étroites et écartées : ses fleurs sont blanches
et disposées en ombelle plane; il leur succède des fruits orbiculaires et garnis d'un bourrelet. ☉. On trouve cette plante dans les
provinces méridionales, sur le bord des champs; sa racine est
incisive, et les semences sont diurétiques et emménagogues.

3516. Tordyle élevé. *Tordylium maximum.*

Tordylium maximum. Linn. spec. 345. Lam. Fl. fr. 3. p. 412.
Jacq. Fl. austr. t. 142. — Clus. Hist. 2. p. 201. f. 1.

Sa tige est haute de 6-9 décim., très-velue, striée et rameuse; ses feuilles sont ailées, à folioles lancéolées, bordées
de larges dentelures en scie; leur foliole impaire est beaucoup plus longue que les autres; les fleurs sont blanches, et
les extérieures sont rougeâtres en dessous; il leur succède des
semences ovoïdes, comprimées, velues, et garnies d'un rebord

un peu renflé et rougeâtre. ☉. On trouve cette plante dans les lieux incultes et sur le bord des champs.

** *Ombellifères vraies à fleurs jaunes.*

DXCVIII. PEUCÉDANE.   *PEUCEDANUM.*

Peucedanum. Tourn. Linn. Juss. Lam. Gærtn.

Car. Le calice est très-petit, à cinq dents; les pétales sont égaux, oblongs, courbés au sommet; le fruit est ovale, légèrement comprimé, strié, aminci sur les bords et presque ailé.

Obs. Les fleurs sont jaunes ou quelquefois blanches; celles du centre des ombelles sont souvent stériles, et portées sur des pédoncules plus courts; la collerette générale est à plusieurs folioles réfléchies : les espèces à fleur blanche seront peut-être rejetées parmi les sélins.

5517. Peucédane de Paris. *Peucedanum Parisiense.*

Peucedanum officinale. Thuil. Fl. par. II. 1. p. 140. excl. syn.

Cette plante a tout-à-fait le port et le feuillage des peucédanes, mais elle a les fleurs blanches, ce qui doit peut-être la faire ranger parmi les sélins; sa racine est cylindrique, blanchâtre à l'intérieur, garnie au collet de fibres ascendantes, qui sont les débris des anciens pétioles; la tige est droite, haute de 8-10 décim., lisse, glabre ainsi que le reste de la plante, peu rameuse, cylindrique, légèrement striée; les feuilles radicales sont grandes, pétiolées, trois fois ailées, à folioles linéaires, entières, très-étroites, longues de 5 décim., munies de trois nervures, dont une placée au milieu, et deux immédiatement sur le bord de la foliole; celles de l'extrémité des pinnules sont placées trois ensemble, dont les deux latérales divergent; les ombelles sont assez grandes, hémisphériques, à environ vingt rayons; la collerette générale est à 8-10 folioles fines et aiguës; les ombelles partielles ont un grand nombre de fleurs pédicellées, toutes fertiles, un peu rougeâtres avant la fleuraison; le fruit est ovale, comprimé légèrement, couronné par les dents du calice. ♃. Elle croît dans les bois de haute futaie aux environs de Paris; de Rouen ?

5518. Peucédane officinal. *Peucedanum officinale.*

Peucedanum officinale. Linn. spec. 353. Lam. Fl. fr. 3. p. 468. non. Thuil. — *Selinum peucedanum.* Roth. Germ. 1. p. 133. —*Peucedanum altissimum.* Desf. cat. p. 119. — *Peucedanum alsaticum.* Poir. Dict. 5. p. 227.—Lob. ic. 782. f. 1 et 2.

β. *Peucedanum*

β. *Peucedanum Italicum*. Mill. Dict. n. 2.

Sa tige est haute de 1 mètre, cylindrique et rameuse vers
son sommet; ses feuilles inférieures sont amples, leur pétiole
est divisé trois ou quatre fois de suite, trois par trois, et ses
dernières divisions se terminent chacune par trois folioles étroites,
planes et linéaires; les ombelles sont un peu lâches, ouvertes et
disposées au sommet de la tige et des rameaux; les fleurs sont
jaunes, ce qui distingue évidemment cette espèce de celle à
laquelle on donne faussement ce nom aux environs de Paris;
les fruits sont oblongs, non comprimés, et n'ont point de rebord remarquable. ♃. On trouve cette plante dans les lieux
couverts, gras et un peu humides. Elle porte les noms de *queue
de pourceau*, de *fenouil de porc*. La variété β ne diffère de la
précédente que par ses feuilles plus longues et plus étroites;
elle se trouve dans les provinces méridionales.

3519. Peucédane silaüs.   *Peucedanum silaüs*.

Peucedanum silaüs. Linn. spec. 354. Jacq. Austr. t. 15. Poir.
Dict. Enc. 5. p. 227. — *Sium silaüs*. Roth. Germ. I. p. 129.—
Peucedanum pratense. Lam. Fl. fr. 3. p. 469. — Lob. ic.
738. f. 1.

Sa racine est cylindrique, peu rameuse, noirâtre en dehors;
sa tige est haute de 1 mètre au plus, striée, presque anguleuse et
médiocrement rameuse vers son sommet; ses feuilles sont d'un
verd noirâtre, trois fois ailées, et leurs folioles sont petites et
lancéolées-linéaires; les folioles du sommet des pinnules sont
un peu confluentes à leur base; les ombelles sont lâches, très-
ouvertes et terminales; les fruits sont oblongs et cannelés; la
colerette générale est à une ou deux folioles et souvent nulle. ♃.
On trouve cette plante dans les prés humides. Elle passe pour
diurétique.

3520. Peucédane d'Alsace. *Peucedanum Alsaticum*.

Peucedanum Alsaticum. Linn. spec. 354. Jacq. Austr. t. 70.
non Poir. — *Selinum Alsaticum*. Roth. Germ. 1. p. 133.

Cette plante a la fleur jaunâtre et le calice à cinq dents; ces
caractères la rallient au genre des peucédanes, mais son port et
son feuillage ressemblent tellement au sélin sauvage, qu'on doit
peut-être, à l'exemple de Haller et de Roth, la placer parmi
les sélins; elle a une tige droite, peu branchue, glabre ainsi
que le reste de la plante, striée, et d'un verd un peu rougeâtre;
les feuilles sont trois fois ailées, à folioles peu nombreuses,

grandes, pinnatifides, à cinq ou sept lobes pointus, entiers ou rarement trifurqués; les pétioles sont creusés en gouttière à la face supérieure; les ombelles sont petites, assez nombreuses, à huit ou dix rayons striés; la collerette générale est à plusieurs folioles linéaires, rougeâtres, réfléchies; la collerette partielle est à trois ou quatre folioles, disposées sur le côté extérieur des ombelles; les pétales sont d'un jaune pâle, de moitié plus courts que les étamines. ♃. Cette espèce croit dans les lieux boisés et un peu humides; elle est abondante en Alsace, sur-tout aux environs de Colmar, d'où M. Nestler me l'a envoyée; je l'ai aussi reçue de M. Clarion, qui l'a trouvée dans les montagnes de Provence.

DXCIX. ACHE.   *A P I U M.*

Apium. Tourn. Linn. Juss. Lam. Gœrtn.

Car. Le calice est entier; les pétales sont arrondis, égaux, courbés au sommet; le fruit est ovoïde ou globuleux; les semences sont convexes en dehors et marquées de cinq petites côtes ou nervures saillantes.

Obs. Les fleurs sont jaunes; les collerettes sont nulles ou composées de une à trois folioles.

3521. Ache persil.   *Apium petroselinum.*

> *Apium petroselinum.* Linn. spec. 379. Lam. Illustr. t. 196. f. 1.
> *Apium vulgare.* Lam. Fl. fr. 3. p. 444. — Blackw. t. 172. a.
> β. *Apium crispum.* Mill. Dict. n. 2. — J. Bauh. Hist. 3. part. 2. p. 97. f. 2.
> γ. *Apium latifolium.* Mill. Dict. n. 3. — J. Bauh. Hist. 3. part. 2. p. 99. ic.

Sa tige est haute d'un mètre, glabre, striée et rameuse; ses feuilles inférieures sont deux fois ailées, et composées de folioles ovales ou cunéiformes et incisées; les supérieures ont les folioles linéaires : les fleurs sont blanches ou d'une couleur pâle, leurs ombelles sont toujours pédonculées et souvent garnies d'une collerette à une seule foliole. ♂. Cette plante croit en Provence dans les lieux couverts; on la cultive dans les jardins potagers; elle est apéritive, emménagogue, résolutive et diaphorétique. La variété β se distingue à ses feuilles, dont les radicales sont grandes, crépues et frisées, et celles de la tige ovales, découpées et point linéaires : la variété γ a une racine très-grosse et de saveur douce; ses feuilles sont d'un verd foncé, portées sur de longs pétioles, découpées en lobes larges et peu nombreux : ces deux variétés se perpétuent par la graine et se soutiennent distinctes

dans les mêmes terreins, selon les observations de Miller ;
elles sont probablement des espèces distinctes.

3522. Ache odorante.   *Apium graveolens.*

Apium graveolens. Linn. spec. 379. Lam. Dict. 5. p. 194. — *Seseli graveolens.* Scop. Carn. ed. 2. n. 360. — *Sium apium.*
Roth. Germ. 1. p. 128. — Cam. Epit. 527. ic.
β. *Apium dulce.* Mill. Dict. n. 5.
γ. *Apium napaceum.* Mill. Dict. n. 6.
δ. *Apium lusitanicum.* Mill. Dict. n. 7.

Sa tige est haute de 3-6 décim., un peu épaisse, striée, rameuse ; ses feuilles sont une ou deux fois ailées, et leurs folioles sont larges, lisses, presque luisantes, incisées, lobées
et dentées ; la plupart des ombelles sont axillaires et sessiles.
♂. On trouve cette plante dans les marais et sur le bord des
ruisseaux. La variété ⍺ est connue sous le nom spécial d'*Ache* ;
elle est venéneuse ou du moins très-suspecte ; la variété β,
qu'on cultive sous le nom de *céleri*, est plus grande et plus
ferme dans toutes ses parties, et devient un aliment sain, à
cause de l'étiolement qu'on lui fait subir et de la surabondance de
sève que la culture introduit dans son tissu. La variété γ,
connue sous le nom de *céleri rave*, diffère des précédentes
par la grosseur de sa racine, qui ressemble à celle d'un navet.
La variété δ a la fleur jaunâtre, les feuilles radicales à trois
lobes, celles de la tige à cinq lobes crénelés. Miller a observé
que ces variétés se conservent par les graines et résistent à la
culture, d'où il conclut, avec une grande vraisemblance, qu'elles
sont originairement distinctes.

D C. ANETH.   *A N E T H U M.*

Anethum. Linn. Juss. Lam. — *Anethum et Fœniculum.* Tourn.
Gœrtn.

Car. Le calice est entier ; les pétales sont entiers, presque
égaux, courbés en demi-cercle ; le fruit est lenticulaire, comprimé ; les graines sont planes d'un côté, convexes de l'autre,
marquées de cinq côtes.

Obs. Les fleurs sont jaunes ; les collerettes manquent ; les
feuilles sont découpées très-menu ; dans les espèces qui composent le genre *anethum* de Tournefort, les ailes marginales
du fruit sont membraneuses. Ces plantes sont exotiques, ou du
moins leur habitation en France n'est pas assez prouvée pour
que j'ose les indiquer.

3523. Aneth fenouil. *Anethum fœniculum.*

Anethum fœniculum. Linn. spec. 377. Lam. Dict. 1. p. 170. —
Fœniculum vulgare. Gærtn. Fruct. 1. p. 105. t. 23. f. 5. —
Fœniculum officinale. All. Ped. n. 1359. — *Ligusticum fœniculum.* Roth. Germ. I. p. 124.
β. *Fœniculum dulce.* C. Bauh. Pin. 147. — Lob. ic. 775. f. 2.

Ses tiges sont cylindriques, lisses, rameuses, et s'élèvent
jusqu'à 1 ou 2 mètres; ses feuilles sont deux ou trois fois
ailées, très-divisées, et leurs folioles ou découpures sont presque capillaires : les fleurs sont régulières, leurs pétales sont
entiers, et les ombelles sont amples et terminales. ♂. On
trouve cette plante dans les lieux pierreux; son odeur est agréable, et son goût est doux et aromatique. La variété β, qui est
cultivée en Italie, ne diffère de l'espèce sauvage, que parce
qu'elle est un peu plus petite et a les graines plus blanchâtres
et plus petites; lorsqu'elle est abandonnée à elle-même, elle
devient, en peu d'années, semblable à l'espèce sauvage : celle-ci
croît dans les lieux secs et pierreux, sur-tout dans le midi de la
France; ♂ ses graines sont aromatiques et employées par les con-
fiseurs à la place de l'anis, dont elles reçoivent souvent le nom.

DCI. MACERON. *SMYRNIUM.*

Smyrnium. Tourn. Linn. Juss. Lam. Gærtn.

Car. Le calice est entier, peu apparent; les pétales sont
pointus, relevés en carène, courbés au sommet, presque égaux
entre eux; le fruit est ovale-globuleux, ventru; les semences
sont en forme de croissant, relevées sur le dos de trois nervures
saillantes et sillonnées en dedans.

Obs. Les fleurs sont jaunes, les collerettes nulles, les feuilles
de la tige simples ou à trois lobes.

3524. Maceron commun. *Smyrnium olusastrum.*

Smyrnium olusastrum. Linn. spec. 376. Lam. Illustr. t. 204.
Dict. 3. p. 663. — Lob ic. t. 708. f. 2.

Sa tige est haute de 6-9 décim., cylindrique et rameuse;
ses feuilles inférieures sont trois fois ternées et composées de
folioles ovales-arrondies, dentées, lobées, glabres et luisantes;
les supérieures sont simplement ternées; les fleurs sont d'un
jaune pâle, et les fruits sont composés de deux semences cannelées et un peu en forme de croissant. ♀. On trouve cette
plante dans les pâturages humides et couverts de la Provence;

en Piémont, près des bains de Vinadio et aux environs de Nice (All.); en Belgique (Lin.); sa racine et ses semences sont diurétiques et emménagogues.

DCII. PANAIS. *PASTINACA.*

Pastinaca. Tourn. Linn. Juss. Lam. Gœrtn.

Car. Le calice est entier; les pétales sont entiers, courbés en demi-cercles presque égaux; le fruit est elliptique, comprimé; les graines sont un peu échancrées au sommet, presque ailées sur les bords, planes en dedans, et marquées de deux lignes ferrugineuses, convexes sur le dos, et munies de trois nervures peu saillantes.

Obs. Les fleurs sont jaunes; les collerettes sont nulles; quelquefois la collerette partielle existe.

5525. Panais cultivé. *Pastinaca sativa.*

Pastinaca sativa. Linn. spec. 376. Lam. Illustr. t. 206. — *Selinum pastinaca.* Crantz. Austr. 161.
α. *Pastinaca sylvestris.* Mill. Dict. n. 1.
β. *Pastinaca sativa.* Mill. Dict. n. 2.

Sa tige est haute de 1 mètre, quelquefois un peu plus, cylindrique, cannelée et rameuse; ses feuilles sont un peu velues, une fois ailées, et composées de folioles assez larges, lobées ou incisées; les fleurs sont petites, régulières, et forment des ombelles très-ouvertes, dépourvues de collerette. ♂. On trouve cette plante dans les lieux incultes, et le long des haies ou des chemins. On cultive la variété β, dont les feuilles sont glabres, plus larges, et dont la racine est plus grande, moins dure, et d'un usage assez fréquent dans les cuisines. On la connoît sous les noms de *panais*, *pastenade*, *pastenague*.

5526. Panais opopanax. *Pastinaca opopanax.*

Pastinaca opopanax. Linn. Mant. 357. Gouan. Illustr. p. 19. t. 13 et 14. Lam. Dict. 4. p. 719. — *Pastinaca altissima.* Lam. Fl. fr. 3. p. 465. — *Laserpitium chironium.* Linn. spec. 358. ex Gouan.

Sa tige est haute d'environ 2 mètres, très-droite, cylindrique, glabre dans sa partie supérieure et un peu rameuse; ses feuilles sont très-amples, deux fois ailées, hérissées en leur pétiole et en leurs nervures postérieures, composées de folioles ovales, dentées et remarquables par un lobe à leur base, ou par un de leurs côtés beaucoup plus court que l'autre, ce qui forme un vide ou une échancrure unilatérale : les ombelles sont assez petites, toutes garnies de collerette, et les latérales sont portées sur des pédoncules verticillés trois ou quatre ensemble vers le sommet de la tige; les fruits sont tout-à-fait planes. ♃. On trouve cette plante sur le bord des champs dans les provinces méridionales, aux environs de Montpellier; à Selleneuve (Gou.), près de la rivière de la Mausson (Magn.), près Frontignan (Lob.); en Provence (Gér.), entre Aix et Rians, à la Malacouélo et au bois de la Garduèle (Gar.); à Nice et à Oneille (All.). Linné pense que c'est cette plante qui, dans la Syrie, fournit l'opopanax gomme-résine, employée en médecine; mais Gouan assure que son suc est gommeux et non résineux. Une telle différence tiendroit-elle à la diversité des climats?

DCIII. THAPSIE.　　*THAPSIA.*

Thapsia. Tourn. Linn. Juss. Lam. Gœrtn.

Car. Le calice est entier; les pétales sont lancéolés, courbés à leur sommet; le fruit est oblong, comprimé, échancré aux deux extrémités, muni sur ses côtés de deux ailes membraneuses.

Obs. Les fleurs sont jaunes; les collerettes nulles; les feuilles très-décomposées.

3527. Thapsie velue.　　*Thapsia villosa.*

Thapsia villosa. Linn. spec. 375. Lam. Illustr. t. 206. — Clus. Hist. 2. p. 192. ic.

Sa tige est haute de 6-9 décimètres, cylindrique et presque simple; ses feuilles sont grandes, larges, velues, blanchâtres en dessous, deux fois ailées et à folioles dentées, pinnatifides et cohérentes à leur base : les fleurs forment des ombelles lâches fort amples, et composées d'une vingtaine de rayons. ♃. On trouve cette plante dans les lieux stériles, ombragés et montueux des provinces méridionales; aux environs de Nice (All.); dans la Provence méridionale, à Saint-Martin de Crau près Aix (Gér.), au Monteiguez, au pont des *Trei-Sautez*, à Rians (Gar.); aux environs de Montpellier près de la mer (Gou.), à Cette, au mont du Loup et près Cecelles (Magn.). On la nomme vulgairement *malherbe.*

DCIV. FERULE. *FERULA.*

Ferula. Tourn. Linn. Juss. Lam. Gærtn.

Car. Le calice est entier; les pétales sont oblongs, entiers, un peu courbés au sommet, à-peu-près égaux; le fruit est ovale, comprimé, composé de deux graines elliptiques, convexes en dehors, relevées sur le dos de trois nervures peu saillantes, et munies sur les côtés d'un rebord étroit.

Obs. Les fleurs sont jaunes; les collerettes sont à plusieurs folioles courtes et caduques. Les férules sont des herbes très-grandes, dont la tige, presque ligneuse à la maturité, est employée à faire des cannes et des bâtons dans le midi de l'Europe; les feuilles sont extrêmement découpées, à folioles linéaires.

3528. Férule commune. *Ferula communis.*

Ferula communis. Linn. spec. 355. Lam. Dict. 2. p. 454. — Lob. ic. 778. f. 2.

Sa tige est haute de 12–15 décim., épaisse, ferme, cylindrique et un peu rameuse; ses feuilles sont fort grandes, plusieurs fois ailées, décomposées et à folioles longues et linéaires; ses fleurs forment des ombelles très-garnies, disposées ordinairement trois à trois, dont une intermédiaire assez grande et deux latérales plus petites, soutenues par des pédoncules opposés; ces ombelles sont le plus souvent dépourvues de collerettes. ♃. On trouve cette plante dans les lieux montueux et maritimes des provinces méridionales, aux environs de Nice (All.); aux isles d'Hières, en Provence (Gér.); en Languedoc; dans le Roussillon.

3529. Férule verticillée. *Ferula nodiflora.*

Ferula nodiflora. Linn. spec. 356. Lam. Dict. 2. p. 456. Jacq. Austr. app. t. 5. — Barr. ic. 835.

Sa tige s'élève au-delà d'un mètre de hauteur; elle est striée, simple ou peu rameuse : les feuilles inférieures sont trois fois ailées, à folioles opposées, linéaires, souvent munies à leur base d'autres folioles petites, linéaires et divergentes; la partie supérieure de la tige qui est peu garnie de feuilles, porte à chacun de ses nœuds quatre à six pédoncules disposés en verticille et chargés chacun d'une petite ombelle de fleurs jaunâtres; l'ombelle terminale est presque sessile entre les rameaux, à douze ou quinze rayons : toutes les ombelles, soit générales,

Y 4

soit partielles, ont des collerettes à plusieurs folioles oblongues, pointues, courtes, déjetées en bas : on trouve des gaines avortées et membraneuses sous chacun des pédoncules qui naissent le long de la tige. ♃. Elle croît dans les vignes sur les côteaux des environs d'Oneille ; au mont Toet près de Nice, et sur-tout aux environs de Tortone dans la vallée de la Stafora (All.).

DCV. ARMARINTE.　　*CACHRYS.*

Cachrys. Tourn. Linn. Juss. Lam. Gœrtn.

Car. Le calice est entier ; les pétales sont égaux, lancéolés, courbés au sommet ; le fruit est grand, ovale-cylindrique, anguleux, recouvert d'une écorce épaisse et fongueuse.

Obs. Les fleurs sont jaunes ; le fruit est velu dans la plupart des espèces, excepté dans la seule qui soit indigène de France ; les collerettes sont à plusieurs folioles simples ou rameuses.

3530. Armarinte à fruits lisses. *Cachrys lævigata.*

Cachrys lævigata. Lam. Dict. 1. p. 276. Pourr. Act. Toul. 3. p. 309. — *Cachrys morisoni.* All. Auct. p. 23. Vahl. Symb. 3. p. 49. — *Cachrys libanotis.* Gou. Illustr. p. 12. Lam. Fl. fr. 3. p. 467. non Linn. — Moris. Umb. t. 3. f. 1.

Sa tige est cylindrique, striée, rameuse et haute de 6 décim. ; ses feuilles sont amples, décomposées et partagées en découpures fines, linéaires et pointues ; ses fleurs sont jaunes, terminales et forment des ombelles bien garnies ; il leur succède des fruits ovoïdes, lisses, sillonnés et qui se divisent en deux portions fongueuses, dans chacune desquelles est renfermée une espèce de noyau. ♃. Elle a été trouvée à Narbonne, Sainte-Lucie et le Pech de l'Agnèle, par M. Pourret ; près Montpellier, le long du fleuve de Lamousonprès Villeneuve, Fabrègues, Saint-Jean de Vedas, et aux rochers de Mijoulan (Gou.) ; en Provence (Gér.), au petit bois de Rians et à Notre-Dame des Anges (Gar.) ; en Piémont près Mauriana, d'où elle m'a été envoyée par M. Balbis.

DCVI. BUPLÈVRE.　　*BUPLEVRUM.*

Buplevrum. Tourn. Linn. Juss. Lam. Gœrtn.

Car. Le calice est entier ; les pétales sont entiers, égaux, courbés en demi-cercle ; le fruit est arrondi ou ovoïde, bossu sur les deux faces, un peu comprimé sur les côtés et strié.

Obs. Les fleurs sont jaunes ; les feuilles sont entières dans toutes les espèces, excepté dans un buplèvre du Cap de Bonne-Espérance (*buplevrum difforme*), dont les feuilles sont divisées en trois parties; les collerettes générales sont quelquefois nulles, quelquefois composées de une à cinq folioles. Les buplèvres sont tous glabres et coriaces; quelques-uns sont des arbrisseaux.

3531. Buplèvre ligneux. *Buplevrum fruticosum.*

Buplevrum fruticosum. Linn. spec. 343. Lam. Dict. 1. p. 520.—Duham. Arb. 1. t. 43.

Sa tige est haute d'un mètre, droite, rameuse, cylindrique et d'un rouge noirâtre; ses feuilles sont ovales-oblongues, un peu rétrécies vers leur base, coriaces, lisses et traversées par une nervure longitudinale; ses fleurs sont terminales et disposées en ombelle composée, garnie de collerettes universelle et partielle. ♄. On trouve cette espèce dans les environs de Narbonne; dans le midi du Dauphiné, à Orange et au Buis (Vill.); dans les lieux un peu humides de la Provence méridionale, près Salon (Gér.).

3532. Buplèvre à feuilles arrondies. *Buplevrum rotundifolium.*

Buplevrum rotundifolium. Linn. spec. 340. Lam. Dict. 1. p. 517. *Buplevrum perfoliatum.* Lam. Fl. fr. 3. p. 405. — Lob. ic. t. 396. f. 1.

Sa tige est rameuse, glabre et s'élève jusqu'à 5 décim.; ses feuilles sont ovales, arrondies dans leur partie inférieure, chargées d'une très-petite pointe à leur sommet, glabres, d'un verd glauque, et la plupart enfilées par la tige; les inférieures sont simplement embrassantes : la collerette générale manque; les collerettes partielles sont composées chacune de cinq folioles ovales, inégales, jaunâtres intérieurement, et terminées par une petite pointe aiguë. ☉. On trouve cette plante dans les champs, dans les terreins secs dans presque toute la France, et dans l'isle de Corse (All.).

3533. Buplèvre à longue feuille. *Buplevrum longifolium.*

Buplevrum longifolium. Linn. spec. 341. Lam. Dict. 1. p. 518. — J. Baub. Hist. 3. p. 199. f. 1.

Il ressemble, par son port, au buplèvre à feuilles arrondies, et en diffère moins par la forme des feuilles que par la présence d'une collerette générale; sa tige est feuillée, simple et s'élève un peu au-delà de 3 décim.; ses feuilles sont longues, glabres et pointues, les inférieures sont un peu rétrécies en pétiole à leur base, et toutes les autres sont embrassantes. La collerette universelle est composée de trois à cinq feuilles inégales, et la partielle en a cinq ovales, pointues et de la longueur des rayons de l'ombelle partielle. ♃. Elle vient dans les lieux pierreux des montagnes en Provence (Gér.); dans le Queyras près de Gap, à Chamechaude et à la grande Chartreuse en Dauphiné; dans la Savoie; aux environs de Genève; sur les montagnes du Jura, à la Dole, au Creux du Vent; sur les Monts-d'Or en Auvergne; dans les Vosges sur le Ballon près Colmar (Nestl.).

5534. Buplèvre étoilé. *Buplevrum stellatum.*

Buplevrum stellatum. Linn. spec. 340. Lam. Dict. 1. p. 517. — Hall. Helv. n. 771. t. 18.

Sa racine est une souche ligneuse, épaisse, d'où sortent plusieurs feuilles linéaires, lancéolées, pointues, larges de 6–12 millim., et dont la hauteur atteint presque celle de la hampe; celle-ci est droite, cylindrique, haute de 1-2 décim, terminée par une ombelle à deux, trois, quatre ou cinq rayons peu étalés; la collerette générale est composée de deux ou trois feuilles lancéolées, distinctes et de la longueur des rayons; les collerettes partielles sont à huit ou neuf folioles soudées dans toute leur longueur, en forme de cloche, à huit ou neuf lobes arrondis. ♃. Elle croît sur les hautes Alpes, dans les prairies et parmi les rochers ombragés; en Dauphiné, à Charousse, à la montagne d'Uriage, dans le Champsaur, aux Costes, au col Lessalier, à Brande, dans l'Oisans et près de la Mure (Vill.); en Provence (Gér.); en Piémont (All.); en Savoie, dans les environs du Mont-Blanc, du Buet, à Pormenaz et ailleurs.

5535. Buplèvre des Py-rénées. *Buplevrum Pyrenœum.*

Buplevrum Pyrenœum. Gouan. Illustr. p. 8. t. 4. f. 1. 2. — *Buplevrum Pyrenaicum.* Willd. spec. 3. p. 1371.

Cette espèce ressemble extrêmement au buplèvre étoilé, mais elle en diffère par ses feuilles plus larges, plus nombreuses le long de la tige, et dont les supérieures sont un peu en cœur à la base, et sur-tout par ses collerettes partielles à cinq folioles distinctes; elle a quelques rapports avec le buplèvre anguleux, mais on l'en distingue à son port, à ses feuilles plus larges, dont les inférieures sont rétrécies à la base, et sur-tout parce que les rayons de l'ombelle dépassent peu ou point les feuilles de la collerette. ♃. Elle croit sur les rochers escarpés dans les Pyrénées, au mont Laurenti, et au pic d'Ereslids.

3536. Buplèvre en faulx. *Buplevrum falcatum.*

Buplevrum falcatum. Linn. spec. 341. Jacq. Austr. t. 158. Lam. Dict. 1. p. 518. — *Buplevrum falcatum, α.* Lam. Fl. fr. 3. p. 408. — Lob. ic. 456. f. 1.

Sa tige est haute de 5-6 décimètres, cylindrique, cannelée, dure, un peu fléchie en zig-zag et très-rameuse; ses feuilles inférieures sont nerveuses, elliptiques-lancéolées, rétrécies en pétiole à leur base; les autres sont étroites-lancéolées, pointues et souvent courbées en faucille; les ombelles partielles sont fort petites; la collerette universelle est composée d'une à trois folioles inégales, et la partielle en a ordinairement cinq petites et aiguës. ♃. Cette plante, connue sous le nom d'*oreille de lièvre*, croît dans les lieux secs et pierreux, au bord des haies et parmi les buissons.

3557. Buplèvre à feuilles de gramen. *Buplevrum graminifolium.*

Buplevrum graminifolium. Vahl. Symb. 3. p. 48. —*Buplevrum petræum.*Jacq. ic. rar. 1. t. 56. Lam. Dict. 1. p. 517. Vill. Dauph. 2. p. 576. t. 14. non Linn.

Sa tige est haute de 2 décimètres, cylindrique, nue ou chargée dans sa partie supérieure d'une petite feuille sessile, étroite et aiguë; ses feuilles radicales sont nombreuses, très-étroites, aiguës, et longues de 1 décimètre : la collerette universelle est composée de cinq folioles étroites et inégales, et la partielle en a six ou huit fort petites, ne débordant pas leur ombelle, et entièrement distinctes. ♃. Cette plante croît parmi les graviers et les rochers, dans les montagnes du Dauphiné, dans le Champsaur, aux environs de Gap, de Die, au col de l'Arc près Saint-Paul de Varce (Vill); en Piémont, au-dessus d'Ormea, à Armellin près Limone, et à la Madone de la Fenestre (All). Elle croit de préférence sur les roches calcaires (Vill.); on la distingue du *buplevrum petræum* de Linné, parce que les folioles de la collerette partielle sont distinctes et non soudées ensemble.

5558. Buplèvre renon- *Buplevrum ranunculoides.*
cule.

Buplevrum ranunculoides. Lam. Dict. 1. p. 518. — Hall. Helv.
n. 770.

α. *Buplevrum ranunculoides.* Linn. spec. 342. — J. Bauh. Hist.
3. p. 199. f. 2.

β. *Buplevrum angulosum.* Linn. spec. 341. Lam. Fl. fr. 3. p. 406.

γ? *Buplevrum vapincense.* Vill. Dauph. 2. p. 574.

Il est facile de reconnoître cette espèce à la petite pointe
qui termine les folioles de ses collerettes et aux feuilles radicales qui sont étroites, graminées et nerveuses. La variété α
est une petite plante de la hauteur du doigt, à tige toujours
simple, presque nue, terminée par une ombelle à quatre ou
cinq rayons inégaux; les folioles de la collerette générale sont
ovales, inégales, au nombre de trois ou quatre, et de moitié
plus courtes que les rayons; celles de la collerette particulière
sont ovales, un peu plus longues que les fleurs, et au nombre
de cinq à six. La variété β s'élève jusqu'à 5 décim. Sa tige
est garnie de cinq à six feuilles alternes et un peu embrassantes : de l'aisselle des feuilles supérieures partent deux ou
trois rameaux chargés de fleurs; les folioles de la collerette
partielle sont plus longues proportionnellement aux fleurs. La
variété γ a la tige encore plus feuillée et plus rameuse que la
précédente, et les folioles de la collerette encore plus longues
comparativement aux fleurs. ♃. La variété α est assez commune dans les prairies sèches et découvertes des Alpes, du
Jura, des Pyrénées. La variété β croît dans les montagnes plus
basses du Dauphiné, de la Savoie, etc. La variété γ a été observée aux environs de Gap (Vill.) et au col de Las près le
pont de Claix en Dauphiné.

5559. Buplèvre à feuilles *Buplevrum caricifolium.*
de carex.

Buplevrum caricifolium. Wild. spec. 3. p. 1373. — *Buplevrum
gramineum.* Vill. Dauph. 2. p. 575.

Sa racine est tortueuse, presque simple, un peu ligneuse,
divisée au sommet en trois ou quatre souches courtes, ligneuses, écailleuses, d'où sortent des feuilles linéaires, amincies
aux deux extrémités, et longues de 5-5 centim. La tige est
simple ou un peu rameuse, garnie de quelques feuilles lancéolées-linéaires embrassantes à leur base; l'ombelle générale

se divise en trois, quatre ou cinq rayons, et sa collerette n'est composée que d'une ou rarement deux folioles lancéolées : les folioles des collerettes partielles sont ovales-oblongues, terminées par une petite pointe comme dans le buplèvre renoncule. ♃. Elle croit dans les Alpes parmi les pierres et les fentes des rochers; en Dauphiné dans le Queyras près du château (Vill.). Elle a été recueillie par mon frère dans les Alpes voisines du Valais, à la montée du Cramont.

5540. Buplèvre roide. *Buplevrum rigidum.*

Buplevrum rigidum. Linn. spec. 342. Lam. Dict. 1. p. 518. — *Buplevrum falcatum*, β. Lam. Fl. fr. 3. p. 408. — Lob. ic. t. 456. f. 2.

Ses feuilles naissent presque toutes à la base de la tige ; elles sont fermes, marquées de plusieurs nervures proéminentes, ovales ou elliptiques, terminées en pointes, rétrécies en pétiole à leur base, longues de 1 déc.; la tige est presque nue, rameuse, plusieurs fois bifurquée, haute de 5-6 décim.; les ombelles sont nombreuses, à trois ou quatre rayons; leurs collerettes sont composées de folioles très-petites et presque avortées; on en compte trois ou quatre soit à la collerette générale, soit aux collerettes partielles. ♃. Elle croit dans les lieux pierreux, arides et stériles des provinces méridionales; dans le sud de la Provence (Gér.); au vallon de Vaumare, à Rougnas, au chemin de Malouëno près Aix (Gar.); dans les Cévennes; aux environs de Montpellier, au bois de Gramont (Lob.), à la Valette (Magn.).

5541. Buplèvre odontalgique. *Buplevrum odontites.*

Buplevrum odontites. Linn. spec. 342. Lam. Dict. 1. p. 519. — *Buplevrum divaricatum*, α. Lam. Fl. fr. 3. p. 410. — J. Bauh. Hist. 3. part. 2. p. 201. f. 1.

Sa tige est grêle, striée, haute de 2 décimètres, et garnie de rameaux étalés et très-ouverts; ses feuilles sont presque linéaires, longues de 1 décim., larges de 5 millim., pointues et chargées de trois nervures fines; les collerettes, soit universelles, soit partielles, sont composées chacune de cinq folioles longues, lancéolées, aiguës et à trois nervures; les ombelles sont portées sur des pédoncules très-inégaux, et forment de belles étoiles jaunâtres; les fleurs sont portées sur des pédicelles propres, longs de 5-6 millim., et celle du milieu a le pédicelle plus long que les autres; les folioles de leur colle-

rette sont doubles de leur longueur. ☉. Cette plante est commune dans les prés stériles et sur les collines dans l'Auvergne,
et dans toute la partie de la France située au sud de cette
province. Dalechamp assure que sa décoction appaise les rages de
dents : c'est de cette propriété très-équivoque qu'on a tiré son nom

3542. Buplèvre demi-com-   *Buplevrum semi-com-*
posé.   *positum.*

Buplevrum semi-compositum. Linn. spec. 342. Gouan. Illustr.
p. 9. t. 7. f. 1. Lam. Dict. 1. p. 519. —*Buplevrum divaricatum,*
β. Lam. Fl. fr. 3. p. 410.

Cette espèce ressemble beaucoup à la précédente et à la suivante ; sa tige se divise, dès le collet, en rameaux peu étalés ;
ses feuilles sont rétrécies à la base, un peu élargies vers le
sommet, obtuses, avec une petite pointe aiguë ; ses ombelles sont
très-petites, les unes latérales, les autres terminales ; les fleurs
sont en petit nombre et presque sessiles ; enfin les fruits sont
rudes et tuberculeux. ☉. Elle croît dans les lieux stériles, aux
environs de Narbonne ; à Villafranca près Saint-Ospice (All.).

3453. Buplèvre menu.   *Buplevrum tenuissimum.*

Buplevrum tenuissimum. Linn. spec. 343. Lam. Dict. 1. p. 519.
—Barr. ic. t. 1248.
β. *Nanum.* — *Buplevrum tenuissimum.* Bouch. Fl. abb. p. 20.

Sa tige est grèle, un peu dure, feuillée, haute de 5 décim.
et garnie dans la plus grande partie de sa longueur, de rameaux
alternes et un peu allongés ; ses feuilles sont étroites, pointues
et presque linéaires ; les fleurs forment des ombellules extrêmement petites, les unes terminales, les autres latérales ; les ombelles qui terminent la tige ou les rameaux, sont composées,
et celles qui sont à la base des branches, sont la plupart simples.
La collerette universelle est formée par quatre ou cinq folioles
très-courtes et pointues ; les fleurs sont presque sessiles ; les
fruits sont rudes et tuberculeux. ☉. Elle croît dans les lieux
stériles, herbeux et maritimes, dans presque toute la France.
La variété β, qui a été trouvée sur les côtes de la Picardie
près Saint-Valery, est remarquable par sa petitesse et par ses
rameaux courts et étalés.

3544. Buplèvre de Gérard.   *Buplevrum Gerardi.*

Buplevrum Gerardi. Murr. Syst. 274. Jacq. Austr. 3. t. 256. —
Buplevrum junceum. Lam. Fl. fr. 3. p. 409. Dict. 1. p. 519. *a.*
— Ger. Gallopr. p. 235. n. 7. t. 9.

Sa tige est très-grèle, un peu anguleuse, divisée en rameaux

nombreux, et s'élève jusqu'à 5 décim.; ses feuilles sont linéaires, étroites, aiguës et chargées de trois nervures très-
fines; les rayons de l'ombelle universelle sont longs et filiformes; les ombelles partielles n'ont qu'un petit nombre de
fleurs, la plupart presque sessiles; les folioles de la collerette,
soit universelle, soit partielle, sont extrêmement aiguës; la
collerette générale est à cinq folioles inégales; la partielle en
a aussi cinq qui dépassent la longueur des fleurs; les fruits
sont lisses, marqués de cinq à six côtes longitudinales. ⊙.
Cette plante croît dans les lieux stériles et les champs maigres
dans la Provence méridionale; en Piémont près Turin, Saint-
Jean et Saint-Michel de Maurienne, aux environs de Nice
(All.).

3545. Buplèvre effilé.   *Buplevrum junceum.*

Buplevrum junceum. Linn. spec. 343. — *Buplevrum junceum, β.*
Lam. Dict. 1. p. 519. — Moris. s. 9. t. 12. f. 3.

Cette espèce est très voisine de la précédente; elle s'élève
jusqu'à 5 ou 6 décim., et se divise en rameaux alternes,
nombreux, presque droits; ses feuilles sont linéaires, lisses,
marquées de cinq à sept nervures fines et longitunales; les
fleurs sont disposées en petites ombelles simples ou composées, terminales ou quelquefois latérales; la collerette générale est à deux ou trois folioles à-peu-près égales aux rayons
de l'ombelle; la collerette partielle est à cinq folioles linéaires,
un peu plus longues que les fleurs; les ombelles générales ne
sont composées que de deux ou trois rayons : chacun de ceux-ci
porte cinq à six fleurs jaunes. Le suc de cette plante est laiteux (Lin). ⊙. Elle croît aux bords des champs et des haies à
Narbonne; en Provence (Gér.); à Nice, Ast et Montferrat
(All.); en Dauphiné près Vienne, Montélimart et Grenoble
(Vill.); en Savoie (All.); près Bâle (Hall.); en Lorraine
(Buch.,; en Auvergne (Delarb.); à Bercy près Paris (Thuil.).

*** *Ombellifères anomales.*

DCVII. ÉCHINOPHORE.   *E CHINOPHORA.*

Echinophora. Tourn. Linn. Juss. Lam.

Car. L'ombelle a une collerette de trois à quatre feuilles,
et est composée de cinq à quinze rayons : chaque ombelle partielle a une collerette d'une seule pièce, en forme de toupie,
à six lobes inégaux; les fleurs du bord de chaque ombelle

partielle sont pédicellées, mâles, munies d'un calice à cinq dents et de pétales étalés et inégaux : la fleur centrale est sessile, femelle, munie de pétales échancrés; le fruit n'offre qu'une graine (la seconde est avortée) couverte par la collerette partielle qui s'est endurcie et par les pédicelles des fleurs mâles qui prennent l'apparence d'épines.

Obs. Les feuilles sont ailées, les fleurs blanches.

3546. Échinophore épineuse. *Echinophora spinosa.*

Echinophora spinosa. Linn. spec. 344. Lam. Illustr. t. 190. f. 1. Lob. ic. 710. f. 1.

Sa tige est épaisse, cannelée, feuillée, haute de 2 décim., et rameuse dans sa partie supérieure; ses feuilles sont alongées, presque deux fois ailées, d'un verd blanchâtre, et à découpures étroites, aiguës et épineuses. Les fleurs sont blanches, irrégulières, et disposées en ombelles très-ouvertes; la collerette universelle est composée de cinq folioles assez longues, et la partielle de six, dont les trois extérieures sont beaucoup plus grandes que les autres; ces folioles sont toutes terminées par une pointe épineuse; elles sont pubescentes ainsi que les rayons de l'ombelle. ♃. On trouve cette plante dans les lieux maritimes de l'isle de Corse et des provinces méridionales, depuis Nice jusqu'à Perpignan : elle se retrouve à Nantes (Bon.).

DCVIII. ASTRANCE. *ASTRANTIA.*

Astrantia. Tourn. Linn. Juss. Lam. Gærtn.

Car. Le calice est à cinq dents, persistant; les pétales sont courbés et à deux lobes; le fruit est ovoïde, surmonté par le calice : chaque graine porte sur son dos cinq côtes ridées transversalement.

Obs. Les fleurs sont jaunes ou blanches; l'ombelle est à trois ou quatre rayons, et à une collerette de deux à trois feuilles divisées; les ombelles partielles sont hémisphériques, à fleurs nombreuses, à collerettes de plusieurs feuilles colorées ou plus grandes que l'ombelle : les feuilles sont palmées.

3547. Astrance epipactis. *Astrantia epipactis.*

Astrantia epipactis. Linn. F. suppl. 177. Scop. Carn. n. 303. t. 6. Lam. Dict. 1. p. 323. — Lob. ic. 664. f. 1. opt. — Hall. nom. n. 737.

Une souche brune, horizontale, pousse par-dessous des radicales simples et fibreuses, et émet en-dessus une ou plusieurs

feuilles

feuilles radicales portées sur de longs pétioles, glabres ainsi
que le reste de la plante, découpées jusqu'à la base, en trois
lobes, dont les deux latéraux sont divisés en deux parties presque jusqu'à la base; ces lobes sont tous en forme de coin,
obtus, incisés et dentés en scie; de l'aisselle de chaque feuille
sort un pédoncule radical assez long, nu, terminé par une
ombelle simple, serrée; la collerette est à six ou sept folioles
oblongues, obtuses, dentées en scie, beaucoup plus longues
que les fleurs; celles-ci sont jaunes, presque sessiles. ⚥. J'insère
ici cette plante d'après l'autorité de Haller qui dit l'avoir trouvée en Piémont, dans la val d'Aost près du mont Pennin.

3548. Astrance à grandes feuilles. *Astrantia major.*

Astrantia major. Linn. spec. 339. Lam. Illustr. t. 191. f. 1. —
Astrantia nigra. Scop. Carn. ed. 2. n. 306. — *Astrantia can-
dida.* Mill. Dict. n. 2.

Cette espèce se distingue par sa grandeur, par ses involucres plus longs que les fleurs, et parce qu'aucun des lobes
des feuilles n'est partagé jusqu'au pétiole; sa tige est droite,
un peu rameuse, et s'élève jusqu'à 5 décimètres; ses feuilles
sont palmées, dentées, ciliées et d'un verd noirâtre; celles
de la racine sont larges, et portées sur de longs pétioles:
les fleurs sont terminales, petites et disposées trente ou quarante par ombelles; ces ombelles paroissent former chacune une
belle fleur radiée, rougeâtre ou blanchâtre; la collerette qui
forme leur couronne, est composée de quinze à vingt folioles
pointues et à trois nervures. ⚥. Elle croît dans les prairies
des montagnes des Vosges, du Jura, des Alpes, des Cévennes,
des Pyrénées.

3549. Astrance à petites feuilles. *Astrantia minor.*

Astrantia minor. Linn. spec. 340. Lam. Illustr. t. 191. f. 2.
β. *Foliis radicalibus subpedatis.* —Vill. Dauph. 2. p. 657. var. b.
γ. *Foliis radicalibus quinquelobis.* — *Astrantia carniolica.*
Jacq. Austr. app. t. 10. — *Astrantia minor.* Scop. Carn. t. 7.
— *Astrantia major*, β. Lam. Dict. 1. p. 323.

Cette espèce est beaucoup plus petite que la précédente
dans toutes ses parties; ses tiges sont hautes de 2-3 décimètres,
grèles et presque nues; ses feuilles sont digitées et composées
de sept folioles tout-à-fait distinctes, simples, très-étroites et
dentées. Les fleurs forment des ombelles très-petites, et
dont la collerette ne déborde que légèrement. La variété β a

les nervures des feuilles radicales un peu divergentes en forme de pédale et les lobes très-légèrement réunis. La variété γ a les lobes réunis à leur base, à-peu-près comme dans l'astrance à grandes feuilles; mais son port la rapproche absolument des deux variétés précédentes. ♃. Cette plante croît dans les prairies des Alpes et des Pyrénées.

DCIX. SANICLE. *SANICULA.*

Sanicula. Tourn. Linn. Juss. Lam. Gœrtn.

CAR. Le calice est presque entier; les pétales sont entiers, courbés au sommet; le fruit est ovoïde, presque globuleux, non divisible en deux parties et hérissé de pointes dures et crochues.

OBS. Les fleurs sont blanches, disposées en une ombelle rameuse et irrégulière : chaque ombelle partielle est hémisphérique, à fleurs presque sessiles; la collerette partielle est à plusieurs folioles : les feuilles sont palmées.

5550. Sanicle d'Europe. *Sanicula Europæa.*

Sanicula Europæa. Linn. spec. 339. Lam. Illustr. t. 191. f 1. — *Sanicula officinarum.* Lam. Fl. fr. 3. p. 402. — *Sanicula officinalis.* Gou. Hort. 131. — *Caucalis sanicula.* Crantz. Austr. p. 228. — *Astrantia diapensia.* Scop. Carn. ed. 2. n. 304. — Cam. Epit. 763. ic.

Sa racine est une souche horizontale d'où sort une hampe droite, presque nue, grêle, et qui s'élève jusqu'à 5 décimètres; ses feuilles sont lisses, luisantes, vertes, palmées et à trois ou cinq lobes profonds, dentés, incisés ou trifides; celles de la racine sont portées sur de longs pétioles : les fleurs sont blanches, fort petites et ramassées en ombellules globuleuses; les rayons de l'ombelle universelle sont longs et communément au nombre de cinq, dont quatre sont trifides à leur sommet, et portent chacun trois ombelles partielles. ♃. On trouve cette plante dans les bois; elle est très-vulnéraire, astringente et détersive.

DCX. PANICAUT. *ERYNGIUM.*

Eryngium. Tourn. Linn. Juss. Lam. Gœrtn.

CAR. Le calice est à cinq parties, persistant; les pétales sont oblongs, courbés de manière à appliquer la moitié supérieure sur l'inférieure; le fruit est ovale-oblong, couronné par les dents du calice, souvent hérissé d'écailles qui ressemblent à des paillettes.

Obs. Les fleurs sont blanches, sessiles et disposées en tête serrée, analogue à celle des dipsacées; la collerette générale est à plusieurs folioles roides et épineuses ; les collerettes partielles sont remplacées par des paillettes épineuses placées entre les fleurs ; les feuilles sont épineuses, entières ou lobées.

3551. Panicaut maritime. *Eryngium maritimum.*

Eryngium maritimum. Linn. spec. 337. Lam. Dict. 4. p. 753. Wood. Med. Bot. t. 102. — Cam. Epit. 448. ic.

Sa tige est cylindrique, épaisse, blanchâtre, feuillée, rameuse et haute de 5 décim.; ses feuilles inférieures sont pétiolées, arrondies, larges, nerveuses, blanchâtres, plissées, coriaces, un peu découpées ou lobées, et bordées de dents épineuses; les autres sont sessiles, courtes, anguleuses, épineuses et légèrement trilobées : les folioles de l'involucre sont fort larges, anguleuses, épineuses et au nombre de cinq ou six. ♃. Cette plante croît dans les sables maritimes, depuis Nice jusqu'en Belgique.

3552. Panicaut des champs. *Eryngium campestre.*

Eryngium campestre. Linn. spec. 337. Lam. Illustr. t. 187. f. 1. — *Eryngium vulgare.* Lam. Fl. fr. 3. p. 401. — Fuchs. Hist. 297. ic.

Sa tige est haute de 3 décim. ou un peu plus, droite, cylindrique, striée, blanchâtre, et garnie dans sa moitié supérieure de beaucoup de rameaux très-ouverts ; ses feuilles sont dures, vertes, nerveuses, épineuses, ailées et à folioles décurrentes, laciniées ou demi-pennées vers leur sommet ; ses têtes de fleurs sont petites, terminales et très-nombreuses : les folioles de leur involucre sont étroites, roides et épineuses. ♃. On trouve cette plante sur le bord des chemins et dans les lieux incultes; sa racine passe pour apéritive, diurétique, emménagogue et aphrodisiaque. Cette plante est connue sous le nom de *chardon-roland.* — Latourrette en cite une variété qui, dans sa jeunesse, a les feuilles entières. Seroit-ce elle que Dalibard a désignée sous le nom d'*eryngium glanum ?*

3553. Panicaut de Bourgat. *Eryngium Bourgati.*

Eryngium Bourgati. Gouan. Illustr. p. 7. t. 3. Lam. Dict. 4. p. 752. — *Eryngium amethystinum.* Lam. Fl. fr. 3. p. 401. non Linn.

β. *Caule subsimplici paucifloro.*

Sa tige est cylindrique, glabre, striée, médiocrement feuillée,

d'un bleu violet dans sa partie supérieure, et s'élève jusqu'à
5 décim. ; ses feuilles sont épineuses, très-découpées, et panachées de verd et de blanc; les inférieures sont portées sur
de longs pétioles, presque arrondies, et divisées en trois parties
trifides ou pinnatifides ; les supérieures sont presque sessiles et
pareillement découpées : les têtes de fleurs sont ovales, terminales, et remarquables par leur involucre, intérieurement coloré, et d'une couleur bleue superbe, tirant sur celle de l'amé-
thiste ; les folioles de cet involucre sont étroites, dentées et épineuses. ♃. Cette plante croît dans les lieux herbeux des Pyrénées,
à la Perche entre Cynes et Mont-Louis (Gou.). La variété β a la
tige presque dégarnie de fleurs, chargée d'une ou deux ombelles,
et ne s'élève pas à 2 décim. : elle croît aussi dans les Pyrénées.

3554. Panicaut épine-blanche.   *Eryngium spina-alba.*

Eryngium spina-alba. Vill. Dauph. 2. p. 660. t. 17. —*Eryngium
rigidum.* Lam. Dict. 4. p. 758. —*Eryngium Alpinum*, β. Lam.
Fl. fr. 3. p. 400. — Dalech. Lugd. p. 1462. f. 1.
β. *Caule abbreviato, capitulis elongatis.*

Cette espèce est intermédiaire entre le panicaut de Bourgat et
le panicaut des Alpes, et se distingue de l'un et de l'autre par
son verd pâle et la blancheur de ses écailles : on la sépare de
l'espèce précédente, parce que les folioles de sa collerette sont
pinnatifides et non dentées, et de l'espèce suivante, à cause de
la rigidité de toutes ses parties, et en particulier de ses épines :
sa tige est épaisse, peu ou point rameuse, haute de 1-3 décim. ; ses têtes de fleurs sont rarement sphériques, mais plutôt
ovoïdes; elles sont très-alongées dans la variété β. ♃. Cette plante
croît dans les lieux secs et pierreux des montagnes de la Provence et du Dauphiné; à la Moucherolle près Grenoble; dans
le Champsaur; sur le mont Ventoux; sur le Glandaz près de
Die (Vill.).

3555. Panicaut des Alpes.   *Eryngium Alpinum.*

Eryngium Alpinum. Linn. spec. 337. non. mant. Lam. Dict. 4.
p. 753. — Dalech. Hist. 1460. f. 1. — Lob. ic. 2. p. 23. f. 2.

Sa tige est haute de 5 décimètres, droite, simple, feuillée
et chargée à son sommet d'une à trois têtes de fleurs cylindriques et fort belles ; ces têtes sont remarquables par leur involucre, composé d'un grand nombre de folioles longues, étroites,

légèrement pinnatifides, d'un bleu violet mêlé de verd et de
blanc, non épineuses, mais agréablement ciliées dans toute leur
longueur : les feuilles de la racine sont cordiformes, portées
sur de longs pétioles, et bordées de dents terminées chacune
par un filet foible ; celles du milieu de la tige sont presque sessiles, trilobées et ciliées ; enfin, les supérieures sont digitées. ♃.
Cette plante croît dans les prairies, sur les hautes montagnes ;
dans les Alpes du Piémont, à Pralognan et à la source de la
Durance, entre Termignon et Entre-les-eaux (All.); en Dauphiné au Clausis, près la Croix-Haute ; à l'Argentière près
d'Embrun ; en Queyras (Vill.); en Savoie à la vallée du Petit-
Reposoir près Sallenches ; dans le Jura entre Gex et Thoiry,
et au chalet des Rochats près le val de Travers.

3556. Panicaut plane.   *Eryngium planum.*

Eryngium planum. Linn. spec. 336. excl. Dal. syn. Lam. Dict. 4.
p. 753. Jacq. Fl. austr. t. 391. — Clus. Hist. 2. p. 158. f. 1.

Sa tige est haute de 6 décim., droite, cylindrique, feuillée
et simple, ou légèrement rameuse à son sommet ; ses feuilles
inférieures sont pétiolées, ovales-oblongues, obtuses, planes,
vertes, dentées en leur bord, et un peu en cœur à leur base ;
les supérieures sont petites, sessiles, quelques-unes simples, et
les autres trifides ou digitées : les fleurs sont bleuâtres et forment
de petites têtes arrondies ou ovales ; les folioles de leur involucre sont étroites, au nombre de cinq à huit. ♃. Cette plante
croît dans les Alpes de Provence voisines de l'Italie. Elle ne
se trouve point aux environs de Paris, quoiqu'elle soit indiquée
dans les Flores de Dalibard et de Thuillier.

DCXI. HYDROCOTYLE.   *HYDROCOTYLE.*

Hydrocotyle. Tourn. Linn. Juss. Lam. Gœrtn.

Car. Le calice est peu apparent ; les pétales sont entiers et
égaux ; le fruit est orbiculaire, comprimé, à deux lobes, relevé
de quelques nervures.

Obs. Les fleurs sont blanches, disposées en ombelle simple
ou imparfaite ; la collerette générale est à deux ou quatre folioles ;
les feuilles sont ordinairement simples, arrondies et pétiolées.
Ce genre a quelques rapports avec les berles.

3557. Hydrocotyle commune. *Hydrocotyle vulgaris.*

Hydrocotyle vulgaris. Linn. spec. 338. Lam. Dict. 3. p. 151.
Illustr. t. 188. f. 1. — Lob. ic. 387. f. 1.

Ses tiges sont grèles, rampantes et longues de 6–15 centim.;
ses feuilles sont orbiculaires, crénelées, vertes, glabres et portées sur de longs pétioles qui s'insèrent dans le milieu de leur
surface inférieure; les fleurs naissent dans les aisselles des
feuilles, le long des tiges, portées sur des pédoncules de 1–4
centimètres de longueur; elles sont fort petites et ramassées
cinq à huit ensemble en une ombelle simple, serrée, ou en une
tête très-petite : le fruit est comprimé et composé de deux
semences demi-orbiculaires. ♃. On trouve cette plante dans
les marais. Elle porte les noms de *gobelet* ou d'*écuelle d'eau*,
qui ont l'un et l'autre le même sens que le nom botanique, et
font allusion aux feuilles qui sont souvent concaves en dessus
comme un gobelet.

SOIXANTE-TROISIÈME FAMILLE.

SAXIFRAGÉES. *SAXIFRAGEÆ.*

Saxifrageæ. Vent. — *Saxifragæ, Cactorum et Caprifoliorum gen.*
Juss. — *Succulentæ*, ζ. Linn. — *Portulacearum gen.* Adans.

CETTE famille n'a pas des rapports très-intimes avec la précédente; mais on ne peut disconvenir cependant que de toutes
les Dicotylédones polypétales, c'est celle qui s'en éloigne le
moins; ce rapprochement devient sur-tout sensible, lorsqu'on
compare les Hydrangea et les Hortensia avec les Ombellifères
et les Caprifoliacées. Le port des Saxifragées est très-divers
dans les différens genres de cette famille; les tiges sont herbacées ou ligneuses, nues ou feuillées; les feuilles sont souvent charnues, alternes ou opposées ou disposées en rosette
radicale. Les fleurs sont en corimbes, en grappes, ou rarement
solitaires.

Le calice est adhérent dans une partie plus ou moins grande
de son étendue, quelquefois entièrement libre, persistant, à
quatre ou cinq divisions. La corolle manque dans quelques
genres, et alors le calice est un peu coloré; elle est ordinai-
ment à quatre ou cinq pétales, insérés au sommet du calice,

entre ses divisions ; les étamines sont insérées au même point,
en nombre égal à celui des pétales, ou en nombre double :
l'ovaire est simple, adhérent ou libre, couronné par deux
styles persistans ; le fruit est le plus souvent une capsule terminée par deux pointes qui sont dues aux styles qui persistent
comme dans les Ombellifères, bivalve à son sommet, ou s'ouvrant
par un trou situé entre les deux pointes, à une ou deux loges ;
lorsqu'il y a deux loges, la cloison est formée par les bords
rentrans des valves. Les graines sont nombreuses, insérées ou
au fond de la capsule, ou sur la cloison ; leur périsperme est
charnu ; leur embryon est droit, et a sa radicule inférieure.

* *Corolle polypétale.*

DCXII. SAXIFRAGE.   *SAXIFRAGA.*

Saxifraga. Linn. Juss. Lam. Gœrtn. — *Saxifraga et Geum.*
Tourn.

CAR. Le calice est à cinq divisions, tantôt libre, plus souvent adhérent avec l'ovaire ; la corolle est à cinq pétales ; l'o-
vaire est libre ou demi-adhérent, surmonté de deux styles ;
les étamines sont au nombre de dix ; la capsule est de forme
variable dans les diverses espèces, terminée par deux cornes,
divisée en deux loges, s'ouvrant par un trou situé entre les
deux cornes : la cloison porte les graines dans sa partie
moyenne.

OBS. Les saxifrages sont des herbes habitantes des hautes
montagnes, et dont le port est très-variable. Les espèces dont
l'ovaire est libre, et dont le calice est réfléchi après la fleuraison, doivent peut-être constituer un genre distinct.

PREMIÈRE SECTION. Ovaire adhérent.

* *Feuilles coriaces, entières et alternes.*

3558. Saxifrage à longues   *Saxifraga longifolia.*
       feuilles.

Saxifraga longifolia. Lapeyr. Fl. pyr. p. 26. t. 11.— *Saxifraga*
lingulata. Bell. Act. Tur. 5. p. 226.

Cette belle saxifrage se distingue de toutes les autres à ses
feuilles radicales, qui sont coriaces, disposées en une large
rosette, étalées, linéaires, longues de 5-10 centim., sur une
largeur de 6-10 millim., glabres, d'un vert glauque, presque entières sur les bords, un peu ciliées à la base, munies
dans le reste de leur pourtour de points blancs et lépreux qui

semblent, au premier coup-d'œil, former des dentelures; de cette rosette s'élève une tige de 5-10 décim., chargée d'un grand nombre de fleurs blanches disposées en panicule; les feuilles de la tige, la tige elle-même, les pédicelles et les calices sont hérissés de poils glanduleux à leur sommet; les pétales sont grands, obtus, striés en dessous, ponctués en dessus vers leur base. ♃. Elle croît sur les rochers escarpés des Pyrénées, vers le centre de la chaîne. M. Ramond l'a trouvée par-tout dans les Pyrénées, depuis la hauteur de 600 à 2200 et 2400 mètres; à la pique d'Ereslids, à Boucharo, au Cau d'Espade, au Pic d'Arbissac, au Pas d'Azun, au Pic d'Anie, au port de Plan (Lapeyr.). Elle est assez commune dans les Alpes maritimes, à la vallée de Pise, dans les montagnes de Limone et de Mont-Régal.

3559. Saxifrage pyramidale. *Saxifraga pyramidalis.*

Saxifraga pyramidalis. Lapeyr. Fl. pyr. p. 32. — *Saxifraga cotyledon*, var. Linn. spec. 570. Fl. lapp. t. 2. f. 2. Lam. Fl. fr. 3. p. 524. — *Saxifraga cotyledon.* All. Ped. n. 1517. — Hall. Helv. n. 977.

β. *Multiflora.* Dodart. Mem. 137. ic.

Ses feuilles radicales sont oblongues, en forme de langue, disposées en rosette lâche droite ou peu étalée, glabres, planes, coriaces, bordées d'une membrane blanchâtre, taillée en dents de scie aiguës et très-régulières; la tige fleurie s'élève de 5 à 9 décim.; elle porte une panicule droite, rameuse, composée d'un grand nombre de fleurs; les fleurs sont grandes, blanches, disposées huit ou dix ensemble sur le même pédoncule; la tige, les pédoncules, les feuilles de la tige et les calices sont hérissés de poils un peu glanduleux : le nombre des fleurs de la plante, et la grandeur de la panicule, s'augmentent beaucoup par la culture, ce qui constitue la var. β. ♃. Cette belle plante croît sur les rochers presque nus des montagnes, dans les Pyrénées, au pont d'Estaubé, à la vallée de Cauteret, à Héas (Ramond), au Castelet, à Nouri (Lapeyr.); dans les Alpes du Valais, aux vallées de Saas, de St.-Nicolas (Hall.); en Piémont dans la val d'Aost près la Sale; dans la vallée de la Stura près la Barricade (All.).

3560. Saxifrage aïzoon. *Saxifraga aïzoon.*

Saxifraga aïzoon. Jacq. Austr. t. 438. Lapeyr. Fl. pyr. p. 33. — *Saxifraga cotyledon.* Linn. spec. 570. var. ε. Lam. Fl. fr. 3. p. 524. var. a. — Hall. Helv. n. 978.

β. *Saxifraga recta.* Lapeyr. Fl. pyr. p. 33. t. 15. — Barr. ic. t.
1309. 1311. 1312.

Ses feuilles sont coriaces, disposées en rosettes radicales ,
étalées, oblongues dans la var. β, plus arrondies dans la var. α,
dentées en scie , et souvent chargées de tubercules lépreux
sur les bords, glabres sur les deux surfaces, quelquefois ciliées vers leur base; la tige qui s'élève de la rosette est droite,
longue de 1-4 décim. , presque glabre , garnie de quelques
feuilles éparses, oblongues ou en spatule, droites, glabres et
dentées; les fleurs forment vers le sommet de la tige une
panicule oblongue dans la var. β, courte et semblable à un
corymbe dans la variété α. Chaque pédicelle ne porte qu'un ,
deux ou rarement trois fleurs; celles-ci ont le calice glabre ,
les pétales blancs, ordinairement ponctués vers leur base ; de
la base de chaque rosette radicale, naissent des rejets feuillés
et couchés qui multiplient la plante , de sorte qu'elle forme
sur les rochers des gazons larges et serrés. ♃. Elle est commune sur les rochers découverts , et les lieux secs et pierreux
des Alpes , du Jura , des Vosges , des Monts-d'Or , des Pyrénées.

5561. Saxifrage intermédiaire. *Saxifraga media.*

Saxifraga media. Gouan. Illustr. 27. Lam. Illustr. t. 273. f. 6.
— *Saxifraga calyciflora.* Lapeyr. Fl. pyr. p. 28. t. 12.

Cette plante a presque le port d'une joubarbe ; ses feuilles
sont nombreuses à la base de la tige , réunies en une rosette
ouverte , serrée, arrondie; ces feuilles sont oblongues , un peu
élargies vers le sommet, qui se termine en pointe , entières,
quelquefois un peu ciliées vers leur base, glabres, d'un verd
glauque , marquées à la surface supérieure de points glanduleux rangés symmétriquement sur le bord de la feuille; la tige
florale est longue de 5-15 centim. ; elle est garnie de quelques
feuilles oblongues, et toute hérissée, ainsi que les feuilles, les
pédicelles et les calices , de poils glanduleux au sommet; les
fleurs sont au nombre de cinq à six , pédicellées, disposées
en grappe courte; leur calice est adhérent, purpurin, à cinq
lobes grands et obtus; les pétales sont roses, plus petits que
les lobes du calice , caractère qui distingue essentiellement
cette plante de toutes les espèces voisines. ♃. Elle croît sur
les rochers , dans la partie orientale des Pyrénées ; M. Lapeyrouse l'indique particulièrement au Castelet , à Cambredases ,

au port de Paillères et à Bernadouse; M. Ramond, au Cazau
d'Esquière, au fond de la vallée de Bagnères-de-Luchon.

3562. Saxifrage jaune et pourpre. *Saxifraga luteo-pur-purea.*

Saxifraga luteo-purpurea. Lapeyr Fl. pyr. p. 29. t. 14.

Cette espèce a le port et le feuillage de la saxifrage intermédiaire, et la fleuraison de la saxifrage arétie; elle se
distingue de la première par ses pétales d'un jaune doré,
plus longs que le calice; elle diffère de la seconde par ses
rosettes radicales plus grandes et plus étalées, par sa tige,
ses feuilles florales et ses calices hérissés de poils glanduleux,
par son calice plus ventru et ordinairement purpurin pendant
la fleuraison. M. Lapeyrouse regarde cette plante comme une
hybride, ayant pour père la saxifrage intermédiaire, et pour
mère la saxifrage arétie; il l'a trouvée mélangée avec ces
deux plantes sur les rochers calcaires à las Grottes et au-
dessus de la fontaine de Bernadouse dans les Pyrénées. ♃.

3563. Saxifrage arétie. *Saxifraga aretioides.*

Saxifraga aretioides. Lapeyr. Fl. pyren. p. 28. t. 13. — Tourn.
Inst. 253. n. 4.

Cette espèce a le port des androsaces uniflores, appelées
aréties par plusieurs auteurs : sa racine pousse un grand
nombre de tiges presque simples, longues de 1-3 centim.,
garnies de feuilles droites, embriquées, serrées, disposées en
rosette; ces feuilles persistent après leur mort, de sorte que
les tiges sont feuillées depuis la base, et forment autant de
colonnes cylindriques; ces feuilles sont petites, coriaces, entières, oblongues, un peu obtuses, lisses, munies de quelques pores en dessus; de chaque rosette sort une hampe longue de 4-5 centim., chargée de deux à six fleurs jaunes, garnie
d'un petit nombre de feuilles éparses, hérissée, ainsi que
les feuilles supérieures et les calices, de poils glanduleux au
sommet. Les pétales sont deux fois plus longs que le calice,
obtus, élargis à leur sommet, marqués de quelques nervures
longitudinales et parallèles. Les étamines ont les filets pourpres
et les anthères jaunes. ♃. Elle croît dans les fentes des rochers
dans les Pyrénées; M. Lapeyrouse l'indique au Tourmalet,
au fond de la vallée d'Asté, à Bernadouse, entre Pierrefite

et Cautarets. M. Ramond l'a trouvée au Pic du Midi, au Pic
d'Ereslids, à Lhéris près Bagnères.

3564. Saxifrage bleuâtre.   *Saxifraga cœsia.*

> *Saxifraga cœsia.* Linn. spec. 571. Scop. Carn. t. 15. Jacq. Austr.
>   t. 374. Lam. Fl. fr. 3. p. 525.—*Saxifraga recurvifolia.* Lapeyr.
>   Fl. pyr. p. 30.
> β. *Saxifraga cœsia.* All. Ped. n. 1522.
> γ. *Saxifraga diapensioides.* Bell. Act. Acad. Tur. 5. p. 227.

Cette plante a le port de l'androsace lactée ; elle est fort
petite ; le collet de sa racine se divise en plusieurs souches
garnies de beaucoup de feuilles ramassées et disposées en rosettes serrées ; ces feuilles sont très-petites, oblongues, pointues, recourbées, ciliées à leur base, légèrement ponctuées
en dessous, un peu dures et d'une couleur glauque : les
tiges sont grèles, presque nues, hautes de 6-12 centimètres,
et soutiennent une à cinq fleurs d'un blanc de lait. ♃. Elle
est assez commune dans les Alpes du Piémont, dans les lieux
exposés au vent et au soleil (All.); elle a été trouvée en Dauphiné à la montagne des Haies près Briançon, et sur le col de
l'Echauda en Vallouise, par MM. Liottard et Villars ; dans les
Pyrénées, au Castelet, à Laquore, Crabère, Sissoi, au Tourmalet, aux roches St.-Bertrand, près l'Oule du Marboré, par
M. Lapeyrouse ; à la Brèche d'Allands par M. Ramond ; au
Cantal, aux environs de Salers et de la Chartreuse en Auvergne (Delarb.). La variété α a la hampe glabre, les pétales
ovales, et les feuilles recourbées et ponctuées. La variété β en
diffère par la hampe légèrement pubescente, et les pétales
oblongs. La variété γ est plus rabougrie, a les feuilles moins
recourbées, moins ponctuées, les pétales oblongs, la tige et
les calices pubescens.

3565. Saxifrage à cils roides.   *Saxifraga aspera.*

> α. *Saxifraga bryoides.* Linn. spec. 572. Jacq. Misc. 2. t. 5. f. 1.
>   Lam. Fl. fr. 3. p. 526. — Scheuchz. Itin. 2. t. 21. f. 2.
> β. *Saxifraga aspera.* Linn. spec. 575. Jacq. Austr. app. t. 31.
>   Lam. Fl. fr. 3. p. 530. — Scheuchz. Itin. 2. t. 20. f. 3.

Cette espèce se distingue de toutes les autres par son feuillage lisse, sec et d'un verd jaunâtre, par ses feuilles linéaires,
presque toujours bordées de cils écartés, roides, blanchâtres et
semblables à de petites épines ; par ses fleurs d'un blanc tirant
sur le jaune, à pétales oblongs deux fois plus longs que le

calice ; elle varie tellement pour son port, que tous les auteurs ont décrit ses variétés comme autant d'espèces ; si je les réunis, c'est qu'un examen attentif de cette plante dans les Alpes mêmes, m'a prouvé que les deux espèces décrites par les auteurs, sont deux variétés peu distinctes. La variété α a toutes ses feuilles serrées au bas de la plante, réunies en une espèce de globule, et quelquefois toutes ou presque toutes dépourvues de cils ; la tige est presque nue, et terminée par une ou rarement deux fleurs dont le diamètre est de 15-20 millim. ; les feuilles de la tige sont presque toujours ciliées ; dans plusieurs individus, il part du collet des rejets couchés, feuillés et ordinairement stériles ; la variété β ne diffère de la précédente que parce qu'elle est plus alongée et plus vigoureuse ; ses feuilles forment au bas de la plante une rosette plus lâche, sont plus nombreuses le long de la tige, et toutes garnies de cils roides ; les fleurs sont au nombre de une à sept, un peu plus petites que dans la variété α. Du bas de la plante, partent des rejets couchés, alongés, à feuilles un peu plus écartées ; ces feuilles émettent à leur aisselle des petits faisceaux de jeunes feuilles. Il m'est arrivé souvent de trouver sur la même touffe des jets dont les uns appartenoient à la variété α, et d'autres à la variété β. ♃. Elle croît parmi les rochers et les pierres, dans les lieux secs des hautes montagnes ; elle est assez fréquente dans les Alpes, les Pyrénées, les Monts-d'Or.

*** * *Feuilles coriaces, entières, opposées.***

3566. Saxifrage à feuilles opposées. *Saxifraga oppositifolia.*

Saxifraga oppositifolia. Linn. spec. 575. All. Ped. n. 1529. t. 21. f. 3. Lapeyr. Fl. pyr. 36. t. 16. — *Saxifraga oppositifolia, a.* Wild. spec. 2. p. 648.

Cette plante est d'un verd foncé ; ses tiges sont ligneuses, couchées, branchues, noirâtres, de 5-20 centim. de longueur ; ses feuilles sont opposées, sur quatre rangs, très-serrées, sessiles, ovales, obtuses, bordées de cils un peu roides, glabres sur leur face ; les fleurs sont sessiles, solitaires au sommet des branches ; leur couleur varie du pourpre au bleu et au rouge dans les diverses époques de la fleuraison ; on en trouve même de roses et presque blanches ; les pétales sont ovales, obtus, deux fois plus longs que le calice et que les étamines, rétrécis à la base , assez rapprochés les uns des autres ; l'ovaire est libre ; les étamines sont égales aux pistils et cachées dans la corolle. ♃. El'e croît sur les rochers et parmi les pierres dans les hautes montagnes , auprès des neiges et des glaces ; dans les Alpes , les Pyrénées.

3567. Saxifrage à deux fleurs. *Saxifraga biflora.*

Saxifraga biflora. All. Ped. n. 1530. t. 21. f. 1. Lapeyr. Fl. pyr. p. 37. t. 17. — *Saxifraga oppositifolia*, β. Wild. spec. 2. p. 648. — Hall. Helv. n. 981.

Cette espèce ressemble beaucoup à la saxifrage à feuilles opposées par ses tiges ligneuses , couchées , branchues , par ses feuilles opposées et d'un verd foncé ; mais elle en est certainement distincte ; ses feuilles sont plus écartées , moins dures , nues ou garnies sur les bords de poils mols souvent glanduleux ; ses fleurs sont rarement solitaires , et naissent d'ordinaire deux ensemble, sessiles au sommet des branches ; leur couleur est purpurine , bleue , rouge , rose , ou même souvent blanche ; les pétales sont linéaires , écartés , droits , deux fois plus longs que le calice , égaux à la longueur du pistil , et un peu plus longs que les étamines. ♃. Cette plante croît parmi les débris des rochers dans les hautes montagnes, auprès des neiges éternelles ; elle se trouve dans les Alpes qui séparent la Savoie du Piémont, comme , par exemple, au col St.-Remi, à l'Allée-Blanche ; dans le Dauphiné , à la vallée de Cervières ; dans le Briançonnois et le Queyras (Vill.) ; elle est plus rare dans les Pyrénées , où elle n'a été observée qu'à Batscuillade , dans les gorges entre le Laurenti et les montagnes d'Orlu (Lapeyr.).

3568. Saxifrage écrasée.   *Saxifraga retusa.*

Saxifraga retusa. Gou. Illustr. 28. t. 18. f. 1. Lapeyr. Fl. pyr. p. 38. t. 18. — *Saxifraga imbricata.* Lam. Fl. fr. 3. p. 531. ex syn. — *Saxifraga purpurea.* All. Ped n. 1531. t. 21. f. 2. — *Saxifraga oppositifolia*, γ. Wild. spec. 2. p. 648.

Cette espèce ressemble aux deux précédentes par son port et ses feuilles opposées ; elle en est certainement distincte par ses feuilles glabres. presque triangulaires , assez semblables à celles de l'aloès écrasé , courtes , rapprochées , embriquées sur quatre rangs , munies de pores à la surface supérieure , et à peine ciliées à la base ; la corolle est de la grandeur de celle de la saxifrage à deux fleurs , mais composée de pétales étalés qui dépassent à peine la longueur du calice ; la fleur elle-même est sensiblement pédonculée ; le calice adhère avec l'ovaire d'une manière marquée ; enfin les étamines et les pistils sont les uns et les autres plus longs que les pétales. ♃. Elle croit sur les rochers élevés et ombragés des plus hautes montagnes, auprès des neiges éternelles; dans les Pyrénées, à la gauche de l'étang de Laurenti; dans les Alpes du Dauphiné, à Sept-Laux, au fond du Valgaudemar, à St.-Christophe, à l'Argentière, sur la Vizo en Queyras, au Lautaret ; en Provence (Vill.), et plus fréquemment sur les hautes Alpes du Piémont (All.).

*** *Feuilles non coriaces, entières ou dentées.*

3569. Saxifrage faux-aïzoon. *Saxifraga aizoides.*

>*Saxifraga aizoides.* Smith. Fl. brit. 452. — *Saxifraga autumnalis.* Lam. Fl. fr. 3. p. 530. Lapey. Fl. pyr. 47. — Hall. Helv. n. 971.
>α. *Flore luteo.* — *Saxifraga aizoides.* Linn. spec. 576.
>β. *Flore croceo.* — *Saxifraga autumnalis.* Wild. spec. 2. p. 650.

Sa racine pousse plusieurs tiges assez simples , un peu couchées dans leur partie inférieure, feuillées et hautes de 15-21 centim. ; ses feuilles sont éparses, sessiles, linéaires-lancéolées et médiocrement ciliées en leurs bords ; ses fleurs sont au nombre de trois à six , disposées au sommet de chaque tige , sur des pédoncules simples et un peu velus; leur calice est demi-adhérent, non renversé à la maturité ; leurs pétales sont lancéolés , jaunes et remarquables par des taches de couleur de safran. Elle présente plusieurs variétés quant au nombre de ses fleurs , qui sont quelquefois solitaires et quelquefois au nombre de quinze ou vingt ; quant à ses feuilles , qui sont tantôt glabres, tantôt ciliées, tantôt obtuses, tantôt terminées en une pointe molle plus ou moins abrupte; quant à la couleur de sa fleur , qui est jaune et marquée de points orangés dans la variété α qu'on trouve dans les plaines, et toute entière d'un jaune-orangé dans la variété β , qui ne croit que dans les montagnes élevées; l'une et l'autre variétés naissent dans les lieux humides , pierreux et ombragés , dans les vallées au bord des ruisseaux; dans les Alpes et les Pyrénées. Elles fleurissent à la fin de l'été. ♃.

3570. Saxifrage à feuilles *Saxifraga planifolia.*
planes.

Saxifraga planifolia. Lapeyr. Fl. pyr. p. 31. — *Saxifraga muscoides.* All. Ped. n. 1528. t. 61. f. 2. non Wulf. — *Saxifraga
tenera.* Sut. Fl. helv. 1. p. 245. — Hall. Helv. n. 985.

Sa racine pousse plusieurs tiges courtes, serrées, couvertes
par les anciennes feuilles, qui sont embriquées, brunes et
persistantes ; celles du sommet sont molles, d'un verd jaunâtre, un peu luisantes, légèrement pubescentes, linéaires,
oblongues, toutes entières, obtuses au sommet, longues de
6-8 millim. ; de la sommité de chaque tige part du milieu
des feuilles une hampe grèle, pubescente, sur-tout vers le sommet, un peu visqueuse, longue de 1-4 centim., terminée par
une à deux fleurs petites, droites, d'un jaune pâle, à calice
adhérent pubescent, à pétales ovales, obtus ou un peu échancrés, deux fois plus longs que le calice. Cette petite plante
diffère-t-elle réellement de la *saxifraga sedoides* et de la
saxifraga moschata ? ♃. Elle croît dans les plus hautes montagnes, auprès des neiges éternelles, sur les rochers un peu
humides; Allioni l'a trouvée sur le Lautaret et le mont Cenis ;
je l'ai recueillie aux environs de l'Allée-Blanche et du col de
St.-Remi ; M. Lapeyrouse l'a trouvée dans les Pyrénées à la
Oule du Marboré, à la Dent d'Orlu, au port d'Oo, au mail
du Cristal, et à la vallée d'Eynes.

3571. Saxifrage androsace. *Saxifraga androsacea.*

Saxifraga androsacea. Linn. spec. 571. Lam. Fl. fr. 3. p. 525.
Jacq. Austr. t. 389). — *Saxifraga Pyrenaica.* Scop. Carn. n.
498. t. 16. — Pluk. t. 222. f. 2.

Cette espèce a parfaitement le port de l'androsace trom-
peuse; elle est remarquable par les variations qu'elle subit ; sa
grandeur va jusqu'à 8-10 centim., et dans les hautes montagnes, elle ne dépasse pas 2 centim. : ses feuilles sont le plus
souvent absolument entières, quelquefois terminées par trois
dents profondes; on trouve des individus qui ont à-la-fois les
deux sortes de feuilles; les poils, vus à la loupe, sont articulés; les feuilles sont la plupart radicales, oblongues, rétrécies
à la base, un peu pointues, de consistance herbacée; la tige
est menue, peu ou point feuillée, simple, terminée par une à
deux fleurs pédicellées, blanches, à pétales obtus, deux fois
plus longs que le calice. ♃. Elle croît parmi les pierres humectées

et les débris de rochers dans les hautes montagnes ; on la trouve souvent auprès des neiges qui se fondent ; elle est commune dans les Alpes , les Pyrénées.

3572. Saxifrage des neiges. *Saxifraga nivalis.*

Saxifraga nivalis. Linn. spec. 573. excl. Pluk. syn. Fl. dan. t. 28. — Ray. Angl. 3. p. 354. t. 16. f. 1.

Sa racine pousse plusieurs feuilles droites , ovales , rétrécies en pétiole , irrégulièrement crénelées , obtuses , glabres sur la surface , un peu velues sur les bords du pétiole , longues de 2-5 centim. , et d'une consistance un peu charnue ; la tige est nue , droite , velue vers le haut , longue de 8-10 centim. , terminée par cinq à six fleurs serrées et disposées en tête munie de une à deux bractées ; le calice est adhérent avec l'ovaire , glabre en dehors ; son limbe est à cinq divisions arrondies , obtuses , colorées en pourpre ; les pétales sont blanchâtres , plus longs que le calice. ♃. Elle croît sur les rochers des hautes montagnes de l'Auvergne (Lin. Delarb.).

3573. Saxifrage à feuilles rondes. *Saxifraga rotundifolia.*

Saxifraga rotundifolia. Linn. spec. 576. Mill. ic. t. 141. Lam. Fl. fr. 3. p. 531. Lapeyr. Fl. pyr. p. 50. t. 26. — Cam. Epit. 764. ic.

Sa tige est haute de 4 décim. , feuillée , légèrement rameuse et chargée de poils blancs un peu écartés les uns des autres ; ses feuilles sont arrondies , réniformes , bordées de grandes crénelures , ou de dents assez larges , dont la pointe est souvent glanduleuse et rougeâtre ; elles sont portées sur de longs pétioles ; les fleurs au sommet de la tige sont disposées en une panicule médiocre ; leurs pétales sont lancéolés et chargés de points rouges. ♃. Elle croit dans les lieux ombragés des montagnes ; dans le Jura ; les Alpes ; les montagnes de l'Auvergne (Delarb.); du Foréz, du Belley (Latourr.); dans les Cévennes et les Pyrénées.

3574. Saxifrage granulée. *Saxifraga granulata.*

Saxifraga granulata. Linn. spec. 576. Lam. Fl. fr. 3. p. 532. Fl. dan. t. 514. — Cam. Epit. 719. ic.

Sa racine est fibreuse , garnie de plusieurs grains ou tubercules bulbeux , et pousse une tige cylindrique , velue , médiocrement rameuse , peu feuillée et haute de 5 décimètres ;

ses

ses feuilles inférieures sont réniformes, bordées de grandes
crénelures et portées sur de longs pétioles; les supérieures sont
petites, à peine pétiolées, incisées et presque palmées; les
fleurs sont assez grandes, terminales et de couleur blanche;
leurs calices et leurs pédoncules sont chargés de poils courts et
visqueux ; les petits grains qui naissent sur la racine sont
ovoïdes, composés d'une enveloppe membraneuse, sous laquelle on observe des rudimens de feuilles étiolées et serrées
les unes sur les autres à-peu-près comme dans un bourgeon.
M. Ramond a observé à l'Héris dans les Pyrénées, une variété
de cette plante dont la fleur étoit remarquablement plus grande
que d'ordinaire. ♃. On trouve cette plante dans les prés secs
et sur le bord des bois.

3575. **Saxifrage porte-bulbes.** *Saxifraga bulbifera.*

Saxifraga bulbifera. Linn. spec. 577. Fl. dan. t. 390. Sut. Fl.
helv. 1. p. 250. — Col. Ecphr. 1. p. 317. ic.

Cette plante ressemble beaucoup à la saxifrage granulée,
mais je ne puis croire avec Séguier qu'elle en soit une simple
variété; sa racine porte de petits tubercules semblables à ceux
de l'epèce précédente; sa tige est droite, simple, excepté
vers le sommet où elle se divise le plus souvent en plusieurs
pédoncules : toute la plante est hérissée de poils courts et visqueux; les feuilles radicales sont pétiolées, arrondies, profondément crénelées; celles de la tige sont sessiles; les inférieures ovales, incisées à leur base et presque lobées; les supérieures petites, linéaires, entières; les fleurs sont quelquefois
solitaires, plus souvent au nombre de sept ou huit, portées deux
ou trois ensemble sur des pédoncules nus; à la base de ces pédoncules naissent des bulbes ovoïdes, pointues, analogues à celles
qu'on trouve à la base des pédicelles de plusieurs espèces
d'aulx; les fleurs sont blanches, ouvertes et non tubuleuses;
les pétales sont en forme de spatule, deux fois plus longs que
les étamines. ♃. Elle croît dans les lieux stériles, chauds et
montueux : elle se trouve dans le Piémont (All.). Je l'ai reçue
de M. Schleicher qui l'a recueillie à Branson dans le Valais.

**** *Feuilles lobées.*

3576. **Saxifrage à trois doigts.** *Saxifraga tridactylites.*

Saxifraga tridactylites. Linn. spec. 578. Lam. Fl. fr. 3. p. 536.
— *Saxifraga annua.* Lapey. Fl. pyr. p. 59. — Blackw. t. 212.

Sa tige est haute de 1 décimètre, grêle, plus ou moins

rameuse, souvent rougeâtre, et chargée, ainsi que les pédoncules et les calices, de poils courts et visqueux ; ses feuilles inférieures sont assez longues, rétrécies en pétiole, et partagées en trois lobes à leur sommet : celles de la tige sont moins longues, pareillement trilobées ; mais leurs lobes latéraux sont souvent chargés d'une découpure, ce qui les fait paroître à cinq lobes : les fleurs sont blanches, petites, et terminent la tige et les rameaux. ⊙. Cette plante est commune sur les toits et les vieux murs : elle fleurit de bonne heure.

3577. Saxifrage des pierres. *Saxifraga petræa.*

Saxifraga petræa. Linn. spec. 578. excl. Pon. syn. Vahl. Act. soc. Hafn. 2. 1. p. 10. — *Saxifraga adscendens.* Jacq. Coll. 1. p. 197. t. 11 et t. 12. f. 1. 2. All. Ped. t. 22. f. 3. — *Saxifraga hypnoïdes.* Scop. Carn. t. 16. — *Saxifraga Scopolii.* Vill. Dauph. 4. p. 670. — *Saxifraga tridactylites,* β. Linn. spec. ed. 1. p. 404. — *Saxifraga Vahlii.* Ram. Pyr. ined.

Cette espèce est tellement variable dans son port, qu'elle ressemble quelquefois à la saxifrage aquatique, et plus souvent à la saxifrage à trois doigts ; elle n'est peut-être qu'une variété de cette dernière dont elle se distingue à sa consistance plus ferme, à ses feuilles beaucoup plus nombreuses, ovales, les unes entières, la plupart à trois ou même à cinq dents profondes, sur-tout à ses fleurs quatre fois plus grandes. ⊙. Elle croît parmi les rochers des hautes montagnes ; dans les Alpes du Dauphiné, sur le Mont-Vizo (Vill) ; en Piémont près Fenestrelles, Oulx et Ussey (All.). M. Ramond l'a trouvée dans les Pyrénées, au pic du midi, au trou de Montariou, à 2600 mètres d'élévation.

3578. Saxifrage ascendante. *Saxifraga adscendens.*

Saxifraga adscendens. Linn. spec. 579. Vahl. Act. soc. Hafn. 2. 1. p. 12.

α. *Saxifraga aquatica.* Lapeyr. Fl. pyr. p. 53. t. 28 et t. 29.

β. *Saxifraga petræa.* Gou. Illustr. 29. t. 18. f. 3.

γ. *Pedunculis lateralibus, caule apice folioso.*

Cette espèce, l'une des plus grandes de ce genre, s'élève jusqu'à 5 et 6 décim., et forme des touffes larges et feuillées : sa racine est traçante ; dans la variété α qui est la plus commune et qui croît dans les lieux aquatiques, la tige est presque droite, un peu couchée à la base, ferme, cylindrique, pubescente sur-tout vers le haut ; les feuilles sont charnues, d'un verd foncé, un peu visqueuses, ordinairement glabres ;

les inférieures sont pétiolées, découpées en cinq ou sept lobes souvent dentés ou trifurqués; les supérieures sont presque sessiles et n'ont que trois ou cinq lobes; les fleurs sont grandes, tubuleuses, blanches, nombreuses, disposées en une panicule alongée, lâche dans le bas de la plante, serrée vers le sommet; le calice est adhérent, à cinq divisions profondes; la capsule est ventrue, à deux cornes écartées; la panicule est quelquefois si courte que les fleurs paroissent disposées en têtes; ailleurs les pédoncules se déjettent tous d'un seul côté. La variété β qui croît dans les lieux secs, est plus petite, plus grêle dans toutes ses parties. La variété γ qu'on trouve dans les mêmes lieux, prend le port de la variété β de la saxifrage à feuilles de bugle, c'est-à-dire, que sa tige principale porte une touffe de feuilles à son sommet, et que les pédoncules floraux partent latéralement de la base : dans cet état elle se distingue encore de l'espèce suivante par la grandeur de sa fleur. ♃. Cette plante est assez commune dans les Pyrénées; la variété α naît le long des eaux vives; la variété β parmi les pierres dans les lieux abandonnés par l'eau; la variété γ dans les lieux secs. Cette dernière variété m'a été indiquée par M. Ramond : je l'ai aussi reçue de M. Noisette qui l'a trouvée dans les montagnes de Corse, à la hauteur d'environ 1600 mètres.

3579. Saxifrage à feuilles   *Saxifraga ajugæfolia.*
     de bugle.

    Saxifraga ajugæfolia. Linn. spec. 578. Lapeyr. Fl. pyr. p. 56. t. 31.

    β. *Saxifraga capitata.* Lapeyr. Fl. pyr. p. 55. t. 30.

Ses tiges sont couchées, de 8-10 centim. de longueur, couvertes par les anciennes feuilles, divisées en rameaux redressés; ses feuilles sont peu serrées, longues de 12-15 millim., glabres ou garnies de quelques poils épars, rétrécies en pétiole, élargies et divisées au sommet en trois ou cinq lobes pointus, lancéolés et disposés comme les doigts de la main ouverts; les rameaux floraux sont pubescens, presque nus, munis de trois à quatre bractées éparses, entières et linéaires, terminés par une à trois fleurs blanches; le calice est demi adhérent; les pétales sont elliptiques, deux fois plus longs que les divisions du calice. ♃. Elle croît parmi les débris des rochers, le long des neiges et des ruisseaux d'eau très-froide;

dans les Pyrénées; aux Estagnoux de Crabère, à l'étang d'Amsur, au Laurenti, à la vallée d'Eynes, à la Oule du Marboré, au pic du midi, à Aiguecluse, Cau d'Espade, Tuccaroy, au port d'Oo (Lapeyr.). La variété β ne diffère de la
précédente que parce que sa souche est moins allongée et que
ses rameaux supérieurs se réunissent en une tête arrondie et
feuillée, du bas de laquelle sortent les pédoncules des fleurs.
Elle se trouve de même auprès des neiges dans les Pyrénées,
au Laurenti, à Cambredases, Pendu Brada, Casau d'Estibes,
aux ports de Venasque et d'Oo (Lapeyr.). M. Ramond a
observé une monstruosité de cette plante, dont les pétales et
les folioles du calice étoient découpés.

5580. Saxifrage du Pié-   *Saxifraga Pedemontana.*
mont.

> *Saxifraga Pedemontana.* All. Ped. n. 1540. t. 21. f. 6.
> β. *Columnaris, foliorum lobis integris.* All. l. c. f. 5.

Cette plante ne passe pas 2 décim. de hauteur; ses feuilles
sont disposées en rosette radicale, ou naissent le long des jets
stériles qui partent du collet; ces feuilles sont pétiolées, élargies graduellement en un limbe presque triangulaire, munies
de plusieurs nervures longitudinales légèrement divergentes,
terminées par trois ou cinq lobes dentés au sommet; la hampe
est droite, presque nue; les fleurs sont blanches, assez grandes,
pédicellées et disposées en un petit corimbe terminal : cette
plante est tantôt à-peu-près glabre, tantôt hérissée de poils
laineux et un peu visqueux qui naissent sur la tige et à la base
des feuilles. ♃. Elle sort des fentes des rochers dans les montagnes du Piémont; à Viù, Lanze, Tende et Limone (All.); dans la
vallée de Pisi; dans les Alpes du Valais, à la vallée de Ternanche.
La variété β a un port très-singulier, parce que ses feuilles
sont serrées, persistantes et comme disposées en colonne cylindrique : ces feuilles sont plus petites, disposées en trois ou cinq
lobes entiers. Elle a été observée au-dessus des bains de Valderio
(All.); elle appartient probablement à une autre espèce.

5581. Saxifrage géranium.   *Saxifraga geranioides.*

> *Saxifraga geranioides.* Linn. spec. 578. Gou. Illustr. t. 18. f. 2.
> Lapeyr. Fl. pyr. p. 66. t. 43. — *Saxifraga quinquefida,* var.
> Lam. Fl. fr. 3. p. 583.

Sa souche est un peu ligneuse, souvent couchée; elle donne

naissance à des feuilles nombreuses portées sur un pétiole dont
la longueur atteint 6-8 centim., et souvent cilié à sa base ; le
limbe de la feuille est glabre, peu charnu, à-peu-près réni-
forme, découpé profondément en trois ou cinq lobes divergens, divisés eux-mêmes en trois ou cinq découpures divergentes plus ou moins aiguës ; la tige florale est presque nue,
droite, longue de 2-4 décim., pubescente sur-tout vers le
haut, terminée par huit à dix fleurs blanches, grandes, tubuleuses, pédicellées, disposées en tête ; le calice est adhérent, en
forme de toupie, pubescent, divisé au-delà du milieu en cinq
lobes oblongs ; les pétales sont deux fois plus longs que les lobes du
calice, obtus au sommet, rétrécis en onglet. Elle varie beaucoup pour son port et la forme de ses feuilles, et forme des
touffes lâches et embrouillées. ♃. On la trouve sur les roches
humides et ombragées dans les hautes Pyrénées ; au Canigou,
à Paillères, Tabe, Rabat, Cambredases, au mail du Cristal,
au port de Vénasque, à la vallée d'Eynes (Lapeyr.).

3582. Saxifrage porte-gomme.   *Saxifraga ladanifera.*

Saxifraga ladanifera. Lapeyr. Fl. pyr. p. 65. t. 42. — *Saxifraga quinquefida, var.* Lam. Fl. fr. 3. p. 533.

Elle se distingue de toutes les espèces voisines, parce que
ses feuilles sont couvertes de petits tubercules d'une gomme-
résine rougeâtre et odorante ; sa tige est grêle, rougeâtre,
chargée de poils très-courts ou tout-à-fait glabre, un peu
couchée à sa base, presque nue, et haute de 2 décimètres ;
les feuilles naissent pour la plupart du collet de la racine, ou
sont disposées sur les jeunes pousses non fleuries ; elles sont
glabres et quinquefides, ou à trois divisions principales, dont
les latérales sont bifides ; leurs pétioles sont grêles et longs
de 5 centim. : celles du sommet de la tige sont courtes et
trifides, et les supérieures sont tout-à-fait linéaires. Les fleurs
sont blanches et disposées six à douze au sommet de la tige
en une panicule simple et médiocre ; leurs pétales sont un
peu obtus et chargés de trois lignes verdâtres. ♃. On la trouve
sur les rochers escarpés parmi la mousse, dans les Pyrénées
orientales, à la vallée d'Eynes, au Laurenti, à la dent d'Orlu
(Lapeyr.).

3583. Saxifrage à cinq doigts. *Saxifraga pentadactylis.*

Saxifraga pentadactylis. Lapeyr. Fl. pyr. p. 64. t. 44.

Cette saxifrage est parfaitement glabre, nullement visqueuse et très-distincte par la rigidité de toutes ses parties ; sa tige est un peu ligneuse, divisée dès la base en plusieurs souches courtes et feuillées, d'où s'élèvent les pédoncules floraux ; les feuilles sont grèles, fermes, longues, étroites, étalées, divisées vers le sommet en trois ou cinq lobes profonds linéaires divergens obtus et comme tronqués à l'extrémité ; les fleurs sont blanches, disposées en panicule lâche ; les pédicelles sont longs, uniflores, munis à leurs base d'une feuille à trois lobes dans le bas de la panicule, simple dans le haut ; les pétales sont ovales, obtus, deux fois plus longs que le calice. ♭, ♃. Elle croit parmi les rochers dans les Pyrénées orientales au Mont-Laurenti, à Cambredases, à Amsur, à la dent d'Orlu.

3584. Saxifrage embrouillée. *Saxifraga intricata.*

Saxifraga intricata. Lapeyr. Fl. pyr. p. 58. t. 33. — *Saxifraga divaricata.* Ramond. Pyr. ined.

Cette espèce a beaucoup de rapport par son feuillage, avec la saxifrage sillonnée, mais elle en est certainement distincte par sa fleuraison ; sa hampe se divise en pédicelles grèles, très-divergens et nullement dressés comme ceux de la saxifrage sillonnée ; ses fleurs sont d'un beau blanc, à pétales ovales plus larges et plus obtus. ♃. Cette plante m'a été communiquée par M. Ramond qui l'a observée dans les hautes Pyrénées sur les rochers un peu humides. M. Lapeyrouse l'indique à la vallée d'Eynes, à Crabère et au mail du Cristal.

3585. Saxifrage sillonnée. *Saxifraga exarata.*

Saxifraga exarata. Vill. Dauph. 4. p. 674. t. 45. non. All. — *Saxifraga hypnoides.* All. Ped. n. 1538. t. 21. f. 4. non Linn.

Une souche demi-ligneuse pousse une ou plusieurs rosettes de feuilles d'abord droites, puis étalées en vieillissant, et enfin réfléchies lorsqu'elles sont desséchées ; ces feuilles sont glabres ou munies de quelques poils épars et rares, linéaires à leur base, marquées en dessus de nervures saillantes ; elles vont en s'élargissant vers le sommet où elles se divisent en trois ou rarement quatre ou cinq lobes linéaires peu divergens,

et dont la longueur ne dépasse pas le quart de celle de la
feuille ; la tige florale est presque nue, pubescente, légèrement
visqueuse ainsi que les calices ; les fleurs sont portées sur des
pédoncules longs et serrés ; le calice est ovoïde, adhérent ;
les pétales sont blanchâtres, oblongs, obtus, deux fois plus
longs que les lobes du calice ; ils sont bien représentés dans la
figure de Villars. ♃. Cette plante croît dans les hautes montagnes des Alpes de la Savoie, du Piémont, du Dauphiné.
L'espèce des Pyrénées appelée *saxifraga nervosa* par M. Lapeyrouse, pourroit bien être distincte de celle-ci : elle est très-
visqueuse et a les pétales d'un blanc pur.

3586. Saxifrage pubescente. *Saxifraga pubescens.*

α. *Saxifraga mixta*, β. Lapeyr. Fl. pyr. p. 41. t. 21.
β. *Saxifraga pubescens.* Pourr. Act. Toul. 3. p. 327. — *Saxifraga mixta*, α. Lapeyr. Fl. pyr. p. 41. t. 20.
γ. *Saxifraga mixta*, γ. Lapeyr. Fl. pyr. p. 42.
δ. *Saxifraga cæspitosa.* Vill. Dauph. 4. p. 672.

Cette espèce a ordinairement le port de la saxifrage em-
brouillée, et peut à peine être distinguée par des caractères
précis de la saxifrage du Groënland ; sa racine est grèle,
simple, ligneuse ; sa tige est courte, garnie de feuilles d'abord
droites, puis étalées en rosettes, et enfin réfléchies, excepté
dans la variété γ où elles sont tellement serrées, que le re-
tournement ne peut avoir lieu ; ces feuilles sont toutes pubescentes et un peu visqueuses sur leur surface entière, rétrécies
en pétiole, évasées au sommet où elles sont divisées en trois
lobes linéaires et obtus, dont les deux latéraux sont bifurqués
dans la variété α, et qui sont tous entiers et divergens dans
la variété β ; les fleurs sont blanches, disposées en panicule
courte et lâche au sommet d'une hampe pubescente presque
nue ; les feuilles florales sont divisées en trois lobes ; les pétales sont ovales, arrondis, deux fois plus longs que le calice
et à trois nervures ; les filets des étamines persistent et deviennent purpurins après la fleuraison : caractère singulier qui
ne se retrouve, à ma connoissance, que dans la saxifrage du
Groënland. ♃. Cette plante croît sur les rochers des Pyrénées,
sur-tout dans la partie orientale de la chaîne. La variété δ,
qui croît dans les Alpes du Dauphiné, de la Provence et du
Piémont, se distingue à ses fleurs, dont les pédicelles sont
plus courts et les feuilles un peu moins longues : elle semble
réunir cette espèce avec la suivante.

5587. Saxifrage du Groën-   *Saxifraga Groenlan-*
land.   *dica.*

Saxifraga Groenlandica. Linn. spec. 578. Lapeyr. Fl. pyr. p. 39. t. 19.

Une racine simple et ligneuse, donne naissance à plusieurs tiges tantôt courtes et entièrement couvertes de feuilles, tantôt alongées, trainantes et feuillées seulement au sommet; les feuilles sont très-nombreuses, serrées, embriquées, ordinairement persistantes, d'un verd foncé, pubescentes, visqueuses, divisées au sommet en trois ou cinq lobes courts, arrondis et parallèles : de chaque touffe de feuilles s'élève une hampe pubescente, visqueuse, presque nue, terminée par deux ou cinq fleurs blanches, presque sessiles et disposées en tête; les pétales sont oblongs, obtus, et atteignent jusqu'à 8-9 millim. de longueur : les filets des étamines persistent et deviennent purpurins après la fleuraison. ♃. Cette plante croît parmi les rochers dans les plus hautes sommités des Pyrénées, au pic du midi, à Néouvielle, à la brèche de Rolland, etc.

5588. Saxifrage mousse.   *Saxifraga muscoides.*

Saxifraga muscoides. Jacq. Misc. 2. p. 125. Wild. spec. 2. p. 656.—*Saxifraga cæspitosa.* Scop. Carn. t. 14. Lapeyr. Fl pyr. t. 34. 35. 36. —*Saxifraga Pyrenaica.* Vill. Dauph. 3. p. 671.

Quoiqu'en général les saxifrages soient très-sujettes à varier dans leur forme, il n'en est aucune qui présente un aussi grand nombre de variations que celle-ci; elle forme des gazons serrés, feuillés et assez touffus, d'où s'élèvent des hampes grêles qui portent un petit nombre de fleurs remarquables, parce que leurs pétales sont oblongs, étroits, jaunâtres ou rougeâtres, mais jamais blancs; les feuilles sont rarement entières, ordinairement à trois lobes obtus; elles sont glabres, souvent un peu visqueuses; la hampe porte de une à six fleurs serrées en une petite tête : cette hampe est pubescente et visqueuse vers le haut. ♃. Cette plante est assez commune sur les rochers des hautes Alpes et sur-tout dans les Pyrénées.

5589. Saxifrage hypne.   *Saxifraga hypnoides.*

Saxifraga hypnoides. Linn. spec. 579. Lam. Fl. fr. 3. p. 534. Vill. Dauph. 4. p. 674. t. 45. Lapeyr. Fl. pyr. p. 57. t. 32. non. All.

Cette espèce se distingue de la plupart des autres saxifrages, parce que, dans les tiges couchées, l'aisselle de presque toutes les feuilles porte des espèces de bourgeons ou d'utricules oblongs; sa racine pousse un grand nombre de rejets ou de tiges stériles, feuillées, couchées, et tellement entrelacées les unes dans les autres, qu'elles forment un gazon serré et semblable à une mousse épaisse; ses feuilles sont petites, linéaires, pointues, les unes simples, les autres trifides, et toutes d'un verd jaunâtre; les tiges fleuries sont hautes de 1 décim., grèles, presque nues, droites, et portent à leur sommet une à quatre fleurs assez grandes, dont les pétales sont ovales, obtus, blancs, et marqués de trois lignes pâles ou verdâtres. ♃. Cette plante croît en Provence, parmi les rochers, dans les lieux couverts des montagnes. Elle a été trouvée dans les Pyrénées voisines de la mer, à Perpignan, Collioure, au mont Alaric près Narbonne (Lapeyr.); à l'Esperou près Montpellier, par Commerson; en Provence (Gér.); entre Toulon et Marseille; en Dauphiné, entre Vienne et Saint-Barthélemy, par M. Villars; à Thesac près du Cantal, au Puy-de-Dôme et au Mont-d'Or, par M. Lamarck.

SECONDE SECTION. *Ovaire libre : lobes du calice réfléchis après la fleuraison.*

3590. Saxifrage œil de bouc. *Saxifraga hirculus.*

Saxifraga hirculus. Linn. spec. 576. — *Saxifraga flava.* Lam. Fl. fr. 3. p. 529. — Hall. Helv. n. 972. t. 11.

Sa tige est droite, simple, feuillée, un peu velue dans le voisinage de la fleur, et s'élève jusqu'à 2-3 décim.; ses feuilles sont éparses, alternes, lancéolées et point ciliées en leurs bords; la fleur est terminale, grande et d'un beau jaune; ses pétales sont larges, marqués de lignes et quelquefois tachés à leur base. On en trouve souvent dans la campagne des individus à deux fleurs : je n'ai vu trois fleurs que dans les individus cultivés. ♃. Cette plante croît dans les lieux humides et tourbeux des montagnes; dans le Jura auprès du lac de la Brévine, dans le val de la Sagne et au marais du Brassu près le lac de Joux; en Piémont près Albergia (All.).

3591. Saxifrage en coin. *Saxifraga cuneifolia.*

Saxifraga cuneifolia. Linn. spec. 574. Scop. Carn. n. 490. t. 13. Lam. Fl. fr. 3. p. 527. non Cav. — J. Bauh. Hist. 3. p. 684. f. 2.

Une souche couchée et presque rampante pousse des feuilles

radicales, disposées en rosettes étalées; ces rosettes sont ordinairement au nombre de deux à trois, placées à peu de distance les unes au-dessus des autres; ces feuilles sont coriaces,
souvent rouges en dessous, en forme de coin ou de spatule,
un peu sinuées ou irrégulièrement crénelées vers le sommet,
très-obtuses, rétrécies en un pétiole dont la longueur ne dépasse pas celle du limbe, et dont le bord est glabre ou garni
vers le bas de quelques poils roides; la tige s'élève à 1-2
décim., droite, nue, légèrement pubescente, terminée par
une panicule de 15 à 20 fleurs, placées le plus souvent deux
ensemble sur chaque pédoncule; les pétales sont blancs, tachés
de jaune à leur base; le pistil est d'un blanc jaunâtre. ♃. Elle
croît dans les lieux ombragés, sous les sapins, parmi la mousse,
dans les hautes montagnes; on la trouve fréquemment dans toute
la chaîne des Alpes, et dans les Pyrénées; elle descend en
certains lieux jusques dans les plaines; on la trouve, par exemple, à Meillerie près le lac de Genève.

3592. Saxifrage des lieux ombragés. *Saxifraga umbrosa.*

Saxifraga umbrosa. Linn. spec. 574. Lapeyr. Fl. pyr. 44. t. 22.
Lam. Fl. fr. 3. p. 527.

Cette plante ressemble beaucoup à la saxifrage en coin,
mais elle s'en distingue par plusieurs caractères : ses feuilles
sont plus ovales, ont le bord cartilagineux, et sont divisées
dans tout leur contour en crénelures arrondies et régulières;
leur pétiole est garni dans toute sa longueur de poils roux et
laineux; leur tige s'élève à 2-3 décim.; les pétales sont blancs,
tachetés de jaune et de rouge; le pistil est de couleur rouge. ♃.
Elle croît dans les bois, parmi les mousses; dans les montagnes peu élevées; je l'ai reçue des Pyrénées, et je ne
crois pas qu'elle se trouve dans les Alpes. On la cultive,
ainsi que la précédente, dans les jardins de botanique, où
elle est facile à conserver, parce que sa racine tale abondamment.

3593. Saxifrage velue. *Saxifraga hirsuta.*

Saxifraga hirsuta. Linn. spec. 574. Lam. Fl. fr. 3. p. 528. Lapeyr.
Fl. pyr. p. 45. t. 23. — Magn. Hort. 87. ic.

Cette saxifrage diffère des deux précédentes, parce que le
pétiole des feuilles est environ deux fois plus long que le

limbe ; ce caractère lui est commun avec la suivante , dont elle se distingue par ses feuilles presque glabres , et ses pétales tachés de rouge ; sa tige est haute de 2 décimètres, nue, rougeâtre, rameuse et paniculée dans sa partie supérieure ; ses feuilles sont radicales, ovales-arrondies, crénelées assez également dans leur contour, souvent rougeâtres en leurs bords , et portées sur des pétioles velus et longs de 5 cent. au moins ; ses fleurs sont petites et portées sur des pédoncules velus et d'un rouge noirâtre : leurs pétales sont blancs et agréablement ponctués. ♃. Elle croît dans les montagnes , sur les rochers élevés , ombragés et humides; on la trouve dans les Pyrénées à Tabe , Bernadouse , Pic de Gard , Cagire , Lheris (Lapeyr.) ; au mont Sacou , dans la vallée d'Aure (Ram.).

3594. **Saxifrage mignonette.** *Saxifraga geum.*

> *Saxifraga geum.* Linn. spec. 574. Lam. Fl. fr. 3. p. 528. Lapeyr. Fl. pyr. p. 46. t. 24.

Cette espèce a beaucoup de rapport avec la précédente , mais elle est plus petite ; ses feuilles sont radicales, vertes, arrondies , hérissées de poils épars sur les deux surfaces , crénelées et portées sur des pétioles velus et assez longs ; sa tige est haute de 2 décim. , rougeâtre vers son sommet, nue, grèle, et porte huit à douze fleurs disposées en une panicule médiocre : leurs pétales sont petits, oblongs et tout-à-fait blancs. ♃. On trouve cette plante dans les lieux couverts des montagnes ; dans les Pyrénées , à Eretzlids , Lheris, Bernadouse , Crabère, au Laurenti, au Carcanet (Lapeyr.).

3595. **Saxifrage étoilée.** *Saxifraga stellaris.*

> *Saxifraga stellaris.* Linn. spec. 572. Lam. Fl. fr. 3. p. 528.
> α. *Glabra pusilla subuniflora.*
> β. *Glabra uniscapa tri-ad-octoflora.* — Pluk. t. 58. f. 2.
> γ. *Glabra caulescens.*
> δ. *Glabra multiscapa.*
> ε. *Pubescens uniscapa quinque - ad - decemflora.* — Pluk. t. 222. f. 4.
> ζ. *Pubescens bracteis foliaceis magnis.* — Linn. Fl. lapp. t. 2. f. 3.
> ϑ. *Villosa, scapis binis pluries dichotomis.* — Jacq. Coll. 1. p. 203. t. 13.

Cette élégante saxifrage se distingue de toutes les autres à ses pétales oblongs , rétrécis aux deux extrémités , blancs , marqués de deux taches rougeâtres ; à son calice, dont les folioles

sont déjetées en bas après la fleuraison ; à ses feuilles ordinairement réunies en rosettes radicales, oblongues, en forme
de coin, dentées ou anguleuses vers le sommet, planes et de
consistance un peu charnue; son port présente de nombreuses
variétés ; les feuilles et les hampes sont glabres chez les individus qui naissent dans les lieux aquatiques couverts ou très-
élevés; elles sont pubescentes ou velues dans celles qui croissent dans les lieux moins humides ou découverts. La variété
α, qui se trouve dans les plus hautes Alpes, a toutes les feuilles
radicales, une hampe de 2 centim., chargée de 1-3 fleurs.
La variété β, qui est commune sur le bord des ruisseaux des
Alpes, des Pyrénées, des Monts-d'Or, s'élève à 5-7 centim.
et porte de trois à huit fleurs. La variété γ se distingue par
sa tige alongée et feuillée; elle croît dans les Alpes, au bord
des eaux courantes. La variété δ a deux et quelquefois trois
hampes qui partent de la même rosette. La variété ε que j'ai
reçue des Pyrénées, ne diffère de la variété β que parce qu'elle
est pubescente et porte de cinq à dix fleurs. La variété ζ est
remarquable, parce que les bractées de la base des rameaux
de la panicule sont très-grandes et changées en vraies feuilles.
La variété ϑ a plusieurs hampes droites, plusieurs fois bifurquées, et porte de quinze à vingt fleurs. Ces dernières croissent dans les basses vallées des Alpes et des Pyrénées.

3596. Saxifrage de l'Ecluse.   *Saxifraga Clusii.*

Saxifraga Clusii. Gouan. Illustr. p. 28. — *Saxifraga leucanthe-
mifolia.* Lapeyr. Fl. pyr. p. 49. t. 25.

Elle diffère de la précédente par son calice, dont les folioles
sont marquées de nervures un peu saillantes ; par sa corolle,
dont les pétales sont inégaux ; les trois plus grands sont marqués d'une tache orangée ; les deux plus petits sont dépourvus de taches; la hampe est striée, fragile ; les feuilles florales sont plus grandes que dans la saxifrage étoilée; enfin
les feuilles radicales sont plus longues, rétrécies en un pétiole
plus long relativement à la largeur de la feuille, et munies
de dents plus pointues; la plante est presque toujours velue. ♃. Elle croît dans les lieux couverts et humides des Pyrénées; M. Lapeyrouse l'indique aux Estagnoux de Crabère,
près le pont de Mey-à-Bat, dans la gorge de Barrèges, entre
Luz et Pierrefite, auprès du Limaçon, sur la route de Cau-

tarets. M. Ramond l'a trouvée dans les mêmes lieux, et au Pic de Lisey.

** *Corolle nulle.*

DCXIII. DORINE.   *CHRYSOSPLENIUM.*

Chrysosplenium. Tourn. Linn. Juss. Lam. Gœrtn.

Car. Le calice est un peu coloré, adhérent à l'ovaire, à quatre ou cinq divisions ; la corolle manque ; les étamines sont au nombre de huit ou dix ; l'ovaire porte deux styles ; la capsule est à une loge, à deux valves, surmontée de deux pointes ; les graines sont nombreuses, insérées au fond de la capsule.

Obs. Les dorines, appelées *saxifrages dorées* par les anciens botanistes, ne diffèrent en effet des saxifrages que par l'absence de la corolle.

3597. Dorine à feuilles   *Chrysosplenium oppositi-*
opposées.   *folium.*

Chrysosplenium oppositifolium. Linn. spec. 973. Lam. Dict. 2. p. 311. Fl. dan. t. 365. — Dalecb. Lugd. 1114. f. 2.

Ses tiges sont menues, hautes de 9-12 cent., feuillées et un peu rameuses ; ses feuilles sont opposées, pétiolées, arrondies et un peu crénelées en leur contour. Ses fleurs sont jaunâtres, portées sur de très-courts pédoncules, et garnies de bractées à leur base ; les fleurs sont presque toujours à quatre divisions et à huit étamines. ♃. On trouve cette plante dans les terreins humides et couverts.

3598. Dorine à feuilles   *Chrysosplenium alterni-*
alternes.   *folium.*

Chrysosplenium alternifolium. Linn. spec. 569. Lam. Dict. 2. p. 311. Illustr. t. 374. — Dalech. Lugd. 1114. f. 1.

Cette espèce ressemble beaucoup à la précédente ; ses tiges sont hautes de 12-15 cent., menues, feuillées et un peu rameuses à leur sommet ; ses feuilles sont alternes, pétiolées, arrondies, réniformes, crénelées et chargées de quelques poils courts : les inférieures sont portées sur de longs pétioles ; les fleurs sont jaunâtres, un peu ramassées au sommet de la plante, et comme posées sur les feuilles ; sa fleur terminale est à cinq lobes, et à dix étamines ; les autres sont à quatre parties et à huit étamines. ♃. Elle croît dans les lieux couverts et humides des montagnes.

DCXIV. ADOXE.   *ADOXA.*

Adoxa. Linn. Juss. Lam. Gærtn. — *Moscatellina.* Tourn.
Mœnch. — *Moscatella.* Adans.

Car. Le calice est adhérent à l'ovaire, à 4 ou 5 divisions,
muni en dehors de 2 à 4 écailles persistantes; la corolle est nulle;
les étamines sont au nombre de 8 à 10; l'ovaire est chargé de
4 à 5 styles; le fruit est une baie globuleuse, à 4 ou 5 loges;
la radicule est supérieure.

Obs. Ce genre est voisin des dorines, mais il diffère de ce
genre et de la famille des Saxifragées par ses styles au nombre
de 4 à 5; par son fruit charnu et par sa radicule supérieure.

3599. Adoxe moscatelline.   *Adoxa moscatellina.*

Adoxa moscatellina. Linn. spec. 527. Lam. Illustr. t. 320. —
Moschatellina tetragona. Mœnch. Meth. 478. — Lob. ic.
674. f. 2.

Sa racine est composée de fibres blanches un peu tubéreuses;
sa tige est haute de 1 décim., herbacée, menue, presque
triangulaire, terminée par une tête de 4–5 fleurs serrées, sessiles, et d'un verd jaunâtre; la fleur du sommet a 10 étamines,
5 divisions à la fleur, et 5 styles; les autres ont seulement 8
étamines, 4 divisions à la fleur, et 4 styles; les feuilles sont d'un
verd glauque, d'une consistance délicate, et au nombre de 4;
savoir, 2 radicales assez grandes, et 2 placées vers le haut de
la tige; ces feuilles sont pétiolées, une ou deux fois ternées,
à folioles divisées elles-mêmes en 3 lobes qui portent quelquefois
3 dentelures vers leur sommet; toute la plante est glabre, et
ses fleurs ont l'odeur du musc. ♃. Elle croît au printemps, dans
les haies et dans les lieux humides et couverts.

SOIXANTE-QUATRIÈME FAMILLE.

CRASSULACÉES.   *CRASSULACEÆ.*

Semperviva. Juss. — *Succulentæ.* Vent. — *Succulentæ, β.*
Linn.

Le nom de cette famille rappelle à-la-fois celui d'un des
genres les plus nombreux qui la composent, et la consistance
épaisse et charnue qui est commune aux feuilles de ces plantes;
la plupart sont des herbes à racine fibreuse; on en trouve quel-

ques-unes à tige ligneuse, et d'autres à racine tubéreuse ; les
feuilles sont alternes ou opposées, planes ou cylindriques, ordinairement glabres, quelquefois pubescentes ou ciliées , d'un
verd pâle ou glauque ; les fleurs sont quelquefois disposées en
grappes , plus souvent en cimes terminales, semblables à des
corimbes ; dans ce dernier cas , la tige se divise au sommet
en plusieurs branches étalées ; les fleurs sont sessiles, rangées
sur le côté supérieur des branches.

Le calice est libre , divisé en plusieurs parties , dont le
nombre est déterminé; la corolle est insérée à la base du calice, composée d'un nombre de pétales égal à celui des parties
du calice ; quelquefois elle est monopétale , divisée en autant
de lobes que le calice ; les étamines sont tantôt en nombre égal
à celui des pétales, et alternes avec eux ; tantôt en nombre
double , et alors elles sont alternativement attachées à l'onglet
du pétale et à la base du calice ; les ovaires sont en nombre
égal à celui des pétales, disposés en cercle , distincts les uns des
autres, terminés par un style court et pointu ; à la base externe
de chaque ovaire , est une écaille ou glande nectarifère ; le
fruit est composé de follicules oblongs , pointus, disposés en
cercle , souvent rayonnans , qui s'ouvrent par une fente longitudinale placée à l'angle intérieur ; les graines sont nombreuses ,
attachées aux bords de la suture ; leur périsperme est mince ,
charnu ; leur embryon droit , et leur radicule inférieure.

Cette famille est voisine des Saxifragées et des Cariophyllées.

⋆ *Corolle monopétale.*

DCXV. OMBILIC.   *UMBILICUS.*

Umbilicus. Decand. — *Cotyledonis sp.* Tourn. Linn. Juss. Lam.

Car. Le calice est à 5 divisions ; la corolle est tubuleuse ,
à 5 divisions courtes , droites et pointues ; les étamines sont au
nombre de 10 ; les écailles sont ovales ; les ovaires sont au
nombre de 5.

Obs. Les fleurs sont jaunes , disposées en épi.

3600. Ombilic à fleurs   *Umbilicus pendulinus.*
pendantes.

Umbilicus pendulinus. Dec. pl. grass. t. 156. — *Cotyledon um-*
bilicus, β. Linn. spec. 615. — *Cotyledon umbilicus.* Huds. Angl.
194. Lam. Dict. 2. p. 140. — *Cotyledon umbilicata.* Lam. Fl.
fr. 3. p. 59. — Clus. Hist. 2. p. 63. f. 1. — Lob. ic. t. 386. f. 2.

Sa racine est tubéreuse , et pousse une tige droite , haute

de 2-5 décim. , tendre , un peu foible et plus ou moins
rameuse ; ses feuilles radicales sont nombreuses , pétiolées ,
arrondies, la plupart ombiliquées , sur-tout dans la jeunesse
de la plante , crénelées en leur bord , lisses, charnues et
succulentes : celles de la tige sont plus petites , moins arrondies, presque cunéiformes et un peu lobées ; les fleurs sont
assez petites , un peu verdâtres à l'entrée , nombreuses , pédicellées, pendantes, disposées en grappe alongée. ♃. On trouve
cette plante dans les lieux pierreux et sur les vieux murs humides ; en Provence (Gér.); à Vienne et Montélimart (Vill);
à Lyon (Latourr.); en Languedoc ; sur les murs de Tarbes et
les rochers de Luz dans le Lavédan ; sur les remparts de Dax
(Th.); aux environs de Nantes (Bon.); en Bretagne ; à Semur et Bourbon-Lancy (Dur.); à Royac, Salers, Menat en
Auvergne (Delarb.); en Lorraine (Buch.); elle porte les noms
vulgaires de *nombril de Vénus* , *escuelles* , *coucoumèle*.

3601. Ombilic à fleurs droites.　　*Umbilicus erectus.*

Cotyledon umbilicus , α. Linn. spec. 615. — *Cotyledon lutea.*
Huds. Angl. 194. — *Cotyledon lusitanica.* Lam. Dict. 2. p.
140. —*Cotyledon umbilicus Veneris.* All. Ped. n. 446? —Dod.
Mem. 73. ic.

Cette espèce diffère de la précédente par sa racine rampante ; par sa tige, qui s'élève jusqu'à 5 décimètres ; par ses
feuilles supérieures profondément dentées ; par ses fleurs très-
nombreuses, d'un jaune plus vif, droites ou à peine étalées. ♃.
Elle croît en Piémont près Pignerol et dans les environs de
Nice (All.)? à Lyon (Latourr.); à Fonneuve près Montauban (Gat.)?

✻✻ *Corolle polypétale.*

CDXVI. BULLIARDE.　　*BULLIARDA.*

Bulliarda. Decand. — *Tillæa sp.* Linn. Juss. Lam.

Car. Le calice est à 4 lobes; la corolle à 4 pétales; les étamines sont au nombre de 4 ; les écailles sont linéaires , égales à
la longueur du calice , et au nombre de 4. Les ovaires sont
au nombre de 4 ; les capsules ne sont point étranglées en travers,
et contiennent plusieurs graines.

Obs. On trouve quelquefois des fleurs à 5 parties , et alors ce
genre semble se confondre avec les crassules ; mais alors encore
il en diffère par la forme de ses écailles ; il diffère de la tillée par le
port, le nombre des parties , et sur-tout par la structure des fruits.

5602. Bulliarde de Vaillant.   *Bulliarda Vaillantii.*

Bulliarda Vaillantii. Decand. pl. grass. t. 74 — *Tillæa Vaillantii.* Wild. spec. 1. p. 720. — *Tillæa aquatica.* Lam. Illustr.
n. 1750. t. 90. f. 1. — Vaill. Bot. t. 10. f. 1.

Cette plante s'élève à 4-6 centim.; sa tige est charnue,
lisse, rougeâtre, droite, plusieurs fois bifurquée, et pousse
souvent des racines à ses nœuds inférieurs; ses feuilles sont
opposées, sessiles, oblongues, charnues, étalées, glabres; les
fleurs sont solitaires, axillaires, portées sur des pédicelles plus
longs que les feuilles; la corolle est d'un blanc rougeâtre. ⊙.
Elle croît au bord des mares, dans les lieux couverts et ombragés; elle est assez fréquente dans la forêt de Fontainebleau;
elle fleurit en été.

DCXVII. TILLÉE.   *TILLÆA.*

Tillæa. Mich. Decand. — *Tillææ sp.* Linn. Juss. Lam. Gœrtn.

Car. Le calice est à 3 folioles; la corolle à 3 pétales; les étamines, les écailles et les ovaires sont au nombre de 3; les capsules sont étranglées transversalement par le milieu, et contiennent
chacune 2 graines.

3603. Tillée mousse.   *Tillæa muscosa.*

Tillæa muscosa. Linn. spec. 186. Lam. Illustr. n. 1751. t. 90. f. 2.
Decand. pl. grass. t. 73. — Mich. Gen. t. 20.
β. *Tillæa rubra.* Gou. Hort. p. 77. — *Crassula verticillaris.*
Linn. Mant. 261?

Cette plante est très-petite; sa tige est menue, rameuse,
rougeâtre, lisse, entrecoupée par des nœuds très-rapprochés,
et s'élève rarement au-delà de 3 centim.: ses feuilles sont opposées, perfoliées, et n'ont pas plus de 3 millim. de longueur;
elles ont chacune dans leur aisselle un petit faisceau d'autres
feuilles, formé par les nouvelles pousses; les fleurs sont blanches,
extrêmement petites et presque sessiles. ⊙. On trouve cette plante
dans les allées et les bois humides, au bord des mares et dans
les tourbières; à Fontainebleau; aux environs de Montpellier;
à Montbeton près Montauban (Gat.); elle est commune aux
environs de Dax (Thor.), de Nice. La variété β ne diffère de
la précédente qu'en ce qu'elle a une teinte rouge qui est sans
doute due à ce qu'elle a crû dans un lieu exposé au soleil.

DCXVIII. CRASSULE.   *CRASSULA.*

Crassula. Linn. Juss. Lam. Decand.

Car. Le calice est à 5 ou 7 divisions profondes; les pétales,

Tome IV.   B b

les étamines, les écailles et les ovaires sont en nombre égal à celui des divisions du calice; les écailles sont ovales.

3604. Crassule rougeâtre.   *Crassula rubens.*

Crassula rubens. Linn. Syst. Veg. 373. Lam. Dict. 2. p. 175. Decand. pl. grass. t. 55. — *Sedum rubens.* Linn. spec. 619.
β. *Nana.* — Magn. Monsp. p. 237. ic.

Ses tiges sont hautes de 1 décim. tout au plus, un peu velues, rougeâtres, rameuses et fourchues, trifides ou quadrifides à leur extrémité; ses feuilles sont alternes, éparses, oblongues, presque cylindriques, charnues, courtes, glabres et souvent rougeâtres. Les fleurs sont sessiles, et les pétales sont blancs, chargés d'une ligne purpurine, velus en dessous, et terminés par une pointe acérée; les étamines sont presque toujours au nombre de 5, alternes avec les pétales; j'ai vu une seule fois une sixième étamine insérée à la base d'un des pétales; quelques botanistes assurent avoir compté 10 étamines, et dans ce cas cette plante devroit être rangée parmi les sédum, dont elle se rapproche par les feuilles alternes. ☉. Elle croit le long des vignes et des chemins, aux environs de Paris, de Genève, et dans presque toute la France; la var. β, que j'ai reçue de Montpellier sous le nom de *crassula verticillaris*, répond bien à la figure et à la description de Magnol, mais nullement à la description de Linné.

D C X I X. S É D U M.   *S E D U M.*

Sedum. Hall. Decand. — *Sedum et Rhodiola.* Linn. Juss. Lam. — *Sedi sp.* Tourn.

CAR. Le calice a de 4–7 divisions; les pétales, les écailles et les ovaires sont en nombre égal à celui des divisions du calice; les étamines sont en nombre double de ces divisions: les écailles sont ovales, obtuses, entières.

OBS. Les feuilles sont charnues, éparses, non réunies en rosette, ordinairement glabres, planes ou cylindriques; parmi ces dernières on en trouve dont la base se prolonge un peu au-dessous du point d'insertion: le nombre ordinaire des parties de la fructification est celui de 5.

§. Ier. *Feuilles planes; fleurs jaunes.*

3605. Sédum à odeur de rose.   *Sedum rhodiola.*

Sedum rhodiola. Decand. pl. grass. t. 143. *Rhodiola rosea.* Linn. spec. 1465. — *Rhodiola odorata.* Lam. Ill. fr. 3. p. 647.

Illustr. t. 819. — *Sedum roseum.* Scop. Carn. ed. 2. n. 560. —
Rhodia officinarum. Crantz. Inst. 1. p. 191. Cam. Epit. 769. ic.

Sa racine est charnue, a une odeur agréable, et pousse plusieurs tiges simples, longues de 2 décimètres, cylindriques,
tendres, et feuillées dans toute leur longueur; ses feuilles sont
petites, nombreuses, éparses, oblongues, pointues, un peu élargies et dentées vers leur sommet, lisses, et d'un verd presque
glauque; ses fleurs sont terminales, rougeâtres, et disposées en
un bouquet serré et semblable à une ombelle; elles sont dioïques
par avortement, composées d'un calice à 4 parties et de 4 pétales
qui avortent quelquefois; les mâles ont 8 étamines, et les femelles
4 ovaires, qui se changent en capsules polyspermes. ♃. On trouve
cette plante sur les montagnes des provinces méridionales, parmi
les rochers et dans les lieux couverts, dans les Alpes du Piémont, du Dauphiné, du Valais; au pic d'Arbizon et à la vallée
d'Aure dans les Pyrénées.

§. II. *Feuilles planes ; fleurs blanches ou rougeâtres.*

3606. Sédum reprise.   *Sedum telephium.*

Sedum telephium. Linn. spec. 616. Decand. pl. grass. t. 92. Lam.
Dict. 4. p. 628. — Fuchs. Hist. 800. ic.
β. *Purpureum.* — Fuchs. Hist. 801. ic.
γ. *Maximum.* — *Sedum maximum.* Hoffm. Germ. 1. p. 156. —
Blackw. t. 191.

Sa tige est tendre, cylindrique, feuillée dans toute sa longueur, rameuse seulement à son sommet, et s'élève jusqu'à
5 décimètres; ses feuilles sont sessiles, éparses ou opposées,
ovales, planes, lisses, épaisses, succulentes, et légèrement dentées en leur bord; ses fleurs sont purpurines ou ordinairement
blanchâtres, et disposées en corimbe serré et terminal. ♃. On
trouve cette plante dans les vignes, les bois taillis et dans les
lieux pierreux; elle est anodine, rafraîchissante, vulnéraire et
résolutive : elle porte les noms d'*orpin*, de *reprise.*

3607. Sédum anacampseros. *Sedum anacampseros.*

Sedum anacampseros. Linn. spec. 616. Decand. pl. grass. t. 33.
— *Sedum rotundifolium.* Lam. Fl. fr. 3. p. 82. — Lob. ic. t.
390. f. 2.

Sa racine est fibreuse, et pousse plusieurs tiges longues de
2 décim., cylindriques, simples, un peu couchées dans leur
partie inférieure, et très-garnies de feuilles vers leur sommet,

lorsqu'elles ne sont pas fleuries; ses feuilles sont arrondies, un peu rétrécies en manière de coin vers leur base, charnues, d'un verd très-glauque tirant sur le bleu, et sont ramassées sur les tiges stériles, au sommet desquelles elles forment des rosettes très-remarquables; les fleurs sont petites, légèrement rougeâtres, et disposées en corimbe serré et terminal. ♃. On trouve cette plante dans les provinces méridionales, parmi les rochers. M. Clarion l'a observée dans les montagnes de Seyne en Provence. Je l'ai trouvée dans les Alpes voisines du Mont-Blanc, à l'allée blanche.

3608. Sédum étoilé. *Sedum stellatum.*

Sedum stellatum. Linn. spec. 617. Lam. Dict. 4. p. 630. — Col. Phyt. 32. t. 11.

Sa tige est foible et rameuse; ses feuilles sont assez larges, ovales, planes, épaisses, dentées et anguleuses, selon la plupart des auteurs; ses fleurs sont blanches ou rougeâtres, sessiles et disposées au sommet des rameaux, aux aisselles des feuilles : les capsules, à l'époque de leur maturité, divergent de manière à former une étoile plane à 5 rayons. ☉. Elle croît dans les lieux ombragés et un peu humides, sur les pierres le long des routes des provinces méridionales; en Piémont près Barge et dans la vallée de Fenestrelle (All.); à Chamalière et Royac en Auvergne (Delarb.).

3609. Sédum à feuilles de morgeline. *Sedum alsinefolium.*

Sedum alsinefolium. All. Ped. n. 1740. t. 22. f. 2. malè.

Cette plante ressemble par le port aux deux suivantes : elle est foible, d'un verd pâle, pubescente dans le haut; ses tiges s'élèvent à 1-2 décim.; les feuilles sont planes, glabres, entières, éparses ou rarement opposées; les inférieures sont ovales - arrondies, pétiolées; celles du haut sont elliptiques, presque sessiles; les fleurs sont blanches, semblables à celles de l'espèce suivante, portées sur de longs pédicelles pubescens, disposées en panicule lâche; leurs pétales ne sont point obtus, mais terminés en pointe acérée : malgré ce dernier caractère, je suis certain par des échantillons authentiques, que ma plante est la même que celle décrite par Allioni. ♂. Elle croit dans les lieux pierreux et ombragés du Piémont, entre le Peré et

Prales, autour de Saint-Damian, entre Tende et Robilant, dans les montagnes de Roaschia, de Crissols.

3610. Sédum faux-oignon. *Sedum cepœa.*

Sedum cepœa. Linn. spec. 617. — *Sedum paniculatum.* Lam. Dict. 4. p. 630. — Clus. Hist. 2. p. 68. ic.

Sa tige est haute de 2 décimètres, rameuse, cylindrique, feuillée et rougeâtre; ses feuilles sont planes, épaisses, oblongues, un peu étroites et d'une couleur pâle; ses fleurs sont petites, nombreuses, blanchâtres, et disposées en une panicule qui s'alonge en manière de grappe droite. ☉. On trouve cette plante dans les lieux pierreux et couverts, au pied des murs et sur les côteaux; à Ville-d'Avray près Paris; entre Genève et Gex; dans les Vosges, et dans presque toute la France.

3611. Sédum faux-gaillet. *Sedum gallioides.*

Sedum gallioides. All. Ped. n. 1742. t. 65. f. 2. — *Sedum aparines facie pedemontanum.* Ray. extr. 233 ? — *Sedum verticillatum.* Latourr. Chl. p. 12.

Sa racine est petite, fibreuse; sa tige est herbacée, simple, un peu couchée à sa base, glabre, longue de 1-2 décimètres; ses feuilles sont planes, verticillées quatre ensemble, rétrécies à la base, en forme de spatule, obtuses, entières, glabres; les fleurs sont d'un blanc rougeâtre, disposées en panicule lâche, solitaires sur des pédicelles grêles, munies à leur base de petites bractées réfléchies : les pétales sont lancéolés, aigus. Cette plante a le port du sédum faux-oignon; mais elle en diffère, parce qu'elle est glabre, et qu'elle a les feuilles verticillées; elle ne doit pas être confondue avec le sédum verticillé qui est vivace, originaire de Sibérie, et dont les feuilles sont lancéolées, dentées en scie. ♂. Elle croît dans la Bresse et le Lyonnois (Latourr.); en Piémont, au-dessus de Garressio dans le lieu nommé *Garbo della Luna* (All.). Je la décris d'après des échantillons rapportés de l'isle de Corse par M. Labillardière. Le synonyme de Ray appartient à cette espèce ou à la suivante, mais non au *sedum verticillatum*, Linn.

§. III. *Feuilles cylindriques; fleurs blanches ou rougeâtres.*

3612. Sédum à feuilles en croix. *Sedum cruciatum.*

Sedum cruciatum. Desf. Cat. 162.—*Sedum monregalense.* Balb. Misc. p. 23. t. 6.

Ses tiges sont nombreuses, étalées sur-tout avant la fleuraison,

rameuses par la base, longues de 1 décimètre, glabres dans
leur partie inférieure, pubescentes et un peu visqueuses entre
les fleurs ; elles émettent souvent de petites radicules vers leur
base ; les feuilles sont la plupart verticillées 4 à 4, quelquefois
éparses sur les tiges fleuries, planes en dessus, très-épaisses,
oblongues, obtuses, étalées, parfaitement glabres; les fleurs sont
blanches, disposées en corimbe lâche : chaque pédoncule en
porte ordinairement 4, penchées avant la fleuraison et redressées ensuite ; le calice est pubescent, à 5 parties obtuses : les
pétales sont pointus ; les écailles sont blanches, en forme de
spatule tronquée au sommet; le nombre des parties de la fleur
varie de 5-8. ♃. Je décris cette plante d'après des individus vi-
vans rapportés des Alpes du Piémont par M. Bosc; elle se trouve
entre Rastel et Blin dans la vallée d'Ellero près Monregal, d'où
M. Balbis m'en a envoyé un échantillon.

5613. Sédum blanc.   *Sedum album.*

Sedum album. Linn. spec. 619. Lam. Dict. 4. p. 632. Decand. pl.
grass. t. 22. — *Sedum teretifolium*, α. Lam. Fl. fr. 3. p. 84.—
Fuchs. Hist. 55. ic.

Cette plante est entièrement glabre ; ses tiges sont rampantes à la base, redressées à l'époque de la fleuraison, longues
de 1-2 décimètres, rameuses, souvent rougeâtres; ses feuilles
sont cylindriques, épaisses, obtuses, un peu rétrécies à la
base, étalées, d'un beau verd ; les fleurs sont d'un blanc de lait,
avec les anthères purpurines; elles sont pédicellées, droites,
disposées en cime rameuse qui imite un corimbe. ⊙. Elle est
commune sur les murs et dans les lieux secs et pierreux : on
la connoît sous les noms de *trique-madame*, *vermiculaire*,
petite joubarbe.

5614. Sédum renflé.   *Sedum turgidum.*

Sedum turgidum. Ram. Pyr. ined.

Cette espèce ressemble beaucoup à la précédente, mais elle
s'en distingue facilement à ses feuilles, qui sont beaucoup plus
épaisses relativement à leur longueur, plutôt ovoïdes que cylindriques; celles des pousses stériles ne sont point étalées,
mais droites et embriquées. Elle croît avec le sédum blanc sur
les murs et les rochers aux environs de Bagnères, où elle a été
observée par M. Ramond.

5615. Sédum noirâtre.   *Sedum atratum.*

Sedum atratum. Linn. spec. 1673. All. Ped. t. 65. f. 4. Decand.
pl. grass. t. 120. — *Sedum hæmatodes.* Scop. Carn. 1. p. 323.
β. *Sedum guettardi.* Vill. Dauph. 3. p. 678. t. 45.

Cette petite plante est glabre, ne s'élève pas au-delà de
5-7 centim., et devient d'un rouge foncé à la fin de sa vie;
elle se divise dès sa base en plusieurs rameaux presque droits
qui lui donnent l'apparence d'une pyramide renversée; ses
feuilles sont épaisses, cylindriques, très-obtuses; ses fleurs
sont blanchâtres, un peu rougeâtres en dehors, disposées en
une cime compacte, terminale, entremêlée de feuilles; les
capsules sont rayonnantes et d'un pourpre noirâtre à leur maturité. ☉. Elle croit sur les rochers découverts et exposés au
soleil des hautes Alpes et sur les sommités des Pyrénées. On
la retrouve aux environs de Mayence (Kœl.). La variété β
qui est très-commune dans les Alpes de Savoie, de Piémont et
de Dauphiné, ne diffère de la précédente que par ses rameaux
inférieurs couchés et stériles : ce caractère lui donne un port
fort différent.

5616. Sédum à feuille épaisse. *Sedum dasyphyllum.*

Sedum dasyphyllum. Linn. spec. 618. Bull. Herb. t. 11. Decand.
pl. grass. t. 93. — *Sedum glaucum.* Lam. Fl. fr. 3. p. 84.

Ses tiges sont hautes de 10-12 cent., cylindriques, très-
nombreuses et ramassées en gazon; elles sont chargées de
quelques poils vers leur sommet; les feuilles sont la plupart opposées, charnues, courtes, coniques ou en forme d'épiglotte,
d'une couleur glauque un peu blanchâtre, et légèrement ponctuées; les fleurs sont pédonculées, terminales, disposées en
bouquet lâche, de couleur blanche, mais rougeâtres avant leur
parfait développement : elles sont la plupart à 6 pétales. ♃.
Cette plante croit sur les murs et les lieux pierreux en Provence, en Dauphiné.

5617. Sédum d'Angleterre.   *Sedum Anglicum.*

Sedum Anglicum. Huds. Angl. 196. Smith. Fl. brit. 486. — *Sedum annuum.* Huds. ed. 1. p. 172. non Linn. — *Sedum rubens.*
Fl. dan. t. 82. — *Sedum dasyphyllum,* β. Decand. pl. grass.
n. 93. — Ray. Syn. t. 12. f. 2.

Cette espèce a des rapports marqués avec le sédum à feuille
épaisse, mais elle en est distinguée par son port plus grêle; par

ses tiges, ses pédicelles et ses calices glabres ; par ses feuilles, la plupart alternes ; par ses fleurs, constamment à 5 pétales et à 10 étamines. ⊙. Elle croît dans les bois parmi les rochers et les mousses. M. Ramond a trouvé cette plante dans les Pyrénées, aux environs de Barrèges et à Escoubous

3618. Sédum hérissé.   *Sedum hirsutum.*

Sedum hirsutum. All. Ped. n. 1754. t. 65. f. 5. — *Sedum globiferum.* Pourr. Act. Toul. 3. p. 327.

Une racine fibreuse et un peu rampante émet plusieurs rosettes arrondies de feuilles oblongues, obtuses, épaisses, hérissées, souvent rougeâtres; d'entre ces feuilles s'élève une tige longue de 5-7 centim., peu feuillée, pubescente, terminée par une petite cime de 4 à 5 fleurs solitaires sur leur pédicelle, blanches avec la nervure moyenne des pétales rougeâtre et pubescente en dessous : ces pétales sont ovales, terminés en pointe acérée. ♂, All. ♃, Pourr. Cette petite plante croît sur les rochers des provinces méridionales; dans les Corbières, à Pradelles près Narbonne, où elle a été trouvée par M. Pourret; aux gorges de Barrèges et de Gavarni dans les Pyrénées, où elle a été observée par M. Ramond ; en Auvergne par M. Lamarck ; aux environs de Zuasse et de Moce en Piémont (All.).

3619. Sédum velu.   *Sedum villosum.*

Sedum villosum. Linn. spec. 620. Decand. pl. grass. t. 70. Lam. Dict. 4. p. 633. — Clus. Hist. 2. p. 59. f. 3.

Ses tiges sont hautes de 1-2 décim., droites, velues, rougeâtres et peu rameuses; ses feuilles sont éparses, oblongues, étroites, convexes en dessous, légèrement applaties en dessus, et souvent un peu rougeâtres : les fleurs sont rouges, pédonculées, terminales et disposées en bouquet lâche : les pétales sont ovales, obtus. ⊙. On trouve cette plante dans les lieux humides des montagnes, à Fontainebleau sur le bord des mares; dans les Pyrénées à la vallée d'Aure; en Savoie; à Ussey et Ceresol en Piémont (All.); aux environs de Bex, au-dessus de Bagne en Vallais; en Auvergne (Delarb.), en Alsace près Haguenau.

3620. Sédum à sept pétales. *Sedum heptapetalum.*

Sedum heptapetalum. Poir. voy. Barb. 2. p. 169. Dict. Enc. 4. p. 630.

Ce sédum se distingue facilement de toutes les autres espèces

par ses fleurs d'un beau bleu-de-ciel, disposées en panicule rameuse, et composées de 6-7 pétales lancéolés et très-acérés ;
sa tige est grèle, branchue, droite, longue de 1 décim. ; ses
feuilles sont éparses, caduques ; les rameaux de la panicule sont glabres ou à peine pubescens ; les folioles du calice
sont courtes et obtuses. Il croît sur les rochers voisins de la
mer (Poir.) ; dans l'isle de Corse, où il a été trouvé par
M. Noisette. Le *sedum azureum* de Vahl, diffère de notre espèce de Corse, par ses pétales obtus.

§. IV. *Feuilles cylindriques prolongées au-dessous
de leur point d'insertion ; fleurs jaunes.*

3621. Sédum âcre. *Sedum acre.*

Sedum acre. Linn. spec. 619. Bull Herb. t. 30. Decand. pl. grass.
t. 117. — *Sedum acre, α.* Lam. Fl. fr. 3. p. 86.

Une souche grèle, couchée, rampante, émet çà et là plusieurs rameaux droits ou ascendans, longs de 4-6 centim. ,
couverts de feuilles droites, serrées, éparses, courtes, obtuses,
épaisses, presque ovoïdes, un peu applaties en dessus ; ces feuilles
sont d'une saveur âcre, d'un verd clair dans leur jeunesse, souvent rougeâtres dans un âge avancé ; les fleurs sont d'un jaune
vif, sessiles le long des rameaux de la cime ; celle-ci se divise le plus souvent en 3 branches ; les folioles du calice sont
obtuses, ovales-oblongues. ♃. Cette plante, connue sous les
noms de *vermiculaire*, d'*orpin brûlant*, est commune sur les
vieux murs et dans les lieux secs exposés au soleil.

3622. Sédum des glaciers. *Sedum glaciale.*

Sedum glaciale. Clarion. ined.

Cette espèce est extrêmement voisine du sédum âcre, mais
elle s'en distingue facilement à sa souche couchée et ligneuse ;
à ses jets plus courts ; à ses fleurs un peu plus grandes, disposées 3-4 ensemble, à-peu-près sessiles au sommet des branches ;
sur-tout enfin aux nombreuses radicules qui sortent d'entre ses
feuilles. ♃. Elle a été trouvée par M. Clarion auprès des glaciers
de Seyne en Provence. Les caractères singuliers de cette plante
seroient-ils dûs à sa station ?

3623. Sédum à six angles. *Sedum sexangulare.*

Sedum sexangulare. Linn. spec. 620. Decand. pl. grass. t. 118.
Sedum acre, β. Lam. Fl. fr. 3. p. 86. — Cam. Epit. 856. ic.

Cette plante, souvent confondue avec le sédum âcre, en est certainement distincte; ses feuilles sont étalées, cylindriques, grêles, presque linéaires, disposées sur les jeunes pousses par verticilles de 3 feuilles; et comme celles de chaque verticille alternent avec celles du précédent, et coïncident avec l'antépénultième, il en résulte 6 côtes très-prononcées; cette disposition se perd dans les tiges fleuries; ses feuilles sont presque insipides. ♃. Elle croît dans les prés secs exposés au soleil; elle fleurit en été, peu après le sédum âcre; elle est plus rare que la précédente. M. Clarion l'a observée à Saint-Pons en Provence. Je l'ai trouvée dans le pays de Vaud, au pied du Jura.

3624. Sédum des pierres. *Sedum saxatile.*

Sedum saxatile. Linn. spec. 619. Decand. pl. grass. t. 119.
α. *Majus.* — *Sedum rupestre.* Fl. dan. t. 59. — *Sedum œderi.* Retz. Prod. ed. 2. n. 562. — *Sedum rubens.* Haenk. It. 114. — *Sedum alpestre.* Vill. Dauph. 3. p. 684. — *Sedum æstivum.* All. Ped. n. 1746. — Lob. ic. 378.
β. *Minus.* — *Sedum saxatile.* All. Ped. n. 1749. t. 65. f. 6.

Sa racine est petite, fibreuse; sa tige est divisée dès la base en branches cylindriques, glabres, souvent rougeâtres, droites lorsqu'elles sont fleuries, couchées avant la fleuraison, sur-tout dans la variété β; les feuilles sont éparses, plus ou moins écartées, jamais embriquées, un peu étalées, cylindriques, légèrement déprimées, oblongues, obtuses, glabres, vertes dans les lieux ombragés, rougeâtres lorsqu'elles sont exposées au soleil; les fleurs sont jaunes, sessiles le long des rameaux d'une cime à 3 branches dans la variété α, presque solitaires dans la variété β; les pétales sont très-pointus. ☉. Cette plante croît sur les rochers secs et exposés au soleil des montagnes; dans les Vosges; les Alpes; les Pyrénées. La variété β croît dans les montagnes élevées; elle est plus petite, et a les rameaux inférieurs stériles et couchés.

3625. Sédum réfléchi. *Sedum reflexum.*

Sedum reflexum. Linn. spec. 618. Lam. Dict. 4. p. 631. Decand. pl. grass. t. 116. — Fuchs. Hist. 33. ic.

Ses tiges sont cylindriques, glabres, presque simples et garnies seulement à leur base de quelques rameaux recourbés

ou réfléchis à leur extrémité ; les feuilles sont cylindriques ,
terminées par une pointe remarquable, qui est quelquefois cour-
bée, d'un verd glauque dans la jeunesse de la plante , éparses,
nombreuses et très-rapprochées avant la fleuraison : mais lorsque
les tiges sont développées et chargées de fleurs , les feuilles sont
plus écartées , et les inférieures alors se dessèchent , tombent
et laissent ces tiges à demi-nues : les fleurs sont jaunes, terminales , portées sur de courts pédoncules , et disposées en une
espèce de corimbe rameux , un peu serré , et dont les côtés
sont quelquefois recourbés ou contournés. ♃. Cette plante croit
sur les murs et parmi les rochers.

3626. Sédum d'Espagne.   *Sedum Hispanicum.*

Sedum Hispanicum. Linn. spec. 618. — *Sedum rupestre.* Vill.
Dauph. 3. p. 679. — Dill. Elth. t. 256. f. 332.

Cette plante ressemble par son port aux petits individus du
sédum réfléchi ; mais elle diffère non seulement de cette espèce, mais de la plupart des autres , par ses fleurs , qui sont d'un
jaune très-pâle , à 6 ou 7 pétales linéaires , pointus , droits et
peu ouverts ; ses tiges fleuries sont droites ; les tiges stériles
sont couchées, garnies de feuilles serrées , disposées en spirale,
cylindriques, pointues , un peu prolongées à leur base , et d'un
verd très-glauque ; les fleurs sont en cimes serrées. ♃. Cette
plante croit sur les collines et les rochers des provinces méridionales , aux environs de Narbonne ; de Grenoble ; au Brus-
quet en Provence.

3627. Sédum élevé.   *Sedum altissimum.*

Sedum altissimum. Lam. Dict. 4. p. 634. Decand. pl. grass. t. 40.
— *Sempervivum sediforme.* Jacq. Hort. Vind. t. 81.

Cette espèce de sédum s'élève jusqu'à 3-4 décim. ; sa tige
est charnue , un peu ligneuse vers la base ; elle se divise en
plusieurs rameaux , dont les stériles sont couchés et très-feuillés,
tandis que ceux qui portent les fleurs , sont droits et presque
nus ; les feuilles sont glauques , éparses, cylindriques, pointues ;
les supérieures sont un peu applaties ; les fleurs sont d'un jaune
pâle , disposées en corimbe serré ; elles sont composées de 6-8
pétales ; mais malgré ce caractère , cette espèce rentre parmi
les sédum , soit par son port , soit par ses écailles non découpées. ♃, ♄. Elle croit à St.-Jean-de-Maurienne (All.). M. Ramond l'a trouvée parmi les éboulemens des montagnes , dans
les Pyrénées près Barrèges et Gavarni.

DCXX. JOUBARBE. *SEMPERVIVUM.*

Sempervivum. Linn. Juss. Lam. Decand. — *Sedi sp.* Tourn.

CAR. Le calice a de 6-12 divisions ; les pétales , les écailles et les ovaires sont en nombre égal à celui des divisions du calice ; les étamines sont en nombre double ; les écailles sont ovales, larges, échancrées ou découpées.

OBS. Les feuilles sont planes, souvent ciliées ; les feuilles des jets qui ne portent pas de fleurs , sont réunies en rosettes orbiculaires ou globuleuses.

§. Ier. *Fleurs rougeâtres.*

3628. Joubarbe des toits. *Sempervivum tectorum.*

Sempervivum tectorum. Linn. spec. 664. Lam. Dict. 2. p. 289. Decand. pl. grass. t. 104. — *Sedum tectorum.* Scop. Carn. ed. 2. n. 529. — Fuchs. Hist. 32. ic.

Ses rosettes sont composées de feuilles ovales-lancéolées , tendres, succulentes, glabres, ciliées en leur bord , et souvent rougeâtres ; de leur milieu s'élève une tige haute de 5 décim. ou un peu plus , droite , cylindrique , velue , garnie de feuilles éparses , et divisée à son sommet en rameaux très-ouverts , penchés ou courbés , sur lesquels sont disposées des fleurs presque sessiles , purpurines et tournées la plupart du même côté ; les pétales sont lancéolés , au nombre de 12-15. ♃. On trouve cette plante sur les toits et sur les vieux murs. M. Ramond dans les Pyrénées, et M. Clarion dans les Alpes de Provence , l'ont observée croissant sur les rochers. Elle est rafraîchissante et très-anodine.

3629. Joubarbe de mon- *Sempervivum montanum.*
     tagne.

Sempervivum montanum. Linn. spec. 665. Jacq. Austr. app. t. 41. Lam. Dict. 3. p. 290. Decand. pl. grass. t. 105.

Cette plante a beaucoup de rapport avec la précédente , et n'en est peut-être qu'une variété ; ses feuilles sont velues , ciliées légèrement en leur bord , et forment des rosettes plus ou moins contractées, selon leur âge ; sa tige est haute de 18 centim., et divisée en quelques rameaux à son sommet, qui soutiennent des fleurs purpurines et presque sessiles ; les pétales sont au nombre de 10-12 , hérissés en dehors, 4 fois plus longs que le calice, lancéolés, pointus ; les écailles sont arrondies, concaves , très-petites , à peine visibles. ♃. Elle croît sur les rochers des montagnes ; on la trouve abondamment dans les Alpes , les Pyrénées.

3630. Joubarbe à toile d'araignée.   *Sempervivum arachnoideum.*

Sempervivum arachnoideum. Linn. spec. 665. Lam. Dict. 3. p.
290. Decand. pl. grass. t. 106. — Barr. ic. t. 391. f. 1. et t. 393.

Cette espèce est remarquable par ses rosettes de feuilles qui,
sur-tout dans leur jeunesse, sont chargées de longs filets blancs,
cotonneux, croisés d'un bord à l'autre de chaque feuille, et imitant une toile d'araignée; sa tige est haute de 18 centim., cylindrique, velue, feuillée et divisée à son sommet en 2 ou 3 rameaux qui soutiennent des fleurs purpurines assez grandes; les
pétales sont d'un rouge vif, au nombre de 8-9, deux fois plus
longs que le calice; les écailles nectarifères sont blanches, parallélogrammiques, dentées au sommet. ♃. Elle croît dans les
montagnes sur les rochers exposés au soleil; on la trouve dans les
Alpes de Savoie, de Piémont, de Provence; dans les Pyrénées;
on en trouve quelquefois des individus dont les rosettes ne
sont point couvertes de duvet cotonneux.

§. II. *Fleurs jaunâtres.*

3631. Joubarbe à globules. *Sempervivum globiferum.*

Sempervivum globiferum. Linn. spec. 665. Jacq. Austr. t. 40.
Sut. Fl. helv. 1. p. 288. — Hall. Helv. n. 950. — J. Bauh. Hist.
3. p. 688. f. 1. mâle.

Cette espèce ressemble à la suivante, avec laquelle on l'a
souvent confondue; mais elle en diffère, 1°. par ses feuilles,
dont les supérieures dépassent 4 centim. de longueur, tandis
qu'elles en atteignent à peine 2 dans la joubarbe hérissée;
2°. par ses corolles ouvertes et non tubuleuses, composées
de 12 pétales, et non de 6; 3°. par ses pétales linéaires peu
ou point élargis à leur base, et dont la longueur atteint de
25-30 millim., tandis que ceux de la suivante n'ont qu'une
longueur de 15-20 millim.; 4°. par ses étamines, qui sont au
nombre de 24, et dont les filamens deviennent purpurins à la
fin de la fleuraison; la fleur est jaunâtre, et devient verdâtre
par la dessication. ♃. Je décris cette plante d'après un échantillon recueilli par M. Necker de Saussure, dans les Alpes du
Valais, à la vallée de St.-Nicolas; elle a été observée en descendant du col du mont Cervin au Breuil (Sauss.); dans les
montagnes de Croscaval (All.); en Alsace (Mapp.).

3652. Joubarbe hérissée. *Sempervivum hirtum.*

Sempervivum hirtum. Linn. spec. 665. Jacq. Austr. t. 12. All.
Ped. n. 1938. t. 65. f. 1. Decand. pl. grass. t. 107. — *Sempervivum globiferum.* Hop. Cent. exs. — Clus. Hist. 2. p. 63.

Ses feuilles radicales sont oblongues-lancéolées, ciliées sur les bords, glabres sur les faces, ramassées en petites rosettes globuleuses et serrées, sur-tout dans leur jeunesse ; la tige florale s'élève à 2 décimètres au plus ; elle est droite, simple, garnie de feuilles disposées en triple spirale ; les fleurs sont sessiles le long des rameaux floraux qui forment une cime terminale ; elles sont d'un jaune pâle et verdâtre, tubuleuses, composées de six pétales droits, oblongs, pointus, ciliés sur les bords vers le sommet, longs de 12-15 millim. ♃. Elle croit sur les rochers.

‿‿‿‿‿‿‿‿‿‿‿‿‿‿‿‿‿‿‿‿‿‿‿‿‿‿‿‿‿‿‿‿

SOIXANTE-CINQUIÈME FAMILLE.

PORTULACÉES. *PORTULACEÆ.*

Portulaceæ. Juss. — *Portulaccarum gen.* Adans. — *Succulentæ*, γ. Linn.

Les Portulacées sont des herbes ou des sous-arbrisseaux à feuilles ordinairement charnues, opposées ou alternes, quelquefois munies de stipules membraneuses, plus rarement d'une touffe de poils placée à leurs aisselles ; les fleurs présentent différentes dispositions.

Le calice est libre, divisé à son sommet ; la corolle est quelquefois nulle ou monopétale, ordinairement composée de 5 pétales insérés à la base ou au milieu du calice, alternes avec ses divisions ; les étamines sont insérées avec les pétales, en nombre fixe dans certains genres, variable dans quelques autres ; l'ovaire est simple, libre ou à peine demi-adhérent ; le style est quelquefois nul, plus souvent au nombre de 1-3 ; le fruit est une capsule à une ou plusieurs loges qui renferment chacune une ou plusieurs graines ; celles-ci ont un périsperme farineux central ; leur embryon est courbé ou annullaire.

DCXXI. TAMARIX. *TAMARIX.*

Tamarix. Linn. Juss. Lam. Gærtn. — *Tamariscus.* Tourn. All.

Car. Le calice est persistant, à 5 divisions linéaires ; la corolle

est périgyne, à 5 pétales alternes avec les divisions du calice ;
les étamines sont au nombre de 5-10 , libres ou monadelphes ;
l'ovaire est libre , triangulaire ; le style est entier ou à 2 ou 3
stigmates ; la capsule est oblongue , triangulaire , à une loge ,
à trois valves , à plusieurs graines attachées à des placenta linéaires qui sont adhérens au milieu des valves ; les graines sont
couvertes d'un duvet laineux ; le périsperme est nul , l'embryon
droit , la radicule inférieure.

Obs. Ce genre diffère des Portulacées et des Ficoïdes par
l'absence du périsperme ; des Cierges , parce que son fruit est
une capsule ; il n'a réellement de rapports qu'avec le genre
des réaumuria , dont il diffère encore par la capsule , qui est à
une loge dans le tamarix , et à 5 dans le réaumuria. Ces 2 genres
doivent probablement être placés dans la famille des Hypéricées.

3633. Tamarix de France.   *Tamarix Gallica.*

Tamarix Gallica. Linn. spec. 386. Lam. Illustr. t. 213. f. 1. —
Tamariscus pentandra. Lam. Fl. fr. 3. p. 73. — *Tamariscus
Gallicus.* All. Ped. n. 1597. — Lob. ic. 2. p. 218. f. 2.

Arbrisseau de 2-3 mètres, très-rameux , dont l'écorce
est grisàtre ou rougeàtre , et les rameaux très-flexibles ; ses
feuilles sont extrèmement petites , courtes , pointues , très-
rapprochées et embriquées sur les jeunes pousses : elles ressemblent un peu à celles des bruyères ou des cyprès ; les
fleurs sont disposées en épis grèles , placés vers le sommet
des tiges et des branches ; elles sont fort petites , et de couleur blanche ou purpurine , disposées en grappes serrées , horizontales ou pendantes ; les bractées sont plus courtes que les
pédicelles ; les étamines sont au nombre de 5 , saillantes hors
de la corolle ; le style est à 2 ou 3 divisions à son sommet ; la
capsule est égale à la longueur du calice. ♃. Il croît le long des
fleuves, dans les prés, au bord de la mer depuis Nice jusqu'à
Perpignan , et depuis Bayonne jusqu'aux environs de Caen ; il se
retrouve dans l'intérieur des terres à Orange et Saint-Paul-
Trois-Châteaux (Vill.).

3634. Tamarix d'Allemagne.   *Tamarix Germanica.*

Tamarix Germanica. Linn. spec. 387. Lam. Illustr. t. 213. f. 2.
— *Tamariscus decandrus.* Lam. Fl. fr. 3. p. 74. — *Tamariscus
Germanicus.* All. Ped. n. 1598. — Lob. ic. 2. p. 218. f. 3.

Cet arbrisseau a beaucoup de rapports avec le précédent ;
mais ses feuilles sont une fois plus grandes , moins serrées ,

moins pointues, et d'un verd glauque; ses grappes sont droites, ses fleurs moins rapprochées, 2 fois plus grandes; ses étamines sont au nombre de 10, plus courtes que les pétales; son stigmate est simple, orbiculaire; sa capsule 2 fois plus longue que le calice, et le calice lui-même a ses folioles plus longues et plus linéaires. ♄. Il croit dans les vallées des montagnes, au bord des ruisseaux et des torrens, dans le sable; à Saint-Sever dans les Landes (Thor.); en Provence, surtout près Barcelonnette (Gér.); en Dauphiné (Vill.); en Piémont (All.); dans le Lyonnois (Latourr.); en Savoie, le long de l'Arve près Sallenche; dans le Valais, le long du Rhône; en Alsace, sur les bords du Rhin. Cette plante et la précédente sont regardées comme toniques et diurétiques; leur combustion donne une assez grande quantité de sulfate de soude; ses rameaux, dont on consume le bois au moyen d'un fil de fer chaud, servent en Alsace à faire des tuyaux de pipe (Nestler.).

DCXXII. TÉLÈPHE. *TELEPHIUM.*

Telephium. Tourn. Linn. Juss. Lam. Gærtn.

Car. Le calice est persistant, à 5 parties; la corolle est à 5 pétales de la longueur du calice; les étamines sont au nombre de 5, plus courtes que la corolle; l'ovaire porte 3 styles simples; la capsule est triangulaire, à 3 valves, à plusieurs graines portées sur un placenta central.

Obs. Les feuilles sont alternes, munies de stipules membraneuses.

3635. Télèphe d'Impérati. *Telephium Imperati.*

Telephium imperati. Linn. spec. 388. Lam. Illustr. t. 213. — *Telephium repens.* Lam. Fl. fr. 3. p. 71. — *Telephium alternifolium.* Mœnch. Meth. 231. — Clus. Hist. 2. p. 67. f. 3.

Ses tiges sont longues de 5 décim., simples, couchées, menues, glabres, légèrement anguleuses et feuillées dans toute leur longueur; ses feuilles sont alternes, ovales et d'un verd glauque. Ses fleurs sont blanches, petites et disposées en bouquet aggloméré aux extrémités des tiges. ♃. Il croit dans les lieux secs, chauds et montueux de la Provence (Gér.); à Briançon, le long du chemin qui mène au mont Genèvre (Vill.); aux environs de Nice, à Giavéno et à la citadelle de la Brunette en Piémont (All.); à St.-Sever dans les Landes (Thor.